Ellen Enkel

Management von Wissensnetzwerken

WIRTSCHAFTSWISSENSCHAFT

Ellen Enkel

Management von Wissensnetzwerken

Erfolgsfaktoren und Beispiele

Mit einem Geleitwort von Prof. Dr. Wolfgang Wittwer

Deutscher Universitäts-Verlag

Bibliografische Information Der Deutschen Bibliothek
Die Deutsche Bibliothek verzeichnet diese Publikation in der Deutschen Nationalbibliografie; detaillierte bibliografische Daten sind im Internet über <http://dnb.ddb.de> abrufbar.

Dissertation Universität Bielefeld, 2003

1. Auflage April 2005

Lektorat: Ute Wrasmann / Viktoria Steiner

Der Deutsche Universitäts-Verlag ist ein Unternehmen von Springer Science+Business Media.
www.duv.de

Umschlaggestaltung: Regine Zimmer, Dipl.-Designerin, Frankfurt/Main
Druck und Buchbinder: Rosch-Buch, Scheßlitz
Gedruckt auf säurefreiem und chlorfrei gebleichtem Papier
Printed in Germany

ISBN 3-8244-0786-8

GELEITWORT

Wissen – und hier vor allem die Gewinnung, Verarbeitung und Nutzbarmachung für beruflich-betriebliches Arbeitshandeln – gewinnt in unserer Gesellschaft zunehmend an Bedeutung. Wissen ist in der Wirtschaft zu einem wichtigen Wettbewerbsfaktor geworden. Begriffe wie Wissensmanagement und Wissensnetzwerke sind Schlagworte unserer Zeit. Wie so häufig bei neuen bzw. modischen Entwicklungen im Managementbereich liegt der Schwerpunkt der einschlägigen Veröffentlichungen auf dem Handlungs- und weniger auf dem Konzeptaspekt. So gibt es eine Vielzahl von Tool-Sammlungen und Case-Books, jedoch kaum Literatur zur Konzeption von Wissensnetzwerken. Theoriebasierte Konzepte sind jedoch Voraussetzung für die Entwicklung und Implementation unternehmensspezifischer Wissensnetzwerke.

Frau Ellen Enkel füllt mit ihrer Arbeit diese Lücke aus. Im Fokus ihrer Untersuchung steht die Frage nach dem Zusammenspiel von individuellem Wissen und dessen Erschließung für das Unternehmen zur Unterstützung von strategischen Zielen.

Zur Klärung dieser Frage analysiert die Autorin im Rahmen von Fallstudien bestehende Wissensnetzwerk-Konzepte, befragt diese nach ihren Kernkomponenten und ordnet sie nach Typen. Auf dieser Basis formuliert sie Grundannahmen zu einer Theorie von Wissensnetzwerk-Konzepten.

Frau Ellen Enkel hat mit dieser Veröffentlichung eine innovative Arbeit vorgelegt, die auf methodisch differenzierten und zeitlich aufwendigen Untersuchungen basiert. Man merkt der Arbeit an, dass die Autorin über eine reiche Forschungserfahrung auf diesem Gebiet verfügt. Die Arbeit ist nie theorielastig, da die Theoriediskussion immer durch den Bezug auf praktische Handlungskonzepte und –modelle „geerdet" wird.

Bei der Veröffentlichung handelt es sich gleichsam um ein Handbuch zur Entwicklung von Wissensnetzwerk-Konzepten. Sie ist damit eine wichtige Hilfe für Unternehmen, die selbst ein Wissensnetzwerk aufbauen wollen.

Professor Dr. Wolfgang Wittwer

VORWORT

Das Forschen für ein Dissertationsprojekt sowie das Beschreiben dieses ist ein Prozess, der sich über viele Jahre erstreckt und an dem bei weitem nicht nur der Forscher als solches beteiligt ist. Universitäten und Professoren sorgen für die geeignete Infrastruktur und Betreuung, ohne die eine herausragende Forschung nicht möglich ist. Unternehmensvertreter sorgen für interessante Forschungsfragen, stellen ihre Unternehmen als Forschungsobjekte zur Verfügung und weisen oftmals als erste auf Forschungslücken hin. Und nicht zuletzt, Freunde und Familie, die einen über die vielen „Durststrecken" retten und wieder dazu motivieren, doch am Ende das weiterzumachen, was für mich mehr Berufung als Beruf ist, das Forschen und Entwickeln von Methoden und Konzepten, die der Praxis helfen ihre Problem zu lösen und erfolgreich zu arbeiten.

Ich bitte daher schon jetzt um Verzeihung, aus Platzmangel hier nur einige wenige Namen nennen zu können, denen ich explizit für ihre Hilfe und Unterstützung meiner Forschung danken möchte. Alle anderen sind keineswegs vergessen und auch ihnen sei von ganzem Herzen gedankt! Beginnen möchte ich mit einem besonderen Dank an meinen Doktorvater Prof. Dr. Wolfgang Wittwer, der es trotz der räumlichen Entfernung zwischen meinem Arbeitsort St. Gallen und meinem Studienort Bielefeld geschafft hat, mich zu unterstützen, zu motivieren und auf diesem langen Weg der Promotion zu begleiten. Ihm gilt auch deshalb besonderen Dank, da er sich für mein Forschungsthema interessierte und meine Forschung darin tatkräftig unterstützt hat. Dank schulde ich auch Prof. Dr. Treumann, der das Korreferat übernommen hat und meine Forschungsmethoden durch seine Arbeiten auf dem Gebiet der Triangulation positiv beeinflusst hat.

Ein großer Dank geht an den Grundlagenforschungsfonds der Universität St. Gallen, mit dessen Hilfe ich die finanzielle Förderung erhalten habe, einen Teil des vorliegenden Forschungsprojekts zu realisieren. Besonderen Dank möchte ich Prof. Dr. Andrea Back und Prof. Dr. Georg von Krogh aussprechen, die mir ihr Vertrauen entgegengebracht haben und mir, trotz noch nicht abgeschlossener Dissertation, die Projektleitung des Forschungszentrums KnowledgeSource übertragen haben. Von beiden Professoren habe ich vieles gelernt, vor allem was Forschen für die Praxis und mit der Praxis bedeutet. Diesen beiden habe ich es zu verdanken, in der Wissenschaft bleiben zu wollen. Besonders danken möchte ich auch Prof. Dorothy Leonard, deren Hilfe bei der Entwicklung des empirischen Konzepts zu dieser Arbeit unbezahlbar für mich war, wie auch Prof. Robert Galliers für seine freundschaftlichen Ratschläge zur Forschung im Wissensmanagement-Bereich.

Nicht vergessen möchte ich auch die Praxisvertreter, ohne die die vorliegende Untersuchung nicht hätte verwirklicht werden können. Sie haben mir nicht nur unentgeltlich ihre Zeit zur Verfügung gestellt, sondern dieses Forschungsprojekt mitgetragen und tatkräftig unterstützt. Hier möchte ich besonders Klaus Knörzer, Jaap van der Eersten, Claudia Ulrich und Manfred Aben danken.

Nicht zuletzt möchte ich auch meinen Freunden und Kollegen in St. Gallen von ganzem Herzen danken, die mir geholfen haben, St. Gallen zu meinem Zuhause zu machen und mich stetig motiviert haben, meine eigenen Grenzen zu überschreiten und neue Herausforderungen anzunehmen. Im Besonderen danke ich Elsy Zollikofer, Miriam Keller und Nadin Schwibs für ihre konstruktive Kritik und tatkräftige Unterstützung in der Endphase der Dissertation. Meinen Freunden Eitel von Maur, Oliver Gassmann und Michael Gibbert gilt Dank für die vielen fruchtbaren Diskussionen, die mir geholfen haben, mich wissenschaftlich weiterzuentwickeln. Widmen möchte ich diese Arbeit meinem Freund Frank Dusella, der diesen Augenblick gerne mit mir geteilt hätte, und meiner Mutter Marlene Dickhut, die es mir durch ihren ungebrochenen Optimismus und ihr großes Vertrauen in mich ermöglicht hat, mich zu verwirklichen.

Ellen Enkel

ABSTRACT

Das vorliegende Forschungsprojekt beschäftigt sich mit einem für die Pädagogik eher neuen Gebiet, dem Wissensmanagement in Unternehmen. Wie Höfling & Mandl (1997, S. 9 ff.) herausstellen, verlangen die veränderten Anforderungen in der Wirtschaft und Arbeitswelt eine angemessene Beschäftigung mit neuen Themen durch die Pädagogik. „Der exponentielle Wissenszuwachs und das damit einhergehende rasche Veralten einmal erworbenen Wissens machen sowohl lebenslanges Lernen als auch einen intelligenten Umgang mit Informationen und Wissen für den im Arbeitsprozess stehenden Menschen unumgänglich." (Höfling & Mandl, 1997, S. 10).

Der professionelle Umgang mit Wissen in Unternehmen nimmt dabei eine Vorreiterfunktion für die Identifizierung von notwendigen Kompetenzen und Fähigkeiten von Arbeitnehmern ein, die schließlich als Handlungs- und Sozialkompetenz von den Bildungseinrichtungen vermittelt werden sollen. „Vorreiter ist wieder einmal die Industrie, die aus Effektivitäts- und Effizienzgründen das gemeinsame Lernen in Gruppen und das teamorientierte Arbeiten als entscheidende Motoren für die Weiterentwicklung von Organisationen entdeckt hat." (Reinmann-Rothmeier & Mandl, 1997, S. 19). Um durch neue pädagogische Konzepte auf die Anforderungen der Umwelt reagieren zu können, ist es notwendig, den Umgang mit Wissen und aktuelle Trends in Unternehmen zu kennen. Wissensmanagement dient dabei in Unternehmen keineswegs dem Selbstzweck, sondern vielmehr der Erzielung von Wettbewerbsvorteilen durch die Weiterentwicklung der organisationalen Wissensbasis und die Erweiterung des Wissens des Einzelnen. Der Fokus der vorliegenden Forschungsarbeit betrachtet gerade diesen Aspekt: das Zusammenspiel zwischen dem individuellen Wissen und dessen Erschließung für das Unternehmen zur Unterstützung von strategischen Zielen. Dabei stehen die Prozesse Wissenstransfer und die Entwicklung neuen Wissens im Vordergrund.

„Gerade die Entwicklung neuen Wissens ist selten ein rein individueller Vorgang, sondern schließt zahlreiche soziale Aspekte mit ein." (Reinmann-Rothmeier & Mandl, 1997, S. 19). Der Betrachtung von wissensbasierten Organisationsformen, die den Wissenstransfer und die Entwicklung neuen Wissens z.B. durch die Gestaltung einer unterstützenden Umgebung fördern, muss daher besondere Beachtung geschenkt werden. Das vorliegende Forschungsprojekt beschäftigt sich mit der Analyse von Wissensnetzwerken als eine Form der wissensbasierten Organisationsformen, um so zum Verständnis von Wissensmanagement in Unternehmen beizutragen und den Weg für eine neue, eher konstruktivistische Lehr- und Lernphilosophie zu ebnen, welche einen intelligenten Umgang mit Informationen und Wissen beinhaltet sowie dazu beiträgt, Konzepte zu entwickeln, die zum Lernen motivieren und neue Wege des Wissenserwerbs aufzeigen (Höfling & Mandl, 1997, S. 11).

Das vorliegende Forschungsprojekt beschäftigt sich mit der Analyse von Wissensnetzwerk-Konzepten sowie der Identifizierung ihrer Kernkomponenten. Die Forschung basiert dabei im Wesentlichen auf zwei Grundgedanken, zum einen der Personengebundenheit von Wissen und dessen besseren Entfaltung und Entwicklung in Interaktionsprozessen von sozialen Netzwerken, zum anderen das in Konzepten zusammengefasste Wissensnetzwerke strategische Unternehmensziele besser unterstützen können als einzelne wissensbasierte Organisationsformen. Der Forschungsprozess, der in dieser Arbeit so linear beschrieben wird, wurde stark durch die ersten Erkenntnisse aus den gesammelten Daten beeinflusst. Die ursprüngliche Forschungsfrage des vorliegenden Forschungsprojekts hatte zum Ziel, das vorhandene Referenzmodell für Wissensnetzwerke (Seufert et al. 1999) zu detaillieren und aus diesen Informationen eine Aufbaumethodik für Wissensnetzwerke in Unternehmen zu gestalten. Dabei stand die Grundannahme im Vordergrund, dass nicht alle Wissensnetzwerke gleich strukturiert sind, sondern sich aufgrund ihrer individuellen Ziele und den davon abgeleiteten Aufgaben voneinander unterscheiden, was eine Untersuchung von Wissensnetzwerken in der Praxis notwendig machte. Während der ersten Vorgespräche mit den Verantwortlichen für den Aufbau und die Pflege der Wissensnetzwerke in den untersuchten Unternehmen zeigte sich überraschenderweise ein anderes Bild, das sich im Laufe der Datensammlung und -analyse noch bestätigte und schließlich dazu führte, dass die Forschungsfrage auf die Untersuchung von ganzen Wissensnetzwerk-Konzepten ausgerichtet wurde. In den beteiligten Unternehmen gibt es zwar einzeln eingesetzte Wissensnetzwerke, die spezifische Ziele verfolgen und Aufgaben erfüllen, es zeigte sich jedoch, dass die größere Bedeutung aus Unternehmenssicht den Wissensnetzwerken zukommt, die in ganzen Konzepten zusammengeschlossen sind und aktiv zur Verfolgung strategischer Ziele des Unternehmens eingesetzt werden. Die Theorie hat sich bisher lediglich mit einzelnen Wissensnetzwerken, nicht jedoch mit der Existenz oder Bedeutung von Wissensnetzwerk-Konzepten beschäftigt (bei der Erforschung von Wissensnetzwerken spielt vor allem das 1997 gegründete Forschungszentrum KnowledgeSource eine entscheidende Rolle, siehe dazu Kapitel 3).

Dieses erste überraschende Ergebnis führte zu einer Anpassung der Forschungsfrage und des empirischen Konzepts (eine solche Anpassung wird von Eisenhardt (1989, S. 536)), als natürlicher Prozess in der explorativen Fallstudienforschung beschrieben). So fokussiert die Forschungsfrage des vorliegenden Projekts auf die Identifizierung von Kernkomponenten dieser Wissensnetzwerk-Konzepte. Als Untersuchungsmethode wurde die Fallstudienforschung gewählt, da dieser eher offene Forschungsansatz eine tiefergehende und holistischere Beschäftigung mit dem

Untersuchungsobjekt Wissensnetzwerk-Konzepte durch Daten- und Methoden-Triangulation gestattet. Die Analyse der Unternehmensdaten erfolgt zunächst in Form von Einzelfallstudien, die bereits ein detailliertes Bild der unterschiedlichen Konzepte darstellen. Ein darauf folgender Fallstudien-Vergleich ermöglicht die Identifizierung und Generalisierung von Kernkomponenten von Wissensnetzwerk-Konzepten. Für beide Analyseschritte war es notwendig, neue Instrumente zu entwickeln, die im Folgenden kurz beschrieben werden.

Zur Untersuchung der einzelnen Netzwerk-Konzepte wurde, aus der Theorie abgeleitet, ein Rahmengerüst zur Datensammlung und -analyse, genannt Analyseraster, entwickelt. Dazu wurden aus der Diskussion vorhandener Literatur Komponenten identifiziert, die als maßgeblich für Wissensnetzwerk-Konzepte gelten und bei einer empirischen Studie beachtet werden müssen, um das Untersuchungsobjekt vollständig beschreiben und analysieren zu können. Da bisher keine Literatur speziell zu Wissensnetzwerk-Konzepten existiert, wurde auf die Analyse von ausgewählten Organisations- und Netzwerktheorien, die Zusammenhänge von wissensbasierten Organisationsformen (wie Wissensnetzwerke) aufzeigen, zurückgegriffen. Dabei waren aus den Organisationstheorien besonders die Interaktion und der gegenseitige Einfluss von einzelnen Organisationsformen auf das restlichen Unternehmen von Bedeutung. Die Analyse der Netzwerktheorien ermöglichte die Identifizierung der Charakteristiken und Struktur einzelner netzartiger Organisationsformen und führte zur Abgrenzung von Wissensnetzwerken zu anderen wissensbasierten Organisationsformen, deren Konzepte in der Literatur bisher nicht einheitlich verwendet oder voneinander differenziert wurden (siehe Kapitel 2). Aus der darauf folgenden detaillierten Diskussion vorhandener Theorien zu einzelnen Wissensnetzwerken und aufbauend auf den bereits identifizierten Gestaltungsanforderungen wurde das Analyseraster für Wissensnetzwerk-Konzepte entwickelt. Die analysierten Gestaltungsanforderungen führten zu einem tieferen Verständnis der Organisationsform Wissensnetzwerk und der Identifizierung von Kernkomponenten, die für die Beschreibung und Analyse von Wissensnetzwerk-Konzepten von Bedeutung sein könnten. Alle Überlegungen wurden in einem Analyseraster für Wissensnetzwerk-Konzepte zusammengefasst, welches die Grundlage zur fokussierten Datensammlung und -analyse der Einzelfallstudien bildete (siehe Kapitel 3).

Die so fokussierte Datensammlung machte es erstmals möglich, die Wissensnetzwerk-Konzepte von vier international operierenden Unternehmen einzeln zu analysieren (siehe Kapitel 4) und klar strukturiert darzustellen. Es wird dabei auf die Spezifika jedes einzelnen Konzepts eingegangen sowie kurz deren individuellen Stärken und Schwächen diskutiert. Um aus den Einzelfallstudien generalisierte Erkenntnisse für Wissensnetzwerk-Konzepte gewinnen zu können, ist es notwendig, diese anhand von Kriterien (hier Konstrukte genannt) miteinander zu vergleichen.

Das Vorgehen beim Fallstudien-Vergleich (siehe Kapitel 5) richtet sich dabei nach der von Eisenhardt (1989) vorgeschlagenen Methode für theoriebildende Fallstudienforschung. Die Kriterien zum Vergleich werden durch die Ergebnisse der Analyse der Einzelfallstudien gewonnen, da bereits hier maßgebliche Unterschiede in den Konzepten deutlich werden. Aus den Konstrukten können Annahmen über die Gestalt der Konzepte und Abhängigkeiten von Kernelementen formuliert werden, die dann durch die Daten jeder Einzelfallstudie überprüft werden müssen. Kann eine Annahme bestätigt werden, so wird daraus eine Hypothese formuliert. Dieses Vorgehen ermöglicht eine Generalisierung der gewonnenen Erkenntnisse über die Kernelemente von Wissensnetzwerk-Konzepten.

Als wichtigste Ergebnisse des vorliegenden Forschungsprojekts können bzgl. der *Wissensnetzwerk-Konzepte* die folgenden Erkenntnisse hervorgehoben werden:

- Aus den Forschungsbereichen Wissensmanagement, Organisations- und Netzwerktheorien können Gestaltungsanforderungen für Wissensnetzwerk-Konzepte identifiziert werden.

- Wissensnetzwerk-Konzepte werden von den Wissensmanagement-Verantwortlichen der untersuchten Unternehmen gezielt zur Verfolgung strategischer Unternehmensziele aufgebaut und gepflegt.

- Die strategischen Ziele des Konzepts werden in operative und Wissensziele für die einzelnen Netzwerke übersetzt.

- Auch die Wissensnetzwerk-Konzepte sind zur Verfolgung der gewählten strategischen Ziele wie auch aufgrund der unterschiedlichen Unternehmensstruktur und -kultur, in denen sie eingesetzt werden, spezifisch strukturiert.

- Der Erfolg eines Konzepts wird durch die Erreichung der strategischen Ziele bestimmt. Liegt keine spezifische Leistungsmessung vor, die die Erreichung dieser Ziele anzeigt, kann auch die Erreichung der operativen Ziele der einzelnen Wissensnetzwerke des Konzepts einen Anhaltpunkt über Erfolg oder Misserfolg geben. Voraussetzung ist, dass die operativen Ziele klar von den strategischen Zielen abgeleitet sind.

- Alle Wissensnetzwerk-Konzepte können anhand der Kernkomponenten charakterisiert werden, die identifiziert werden konnten. Ihre Struktur wird durch gestaltungsgebende Elemente bestimmt. Durch die Identifizierung ihrer Beziehung zueinander konnten Behauptungen formuliert werden, die es anderen Unternehmen ermöglicht, eigene Wissensnetzwerk-Konzepte zu entwickeln und zu implementieren.

Aus der vorliegenden Untersuchung konnte eine ganze Reihe von neuen Erkenntnissen gewonnen werden. Zusammenfassend lauten diese Erkenntnisse auf *einzelne Wissensnetzwerke* bezogen:

- Wissensnetzwerke können in ihrer Struktur und Zielen klar von anderen wissensbasierten Organisationsformen wie Communities of Practice, Communities of Interest und Projektteams unterschieden werden.

- Wissensnetzwerke können in Wissensnetzwerk-Konzepten zusammengeschlossen werden, um so besser strategische Unternehmensziele verfolgen zu können.

- Alle Wissensnetzwerke bestehen aus den gleichen Kernkomponenten, die in ihrer Ausprägung jedoch aufgrund der zu verfolgenden Ziele angepasst sind.

- Alle Wissensnetzwerke eines Unternehmens sind außerdem auf dessen spezifische Unternehmensstruktur und -kultur angepasst.

- Um den Erfolg der einzelnen Netzwerke zu testen, wurde ein spezieller Fragebogen entwickelt. Dieser untersucht die Netzwerke aufgrund ihrer unterstützenden oder hindernden Struktur bezogen auf die Erfüllung der Aufgabe des Netzwerks. Daneben wird auch der individuelle Erfolg des einzelnen Netzwerks dargestellt wie auch Verbesserungspotenziale aufgrund der Aussagen der einzelnen Netzwerkmitglieder aufgezeigt.

Es ergibt sich dadurch das folgende Modell für das Management von Wissensnetzwerken, welches die Einflussfaktoren und die durch die vorliegende Arbeit entwickelten 10 Hypothesen beschreibt:

Übertragen auf die heutigen pädagogischen Herausforderungen tragen die Ergebnisse zu einer Fokussierung neuer pädagogischer Konzepte auf die Förderung der Interaktion in sozialen Netzwerken wie auch der Entwicklung der individuellen Fähigkeiten von Mitarbeiter zum Wissenstransfer und zur Wissensentwicklung bei.

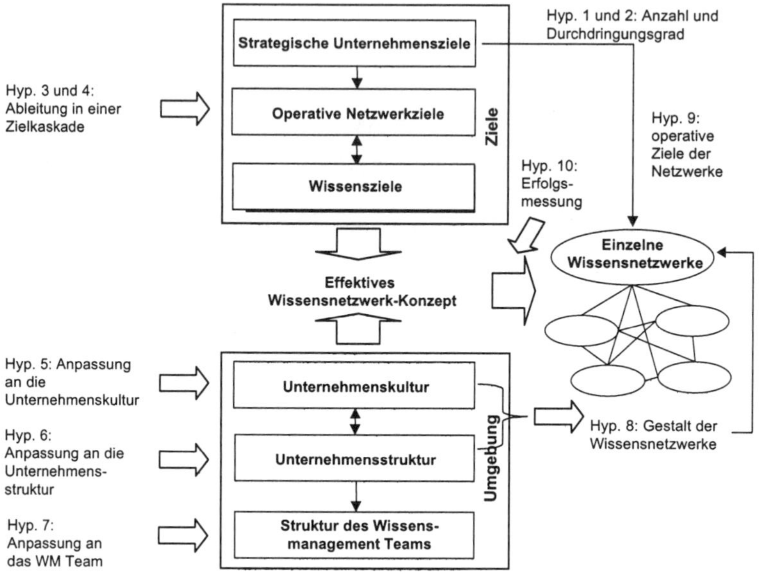

Abb. 1: Modell für das Management von Wissensnetzwerken

INHALT

ABBILDUNGSVERZEICHNIS

TABELLENVERZEICHNIS

ABKÜRZUNGSVERZEICHNIS

BG	Business Group
BSC	Balanced Scorecard
CC	Competence Center
CEO	Chief Executive Officer
CoP	Community of Practice
CoI	Community of Interest
CSI	Customer Satisfaction Index
DA	Domain Assistant
DAR	Domain Architect
EBOK	Electronic Book of Knowledge
EMEA	Europe, Middle East and Asia
EngTC	Engineering Tech Club
ExTC	Executive Tech Club
FMCG	Fast Moving Consumer Goods
GF/PE	Autocorp Fahrzeugentwicklung
HPC	Home and Personal Care
HR	Human Resources
KBV	Knowledge-based View
KC	Knowledge Center
KCPO	Knowledge Creation Process Owner
KM	Knowledge Management
KMG	Knowledge Management Group
KNN	Knowledge Networks
IC	Intellectual Capital
ICM	Intellectual Capital Management
IKT	Informations- und Kommunikationstechnologien
INPS	Individual Network Performance Survey
IT	Information Technologies
ITRC	IT Response Center
MERLIN	Materializing, Experiencing, Resystematizing and Learning in Networks
RBV	Resource-based View
ROI	Return on Investment
SECI	Socialization, Externalization, Combination and Internalization

SKIPPER	Structured Knowledge and Information Creation Process
SPEC	Sponsorship, Process, Energy and Content
TC	TechClub

1 Problemstellung und Forschungsmethodik

1.1 Motivation, Forschungsgegenstand und Struktur der Arbeit

Das vorliegende Forschungsprojekt beschäftigt sich mit der Analyse von Wissensnetzwerk-Konzepten in der Praxis sowie der Identifizierung von Kernkomponenten für diese. Die Forschung basiert dabei im Wesentlichen auf zwei Grundgedanken, zum einen der Personengebundenheit von Wissen und dessen bessere Entfaltung und Entwicklung in Interaktionsprozessen von sozialen Netzwerken, zum anderen dass Wissensnetzwerke, in Konzepten zusammengefasst, strategische Unternehmensziele besser unterstützen können als einzelne wissensbasierte Organisationsformen dies vermögen. In diesem Kapitel wird zunächst die Problemstellung diskutiert und die Forschungsfrage entwickelt. Die Struktur der Arbeit, die sich aus der Forschungsfrage ergibt, wird im letzten Abschnitt dargestellt.

1.1.1 Problemstellung

Wissen wird mittlerweile als die kostbarste Ressource des Unternehmens betrachtet, deren Erschließung es zu fördern gilt (z.B. Drucker, 2002; Quinn, 1992; Reinmann-Rothmeier & Mandl, 1997; Toffler, 1990). Nonaka (1991, S. 96) beschreibt dies wie folgt: „In an economy where the only certainty is uncertainty, the one sure source of lasting competitive advantage is knowledge." Doch wie diese Erschließung erfolgen kann, ist eine Frage, die Wissenschaft wie Unternehmen gleichermaßen beschäftigt. In den letzten Jahren wurden diesbezüglich zahlreiche Initiativen gestartet und Instrumente entwickelt, die unter dem Begriff *Wissensmanagement* zusammengefasst werden können. Einer Studie der Gartner Group zufolge, haben die meisten großen Unternehmen mit der Implementierung von Konzepten zum Wissensmanagement begonnen oder sind gerade dabei, solche zu entwickeln (Smalley-Bowen & Scannell, 1999).

Wissensmanagement kann nach Probst et al. (1999, S. 46 f.) als eine Verbesserung der organisatorischen Fähigkeiten im Umgang mit Wissen auf allen Ebenen der Organisation definiert werden. Durch ein gezieltes Management – so hofft man – lässt sich die Ressource Wissen besser erschließen und fördern. Ein bewusster Umgang mit Wissen in Unternehmen zielt darauf ab, Wissensprozesse wie das Lokalisieren und Festhalten, das Teilen und Verteilen oder die Generierung neuen Wissens durch gezielte Aktivitäten zu fördern.

Mit dem Begriff des Wissens*managements* wird suggeriert, dass man auf das Wissen ebenso wie auf andere wichtige Produktionsfaktoren im Unternehmen (z.B. Kapital oder Rohstoffe) auch lenkend, gestaltend und weiterentwickelnd Einfluss nehmen könne. Management wird von

Autoren wie Ulrich (1984), Probst (1987) oder Bleicher (1992, siehe Einleitung) als das Lenken, Gestalten und Weiterentwickeln von sozialen Systemen gesehen. Das Ziel dieser sozialen Systeme ist dabei eine unter dem Gesichtspunkt der Wirtschaftlichkeit möglichst optimale Ressourcen- bzw. Faktorenallokation. Der Faktor bzw. die Ressource Wissen weist jedoch Eigenschaften auf, die den Umgang mit ihm bzw. ihr erschweren. So hat Wissen sowohl explizite als auch implizite Bestandteile, es ist sowohl individuell (an eine bestimmte Person) als auch sozial (an eine bestimmte Gruppe oder Gemeinschaft) gebunden (Nonaka et al., 1997, S. 18 ff.). Will man Wissensprozesse fördern, kann dies nicht ohne eine Berücksichtigung der Charakteristiken bzw. Bestandteile des Wissens geschehen. Von Krogh, Ichijo & Nonaka (von Krogh et al., 2000, S. VII) betonen insbesondere, dass Wissen weniger Gegenstand von gesteuerten Managementprozessen sein kann, sondern Mitarbeiter unterstützt und befähigt werden müssen, mit Wissen bewusst umzugehen.

Die von Michael Polanyi (1967) eingeführte Unterscheidung in implizites und explizites Wissen ist in Literatur und Praxis weit verbreitet: Polanyi konzeptualisiert als erster die unterschiedlichen Dimensionen von Wissen. Explizites Wissen bezeichnet die Wissensdimension, die bereits kodifiziert, also in expliziter Form, wie in Dokumenten oder Sprache, vorliegt. Diese Dimension spielt für die Informationstechnologie eine bedeutende Rolle, deren Hauptaufgabe in der Informationsverteilung und der Unterstützung der Kommunikationsprozesse besteht. Explizites Wissen kann naturgemäß leichter transferiert und gespeichert werden als implizites, es ist jedoch auch leichter imitier- und kopierbar.

Implizites Wissen wird als wertvollster „Erfahrungsschatz" des Individuums bezeichnet, der jedoch schwierig „zu heben" ist (Nonaka et al., 1997, S. 19 f.). Es kann mit einem komplexen Zusammenspiel von Eigenschaften wie Erfahrung, Motivation, Intuition, "Fingerspitzen-" oder "Bauchgefühl" umschrieben werden. Neben Polanyi (1967), der bemerkte, dass der größte Wert des Wissens nicht im Austausch von Dokumenten liegt, sondern im Austausch von Erfahrungen und individuellen Erkenntnissen einer Person, heben viele Autoren die Bedeutung von implizitem Wissen gerade im Zusammenhang mit der Schöpfung von neuem Wissen hervor (vgl. dazu Nonaka, 1994, S. 15 ff., von Krogh & Venzin, 1995, S. 417 ff. sowie Leonard & Sensiper, 1998, S. 112 ff.).

Barney (1991) bietet einen Erklärungsansatz für den wertgenerierenden Charakter des Wissens, indem er die Ressourcen eines Unternehmens bezüglich ihrer Möglichkeit, anhaltende Wettbewerbsvorteile zu generieren, nach den vier Kriterien 1) Wertgenerierung, 2) Seltenheit gegenüber den Wettbewerbern, 3) Imitierbarkeit und 4) Substituierbarkeit bewertet. Aufgrund der zunehmenden Dynamisierung der Märkte werden die letzen beiden Kriterien als maßgeblich dafür betrachtet, ob nachhaltige Wettbewerbsvorteile erzielt werden können. Gerade implizitem Wissen werden Eigenschaften wie die Nichtimitierbarkeit und Nichttransferierbarkeit zugeschrieben (vgl. dazu von Krogh & Venzin, 1995, S. 419 f.; siehe auch Hall, 1992, 1993, 1994).

Dies deutet darauf hin, dass Wissen eine zentrale Rolle bei der Generierung von anhaltenden Wettbewerbsvorteilen für Unternehmen spielt und diese sich durch ihr Wissen und die Möglichkeit, dieses Wissen weiterzuentwickeln, voneinander unterscheiden. Der daraus entstandene betriebswirtschaftliche Theoriezweig, die wissensbasierte Sicht auf das Unternehmen oder Knowledge-based View (KBV), beschreibt die Bedeutung von Wissen als Ressource als Unterscheidungsmerkmal für Unternehmen und bildet die Grundlage für die Bestrebungen, Wissenstransfer zu fördern und neues Wissen zu entwickeln (siehe Kapitel 2.1.1). Wenn Wissen als zentrale Quelle für anhaltende Wettbewerbsvorteile betrachtet werden kann und diversifizierte Unternehmen durch eine hohe Varietät und Streuung ihrer Wissensbestände charakterisiert sind, so nimmt das Management von Wissen in diversifizierten Unternehmen eine bedeutende Stellung ein (von Krogh et al., S. 2000b). Ziel eines effektiven und effizienten Wissensmanagements ist es, durch eine konsequente Ausrichtung der wissensfördernden Aktivitäten an den strategischen Zielen des Unternehmens das Potenzial des Wissens für die Wertschöpfung optimal auszuschöpfen und damit den Aufbau von langfristigen Wettbewerbsvorteilen zu fördern (Probst et al., 1999, S. 15).

Die Nutzung von Wissensnetzwerken stellt eine Möglichkeit zum Management von implizitem Wissen dar, da hier Wissensträger miteinander verbunden werden. Eine empirische Study[1] mit 50 internationalen Unternehmen zeigte, dass diese seit zwei bis vier Jahren Wissensnetzwerke zum Wissensmanagement einsetzen (Enkel & Wicki, 2002, S. 18 f.). Sie werden als Instrument zur Umsetzung der Wissensmanagement-Strategie und zur Förderung der Wissensprozesse im Unternehmen verwendet und unterstützen dabei einzelne Geschäftsprozesse, indem sie geschäftsrelevanten Wissensaustausch fördern und so Werte für das Unternehmen schaffen. Die Konzeptualisierung dieser Organisationsform in der Theorie ist dabei jedoch noch wenig fortgeschritten (z.B. Seufert et al., 1999b; Raimann, 2002 und Vassiliadis, 2002). Auch Verantwortlichen in der Praxis fehlt ein klares Verständnis für die Einsatzmöglichkeiten wissensbasierter Organisationsformen wie Communities of Practice (Praktikergemeinschaften) oder Communities of Interest (Interessengemeinschaften) im Generellen und Wissensnetzwerken im

1 Ziel der Fragebogenuntersuchung, die vom Competence Center Knowledge Networks initiiert wurde, war es, herauszufinden, ob und wie Unternehmen Wissensnetzwerke einsetzen. Basis dieser Untersuchung bildete ein Fragebogen, der an 188 Mitarbeiter internationaler Unternehmen, welche Erfahrungen mit Wissensmanagement in der Praxis haben, gesandt wurde. Der Zeitraum der Fragebogenerhebung lag zwischen Februar und März 2000 und wurde ergänzt durch Interviews im gleichen Jahr (Enkel, E. & Wicki, Y., 2002. Knowledge Networks in practice: Findings from an international survey. University of St. Gallen: KnowledgeSource Working Paper.).

Speziellen. Ein Verständnis der einzelnen Bestandteile eines Wissensnetzwerks sowie der Aufbau von Wissensnetzwerk-Systemen zur gezielten Verfolgung strategischer Ziele (z.B. Strategieverankerung, Unterstützungsmöglichkeiten, Ziele und Nutzen für das Unternehmen und Verhältnis zu anderen Organisationsformen oder Funktionen innerhalb des Unternehmens) ist notwendig, um die Potenziale von Wissensnetzwerken ausschöpfen zu können. Durch die Analyse von Wissensnetzwerk-Konzepten und die Ableitung generalisierter Erkenntnisse soll ein Beitrag für Praxis und Theorie geleistet werden.

1.1.2 Entwicklung der Forschungsfrage

Das Ziel dieses Abschnitts ist es, den Forschungsweg aufzuzeigen. Das Ergebnis soll eine klar definierte Forschungsfrage sein, welche den Fokus der Arbeit auf ein einzelnes Phänomen verstärkt. Im folgenden Abschnitt wird die Forschungsfrage in Verbindung mit den bereits kurz umrissenen Themenfeldern verbunden und damit die zu untersuchende Literatur festgelegt.

Die Evolution der Wettbewerbsfaktoren von Land und Arbeit über Kapital zu Informationen und Wissen führt zur Entstehung einer wissensbasierten Industrie, welche die zunehmende Relevanz des Faktors Wissen untermauert (Savage, 1990; Drucker, 1993b). In den vergangenen Jahren entwickelte sich Wissen als die wichtigste strategische Ressource. Die Fähigkeit eines Unternehmens, diese Ressource weiterzuentwickeln und zu nutzen, wird als eine potenzielle Quelle für Wettbewerbsvorteile beschrieben (vgl. z.B. Hedlund, 1994; von Krogh & Ross, 1995, 1996a; Grant, 1996a; Nonaka, 1994; Spender, 1996a). Hedlund (1994) äußert, dass das Bewusstsein, Wissen als Wettbewerbsfaktor zu sehen, mit einem weiteren Trend, der Entstehung neuer Organisationsformen, verknüpft ist. Durch die Globalisierung der Märkte, die gestiegene Technologieintensivität und den erhöhten Wettbewerbsdruck für Unternehmen ist die Notwendigkeit gestiegen, vorhandenes Wissen unternehmensweit zu verteilen und innovative Organisationsformen zu entwickeln (Probst et al., 1999, S. 23 ff.). Daher muss ein Teil der Forschungsfrage lauten:

> **Wie kann eine Organisationsform, die dem Wissensmanagement dient, gestaltet sein?**

Basierend auf der Arbeit von Polanyi (1967), haben Nelson & Winter (1982), Nonaka (1991, 1994) und von Krogh & Ross (1995) die Aufmerksamkeit auf die implizite Dimension des Wissens gelenkt, die im Individuum und in der organisationalen Praxis eingebettet ist und nicht vollständig artikuliert werden kann. Durch die Nicht-Imitierbarkeit ist implizites Wissen, anders als explizites Wissen, von größter strategischer Bedeutung für Unternehmen (Leonard & Sensiper, 1988). Explizites Wissen dagegen ist gut entschlüsselt und kann direkt, schnell und leicht (nicht „heikel" – vgl. von Hippel, 1994, S. 430) gewonnen, transferiert und dupliziert werden, was für implizites Wissen nicht zutrifft. Ein effektives Wissensmanagement muss beide Wissensdimensionen berücksichtigen, um sowohl die vollständige Nutzung des im Unternehmen bereits vorhandenen Wissens (Probst et al., 1997, S. 222), den Transfer von sowohl implizitem als auch explizitem Wissen zu beinhalten wie auch die Entwicklung neuen Wissens (von Krogh & Venzin, 1995, S. 425 ff.) sicherstellen. Werden Organisationsformen als Instrumente zum Wissensmanagement eingesetzt, gilt das Gleiche für sie; daher lautet eine Weiterentwicklung der Forschungsfrage:

> Wie kann eine Organisationsform, die dem Teilen von **implizitem und explizitem Wissen dient**, gestaltet sein?

Die Potenziale eines effektiven und effizienten Wissenstransfers für ein Unternehmen werden zwar erkannt (vgl. Skandia, 1994; Hilti, 1997, S. 2 ff.; Davenport & Prusak, 1998), es mangelt aber an umsetzbaren Konzepten. So werden Umfragen zufolge immer noch mehr als die Hälfte des im Unternehmen verfügbaren Wissens nicht genutzt (vgl. Ernst & Young, 1997; Fraunhofer Institut, 1998; Probst et al., 1997). Dass Konzepte und Methoden gefunden werden müssen, die Managern helfen, das im Unternehmen vorhandene Wissen zu erschließen und zu transferieren, steht außer Frage. Eine reine Konzeptualisierung und Modellbildung reicht jedoch nicht aus, um Unternehmen eine Hilfestellung zur Erschließung und Verbesserung ihrer Wissensbasis zu bieten. Es soll daher nicht nur ein theoretisches Modell sondern ein klares Konzept entwickelt werden, wie Wissensnetzwerk-Konzepte gestaltet sind und welcher Anpassung sie für verschiedene Unternehmen bedürfen. Dies beinhaltet die Identifizierung von Kernkomponenten und deren Abhängigkeiten sowie der unternehmensspezifischen Faktoren. Daher lautet eine weitere Detaillierung der Forschungsfrage konsequenterweise:

> Wie kann eine Organisationsform, die dem Teilen von implizitem und explizitem Wissen dient, **im Unternehmen** gestaltet sein und **in eine Konzeption eingebunden werden?**

Der Transfer von implizitem Wissen kann nach Nonaka (beschrieben in seinem SECI Modell, Nonaka, 1994, S. 19) durch den Prozess der Sozialisation, also dem Austausch von impliziten Wissen durch das Verbinden von Wissensträgern, geschehen, was eine Interaktion der Personen über eine längere Zeitdauer hinweg voraussetzt, um so den Austausch ihres impliziten Wissens zu ermöglichen. Oder durch eine Externalisierung des implizitem Wissens in explizites Wissen, was einen direkten Transfer ermöglicht, jedoch voraussetzt, dass das neue explizite Wissen im nächsten Schritt mit eigenen Erfahrungen verbunden zum eigenen impliziten Wissen internalisiert wird. Der zweite beschriebene Prozess nimmt eine längere Zeitdauer in Anspruch und verursacht einen Verlust von Teilen des impliziten Wissens, da nicht alles implizierte Wissen in explizites Wissen umgewandelt werden kann (man kann nicht alles ausdrücken, was man weiss), ermöglicht aber den Transfer an beliebig viele Menschen im Unternehmen. Dagegen ist der erste Prozess der Sozialisation effektiver, aber auch schwieriger zu unterstützen und zu steuern, da man für den Wissensaustausch die richtigen Rahmenbedingungen schaffen und den Prozess durch Hilfsmittel wie geeignete regelmäßige Treffen unterstützen muss. Netzartig aufgebaute Organisationsformen zum Wissenstransfer bieten hier mehrere Vorteile, die sie ideal erscheinen lassen. Zum einen kann ihre Umgebung so gestaltet sein, dass sie fördernd auf den Wissensaustausch wirkt, zum anderen bietet sie sowohl den Wissensträgern die Möglichkeit, sich kontextspezifisch über einen längeren Zeitraum auszutauschen, als auch dem Management über die Zusammensetzung der Teilnehmer und Definition der Ziele die Möglichkeit der Einflussnahme, so dass der Wissenstransfer in geschäftsrelevanten Bereichen gezielt gefördert werden kann.

Ein weiterer Vorteil der Netzwerkstruktur ist, dass sie über der Matrixstruktur des Unternehmens liegt und so einzelne „Wissensinseln" miteinander verbinden kann (siehe Abb. 2). Wissensinseln entstehen dann, wenn einzelne Wissensträger durch hierarchische, funktionale und strategische Barrieren nicht mehr miteinander vernetzt sind (Probst et al., 1999, S. 257f.).

Abb. 2: Wissensbarrieren führen zu Wissensinseln (Quelle: Probst et al., 1999, S. 257)

So können z.B. die Entwickler für Sicherheitsgurte eines internationalen Automobilkonzerns durchaus Wissensinseln sein, wenn sie innerhalb ihrer Sparte (Fahrzeugplattformen), in diesem Fall Sicherheitsgurte in Nutzfahrzeugen oder PKWs, zwar mit den Kollegen der gleichen Sparte verbunden sind, sich jedoch nicht mit den Kollegen der anderen Sparte austauschen können. Auch Hierarchien innerhalb eines Funktionsbereichs oder regionale Barrieren würden hier Wissensinseln schaffen. Ein Austausch dieser Entwickler über hierarchische, regionale und funktionale Barrieren hinweg kann für das Unternehmen große Vorteile beinhalten, mit der Reduzierung von Redundanzen und dem Nutzen von Synergien, der Entwicklung von Gleichteilen (Komponenten, die in mehreren Fahrzeugplattformen eingesetzt werden können) zur Kostenreduktion oder der Minimierung der Risiken von Fehlentwicklungen seien hier nur einige Vorteile genannt. Eine netzwerkartige Organisationsform kann diese Wissensinseln, im

Beispiel die Entwickler für Sicherheitsgurte aller Fahrzeugsparten und Regionen, miteinander verbinden und deren Wissensaustausch bezogen auf Best Practices und Lessons Learned durch geeignete Rahmenbedingungen und Hilfsmittel fördern.

Mit der Entstehung des Bewusstseins, dass Wissensmanagement durch Organisationsformen gefördert werden kann, haben sich zahlreiche wissensbasierte Ansätze, also Ansätze, die auf die Bildung von Organisationsformen zur Wissensinteraktion ausgerichtet sind, im Unternehmen herausgebildet und wurden durch die Theorie konzeptualisiert (z.B. Orr, 1987; Wenger, 1998b). Diese werden von einigen Autoren unter dem Begriff „Wissensnetzwerke" oder auch „Communities of Practice" zusammengefasst, obwohl es sich eigentlich um in ihrer Struktur und ihren Zielen unterschiedliche Konzepte handelt (Seufert et al., 1999b; Wenger & Snyder, 2000a). Gemessen an der Bedeutung dieser Organisationsformen für Theorie und Praxis existieren jedoch nur wenige Arbeiten, die sich mit der Differenzierung der unterschiedlichen Formen wie auch mit deren praktischer Umsetzung im Unternehmen beschäftigen (Wenger et al., 2002 und Enkel et al., 2004a bilden hier eine Ausnahme). Zu dieser Forschungslücke will die vorliegende Arbeit einen Beitrag leisten. Daher lautet die Leitfrage:

Wie kann ein Wissensnetzwerk im Unternehmen gestaltet sein und in eine Konzeption eingebunden werden?

Die sekundären Forschungsfragen sollen die oben genannte Leitfrage noch zusätzlich untergliedern und neben dem primären Untersuchungsobjekt *Wissensnetzwerk-Konzepte* das sekundäre Untersuchungsobjekt der einzelnen *Wissensnetzwerke* wie auch die für diese Arbeit gesteckten Ziele formulieren. Die sekundären Forschungsfragen lauten daher:

- Welche strategische Verankerung benötigt das Wissensnetzwerk-Konzept für eine erfolgreiche Umsetzung im Unternehmen?
- Welchen Einfluss hat die Unternehmenskultur und -struktur auf die Gestaltung des Wissensnetzwerk-Konzepts?
- Welche kritischen Erfolgs- und Misserfolgsfaktoren existieren für Wissensnetzwerk-Konzepte?
- Kann man eine Entwicklung bei Wissensnetzwerk-Konzepten feststellen?
- Welche Gestaltungsmerkmale beinhalten Wissensnetzwerke, um zum Transfer von implizitem und explizitem Wissen geeignet zu sein?
- Wie wird der Erfolg von Wissensnetzwerken in der Praxis gemessen?
- Wie und warum unterscheiden sich Wissensnetzwerke?

Die hier aufgeführten Forschungsfragen leiten die Aufarbeitung der Theorie im nachfolgenden Kapitel 2 wie auch die empirische Untersuchung bei den ausgewählten Fallstudienunternehmen (siehe Kapitel 4). Um die Datensammlung und -analyse für die Untersuchung zu fokussieren und damit in der Lage zu sein, Kernkomponenten zu identifizieren, ist es zunächst notwendig, aus der Theorie heraus Gestaltungsempfehlungen zu identifizieren. Ein Blick in die dieser Arbeit zugrunde liegende Theorie der wissensbasierten Sicht auf das Unternehmen zeigt, dass den Charakteris-tiken des Wissens und Anforderungen des Wissenstransfers als Prozess durch netzartig strukturierte Organisationsformen Rechnung getragen werden kann. Eine Analyse ausgewählter Organisationstheorien und Netzwerktheorien ermöglicht es, erste Gestaltungsempfehlungen grob zu identifizieren (siehe Kapitel 2). Diese ersten Gestaltungsempfehlungen werden dann durch eine Auseinandersetzung mit den existierenden Erkenntnissen zu Wissensnetzwerken in einem Analyseraster verdichtet (siehe Kapitel 3). Dieses bildet die Grundlage zur empirischen Datensammlung und -analyse.

Die folgende Abbildung zeigt die einzelnen Kapitel im Überblick:

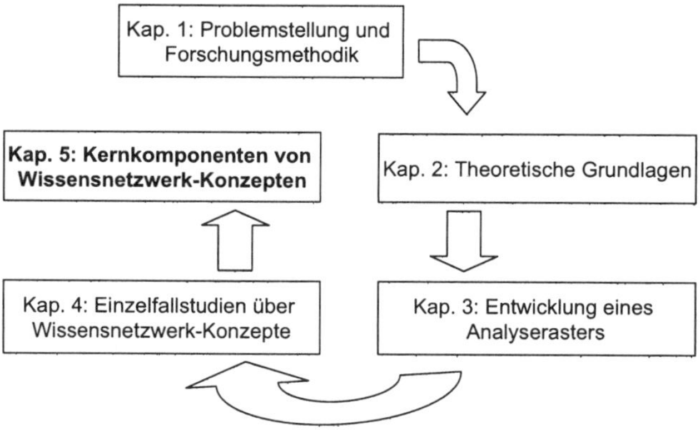

Abb. 3: Kapitel des vorliegenden Berichts im Überblick

1.1.3 Struktur des vorliegenden Berichts

Abbildung 4 soll die Struktur und Gewichtung der einzelnen Kapitel der vorliegenden Arbeit verdeutlichen.

Die Grafik liest sich wie folgt: die einzelnen Kapitel 1 bis 5 sind auf der linken Seite mit ihrer jeweiligen Gewichtung, am linken Rand durch Prozentzahlen indiziert, angegeben. Die Gewichtung der Kapitel entspricht der Bedeutung der Teilbereiche im gesamten Forschungsprojekt. Die Unterkapitel sind jeweils rechts nebeneinander in der Reihenfolge und Breite dargestellt, die ihrer Darstellung in der vorliegenden Arbeit und ihrer Gewichtung innerhalb des Kapitels (wieder orientiert an ihrer Bedeutung im Gesamtprojekt; dies ist durch die Prozentzahl am unteren Rand angezeigt) im Projekt entspricht. Die Farben sollen ein leichteres Orientieren über die Zuordnung, aber auch Abhängigkeit der einzelnen Kapitel voneinander indizieren. Diese grafische Darstellung erleichterte dem Autor die Konzeption der Arbeit als Explizierung des Forschungsprojekts, soll aber auch dem Leser als erste Orientierung über die Inhalte dienen.

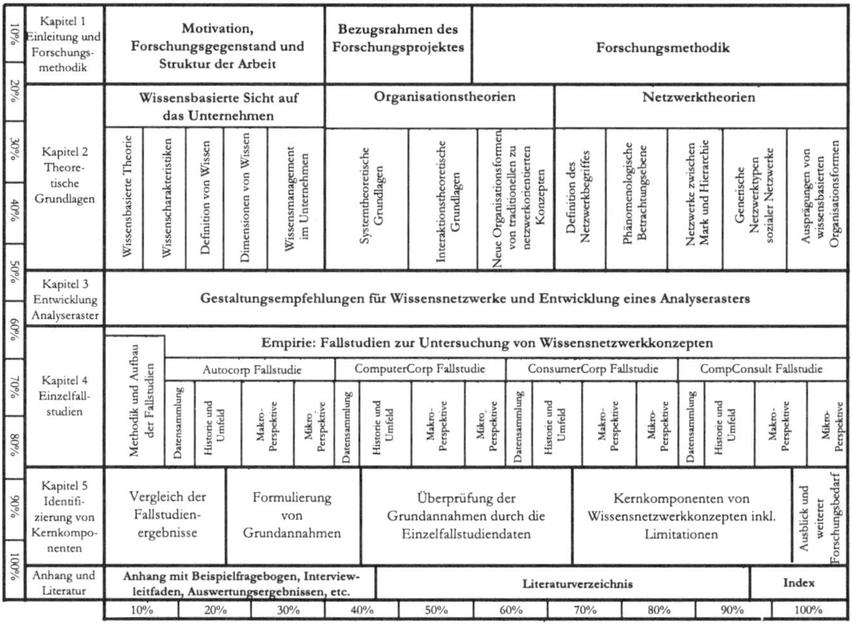

Abb. 4: Struktur der vorliegenden Arbeit und Gewichtung der einzelnen Teile

1.2 Bezugsrahmen des Forschungsprojekts

In diesem Kapitell sollen neben einem ersten Überblick über den theoretischen Bezugsrahmen des Forschungsprojekts auch die theoretische und praktische Relevanz vorgestellt werden.

1.2.1 Bezugsrahmen und theoretische Relevanz

Whetten (1989) spricht von drei möglichen und legitimen wertschaffenden Beiträgen zur Theoriebildung. Dies kann erstens (1) ein Wechseln der Faktoren (Variablen, Konstrukte, Konzepte; das „Was") sein, welche einen Teil der Erklärung eines sozialen Phänomens in einer existierenden Theorie darstellen, oder ein Wechsel des Wegs, wie die Faktoren aufgebaut oder miteinander in Beziehung gebracht werden (das „Wie"). Eine solche Identifizierung kann als Beitrag zur Theoriebildung angesehen werden. Zweitens kann (2) die Neu-Definition einer Annahme hinter einer bestehenden Theorie (das „Warum") eine solche erweitern. Das bedeutet, dass ein Forscher eine falsche oder unrealistische Annahme enthüllen soll. Drittens kann (3) ein Forscher eine existierende Theorie an eine neue Umgebung anpassen (das „Wer", „Wo" und „Wann"), indem er die auf der Theorie basierenden Modelle in eine neue Umgebung setzt. Aber nur wenn die Modelle in dieser neuen Umgebung nicht wie erwartet funktionieren und daher Bedingungen verändert werden müssen, um vergleichbare Ergebnisse zu schaffen, kann dieses Vorgehen als wertschaffender Beitrag zur Theoriebildung angesehen werden.

Literatur	Beitrag zur Forschung	Beeinflussende Elemente für diese Forschung	Beitrag dieser Arbeit zur Theorie
Wissensbasierte Sicht (Knowledge-based View)	Grundwortschatz und Verständnis	Bedeutung von Wissens-management-Aktivitäten zur Erlangung von Wett-bewerbsvorteilen	Verbindung zwischen strategischen Unternehmens-zielen und Wissensmanagement durch Wissensnetzwerk-Konzepte
Organisations- und Netzwerk-theorien	Bezugsrahmen	Verständnis der Zusammenhänge zwischen dem Unternehmen und Wissensnetzwerken, Ableitung von Untersuchungselementen für das Analyseraster	Gestaltungsempfehlungen für netzwerkartige Organisations-formen zum Wissenstransfer und deren Einbindung in das Unternehmen
Referenzmodell Wissens-netzwerke (KNN)	Bezugsrahmen	Eingrenzung des Betrachtungsfokus für die Empirie, Ableitung von Untersuchungselementen für das Analyseraster	Klares Bild von Wissens-netzwerk-Konzepten in der Praxis, Identifizierung von Kern-komponenten für Wissens-netzwerk-Konzepte und einzelne Wissensnetzwerke, Formulierung der Zusammenhänge zu den strategischen Zielen, der Unternehmensstruktur und -kultur

Tabelle 1: Einfluss der Forschungsfelder auf das Forschungsprojekt (Quelle: eigene Darstellung)

Das vorliegende Forschungsprojekt strebt einen Beitrag zur existierenden Theorie in der *wissens-basierten Sicht auf das Unternehmen* (Knowledge-based View oder KBV) an, indem empirische Untersuchungen aufzeigen, wie Wissensnetzwerk-Konzepte strategische Unternehmensziele unterstützen und dadurch Wettbewerbsvorteile schaffen. Diese explizite Verbindung zwischen Wissensmanagement-Aktivitäten, im Speziellen Wissensnetzwerke, und den strategischen Zielen eines Unternehmens, die dessen Wettbewerbsposition sichern sollen, wurde in keiner wissenschaftlichen Untersuchung aufgezeigt (Beitrag 3). Darüber hinaus soll auf der Basis der *wissensbasierten Theorie* eine neue Theorie geschaffen werden, welche erklärt, welche Gestalt Wissensnetzwerke in Unternehmen einnehmen sollen und welche Abhängigkeiten und unternehmensspezifische Anpassungen vorgenommen werden müssen. Dazu werden bestehende Organisations- und Netzwerktheorien auf ihre Anwendbarkeit im Kontext der Wissensnetzwerk-Konzepte überprüft (Beitrag (1) und (2)). Tabelle 1 gibt einen Überblick über die relevanten Forschungsfelder und ihren Einfluss auf die vorliegende Forschung.

Wie aus der obigen Tabelle hervorgeht, bildet die wissensbasierte Theorie des Unternehmens die Grundlage für die Betrachtung von Wissensnetzwerken und deren Einfluss auf die strategischen Unternehmensziele. Erst die wissensbasierte Theorie verdeutlicht, wie wichtig Wissen und Wissensmanagement für ein Unternehmen sind. Eine Maßnahme zum Austausch impliziten Wissens kann dabei die Bildung von Organisationsformen sein. Aus ausgewählten Organisationstheorien können dabei erste Gestaltungsmerkmale wissensbasierter Organisationsformen und deren Einfluss auf das Unternehmen abgeleitet werden. Eine Diskussion der Netzwerktheorie fokussiert diese Gestaltungsempfehlungen auf netzartig strukturierte wissensbasierte Organisationsformen wie Wissensnetzwerke. Die Gestaltungsempfehlungen werden durch die Analyse der Literatur zu Wissensnetzwerken zu einem Analyseraster verdichtet, das zur Fokussierung der Datensammlung in der nachfolgenden Empirie dient. Die vorliegende Forschungsarbeit soll als Beitrag zu den existierenden Erkenntnisse über Wissensnetzwerke neben allgemeinen Gestaltungsmerkmalen erstmals ein klares Bild über die Gestalt von Wissensnetzwerk-Konzepten darstellen und Kernkomponenten für diese identifizieren und deren Zusammenhänge zu den strategischen Zielen, der Unternehmensstruktur und -kultur verdeutlichen.

1.2.2 Praktische Relevanz der Forschung

Einen *Beitrag für die Praxis* leistet diese Arbeit, indem sie Unternehmen die Potenziale von Wissensnetzwerken und deren Konzepte zum Wissenstransfer wie auch zur Verfolgung strategischer und operativer Ziele verdeutlicht und ihnen generalisierte Kernkomponenten und gestaltungsgebende Elemente aufzeigt, die es der Praxis ermöglichen, solche Konzepte selbst aufzubauen und auf ihren Unternehmenskontext anzupassen. Die zunehmende Anzahl theoretischer Publikationen im Feld Wissensmanagement hat zu unklaren und verwirrenden

Konzepten geführt. Zum einen wird in vielen Publikationen, gerade aus dem informationstechnischen Bereich (z.B. Österle et al., 2001; von Maur & Winter, 2003), der Unterschied zwischen Informationen und Wissen nicht konsequent gesehen oder die spezifischen Charakteristiken von Wissen bei der Entwicklung von Konzepten und Methoden nicht berücksichtigt. Zum anderen wird in zahlreichen Ansätzen zwar die Bedeutung des Multiplizierens und Verteilens des vorhandenen Wissens hervorgehoben (vgl. z.B. Probst et al., 1997; Schreyögg & Conrad, 1996), jedoch notwendige Gestaltungsempfehlungen für die Praxis nur unzureichend beschrieben. Es fehlt ganz spezifisch an einer Beschreibung des Phänomens des Wissenstransfers im Kontext mit anderen Phänomenen wie z.B. neuen Organisationsformen (Cusumano & Elenkov, 1994; Kogut & Zander, 1992; Kumar, 1994). Auch wurde bisher nur unzureichend versucht, diese in der Praxis existierenden neuen Organisationsformen durch empirische Forschung zu beschreiben und zu analysieren (Blackler, 1995; Sanderlands & Stablein, 1987).

Durch die vergleichende Darstellung, Analyse und Konzeptualisierung in der Praxis vorgefundener Wissensnetzwerk-Konzepte erhalten Praktiker einen Einblick in die Gestaltung dieser Konzepte und ihrer organisatorischen Einbindung in der Praxis. Die gesammelten und analysierten Daten bilden auf transparente Art und Weise die Grundlage für die Identifizierung von Kernkomponenten für Wissensnetzwerk-Konzepte.

1.3 Forschungsmethodik

Die Wahl der Forschungsmethodik stellt ein Schlüsselelement bei der Durchführung einer empirischen Untersuchung dar. Das methodische Design muss sich als adäquat für die zu untersuchenden Fragestellungen erweisen. Im Folgenden soll aufgezeigt werden, wie die entwickelten Forschungsfragen im Rahmen dieser Arbeit beantwortet werden sollen. Ziel des folgenden Kapitels ist es, den Forschungsweg aufzuzeigen, indem zunächst die Wahl des Forschungsansatzes vorgestellt und begründet wird und anschließend das Forschungsdesign der Arbeit diskutiert wird. Der forschungslogische Ablauf der durchgeführten Untersuchung bestimmt Struktur und Inhalt der vorliegenden Arbeit. In der nachfolgenden Abbildung (Abb. 5) wird der Forschungsweg zusammenfassend dargestellt und seine Repräsentation in den einzelnen Kapiteln der Arbeit aufgezeigt (siehe Kapitelnummern in Klammer in der nachfolgenden Grafik). Den Startpunkt des Forschungsprojekts bildete das soziale Problem von Unternehmen, die Wissensnetzwerke zum Wissenstransfer und zur Verfolgung von strategischen Zielen einsetzen wollen, aber keine geeignete Struktur- und Aufbauempfehlung in Theorie oder Praxis zur Orientierung verwenden können, da diese bisher nicht entwickelt worden sind. Da einzelne

Wissensnetzwerke sowie deren Konzepte bisher nur unzureichend konzeptualisiert worden sind, zeigt sich hier eine Lücke in der Forschung, welche das vorliegende Forschungsprojekt schließen möchte. Als theoretischer Bezugsrahmen gilt die wissensbasierte Theorie vom Unternehmen, welche den Wert von Wissen als entscheidender Wettbewerbsfaktor und die Notwendigkeit von Wissenstransfer fördernden Maßnahmen hervorhebt. Die Frage nach dem „Wie" dieser Maßnahmen kann durch eine Betrachtung der Charakteristiken von Wissen und die dadurch definierten Anforderungen an Aktivitäten zum Teil beantwortet werden. Will man den Transfer impliziten Wissens fördern, so ist es notwendig, Wissensträger in Interaktion zu bringen. Eine Diskussion ausgewählter Organisations- und Netzwerktheorien zeigt, wie eine Organisationsstruktur geschaffen sein muss, damit implizites Wissen ausgetauscht werden kann und welchen gegenseitigen Einfluss Organisationsform und Unternehmen aufeinander ausüben. Die durch die Theorie entwickelten Gestaltungsmerkmale sind jedoch zu abstrakt, um aus ihnen Kernkomponenten für Wissensnetzwerk-Konzepte zu definieren. Verbindet man die Gestaltungsmerkmale aus Organisations- und Netzwerktheorien mit den sich aus der Analyse der Wissensnetzwerkliteratur ergebenden Merkmalen, kann ein Analyseraster erwickelt werden, welches die Voraussetzung für eine fokussierte Datensammlung und -analyse bildet. Das Analyseraster ermöglicht die Fokussierung der Datensammlung in den Fallstudien auf die Kernelemente und Umgebungsbedingungen, die für Wissensnetzwerk-Konzepte im Unternehmen von Bedeutung sind, und gibt gleichzeitig den Analyserahmen für die anschließende Datencodierung und -interpretation vor. Als Forschungsmethode kommt hier nur die Fallstudienforschung in Frage, da das Phänomen Wissensnetzwerk-Konzepte in der Praxis vorliegt, jedoch nicht durch andere qualitative oder quantitative Analyseverfahren als Ganzes erfasst werden kann (siehe nächstes Kapitel). Die analysierten Daten der Einzelfallstudien (welche zeigen, wie Wissensnetzwerk-Konzepte von vier Unternehmen aufgebaut und betrieben werden) werden dann in einem Fallstudien-Vergleich gegenübergestellt, um so die unternehmensspezifischen Faktoren herauszufiltern und generalisierte Kernkomponenten für Wissensnetzwerk-Konzepte zu identifizieren. Durch die Generalisierung der Untersuchungsergebnisse ist es möglich, die Anwendung der anfänglich diskutierten Organisations- und Netzwerktheorien zu überprüfen und ggf. zu erweitern.

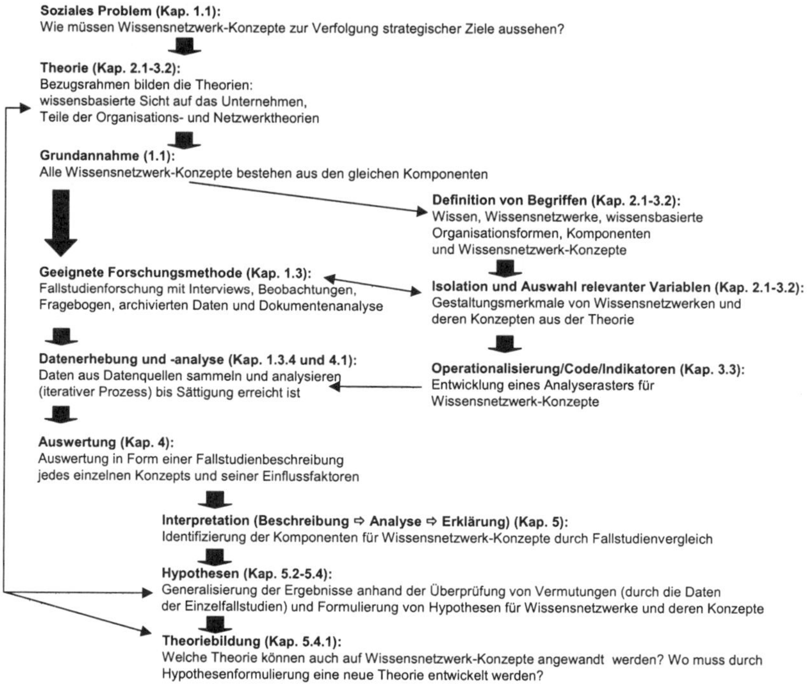

Abb. 5: Forschungslogischer Ablauf der vorliegenden Arbeit mit Kapitelnummern adaptiert von Friedrichs (1990, S. 51)

1.3.1 Wahl des Forschungsansatzes

Die Wahl des Forschungsansatzes, der oben bereits kurz als Fallstudienforschung vorgestellt wurde, soll im Folgenden hergeleitet und begründet werden. Die gewählte Forschungsmethode hängt dabei unmittelbar mit dem Untersuchungsziel, der Untersuchung des Phänomens der Wissensnetzwerk-Konzepte, zusammen. Traditionell wird bei der Wahl der Forschungsmethode zunächst zwischen qualitativen und quantitativen Forschungsmethoden unterschieden. Diese Struktur weißt auch das folgende Kapitel auf. In diesen zwei Kategorien besteht eine Vielzahl von möglichen Methoden zur Datensammlung, die aufgrund der Forschungsfrage diskutiert werden müssen, was schließlich zur Identifizierung des für die vorliegende Forschung gewählten Ansatzes führt.

1.3.1.1 *Qualitative und quantitative Forschungsansätze*

Bei einer empirischen Untersuchung unterscheiden Wissenschaftler traditionell zwischen qualitativen und quantitativen Forschungsmethoden (Abel et al., 1998, S. 10). Während quantitative Forschung auf das Überprüfen von Hypothesen (dem „Erklären") durch das Sammeln großer Datenmengen zu einem engbegrenzten Bereich abzielt, werden qualitative Forschungsmethoden zum „Verstehen" von Sachverhalten (dem „Wie" und „Warum") durch das Sammeln von wenigen, aber qualitativ hochwertigen und vielfältigen Daten eingesetzt (Lamnek, 1995a, S. 219 ff.). So besteht ein enger Zusammenhang zwischen dem Untersuchungsobjekt und der Wahl der geeigneten Untersuchungsmethode (Yin, 1994, S. 10).

Qualitative Studien neigen dazu, einen induktiven Ansatz zu verfolgen. Induktive Forschung beginnt mit der Spezifizierung der Daten, welche dann dazu verwendet werden, eine generelle Erklärung (Theorie) zu entwickeln, welche Daten erklärt. Sie beinhaltet das induktive Begründen, das sich vom Speziellen zum Generellen bewegt. Eine qualitative Forschungsstrategie ist gezielt geführt und die Ergebnisse sind meist in einem spezifischen Zeitraum und Ort beheimatet. Die Daten, die durch qualitative Forschungsmethoden gewonnen werden, sind gehaltvoller und detaillierter als solche, die durch quantitative Forschungsmethoden erzeugt werden, und werden heute oftmals als der einzige Weg zur exakten Untersuchung der Unternehmensrealität anerkannt (Foddy, 1993, S. 1). Qualitative Forschungsmethoden zur Erforschung sozialer Phänomene sind z.B. Fragebogen, qualitative Interviews, Gruppendiskussionen, Inhaltsanalysen, Fallstudien, Historien- und Biographienforschung, Teilnehmerobservierung, qualitative Experimente, Ethnographie, Kartographie oder Aktionsforschung. In der qualitativen Forschungsmethodologie ergänzen sich dabei die einzelnen Methoden, oftmals können sie nicht einzeln verwendet werden. So beinhaltet ein qualitativer Forschungsansatz verschiedene Techniken der Datensammlung (siehe unter Daten-Triangulation bei Treumann, 1998, S. 155).

Die Nachteile der qualitativen Forschungsmethodik lassen sich nach Katz (1983) wie folgt zusammenfassen: 1) die mögliche Selektivität der Beobachtungen und Erhebungen, die eine Generalisierung der Ergebnisse unmöglich macht; 2) die Wahrscheinlichkeit der Beeinflussung des Verhaltens des Befragten durch die empirische Erhebung selbst; 3) die niedrige Reliabilität der erhobenen Daten sowie 4) die Schwierigkeit einer Wiederholbarkeit der Erhebung. Kromrey (1991, S. 183) bemerkt dazu, dass Reliabilität, Validität und damit Generalisierbarkeit in qualitativen Methoden schwierig zu erzielen ist. Die unterschiedlichen Kontexte und Akteure (Interviewpartner und Forscher) sind Gründe hierfür wie auch die nicht standardisierbaren Erhebungsprozeduren. Qualitative, interpretative Studien können durchaus isoliert und subjektiv durchgeführt werden, was eine Generalisierbarkeit der Ergebnisse oder eine Eingliederung in „a greater body of knowledge" unmöglich macht (Black, 1993, S. 3). Andererseits, so Barton & Lazarsfeld (1979, S. 72-77), kann dieser Nachteil bewusst in Kauf genommen werden, zugunsten einer differenzierteren Datenerhebung und -analyse, die mit qualitativen Erhebungsmethoden einhergeht. Der Kritik der Subjektivität bei der Datenerhebung und -analyse bei qualitativer Forschung kann entgegnet werden, dass sich auch in quantitativen Untersuchungen der Forscher kaum von seinen subjektiven Vorstellungen, Theorien oder Hypothesen und unter Ablegung jeglicher eigener Prägungen einem Untersuchungsgegenstand nähert. Eine Forderung einer gegensätzlichen Haltung muss als idealistisch und unrealistisch zurückgewiesen werden (Glaser & Strauss, 1967, S. 33; siehe auch Lamnek, 1995a, S. 96 ff.).

Im Gegensatz zum qualitativen Forschungsansatz zielen *quantitative Messmethoden* und Analysen auf kausale Zusammenhänge zwischen Variablen. Sie produzieren „harte und überprüfbare Daten", in dem Sinne, dass die Datenbasis breiter als bei qualitativen Forschungsmethoden ist (Lamnek, 1995a, S. 218 f.). Forscher, die den quantitativen Ansatz verfolgen, stellen heraus, dass sich ihre Arbeit in einem wertfreieren Forschungsrahmen als bei einem qualitativen Ansatz befindet. Denzin & Lincoln (1994) betonen jedochus, dass auch quantitative Forschung durch Datensammlung, -analyse und -interpretation subjektive Elemente enthalten kann. Quantitative Forschung verfolgt einen eher deduktiven Ansatz, um eine valide Verbindung zwischen Idee und empirischer Realität aufzuzeigen. Deduktive Forschung zielt auf das deduktive Begründen ab, in welchem spezifische Erwartungen als Hypothesen formuliert von einer generellen Prämisse angeleitet und dann getestet werden. Forscher agieren dabei als Außenstehende und halten eine festgelegte Distanz zu ihrem Forschungsgegenstand. Quantitative Forschungsstrategien folgen einer klar umrissenen Struktur (siehe dazu die methodologischen Implikationen der quantitativen und qualitativen Sozialforschung Lamnek, 1995a, S. 218 ff.).

Ein wesentlicher Unterschied zwischen qualitativer und quantitativer empirischer Forschung besteht auch in der Standardisierung der Erhebungsverfahren. Während in der quantitativen Forschung eine Erfassung der Realität anhand von standardisierten Instrumenten erfolgt, bedient sich die qualitative Forschung, bedingt durch das eher unbekannte Forschungsobjekt, offener Verfahren, durch die sie eine qualitativ hochwertigere (weil holistischer und detaillierter) Beschreibung der Untersuchungsgegenstände erwartet. In der Auswertung der qualitativen Daten können also unter Umständen auch quantitative statistische Methoden zur Anwendung gelangen (zum Unterschied zwischen qualitativer und quantitativer Forschung Treumann, 1998, S. 159 f.). Einige qualitative Forschungsansätze, wie z.B. die Fallstudienforschung, können sowohl qualitative als auch quantitative Methoden verwenden.

1.3.1.2 Forschungsansatz dieser Arbeit

Empirische Beiträge zur wissensbasierten Sicht auf das Unternehmen beruhen traditionell auf quantitativen Forschungsmethoden (vgl. Kogut & Zander, 1995; Skandia, 1994; Subramaniam & Venkatraman, 2001; Szulanski, 1996, 2000). Eine Erklärung hierfür findet sich in den Ursprüngen der wissensbasierten Theorie des Unternehmens: man versuchte, die Leistungsfähigkeit eines Unternehmens durch die Verwendung traditioneller ökonomischer Ansätze (welche die Sammlung großer Datenmengen über quantitative Methoden beinhalten) zu erklären. Auf der anderen Seite verfolgen empirische Untersuchungen zu Organisationsformen zum Wissenstransfer, wie beispielsweise zu Communities of Practice, die ihre Ursprünge in der Lerntheorie haben, zumeist qualitative Forschungsansätze wie das Konzept der Fallstudienforschung, um das Phänomen in der Praxis aus verschiedenen Perspektiven zu beschreiben und zu analysieren (vgl. zu Communities of Practice Orr, 1987; Snyder, 1999; Wenger, 1998b). Yin (1994, S. 93) stellt den Unterschied zwischen qualitativen Forschungsmethoden und der Fallstudienforschung grafisch dar.

Abb. 6: Einseitige Datensammung bei qualitativen Forschungsmethoden (Quelle: Yin, 1994, S. 93)

Während qualitative Forschungsmethoden einseitig Daten sammeln und daraus Schlussfolgerungen ziehen (siehe Abb. 6, bei Yin, 1994, S. 93 als „Nonconvergence of multiple Sources of Evidence" bezeichnet), betrachtet die Fallstudienforschung bei Nutzung überwiegend qualitativer Datensammlungsmethoden ein Phänomen von verschiedenen Perspektiven (siehe Abb. 7) und führt so zu tieferen Erkenntnissen (bei Yin, 1994, S. 93 entsprechend als „Convergence of multiple Sources of Evidence" bezeichnet).

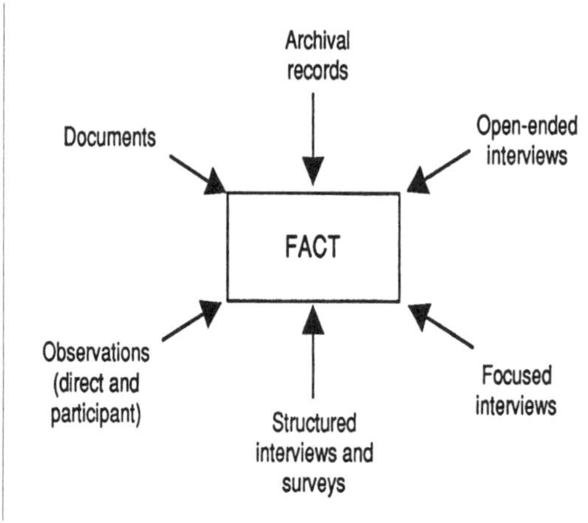

Abb. 7: Nutzung verschiedener (qualitativer) Datensammlungsmethoden zur Erforschung eines Phänomens (Quelle: Yin, 1994, S. 93)

Soll also ein Phänomen in der Praxis mit seinen Prozessen und Zusammenhängen holistisch und tiefergehend untersucht werden, dann sollte der Forscher qualitative Forschungsmethoden bevorzugen, sollen dagegen einzelne Prämissen durch eine breite Datenbasis überprüft werden, sollte dies durch quantitative Forschungsmethoden geschehen (vgl. Miles & Huberman, 1994, S. 10 oder Treumann, 1998, S. 159 f.). Auch Girtler (1984) stellt dar, dass quantitative Methoden und Hilfsmittel nicht dazu geeignet sind, soziale Aktivitäten zu observieren (siehe auch Lamnek, 1995a, S. 219 f.; Treumann, 1998, S. 162 f.). Daher verfolgt diese Arbeit einen qualitativen Ansatz zur Erforschung des Phänomens der Wissensnetzwerke und ihrer Konzepte.

1.3.2 Wahl des Forschungsdesigns

Das Forschungsdesign dient dazu, die Daten, die gesammelt und interpretiert werden sollen, und die erkenntnisleitenden Fragen miteinander in Verbindung zu bringen (Yin, 1994, S. 18). Als Nächstes wird aus der Vielzahl der qualitativen Forschungsmethoden diejenige gewählt werden, die zur Beantwortung der gestellten Forschungsfragen am besten geeignet erscheint. Daraus ergibt sich das für diese Arbeit entwickelte Forschungsdesign, welches im Folgenden beschrieben wird.

Die vorliegende Arbeit verwendet die Forschungsmethode der vergleichenden Fallstudienforschung. Diese Auswahl basiert auf Yins (1994, S. 5 f.) Arbeit über die Auswahl angemessener Forschungsstrategien für die Untersuchung unterschiedlicher sozialer Phänomene durch die Unterscheidung der Strategien von Experiment, Fragebogen, Analyse historischer Daten,

Geschichtsanalyse und Fallstudienforschung. Zur Wahl der richtigen Forschungsstrategie bzw. -methode schlägt Yin (1994, S. 4 ff.) die Beachtung einer Matrix vor. In dieser wird aufgrund der Forschungsfrage der Untersuchung sowie aufgrund der Kontrolle des Forschers über das Untersuchungsobjekt und des Fokus auf ein zeitgenössisches Phänomen die entsprechende Forschungsmethode empfohlen. Die Auswahl der angemessenen Forschungsstrategie basiert daher auf den Kriterien: der *Forschungsfrage*, den Anforderungen der *Kontrolle über das Verhalten* und der *Aktualität* der benötigten Daten (Yin, 1994, S. 6). Diese Kriterien werden im Folgenden diskutiert.

strategy	form of research question	requires control over behavioral events?	focuses on contemporary events?
experiment	how, why	yes	yes
survey	who, what, where, how many, how much	no	yes
archival analysis	who, what, where, how many, how much	no	yes/no
history	how, why	no	no
case study	how, why	no	yes

Abb. 8: Auswahl der richtigen Forschungsmethode (Quelle: Yin, 1994, S. 6)

Yin (1994, S. 6) identifiziert Geschichtsanalyse, Fallstudienforschung und Experimente als angemessene Forschungsstrategien zur Beantwortung von Fragen des „Wie und Warum“. Er argumentiert dabei, dass, wenn die Natur des sozialen Verhaltens, welches studiert werden soll, nicht vom Forscher kontrolliert werden kann (in diesem Fall bedeutet dies, dass keine Wissensnetzwerke in den Fallstudienunternehmen aufgebaut oder die vorliegenden Netzwerke beeinflusst werden), die Methode des Experiments für diese Forschung nicht von Belang ist. Auch soll der Forscher darauf achten, ob es sich bei dem zu studierenden Phänomen um eines von aktueller oder historischer Natur handelt. Für die vorliegende Forschung bedeutet dies, dass die Aktualität und Ausprägung des Phänomens „Wissensnetzwerk-Konzepte“ zum jetzigen Zeitpunkt von Bedeutung sind (es handelt sich um ein aktuelles Phänomen, das jetzt in Unternehmen auftritt) und betrachtet werden soll, um daraus Kernkomponenten zu identifizieren. Jedoch kann eine Analyse der Entwicklung der Wissensnetzwerk-Konzepte in den einzelnen Unternehmen und der Anpassungen der Konzepte durch gemachte Erfahrungen neue und wertvolle zusätzliche Erkenntnisse vermitteln und sollte daher als ein ergänzender Punkt in die Datensammlung und -analyse mit aufgenommen werden.

Zusammenfassend lässt sich sagen, dass bei der vorliegenden Forschungsfrage „**Wie kann ein Wissensnetzwerk im Unternehmen gestaltet sein und in eine Konzeption eingebunden werden?** der Forscher keinen Einfluss auf das Untersuchungsobjekt hat und dieses auf ein aktuelles Phänomen fokussiert. Unter diesen Umständen empfiehlt Yin (1994, S. 6) den Fallstudienansatz (siehe auch Lamnek, 1995b, S. 4 ff.).

Yin (1994, S. 13) definiert als Untersuchungsobjekt für eine Fallstudie „a contemporary phenomenon within its real-life context, especially when the boundaries between phenomenon and context are not clearly evident". Fallstudienforschung ist ein pluralistischer Ansatz, der gegenwärtige Phänomene beschreiben kann (Kromrey, 1991, S. 426 f.) und fokussiert auf das Verständnis bestimmter Situationen innerhalb eines Umfelds (Eisenhardt, 1989). Yin (1994, S. 13) definiert weiter: eine Fallstudienuntersuchung „copes with the technically distinctive situation in which there will be many more variables of interest than data points, and one result relies on multiple sources of evidence, with data needing to converge in a triangulating fashion, and as another result benefits from the prior development of theoretical propositions to guide data collection and analysis." Er sagt damit aus, dass es sich um ein Phänomen handeln muss, das nur durch Beachtung mehrerer Variablen beschrieben werden kann, was in der Verwendung verschiedener Datenquellen resultiert (Daten-Triangulation) und die Datensammlung durch vorhergehende Diskussion der Theorie fokussiert (siehe auch Treumann, 1998, S. 154 ff.).

Bei der Fallstudie handelt es sich um einen ganzen Forschungsansatz und nicht nur um eine Erhebungsmethode, so Lamnek (1995b, S. 4). „Vielmehr wird unter dem Ansatz der Fallanalyse prinzipiell das gesamte Spektrum der sozialwissenschaftlichen Erhebungsmethoden subsumiert, weshalb man sie auch als einen approach betrachtet." (Witzel, 1982, S. 78). Yin (1994, S. 14) besteht nicht auf einem rein qualitativen Fallstudien-Etikett. Er argumentiert, dass das Verwenden von quantitativen Analysen neben qualitativen Beobachtungen die Chance vergrößert, eine valide Fallstudienforschung zu betreiben (siehe auch Lamnek, 1995b, S. 8). Wichtig ist nur, alle Datenquellen zu verwenden, die notwendig erscheinen, um das Phänomen in angemessener Art und Weise wiederzugeben. Bei der Fallstudienforschung handelt es sich um ein offenes Konzept, dessen Ausgestaltung bezüglich Eingrenzung der Datenquellen oder Ausgestaltung der Fallstudie nicht strikt vorgegeben ist und daher unterschiedlicher Natur sein kann (Lamnek, 1995b, S. 17). Jedoch lassen sich Fallstudien in verschiedene Kategorien einteilen, die wiederum Vorgehensweise und Darstellung bestimmen. Die Anwendung des Fallstudienansatzes zur Erforschung von Wissensnetzwerken in der Praxis wird im Folgenden detaillierter diskutiert.

Fallstudien können in verschiedene Kategorien differenziert werden (Stake, 1995). Yin (1994, S. 11 ff.) identifiziert drei spezifische Kategorien von Fallstudien: explorativ (erforschend), erklärend und beschreibend (deskriptiv). Beschreibende Fallstudien erfordern eine deskriptive Theorie vor dem Start der Untersuchung, um entwickelt werden zu können. Die Fallstudie sollte eine einzelne Aktion oder eine Serie von Aktionen beschreiben. Erklärende bzw. analytische Fallstudien sollten für grundlegende Untersuchungen verwendet werden, welche z.B. die Strategie oder die Ursache, die die einzelnen Geschäftsaktionen verursacht, erklären oder analysieren. Explorative Fallstudien sollen einen Schritt weitergehen, indem sie versuchen, das Denken hinter der Strategie zu verstehen. Sie werden oftmals als Vorspiel sozialer Forschung bezeichnet (siehe zur Kategorisierung von Fallstudien auch Lamnek, 1995b, S. 8 ff.). Die Zuordnung zu den einzelnen Arten der Fallstudien erfolgt über die gestellte Forschungsfrage. Da die Forschungsfrage der vorliegenden Untersuchung nach dem „Wie“ (wie Wissensnetzwerk-Konzepte gestaltet) und dem „Warum“ (warum sind sie so gestaltet) fragt, handelt es sich um explorative Fallstudien (vgl. Yin, 1994, S. 6 ff.). Mit Hilfe der explorativen Fallstudien sollen Kernkomponenten für Wissensnetzwerk-Konzepte durch die Analyse der in der Praxis existierender Konzepte identifiziert werden.

	single-case designs	multiple-case designs
holistic (single unit of analysis)	TYPE 1	TYPE 3
embedded (multiple units of analysis)	TYPE 2	TYPE 4

Abb. 9: Verschiedene Arten von Fallstudien (Quelle: Yin, 1994, S. 39)

Die Abbildung 9 zeigt eine weitere Kategorisierung in der Fallstudienforschung und verweist auf die Frage, ob das Phänomen, das studiert wird, durch eine einzelne oder besser durch mehrere Fallstudien erforscht werden kann. Die Voraussetzung für eine Einzelfallstudie, die bei einem einzelnen Forschungsgegenstand verwendet wird, ist die Einzigartigkeit oder „extremity" des Phänomens (Yin, 1994, S. 39). Die Einzelfallstudie ist Limitationen unterworfen bezogen auf die Generalisierbarkeit dieses einen Falls. Yin (1994, S. 44 f.) stellt heraus, dass die Generalisierbarkeit der Ergebnisse sowohl bei einer Einzelfallstudie als auch bei Mehrfach-Fallstudien nicht von deren Anzahl, sondern von der Theorie abhängig ist. Eisenhardt (1989, S. 545) plädiert dafür, dann eine Mehrfach-Fallstudie zu verwenden, wenn eine neue Theorie gebildet werden soll, da die empirische Grundlage überzeugender ist und die gesamte Studie damit robuster wird. Das Erstellen von Mehrfach-Fallstudien erfordert entsprechend mehr Zeit und Ressourcen als die Erstellung einer Einzelfallstudie, da hier mehrere vollständige Einzelfallstudien erhoben werden und die Ergebnisse schließlich miteinander verglichen werden.

Die vorliegende Arbeit folgt den Mehrfach-Fallstudien-Ansatz (Typ 4 in Abb. 9), da nur durch den Vergleich der Konzepte die Kernkomponenten isoliert werden können, die nicht unternehmens- und kontextspezifisch sind. Der Mehrfach-Fallstudien-Ansatz erhöht die Generalisierbarkeit der Ergebnisse, da nur die Kernkomponenten als generell in Wissensnetzwerk-Konzepten vorhanden und notwendig identifiziert werden, die in allen vier Fallstudien vorhanden sind (Eisenhardt, 1989, S. 545). Zusätzlich wird der Untersuchungskontext auf die verwendeten Wissensnetzwerk-Konzepte beschränkt, was eine tiefergehende und holistischere Analyse dieser ermöglicht. Jede der durchgeführten Fallstudien folgt dabei einer replizierbaren Logik durch eine Standardisierung der Datensammlungs- und -analyse-Instrumente, so dass die einzelnen Ergebnisse in Verbindung zueinander gesetzt werden können (Miles & Huberman, 1994, S. 34). Jede Fallstudie besteht aus einer vollständigen Einzelstudie, in welcher das jeweilige spezifische Umfeld des Phänomens Beachtung findet, aber zugleich generische Implikationen bezüglich der Fakten und Ergebnisse des Falls identifiziert werden können (Yin, 1994, S. 52). Die Replizierbarkeitslogik von Mehrfach-Fallstudien ermöglicht einen Vergleich der Fallstudien bezüglich ihrer Daten und Konzepte, was zu robusten Resultaten und Konzeptualisierungen führt, die über die eines einzelnen Falls hinausgehen. Damit die identifizierten Kernkomponenten Wissensnetzwerk-Konzepte robust (nicht branchen-, unternehmens- oder kontextspezifisch) sind, wird eine Mehrfach-Fallstudien-Strategie angestrebt, die ein Untersuchungsobjekt (Wissensnetzwerk-Konzepte) in einem vergleichbaren Umfeld (international agierende Unternehmen) und mit einem vergleichbaren Ziel (zur Verfolgung strategischer Unternehmensziele) mit Hilfe von verschiedenen Datensammlungsmethoden von verschiedenen Perspektiven betrachtet.

Die Wahl des richtigen Forschungsgegenstands, der das Untersuchen eines einzelnen Phänomens gestattet, ist kritisch für die wissenschaftliche Bedeutung der Fallstudienforschung. Um zu erforschen, wie Wissensnetzwerk-Konzepte in Unternehmen strukturiert sind, ist es notwendig, diese Konzepte im Unternehmenskontext zu studieren. Dies korrespondiert mit der gewählten Forschungsfrage (Yin, 1994, S. 22). Um zu erreichen, was Yin (1994) als „embedded case studies" (Type 4) bezeichnet, ist es notwendig, mehrere Forschungsgegenstände verschiedener Ordnung zu wählen und so den Beitrag der Fallstudienforschung zu erhöhen. Der Forschungsgegenstand der Wissensnetzwerk-Konzepte (das Design des Wissensnetzwerk-Konzepts aus verschiedenen Komponenten bildet das Endresultat) als Forschungsgegenstand erster Ordnung wird durch deren strategische Einbindung im Unternehmen in die Wissensmanagement-Initiative des Unternehmens, die Entwicklung dieser Konzepte und die Struktur der einzelnen Wissensnetzwerke des Konzepts als Forschungsgegenstände zweiter Ordnung ergänzt (siehe dazu das Analyseraster in Kapitel 3).

1.3.3 Qualitätssicherung der Fallstudienforschung

In jeder Forschung muss den Bereichen Validierung, also der Gültigkeit der Ergebnisse bezogen auf das Objekt der Forschung, und Zuverlässigkeit (Reliabilität), welche sich auf die Stabilität und Genauigkeit der Messungen sowie die Konstanz der Messbedingungen bezieht, besondere Beachtung geschenkt werden. Im Folgenden werden daher den Bereichen Konstruktvalidität, interne und externe Validität und Reliabilität Bedeutung beigemessen. Zusammenfassend schlägt Yin (1994, S. 49) gezielte Maßnahmen vor, welche Validität und Reliabilität der Fallstudienforschung sicherstellen sollen und im Folgenden detailliert diskutiert werden.

tests	case study tactic	phase of research in which tactic occurs
construct validity	- use multiple sources of evidence - establish chain of evidence - have key informants review draft case study report	data collection data collection composition
internal validity	- do pattern-matching - do explanation building - do time-series analysis	data analysis data analysis data analysis
external validity	- use replication logic in multiple-case studies	research design
reliability	- use case study protocol - develop case sudy data base	data collection data collection

Abb. 10: Maßnahmen zur Sicherstellung von Reliabilität und Validität bei Fallstudienforschung (Quelle: Yin, 1994, S. 33)

1.3.3.1 Konstruktvalidität

Die Konstruktvalidität beabsichtigt, die angemessenen operationalen Maßnahmen für das zu studierende Objekt zu etablieren (Schnell et al., 1999, S. 150 ff.). Dieses qualitative Messkriterium ist von großer Bedeutung in den Sozialwissenschaften, aber auch problematisch, da die Variablen, welche das Konzept beschreiben und messen, dazu neigen, subjektiven Beurteilungen unterworfen zu sein. Um dies zu verhindern, schlägt Yin (1994, S. 33) (1) die Verwendung vielfältiger Quellen von Daten, (2) die Etablierung einer Beweiskette und (3) das Überprüfen des Entwurfs der Fallstudie durch Schlüsselpersonen vor. Diese Taktik wird maßgeblich in der Phase der Datensammlung angewendet werden. Um das Ziel dieser Arbeit zu erreichen, werden vielfältige Quellen zur Datensammlung genutzt, indem Aufzeichnungen über Wissensnetzwerke, Interviews, direkte Beobachtung und physikalische Artefakte verwendet werden. Das Forschungsmodell, das im nächsten Absatz vorgestellt wird, hilft, die Beweiskette zu etablieren und dieser zu folgen.

1.3.3.2 Interne Validität

Eine Fallstudie hat dann interne Validität, wenn die Variation der abhängigen Variablen y mit der Variation der unabhängigen Variablen x in Beziehung gesetzt werden kann. Dies bedeutet, dass eine kausale Beziehung zwischen den beiden Variablen oder Ereignissen existiert. Die interne Validität ist in der Datenanalyse von Bedeutung: Probleme entstehen dann, wenn der Forscher ein Ereignis nicht direkt observieren kann. Validität ist von besonderer Bedeutung für erklärende Fallstudien und weniger für erforschende Fallstudien, da dort der Forscher keine Variablen in Beziehung setzt. Um die interne Validität der Daten zu sichern, schlägt Yin (1994, S. 33) (1) Pattern-matching, (2) Erklärungsbildung und (3) Zeitfolgen vor. Lincoln & Guba (1985) definieren zusätzlich Maßnahmen zur internen Validierung, welche in der Design-Phase der Studie eingefügt werden und auch für die vorliegende Arbeit Verwendung finden. Diese beinhalten (1) ein verlängertes Engagement im empirischen Kontext, da die unerwarteten Variablen in Betracht gezogen werden müssen, (2) eine beharrliche Beobachtung der identifizierten kritischen Elemente des sozialen Umfelds in der die Forschung stattfindet, (3) die Triangulierung der Quellen, der Methoden, des Forschers und der Theorien, (4) Nachbesprechung in seiner Forschungsgruppe, (5) Angemessenheit des Bezugs und (6) Mitgliederbeurteilung. Das aktuelle Forschungsdesign versucht, diese Kriterien umzusetzen und dadurch eine interne Validierung in erklärenden Fallstudien zu erzielen (siehe hierzu auch speziell Maßnahmen zur Fallstudienvalidität bei Gibbert et al., 2001).

1.3.3.3 Externe Validität

Die externe Validierung ist „the approximate validity with which we infer that the presumed causal relations can be generalized to and across alternate measures of the cause and effect, and across different types of persons, settings and times“ (Cook & Campbell, 1970, S. 37). Diese Generalisierung der kausalen Beziehungen und Auswirkungen bezüglich der Personen, des Umfelds und des Zeitpunkts bestimmen die externe Validierung. Es ist wichtig zu bemerken, dass die interne und die externe Validierung per Definition in einer Startphase auftreten; interne Validierung benötigt strenge „Laborbedingungen“, welche wiederum der Generalisierbarkeit der Ergebnisse zu anderen Kontexten in einem anderen Umfeld widersprechen. Konsequenterweise ist der Bereich der externen Validierung der größte Schwachpunkt der Fallstudienforschung. Yin (1994) argumentiert, dass die Verwendung der Replizierbarkeitslogik in einer Strategie angewendet werden sollte, um externe Validierung zu erzielen. Dies kann, wie bereits oben bemerkt, durch das Forschungsdesign der Mehrfach-Fallstudien erreicht werden. In einem solchen Design sind die verschiedenen Fallstudien nicht Teile eines Experiments, sondern sind für sich einzelne Experimente. Dies verdeutlicht, dass solche Ergebnisse nicht auf andere Fallstudien übertragen werden können, aber zu einer breiteren Theorie hin generalisiert werden sollten (Yin, 1994). Um die Replizierbarkeits-Logik anzuwenden, muss die Auswahl der Fallstudien dem Forscher erlauben, auf der einen Seite die Ergebnisse bei Anwendung der Theorie vorherzusagen und auf der anderen Seite abweichende Ergebnisse in einzelnen Fallstudien zu erklären.

1.3.3.4 Reliabilität (Zuverlässigkeit)

Die Reliabilität zielt darauf ab, die Fehler und Vorurteile der Studien zu minimieren. Sie dient der Demonstration, dass die erzielten Ergebnisse bei Replizierung der Vorgehensweise bei der Datensammlung erneut erreicht werden können (Friedrichs, 1990, S. 102 f.). Ein Fallstudien-protokoll und die Entwicklung einer Fallstudien-Datenbank kann dabei helfen, die geforderte Reliabilität zu erzeugen (Yin, 1994, S. 33). Reliabilität ist die Voraussetzung für Validität, da die unzuverlässigen Messgrößen nicht valide sein können (Lincoln & Guba, 1985). Die vorgeschlagenen Prozeduren zur Datensammlung während der unterschiedlichen Phasen der Studie sollen zu einer Reliabilität im Projekt führen.

Die folgende Tabelle fasst zusammen, was zur Sicherung von Validität und Reliabilität beim vorliegenden Forschungsprojekt unternommen wurde:

Qualitäts-sicherung	Definition	Strategie der vorliegenden Forschung
Konstrukt-validität	• Konzeptualisierung des zu untersuchenden Phänomens (Smaling, 1992; Denzin & Lincoln, 1994). • Angemessene operationale Maß-nahmen für das zu studierende Objekt etablieren (Yin, 1994; Stake, 1995; Treumann, 1998, S. 154 ff.).	• Daten-Triangulation: - Verwendung verschiedener Datenquellen (Interviews, Dokumentenanalyse, Beobachtungen und Fragebogenuntersuchung) zur holistischen Betrachtung der Wissensnetzwerk-Konzepte im Unternehmen. - Review der Transkripte und Auswertungen durch die Verantwortlichen in den Unternehmen. - Diskussion der Analyse und Ergebnisse mit anderen Forschern. • Klare Beweiskette etablieren: - Zitation der einzelnen Datenquellen. - Beschreibung der Umstände und der verwendeten Datensammlungsmethoden für jede Fallstudie. - Konsistenzprüfung der Datensammlung. - Klarer Entwurf der Datensammlung und -präsentation.
Interne Validität	• Sicherstellung, dass durch die Logik des Forschungsdesigns die Forschungsergebnisse unterstützt werden können (Smaling, 1992; Eisenhardt, 1989). • Etablierter Grad, zu welchem die Beziehungen begründet und nicht zufällig sind (Yin, 1994; Denzin & Lincoln, 1994; Stake, 1995).	• Entwicklung eines klaren Forschungsrahmens • Theorie-Triangulation: Verwendung verschiedener Theoriestränge zur Vorbereitung der Datensammlung und Erklärung der Erkenntnisse • Entwicklung und Verwendung eines theoriegeleiteten Analyserasters zur Datensammlung, -präsentation und -analyse Bildung von neuen Konstrukten und Mustern aus der Theorien zur Analyse der Zusammenhänge im Fallstudienvergleich
Externe Validität	• Sicherstellung der Generalisierbarkeit der Ergebnisse (Eisenhardt, 1989; Mintzberg, 1979; Weick, 1995; Yin, 1994).	• Fallstudien-Vergleich • Gleicher Aufbau aller Fallstudien und Entwicklung und Überprüfung von Behauptungen durch jeden einzelnen Fall • Begründung für die Wahl der Fallstudienunternehmen (theoretical sampling)
Reliabilität	• Vermeidung von zufälligen Fehlern (Smaling, 1992; Denzin and Lincoln, 1994; Mintzberg, 1979). • Replizierbarkeit der Forschungs-prozeduren (Yin, 1994).	• Fallstudienprotokoll • Fallstudiendatenbank

Tabelle 2: Strategien zur Sicherstellung der Qualität bei Fallstudienforschung (Quelle: adaptiert von Gibbert et al., 2001)

1.3.3.5 Limitationen des Fallstudien Konzepts

Die Limitationen der Fallstudienforschung sind zum ersten die *Reliabilität* der Ergebnisse, die problematisch bezüglich der Abhängigkeit der Ergebnisse von der Interpretation der Daten ist, wenn der Forscher seine Ergebnisse und Interpretationen zu leicht beeinflussen kann (vgl. Stake, 1995; Yin, 1994). Die Triangulation, also das Verwenden vielfältiger Quellen von Informationen, sowie das Verwenden unterschiedlicher Methoden wird dabei helfen, die Ergebnisse der Fallstudienforschung valider und zuverlässiger zu machen (Yin, 1994; Treumann, 1998, S. 154

ff.). Zum zweiten ist die *Generalisierbarkeit* der Ergebnisse der Fallstudien begrenzt. Yin (1994) schlägt vor, dass die Generalisierbarkeit einer Fallstudie auf theoretische Behauptungen begrenzt werden sollte. Die dritte Limitation der Fallstudienforschung ist ihre Dauer. Fallstudien produzieren, so die Kritiker, eine Vielzahl von Daten, welche zu einem Datendschungel führen. Vergleicht man die gesammelten Daten jedoch beispielsweise mit den Daten der Ethnografie-Forschung, benötigen Fallstudien weniger Zeit. Der Erfolg der erstellten Fallstudie hängt auch davon ab, ob ein Forscher dazu in der Lage ist, die anfallenden Daten zu handhaben (Yin, 1994).

1.3.4 Forschungsrahmen: Auswahl, Datensammlung und -analyse

Bezüglich ihrer Bedeutung für die vorliegende Forschung werden im Folgenden die Forschungsschritte „Auswahl der Fallstudienunternehmen", „Datensammlung" und „Datenanalyse" kurz erläutert. Eine detailliertere Diskussion der verwendeten Datensammlungsinstrumente wie auch der Analysemethode findet sich unmittelbar vor den Fallstudien in Kapitel 4. Zu beachten ist, dass die Datensammlung für die einzelnen Fallstudien geringfügig unterschiedlich war, da sich der Forscher nicht sklavisch an die unbedingte Verwendung aller Methoden, sondern vielmehr an den Untersuchungsobjekten und der Qualität der Datenquellen orientierte, die zum Erfassen des Phänomens notwendig waren. Dies heißt, dass z.B. der erstellte Fragebogen nur dann eingesetzt wurde, wenn im Unternehmen keine Daten aus eigenen umfangreichen Untersuchungen mit den gleichen Fragestellungen vorlagen oder diese nicht verwendet werden konnten. Die Datenquellen, die für die Entwicklung der einzelnen Fallstudien verwendet wurden, werden jeweils am Anfang jeder Fallstudie in einem kurzen methodischen Absatz dargestellt (siehe Kapitel 4). Der folgende Absatz beschäftigt sich hingegen mit der Diskussion aller Datenquellen, die für die vorliegende Forschung verwendet wurden.

1.3.4.1 Auswahl der Fallstudien-Unternehmen

Wie bereits dargestellt, kann die externe Validität der Daten durch ein theoretisches Sampling als Auswahlverfahren für die Fallstudienunternehmen erhöht werden. Die ausgewählten Fallstudienunternehmen wurden nicht zufällig (random sampling), sondern aufgrund bestimmter Kriterien für das vorliegende Forschungsprojekt ausgewählt (theoretical sampling). Die ausgewählten Unternehmen (die in dieser Studie zu Autocorp, ConsumerCorp, ComputerCorp und CompConsult anonymisiert wurden) wurden aufgrund ihrer Erfahrung mit Wissensnetzwerk-Konzepten ausgewählt. Jedes der Fallstudienunternehmen setzt Wissensnetzwerk-Konzepte mehr als zwei Jahre zur Verfolgung von strategischen Zielen ein. Dieser Zeitraum wird als notwendig zur Überprüfung des Erfolgs der einzelnen Konzepte wie auch zur

Diskussion der Entwicklung der Konzepte aufgrund von gemachten Erfahrungen vorausgesetzt. Neben der Erfahrung war auch die Verfolgung von explizit formulierten strategischen Zielen für die Konzepte ein wichtiges Auswahlkriterium, da dem Untersuchungsobjekt gerade im Spannungsfeld zwischen Strategie und Wissensmanagement eine besondere Bedeutung zukommt. Ein weiteres Kriterium bestand in den Haupt-Ansprechpartnern im Unternehmen. Diese mussten über eine mehrjährige Erfahrung mit dem Konzept verfügen und dieses nach Möglichkeit mit aufgebaut haben, um Hilfestellung bei der Auswahl der Interviewpartner und restlichen Datenquellen geben zu können. Auch ihre Stellung im Unternehmen war von Bedeutung, da diese den Zugang zu den benötigten Daten (vor allem vertraulichen Untersuchungsergebnissen und Unternehmensinformationen) positiv oder negativ beeinflusst. Ein letztes Auswahlkriterium bestand in der Motivation der beteiligten Unternehmen, den freien Zugang zu projekt-bezogenen Daten zu ermöglichen und eine objektive Analyse dieser zuzulassen. Alle vier ausgewählten Unternehmen erfüllten diese Kriterien.

1.3.4.2 Theoriebildung durch Fallstudienforschung

Eisenhardt (1989, S. 533) bietet eine detaillierte Abfolge, wie Theoriebildung durch induktive Prozesse bei der Verwendung von Mehrfach-Fallstudien erfolgen kann. Die Schritte und Aktivitäten folgen einer Logik, die im Folgenden beschrieben wird, und beinhalten die möglichen Anwendungen dieser Forschung. Die einzelnen Schritte stellen ein nützliches Hilfsmittel im Prozess der Theoriebildung dar. Sie sind im höchsten Maße iterativ und eng mit den Daten verbunden und verwenden zum Teil den „Grounded-Theory"-Ansatz (vgl. Glaser & Strauss, 1967; Strauss & Corbin, 1994).

Die Forschungsschritte für vergleichende Fallstudien in der vorliegenden Arbeit lauten nach Eisenhardt (1989, S. 533 ff.):

1. „Getting Started": Definition der Forschungsfrage, Fokus setzen, theoretische Vor-Konzeptionierung, Erkenntnis möglicher blinder Flecken in der Theorie: stetiges Infragestellen (siehe Kapitel 1, 2 und 3 dieser Arbeit).
2. „Selecting Cases": Wahl multipler Forschungssettings, einer replizierbaren Logik folgen, Auswahl von Fällen, die ein einzigartiges Phänomen repräsentierten (siehe Kapitel 1.3.4).
3. „Crafting Instruments and Protocols": Auswahl der Datensammlungsinstrumente, Vielfalt an Methoden, auch quantitative (siehe die Kapitel 1.3.4 und 4.1.1).

4. „Entering the Field“: Überlappung der Datensammlung und -analyse; erste Datenaufzeichnung, flexible und opportunistische Datensammlungsmethoden, Definition des Forschers bei Eintreten in das Forschungsfeld (siehe Kapitel 4.1.2).
5. „Analysing the Data“: Einzelfallstudien-Analyse durch Beschreibung der Wissensnetzwerk-Konzepte mit Hilfe des Analyserasters, keine formalen Standards (siehe das Analyseraster in Kapitel 3.2 und die einzelnen Fallstudien in Kapitel 4).
6. "Shapping Hypotheses": Fortlaufender Prozess zwischen Datensammlung, Datenanalyse und Theoriebildung (Glaser & Strauss, 1967), Herauskristallisierung von Konzepten und Beziehungen, vergleichende Fallstudienanalyse (siehe Kapitel 5).
7. „Enfolding Literature“: Vergleich des entwickelten mit existierenden Konzepten, Verbindung der entwickelten Theorie mit widersprüchlicher Literatur (siehe die Theoriekapitel 2 und 3).
8. „Research Closure“: Konklusion der Forschung, wenn die Lernkurve der Fallstudien abflacht und die theoretische Sättigung erreicht ist (vgl. Glaser & Strauss, 1967), Zeit- und Ressourcenrestriktionen.

1.3.4.3 Forschungsrahmen und Datensammlung

Im Einklang mit dem Trend zu einer multi-methodischen Forschungsstrategie (vgl. Roth, 1993, S. 42 und Miles & Huberman, 1994, S. 2) soll die Datensammlung durch die Verwendung verschiedener Quellen von Beweisen erfolgen, um so durch Triangulation die Validität der Daten zu sichern (Treumann, 1998, S. 154 ff.). Yin (1994, S. 80) listet sechs mögliche Quellen für die Datensammlung mit ihren Stärken und Schwächen auf: Dokumentationen, Analysen historischer Daten, Interviews, direkte Observierung, teilnehmende Observierung und physikalische Artefakte.

Nicht alle diese Quellen müssen in jeder Fallstudie verwendet werden, aber bei einer Kombination verschiedener Datenquellen sollen die Schwächen aufgehoben werden. In der vorliegenden Arbeit werden die Quellen Fragebogen, Interviews, direkte und teilnehmende Beobachtung, Dokumentationen und wenn möglich physische Artefakte verwendet. Da es sich um aktuelle Phänomene handelt, scheidet die historische Analyse aus. An alle Datenquellen werden spezifische Fragen gestellt, um so ein möglichst vollständiges Bild vom zu untersuchenden Phänomen zu erhalten. Das Vorgehen beim Erstellen der Fallstudien richtet sich dabei nach den oben beschriebenen Schritten, die von Eisenhardt (1989, S. 533) als notwendig zum Analysieren von theorieentwickelnden Fallstudien beschrieben wird.

Source of Evidence	Strengths	Weaknesses
Documentation	• stable – can be reviewed repeatedly • unobtrusive – not created as a result of the case study • exact – contains exact names, references, and details of an event	• retrievability – can be low • biased selectivity, if collection is incomplete •Reporting bias – reflects (unknown) bias of author • access – may be deliberately blocked
Archival Records	• (Same as above for documentation) • precise and quantitative	• (Same as above for documentation) • accessibility due to privacy reasons
Interviews	• targeted – focuses directly on case study topic • insightful – provides perceived causal interferences	• bias due to poorly constructed questions • response bias • inaccuracies due to poor recall • reflexivity – interviewee gives what interviewer wants to hear
Direct Observations	• reality – covers events in real time • contextual – covers context of event	• time-consuming • selectivity – unless broad coverage • reflexivity – event may proceed differently because it is being observed • cost – hours needed by observer
Participant Observations	• (Same as above for direct observations) • insightful into interpersonal behavior and motives	• (Same as above for direct observations) • bias due to investigator's manipulation of events
Physical Artifacts	• insightful into cultural features • insightful into technical operations	• selectivity • availability

Abb. 11: Stärken und Schwächen der Datenquellen für Fallstudienforschung (Quelle: Yin, 1994, S. 80)

Bei der Datensammlung wurde das in Abbildung 12 dargestellte Vorgehen gewählt, das im Weiteren genauer beschrieben wird.

In der Phase der Kontaktaufnahme wurden erste Gespräche mit den ausgewählten Unternehmen geführt. Diese dienten zur Sicherstellung, dass die ausgewählten Unternehmen den genannten Kriterien entsprechen, sowie der Identifizierung der Netzwerkmanager und Verantwortlichen, welche innerhalb der Unternehmen für den Aufbau und die Pflege der Wissensnetzwerk-Konzepte verantwortlich sind. Darüber hinaus wurden die ersten Besuche auch zum Aufbau von gegenseitigem Vertrauen durch das gemeinsame Formulieren von Zielen, Klären der individuellen Motivation und erwarteter Ergebnisse, Klärung von möglichen Gefahren oder Barrieren wie auch Darstellung der Kompetenzen und Erfahrung des Forschers etc. genutzt.

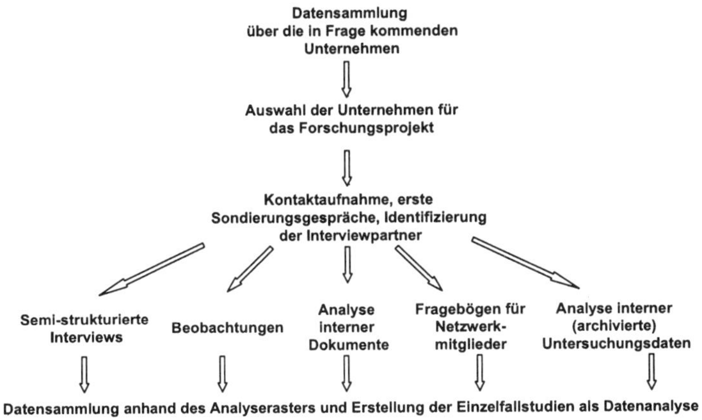

Abb. 12: Datenquellen des vorliegenden Forschungsprojekts

Analyse von Dokumenten. Diese Phase mündet in die Phase der Datensammlung, in welcher zunächst alle relevanten Aufzeichnungen, in diesem Fall die expliziten Aufbaumethoden, Präsentationen, Aufzeichnungen von Netzwerkmanagern, eventuell Trainingsunterlagen etc., gesammelt und analysiert werden. Die Verwendung von Dokumenten und Veröffentlichungen ist mit der Absicht verbunden, das Verständnis über den unternehmensspezifischen Kontext, die interne Kommunikation über und innerhalb des Konzepts und die Verwendung und den Aufbau von Wissensnetzwerken zu erhöhen.

Interviews. Die semi-strukturierten Interviews hebt Yin (1994, S. 84) als eine der wichtigsten Quellen von Informationen für eine Fallstudie hervor. Diese wurden mit Netzwerkmanagern und Wissensmanagement-Verantwortlichen in den ausgewählten Unternehmen geführt. Diese Personen wurden a) aufgrund ihrer Funktion im Unternehmen und das implementierte Wissensnetzwerk-Konzept und b) aufgrund ihrer Erfahrung im Aufbau und der Pflege des Wissensnetzwerk-Konzepts ausgewählt. Grundsätzlich wurde versucht, alle Verantwortlichen für das Wissensnetzwerk-Konzept eines Unternehmens zu interviewen. Ein Interviewleitfaden sorgt in den semi-strukturierten Interviews für eine Vorstrukturierung des Gesprächsverlaufs (vgl. Cohen & Manion, 1989, S. 309) und der Themen, wobei die Fragen selbst den weitgehend offenen Charakter der Untersuchung widerspiegeln, da aufgrund des bisherigen Kenntnisstands zur untersuchten Gestaltungsproblematik nicht von einem festen Set an Antwortmöglichkeiten ausgegangen werden konnte (siehe Interviewleitfaden im Appendix). Im Blickpunkt der Interviews standen vor allem Fragen nach den im Analyseraster genannten Elementen. Diese

Interviews wurden anhand der „Regeln für ein erfolgreiches Interview" durchgeführt (vgl. Mayring, 2000, S. 45-52). Die Interviews wurden, wenn möglich, mit einem MP3 Recorder aufgezeichnet. Die Aufnahmen wurden bei unklaren oder kritischen Aussagen in den Interviewnotizen herangezogen. Alle Interviews wurden möglichst noch am selben Tag schriftlich ausgewertet und den Interviewten zur Validierung zugesandt.
Die Interviewprotokolle sind wie folgt aufgebaut: beginnend mit einer kurzen Biographie des Interviewten (vgl. Bryman & Burgess, 1994, S. 95), danach eine Tabelle mit drei Spalten. Die linke Spalte beinhaltet das Schlüsselwort bzw. die Fragen für den thematisierten Paragraphen. Hierdurch kann das Rohmaterial an Daten grob strukturiert werden (vgl. Bryman & Burgess, 1994, S. 36). Die mittlere Spalte beinhaltet die Aussage und Zitate der Befragten zu dieser Fragestellung; die dritte zeigt Querverbindungen zu anderen Fragestellungen und kritischen Punkten auf. Da das Protokollieren des Interviews als essentieller Bestandteil eines Erhebungsprozesses und als Voraussetzung für die Strukturierung und Analyse der erhobenen Daten dient, wurde diesem besondere Aufmerksamkeit gewidmet. Die Interviews wurden in deutsch und englisch geführt und sind in der jeweiligen Sprache dokumentiert worden, um mögliche Verzerrungen durch eine Übersetzung auszuschließen.

Fragebogen. Der konzipierte Fragebogen für die Teilnehmer der Wissensnetzwerke dient dazu, die Struktur der einzelnen Netzwerke darzustellen und diese aufgrund ihrer hindernden oder fördernden Einflüsse auf die Erfüllung des Netzwerkziels hin beurteilen zu lassen. Ein Kerngedanke ist hier, dass die Netzwerkmitglieder selbst die Struktur in der sie arbeiten, beurteilen (siehe Appendix). Durch die besondere Struktur, des Fragebogens und das ebenfalls entwickelte Analyseinstrument zur Auswertung der Fragebogenergebnisse (genannt INPS oder Individuell Network Performance Survey, siehe dazu Enkel et al., 2004c, S. 155 ff. und Auswertungstabelle im Appendix) ist es den Netzwerkmanagern möglich, Verbesserungspotenziale aufzudecken wie auch den Erfolg der einzelnen Netzwerke zu beurteilen. Die Fragen des Fragebogens wurden von den durch die Interview- und Dokumentenanalyse identifizierten Kernkomponenten für Wissensnetzwerke aller vier Unternehmen abgeleitet. Zu diesen Kernkomponenten gehören z.B. die Variablen in Zusammenhang mit dem Erfolg des Netzwerks, wie Aufgabenerfüllung, Zufriedenheit und Motivation (Wahl der Variablen aus der Team-Literatur nach Hackmann, 1987, S. 316 f.; vgl. auch Katzenbach & Smith, 1994). Der Fragebogen erhält neben offenen Eingangs- und Schlussfragen die Beurteilung der Relevanz der einzelnen Komponenten in einer Fünf-Punkte-Skala nach Likert (vgl. Friedrichs, 1990, S. 175 f.) von "sehr wichtig" zur Aufgabenerfüllung bis "unwichtig". Der Fragebogen wurde zweisprachig (in deutsch und englisch) verfasst, da es sich bei den Fallstudienunternehmen um internationale Firmen mit deutsch- und englischsprachigen Mitarbeitern handelt.

Direkte Beobachtung. Die direkte Beobachtung diente in erster Linie dazu, Vertrauen zwischen dem Forscher und den Interviewten und Wissensmanagement-Verantwortlichen aufzubauen sowie Eindrücke über die Unternehmenskultur zu sammeln, welche die Interviewdaten ergänzen und die Analyse der Aussagen und Dokumente vereinfacht.

1.3.4.4 Datenanalyse

Datensammlung und -analyse stellen iterative Prozesse dar, da der Stand der Datenanalyse für den Forscher die Frage beantwortet, wann die Datensammlung abgeschlossen werden kann (Eisenhardt, 1989, S. 538 f.). Eisenhardt (1989, S. 545) stellt fest, dass die Datensammlung dann beendet werden sollte, wenn eine Sättigung erreicht ist, also wenn das neue Wissen nur noch minimal ist. Die Datenanalyse des vorliegenden Forschungsprojekts wurde am Artikel von Bourgeois & Eisenhardt (1988) orientiert, die aufgrund von Konstrukten Einzelfalldaten diskutieren, daraus Vermutungen ableiten und überprüfen sowie aus diesen schließlich Hypothesen formulieren. Eine detaillierte Darstellung der Datenanalyse findet sich in Kapitel 4.1.

2 Theoretische Bezugsrahmen: Gestaltungsmerkmale für Wissensnetzwerk-Konzepte

In diesem Kapitel werden die theoretischen Grundlagen für Wissensnetzwerk-Konzepte erarbeitet, die zum Verständnis des Untersuchungsobjekts und zur Identifizierung erster Gestaltungsmerkmale diesen. Einen ersten Überblick soll die folgende Grafik geben:

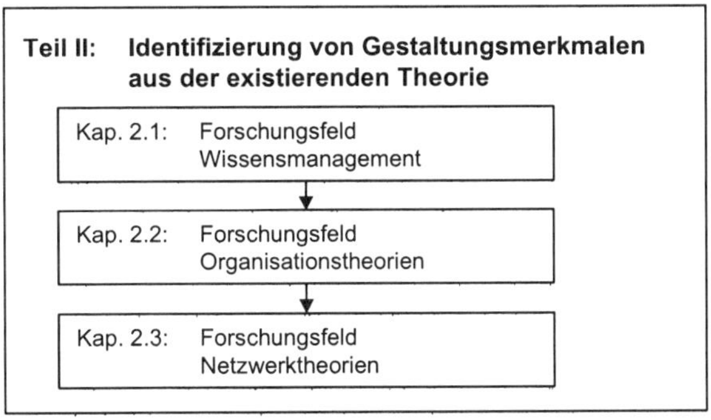

Abb. 13: Aufbau und Abhängigkeit der einzelnen Theoriekapitel der vorliegenden Arbeit

Ein grundlegendes Verständnis von Wissensnetzwerk-Konzepten kann durch die Betrachtung von drei Theoriesträngen erzielt werden.

Die Grundlage des vorliegenden Forschungsprojektes bildet die wissensbasierte Theorie des Unternehmens, die Wissen eine hohe Bedeutung zur Erzielung von Wettbewerbsvorteilen beimisst. Die wissensbezogenen Aktivitäten (Wissensmanagement-Aktivitäten) innerhalb des Unternehmens, die Entwicklung zur lernenden Organisation und die Beachtung der besonderen Charakteristiken von Wissen können diesem Theoriestrang untergeordnet werden. Durch die Diskussion dieser Teilbereiche soll ein Verständnis für die Ressource Wissen und deren Einordnung in den Unternehmenskontext erzielt werden.

Da die vorliegende Arbeit auf eine wissensbasierte Organisationsform fokussiert, die konzeptionell in ein Unternehmen eingebettet ist, führt die Diskussion der ausgewählten Organisationstheorie zu einer Klärung der Beziehung zwischen Organisationsform und Unternehmen. Die Entwicklung der Organisationsformen innerhalb der Unternehmens führt von traditionellen hierarchischen zu netzartigen Strukturen, so schließt sich eine Diskussion der Besonderheiten und Potenziale, die mit netzartigen Organisationsformen verbunden sind, aus den Netzwerktheorien logisch an. Die Diskussion netzartiger Organisationsformen stellt dabei eine Verbindung der beiden Forschungsfelder Organisationstheorie und Netzwerktheorie dar. Verbindet man dies mit dem Forschungsfeld des Wissensmanagements aus dem ersten Teil des Kapitels, führt dies zur Beschäftigung mit wissensbasierten netzwerkartigen Organisationsformen. Die nachfolgende Grafik verdeutlicht die verschiedenen Theoriestränge in der vorliegenden Arbeit.

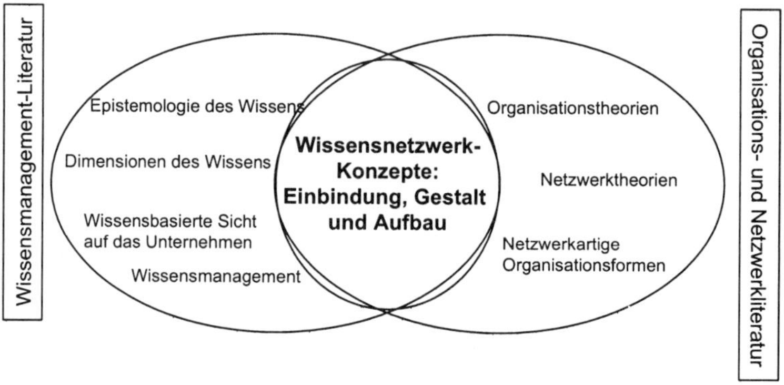

Abb. 14: Verbindung der Forschungsfelder Wissensmanagement, Organisations- und Netzwerktheorien

Die Beschäftigung mit den drei Haupttheoriesträngen ist wichtig, da das Untersuchungsobjekt Wissensnetzwerk-Konzepte auf verschiedenen Ebenen betrachtet werden soll (was sich aus den formulierten Forschungsfragen ergibt). Zum einen sollen Wissensnetzwerk-Konzepte aus einer Makro-Perspektive betrachtet werden, welche deren Bedeutung für die Einbindung in und Verbindung zum Unternehmen aufzeigt. Dazu ist es notwendig, aus der wissensbasierten Theorie die Anforderungen bzgl. Strategieunterstützung und Schaffung von Wettbewerbsvorteilen in Form von Gestaltungsmerkmalen zu identifizieren, die bei der empirischen Untersuchung beachtet werden müssen. Die Organisationstheorien ergänzen die Identifizierung von Gestaltungsmerkmalen auf der Makro-Perspektive von Wissensnetzwerk-Konzepte durch die dort zu findende Diskussion von Interaktionen von Organisationsformen mit dem Unternehmen, sie helfen aber auch Wissensnetzwerk-Konzepten von einer Mikro-Perspektive her zu verstehen. Die ausgewählten Organisationentheorien sollen die Fragen beantworten, warum Wissensprozesse eigener Organisationsformen bedürfen und wie die Wissensinteraktionen in ihnen gestaltet sein können. Weitere Einblicke in die Struktur von Netzwerken auf einer Mikroebene soll die Diskussion ausgewählter Netzwerktheorien bringen. In diesem Kapitel werden die Fragen beantwortet: Warum gibt es Netzwerke innerhalb des Unternehmens und welche verschiedenen

Ausprägungen gibt es? Die Erkenntnisse werden als zu untersuchende Gestaltungsmerkmale für die empirische Untersuchung in das Analyseraster übernommen.

2.1 Gestaltungsmerkmale aufgrund der Wissenscharakteristiken

Forschung im Bereich Wissensmanagement basiert auf der Theorie der wissensbasierten Sicht auf das Unternehmen oder auch Knowledge-based View (KBV), die Wissen eine ganz neue Bedeutung im Unternehmen einräumt. Diese wissensbasierte Sicht, die Wissen als die wichtigste Ressource der Neuzeit ansieht, führt zu veränderten Verhaltensweisen und Aktivitäten innerhalb des Unternehmens. Autoren wie Davenport & Prusak (1998, S. 5) oder Nonaka & Takeuchi (1995) argumentieren bei ihren Definitionen von Wissen aus der Sicht der Betriebswirtschaftslehre, die primär auf die Nutzung des Wissens im betrieblichen Kontext fokussiert ist. Einen umfassenderen Ansatz der Wissensdefinitionen findet man aber auch im Bereich der Sozialwissenschaften. Die in diesem Kontext gebräuchlichste Unterscheidung erfolgt in die „autopoietische", die „kognitivistische" und die „konnektivistische" Perspektive. Neben diesen Perspektiven sind in der Theorie und Praxis die Unterscheidungen von Wissen, Daten und Informationen sowie die Unterscheidung verschiedener Wissensdimensionen von Bedeutung. Dies führt zur Systematisierung der wissensorientierten Aktivitäten, die unter dem Begriff „Wissensmanagement" in verschiedene Ansätze zusammengefasst werden können, und zur Zuordnung des für diese Arbeit zugrunde liegenden Ansatzes der wissensbasierten Organisationstheorie.

Das folgende Kapitel umfasst die in Abbildung 15 dargestellten Teilbereiche:

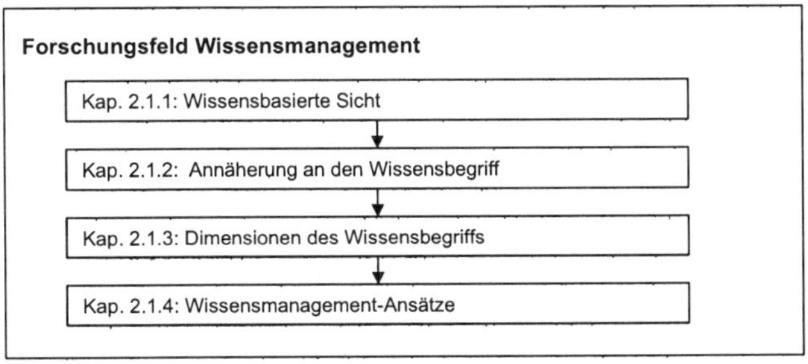

Abb. 15: Aufbau des Theoriekapitels zum Forschungsfeld Wissensmanagement

2.1.1 Bedeutung von Wissen im Unternehmenskontext: die wissensbasierte Theorie des Unternehmens

Die Veränderung des Stellenwerts von der ressourcenbasierten Sicht des Unternehmens (Resource-based View, RBV) zur wissensbasierten Sicht (Knowledge-based View, KBV) bildet die Grundlage für unser heutiges Verständnis einer Wissensgesellschaft. Diese veränderte Sichtweise auf die Ressource Wissen hat großen Einfluss auf den Einsatz der Instrumente des Wissensmanagements und damit auf den Einsatz und die Gestaltung von Wissensnetzwerken. Organisationen verändern sich zunehmend von relativ gut strukturierten und managebaren Systemen zu ineinander verwobenen Netzwerkgebilden mit unscharfen Grenzen. "Genuine sharing of authorities taken place. Firms are neither fully independent nor is one wholly dependent upon the other. They do not lose their legal identities; they retain their own culture and management structures and can pursue their own strategies. But they do reduce their autonomy, share decision making, interconnect their organization structure, manage jointly some activities or operations, and open their company structure to outside influences." (Badaracco, 1988, S. 73).

Ein Blick zurück zeigt, dass die Veränderung des Marktes und damit der Anforderungen an Unternehmen organisationale Änderungen notwendig macht. Von Mitte der 80er-Jahre änderte der "Resource-based" Ansatz (vgl. Wernerfelt, 1984; Rumelt, 1984; Prahalad & Hamel, 1990) in der Unternehmensstrategie die nach außen gerichtete Orientierung im Strategiedesign. Aufgebaut auf Penrose's Konzept der Firma als eine "collection of productive resources, both human and material" (Penrose, 1959, S. 31) und entgegen Porters nach außen gerichteten Fokus auf Industriegrenzen und "environmental fit" (Porter, 1980, 1985), haben Befürworter dieser Schule eine Sicht auf die Strategie angenommen, die im Wesentlichen nach innen gerichtet ist. Der auf Ressourcen basierende Ansatz etabliert erneut die Bedeutung des einzelnen Unternehmens, im Gegensatz zur Industrie, als relevanter Bereich der Analyse. Der Grund für sein Auftauchen wird oft den dramatischen Veränderungen in den Wettbewerbsbedingungen zugeschrieben, zum Teil auch dem zunehmenden Verwischen der Industriegrenzen, das seit den früheren 90er-Jahren beobachtet werden kann. Unter diesen Bedingungen wurde Porters Ansatz, welcher genau die existierenden Industriegrenzen als die Ecksteine in der Strategieformulierung verwendet, als weniger geeignet betrachtet (vgl. Nanda, 1996; Belohlav, 1996; Roos & Roos, 1997).

Im Gegensatz zu Porters Ansatz werden Unternehmen aus einer auf Ressourcen basierenden Perspektive heraus als heterogen bezogen auf ihre Ressourcen und Fähigkeiten betrachtet. Teece, Pisano und Shuen (Teece et al., 1997) identifizierten Gründe, warum diese Fähigkeiten und Ressourcen heterogen und nicht leicht zu verändern sind. Als erstes ist zu nennen, dass die Unternehmensentwicklung als komplex bezeichnet werden kann und Organisationen oft die

Kapazität zur Entwicklung oder die Fähigkeit des Erwerbens von neuen Kompetenzen mit einer adäquaten Geschwindigkeit verloren haben. Auch Werte wie das implizite Wissen werden nicht richtig behandelt. Die Autoren vermuten daher, dass benötigte Ressourcen nicht gleichwertig durch Input-Faktoren-Märkte ersetzt werden können, folglich liegt als Annahme der ressourcenbasierte Ansatz der Strategie zugrunde: kritische Ressourcen können typischerweise nicht erworben werden und müssen konsequent intern entwickelt werden (Teece et al., 1997). Daher deutet der ressourcenbasierte Ansatz mit seinem nach innen gerichteten Fokus darauf hin, dass Wettbewerbsvorteile nicht durch die zahlreichen Produkt-Markt-Kombinationen in der gegebenen Industrie entstehen. Statt dessen kann der Wettbewerbsvorteil primär durch den Zusammenschluss von Begabungen heterogener Ressourcen im Unternehmen erreicht werden (vgl. Barney, 1991; Hamel, 1991; Prahalad & Hamel, 1990; Wernerfelt, 1984).

Ab Mitte der 90er-Jahre etablierte sich eine wissensbasierte Sicht auf das Unternehmen (vgl. z.B. Grant, 1996b; Spender, 1996a, 1996b; Spender & Grant, 1996) und betonte das Primat des Wissens und des intellektuellen Kapitals (IC) als die wichtigste oder Kern-Kompetenz der Organisation und folglich als primäre Quelle von Wettbewerbsvorteilen und Basis des Überlebens[2]. In diesem Feld wurde eine immer größere Zahl von Stimmen von Forschern laut, die verdeutlichten, dass Wissen bestimmte innewohnende Charakteristiken – z.B. seine implizite Dimension – beinhaltet, die es schwer machen, es zu managen und zu imitieren (vgl. Kapitel 2.1.3). Gleichzeitig halten diese Charakteristiken es fern von einer genauen Prüfung innerhalb der Organisation und verursachen stattdessen die Zwickmühle von Management von Wissen und IC (vgl. Spender, 1996a, b; Spender & Grant, 1996; von Krogh et al., 1994; Vicari & Trioilo, 1997). Forschung, die auf dem Fluss von Gedanken aufgebaut ist, wie Entwicklungsökonomik (vgl. Nelson, 1991; Nelson & Winter, 1982; Foss et al., 1995), Sozialkonstruktivismus (vgl. Burr, 1995; Gergen & Gergen, 1986; Berger & Luckmann, 1966) und die Studien im Bereich der Organisationstheorie und im strategischen Management (vgl. Teece et al., 1997), beschreibt Wissen und intellektuelles Kapital nicht als etwas, das da ist, sondern als etwas, das innerhalb des Unternehmens gebildet wurde und geführt werden kann. Die Organisation selbst wird dabei als Wissens-System verstanden, wenn von Krogh et al. schreiben: "We suggest that the organization can be seen as a stream of knowledge. This means that the organization, as we have come to know it during the past century, is a inaccurate concept." (von Krogh et al., 1994, S. 54).

---

2 Viele IC-Ansätze unterteilen das Intellektuelle Kapital in die Bereiche Humankapital (repräsentiert die verfügbaren Kompetenzen der Mitarbeiter), Strukturkapital (die Effizienz und Effektivität der in Unternehmen verankerten Prozesse) und Kundenkapital (die Profitabilität der Verbindung von Unternehmen zu Kunden und Partnern)(Bontis, 1998). Bourdieu (2001, S. 112-120) verwendete eine andere Kategorierung indem er das Humankapital und Teile des Strukturkapitals als Kulturkapital bezeichnet und dieses in drei Kapitalarten unterscheidet (als einverleibtes kulturelles Kapital als Wissen, praktische Fähigkeiten, als vergegenständliches

Heute ist allgemein anerkannt, dass intellektuelles Kapital oder auch IC (die Summe des Wissens eines Unternehmens, aus dem dieses Werte schaffen kann) die dominierende Quelle der Wertgenerierung eines Unternehmens ist (vgl. Edvinsson & Malone, 1997; Sullivan, 1998; Sveiby, 1997). Bei der Wettbewerbsfähigkeit wird dem Wissen eine zentrale Stellung beigemessen. Peter Drucker (1990; Drucker, 1993a, 1994) spricht von einer "knowledge society", in der Wissen als *die* organisatorische Ressource betrachtet wird, vor den traditionellen Produktionsfaktoren Arbeit, Kapital und Boden. Auch von anderen Autoren (vgl. dazu z.B. Toffler, 1990; Quinn, 1992 und von Krogh & Venzin, 1995) wird Wissen als die wichtigste Quelle für den Aufbau von anhaltenden Wettbewerbsvorteilen und damit für die Wertgenerierung in der modernen Organisation bezeichnet. In diesem Zusammenhang spricht Stewart (1991, S. 42) davon, dass das intellektuelle Kapital, welches die Summe des Wissens einer Unternehmung ist, "(...) is becoming corporate America's most valuable asset and can be its sharpest competitive weapon. The challenge is to find what you have – and use it." Nonaka (1991, S. 96) beschreibt dies wie folgt: „In an economy where the only certainty is uncertainty, the one sure source of lasting competitive advantage is knowledge."

So ist es nicht verwunderlich, dass Bestrebungen, innerhalb von Unternehmen Wissen organisational zu erschließen und weiterzuentwickeln, einen höheren Stellenwert erhalten haben.

Zusammenfassend lässt sich festhalten, dass die folgenden Erkenntnisse für das Verständnis von Wissensnetzwerk-Konzepten von Bedeutung sind:

- Wissen stellt die wichtigste Ressource des Unternehmens dar und ist daher durch gezielte Maßnahmen zu entwickeln und nutzbar zu machen.
- Durch die wissensbasierte Sicht auf das Unternehmen werden Organisationen aufgrund ihres Wissens und ihrer Fähigkeit, dieses Wissen zum Wohle des Unternehmens zu erschließen und zu nutzen, beurteilt.

Konkrete Gestaltungsmerkmale lassen sich aus diesen grundsätzlichen Annahmen noch nicht ableiten. Sie stellen eher die Basis für die nachfolgende intensivere Beschäftigung mit den Charakteristiken von Wissen und den Einsatz und die Auswahl von Wissensmanagement-Aktivitäten dar.

---

kulturelles Kapital in Büchern, technischen Geräten und institutionalisiertes kulturelles Kapital in Bildungstiteln). Jedoch hat sich die Einteilung nach Bontis mittlerweile im Forschungsfeld Wissensmanagement eingebürgert.

2.1.2 *Annäherung an den Wissensbegriff*

Die Bemühungen, den Wissensbegriff eindeutig zu klären, welche Gelehrte von Platon bis Descartes beschäftigte, fanden ihren Niederschlag in der „Epistemologie" – der Lehre von den Ursprüngen, der Natur und Validität des Wissens (vgl. von Krogh & Ross, 1995, S. 7). Nach von Krogh, Roos und Slocum (von Krogh et al., 1994, S. 57) ist die Wissensdefinition „a philosophical question posed in epistemology". Erst ein Verständnis der epistomologischen Annahmen lässt den Charakter von Wissen erkennen, der für ein effizientes Management von Wissen notwendig ist. So müssen die angewendeten Gestaltungsmaßnahmen den spezifischen Charakteristiken von Wissen entsprechen (von Krogh & Ross, 1996b). Dabei beantwortet die organisatorische Erkenntnislehre die Frage, wie und warum Organisationen wissen, und sorgt für eine Beobachtungslinse, durch welche Wissensmanagement-Aktivitäten untersucht werden können (von Krogh & Ross, 1995). Die epistemologische Analyse lässt drei Hauptströmungen erkennen: die kognitivistische, konnektivistische und autopoietische Epistemologie. Da alle Strömungen Wissen unterschiedlich thematisieren, führen sie zu unterschiedlichen Konsequenzen für den Wissenstransfer und die Entwicklung neuen Wissens (Venzin, 1997a; Varela et al., 1992; von Krogh et al., 1998).

2.1.2.1 *Kognitivistische Erkenntnislehre*

Die Entwicklung der kognitivistischen Erkenntnistheorie machte Mitte der 50er-Jahre große Fortschritte, als zahlreiche Ergebnisse aus den Bereichen der Computerwissenschaft, der Systemtheorie, der Psychologie und Neurologie zusammentrafen (von Krogh et al., 1994, S. 57). Als Fazit dieser Anschauung, welche u.a. durch Herbert Simon (Simon, 1976) und Allen Newell (Newell & Simon, 1972) vorangetrieben wurde, kann Wissen als eine Verkörperung und Repräsentation der Welt interpretiert werden. So besteht die Aufgabe eines kognitiven Systems darin, die verschiedenen Objekte, aus welchen die Welt besteht, objektiv und exakt darzustellen (Varela, 1979). Zwei kognitive Systeme – z.B. zwei Gehirne – müssten zwangsweise zur selben Repräsentation eines Objektes gelangen. Wissen wäre demnach universell, explizit, speicher- und übertragbar (vgl. von Krogh et al., 2000, S. 261; Varela et al., 1992). Die Wissensverarbeitung folgt dabei einem Input/Output-Verhältnis, welches die Sichtweise der Organisation als Wissensverarbeitungs-Maschine unterstützt. Wissen wird dabei mit Informationen gleichgesetzt, die durch IT-basierte Mechanismen transferiert werden können, wobei lediglich die begrenzte Kapazität des Individuums zur Informationsverarbeitung limitierend wirkt (Simon, 1976).

Die fundamentalen Schwächen dieser Aussage werden durch die Erkenntnis deutlich, dass Wissen und dessen Transfer nicht auf reine Informationsverarbeitung und -verbreitung reduziert werden können (vgl. von Krogh & Ross, 1996b; Nonaka & Takeuchi, 1995). Die kognitivistische Sichtweise entspricht nicht den dynamischen Anforderungen des Faktors Wissen, da das Konzept der Information das weniger explizite Wissen vollständig vernachlässigt (Nonaka & Takeuchi, 1995). Der Ansatz der Informationsverarbeitung fokussiert damit auf die Quantität der Information anstelle der Qualität.

2.1.2.2 *Konnektivistische Epistemologie*

Die konnektivistische Epistemologie geht davon aus, dass Wissen in den Verbindungen von Menschen ansässig ist und demnach das Ergebnis der Interaktion z.B. in Netzwerken ist (vgl. Venzin, 1997b; von Krogh et al., 1998). Diese Erkenntnislehre basiert ebenfalls auf dem Repräsentantismus der kognitivistischen Epistemologie, unterscheidet sich jedoch darin, dass die Wissensverarbeitung als umfeldabhängig angesehen wird und die Bedeutung der Verbindung zwischen Individuen und Einheiten für den Transfer von Wissen hervorgehoben wird (Kogut & Zander, 1992, S. 384). So stellen Venzin, von Krogh und Roos (Venzin et al., 1998, S. 41) heraus: „Knowledge is dependent on the state of the network of interconnected components".

Für die Gestaltung von Wissensnetzwerken kann aus der konnektivistischen Epistemologie geschlossen werden, dass durch die Generierung von (zusätzlichen) Verbindungen zwischen Individuen oder Einheiten die Verbreitung von Wissen unterstützt werden kann. Andererseits ist das Wissen in der Regel netzwerkabhängig (d.h. kontextabhängig) und aufgrund der Intransparenz im Netzwerk oftmals nur latent vorhanden (Venzin et al., 1998). Hierzu scheint es notwendig, die Wissensträger und Schlüsselverbindungen im Netzwerk ausfindig zu machen oder das latente Wissen zu kodifizieren, was die Konnektivisten als machbar ansehen.

2.1.2.3 *Autopoietische Erkenntnislehre*

Die autopoietische Erkenntnislehre betrachtet Wissen als beobachtungsabhängig und selbstreferenziell und impliziert damit ein Umdenken in einigen der Basisannahmen, wie und warum Organisationen wissen (vgl. van Twist & Schaap, 1992; von Krogh et al., 1994, S. 57). Wissen wird in der Autopoiesis als vergangenheitsabhängig und kontextsensitiv, eingebettet in den Köpfen von Individuen oder den Routinen von Organisationen angesehen (Varela et al., 1992). In der Autopoiesis ist die Welt, entgegen der kognitiven Erkenntnislehre, nicht vorgegeben, sondern wird durch kreative Akte der Kognition weiterentwickelt. Von Krogh & Ross (1995) gehen davon aus, dass Wissen Individuen erlaubt, zu verstehen, zu handeln und sich weiterzuentwickeln. Dabei wird Wissen durch den individuellen Verstand der Beobachter (distinction making) sowie durch die Interaktion zwischen den Beobachtern (social construction) generiert (von Krogh & Ross, 1995). Dies impliziert, dass Wissen, besonders das implizite Wissen, wenn überhaupt, nur zum Teil transferierbar ist (Venzin, 1997b, S. 84; Nonaka & Takeuchi, 1995, S. 85). Zusammenfassen lässt sich die autopoietische Erkenntnistheorie nach von Krogh et al. (1994, S. 59): „In summary, in autopoietic theory: (a) The world is not pre-given to be represented. (b) Knowledge is connected to observation. (c) The notion of information is redefined."

Ein wichtiger Kritikpunkt am autopoietischen Ansatz ist die Abstraktheit und Generalisierbarkeit seiner Aussagen, da sie nur wenige Organisationsprinzipien mit begrenzten Ansatzpunkten für das Management bieten (Mingers, 1995). Auch ist das Verständnis von Information als ein Prozess der Wissensentwicklung und weniger als ein Bestandteil von Wissen nicht unumstritten (vgl. North, 1998, S. 47).

Für die vorliegende Arbeit wird der autopoietischen Erkenntnislehre gefolgt, die durch konkrete Gestaltungsanforderungen für Wissensnetzwerk-Konzepte an Abstraktheit verlieren soll und durch Fokussierung auf den Transfer des impliziten Wissens durch das Inverbindungbringen von Wissensträgern in netzartigen Strukturen das Entwickeln neuen Wissens ermöglichen soll.

Zusammenfassend lässt sich festhalten, dass die folgenden Erkenntnisse für die Gestalt und den Aufbau von Wissensnetzwerk-Konzepten von Bedeutung sind:

- Neben explizitem Wissen wird auch dem impliziten Wissen eine herausragende Bedeutung beigemessen.
- Implizites Wissen kann, da es personengebunden ist, weniger durch Informations- und Kommunikationstechnologien als vielmehr durch die Verbindung von Wissensträgern, also Personen, geteilt werden.
- Für die konkrete Gestaltung von Wissensnetzwerken kann die Generierung von zusätzlichen Verbindungen zwischen den Personen die Verbreitung von Wissen unterstützen.
- Wissen ist kontextabhängig und kann daher besser durch die Bearbeitung einer gemeinsamen Aufgabe geteilt und weiterentwickelt werden.
- Eine Kodifizierung von Wissen kann dessen Teilung und Weiterentwicklung unterstützen.

Konkrete Gestaltungsmerkmale von Wissensnetzwerken und deren Konzepte müssen diese Erkenntnisse berücksichtigen und institutionalisieren.

2.1.3 Dimensionen des Wissensbegriffs

Jeglicher Definitionsversuch des Begriffs *Wissen* ist aufgrund seiner Natur mit Schwierigkeiten verbunden (siehe von Krogh & Ross, 1995), eine Annäherung soll dennoch durch die Betrachtung der verschiedenen Dimensionen des Wissensbegriffs versucht werden. Wie oben dargestellt, existieren eine Vielzahl verschiedener Sichtweisen und Definitionen von Wissen, die jeweils unterschiedliche Eigenschaften von Wissen beleuchten. So definieren Davenport & Prusak (1998) beispielsweise Wissen als Gesamtheit der menschlichen Eindrücke und Erfahrungen, die einem ein Verständnis von Neuem geben können: "Knowledge is a fluid mix of framed experience, values, contextual information, and expert insight that provides a framework for evaluating and incorporating new experiences and information. It originates and is applied in the minds of knowers" (Davenport & Prusak, 1998, S. 5).

Wissen wird dabei unter einem strategischen Blickwinkel betrachtet. So interessieren sich Davenport et al. (1998) für die Herkunft und den Beitrag von Wissen zur Problemlösung und Entscheidungsfindung im Unternehmen. Er definiert es als „information combined with experience, context, interpretation, and reflection". Wissen ist für ihn eine „(...) high-value form of information that is ready to apply to decisions and actions." (Davenport et al., 1998, S. 43). Im Gegensatz dazu beschreiben Nonaka et al. (1997, S. 70) Wissen als eine „mit Erklärung verbundene richtige Vorstellung". Sie begreifen Wissen als Konsequenz einer bestimmten Einstellung, Perspektive oder Absicht. Dadurch wird Wissen für sie zweckgerichtet, kontext- und beziehungsspezifisch (vgl. Nonaka et al., 1997, S. 70). Die beschriebenen Definitionen erscheinen auf den ersten Blick umfänglich. Ihr Erklärungshorizont ist jedoch auf einen spezifischen Kontext gerichtet.

Aus den oben dargestellten Perspektiven lassen sich nur wenige Handlungsimplikationen für die Praxis ableiten, auf welche die vorliegende Arbeit abzielt. Eine Diskussion der verschiedenen Wissensarten soll daher zur Positionierung der Arbeit und zur weiteren Fokussierung für die vorliegende Forschung führen. Der Wissensbegriff kann prinzipiell in eine Vielzahl verschiedener Bezugsrahmen gestellt werden. Für ein späteres Verständnis vom Umgang mit Wissen im Unternehmen ist es sinnvoll, einen solchen Bezugsrahmen in Form von systematischen Abgrenzungen aus betriebswirtschaftlich-strategischer Sicht zu schaffen. Daher werden neben der Abgrenzung von Daten, Informationen und Wissen die epistemologische und die ontologische Dimension genauer betrachtet.

2.1.3.1 *Der Wissensbegriff in der Unterscheidung zu Informationen und Daten*

Eine weitere Abgrenzungsmöglichkeit für die Annäherung an den Wissensbegriff liefert die Unterscheidung von Daten, Wissen und Information in Form einer Begriffshierarchie. Daten werden durch Zeichen oder Funktionen repräsentiert (vgl. Probst et al., 1997, S. 34; Rehäuser & Krcmar, 1996, S. 4). Sie sind das Gegebene zum Zwecke der Verarbeitung ohne einen Verwendungshinweis (Davis & Botkin, 1994, S. 166). Wenn Daten in einem gewissen Kontext interpretiert werden, stellen sie für den Empfänger Informationen dar (vgl. Probst et al., 1997, S. 34, Vicari & Trioilo, 1997). Informationen werden dann generiert, wenn Daten in einen realen oder abstrakten Problembezug eingeordnet und für die Erreichung eines Ziels verwendet werden (Rehäuser & Krcmar, 1996, S. 4, Kriwet, 1997). Wissen wird in dieser Begriffshierarchie als die „zweckorientierte Vernetzung von Information" (Rehäuser & Krcmar, 1996, S. 5) bezeichnet. Ob Informationen zu Wissen werden, hängt davon ab, ob jemand durch diese lernen kann, was wiederum nicht nur vom Inhalt der Informationen, sondern auch von der betroffenen Person selbst beeinflusst wird (Davis & Botkin, 1994). Wissen ermöglicht die Nutzung von Information in einem bestimmten Handlungsfeld (vgl. Probst et al., 1997, S. 35) und hat damit eine subjektive Komponente, da es durch die zweckorientierte Vernetzung von Informationen generiert wird. Nonaka und Takeuchi beschreiben dies wie folgt: "(...) information is a flow of messages, while knowledge is created by that very flow of information, anchors in the beliefs and commitment of its holder" (Nonaka & Takeuchi, 1995, S. 58). Cleveland (1989) dagegen bezeichnet Wissen als selbstorganisierte und internalisierte Information. Von Krogh, als einer der Hauptvertreter des autopoietischen Ansatzes, versteht Information als einen Prozess der Aufnahme von Daten, die aus dem Umfeld selektiert werden (von Krogh et al., 1993, S. 343). Nonaka und Takeuchi (1997) bezeichnen Wissen als „begründete wahre Erkenntnis" (justified true belief, Nonaka & Takeuchi, 1995, S. 70) und legen den Schwerpunkt auf die Eigenschaft *begründet*. Dies impliziert, dass Wissen als ein Prozess persönlicher Überzeugung eines Menschen verstanden wird. Wissen besitzt damit einen subjektiven, menschlichen und dynamischen Charakter (Nonaka & Takeuchi, 1995, S. 15). Für die vorliegende Arbeit sollen die Begriffe Daten, Informationen und Wissen aufgrund der dargestellten Definitionen wie folgt abgegrenzt werden: Während Daten zusammenhangslose Fakten, Zeichen oder Funktionen ohne Kontext sind, bestehen Informationen aus Daten, die eine Struktur aufweisen und in irgendeiner Weise geordnet sind. Informationen haben dabei einen realen oder abstrakten Problembezug und sind somit kontextspezifisch. Wissen entsteht durch die zweckorientierte Verknüpfung und Interpretation von Informationen und kann je nach Verwendungszweck und Standpunkt des Benutzers unterschiedliche Bedeutungen besitzen.

Neben dieser Unterscheidung von Daten, Informationen und Wissen sind in der wissenschaftlichen Literatur eine große Anzahl verschiedener Wissenstypen und -kategorien zu finden (vgl. Blackler, 1993, 1995; Collins, 1993; Eck, 1997; von Krogh & Venzin, 1995), die zur Entwicklung konkreter Handlungsempfehlungen notwendig sind. Ein bekanntes Klassifikationsmuster bezieht sich auf die epistemologische Dimension, die zwischen implizitem (oder tacit) und explizitem Wissen unterscheidet (vgl. Polanyi, 1966). Ein weiteres Raster, welches für die Gestaltung und den Aufbau von Wissensnetzwerken von Bedeutung ist, stellt die ontologische Dimension dar, welche die Unterscheidung von individuellem und kollektivem Wissen beinhaltet.

2.1.3.2 Epistemologische Dimension: Implizites und explizites Wissen

Die Unterscheidung von implizitem und explizitem Wissen wird als epistemologische Dimension bezeichnet und spielt für die Auswahl der Wissensmanagement-Ansätze und -Instrumente im Unternehmen eine fundamentale Rolle. Beide Wissensdimensionen können, als Spektrum konzeptionalisiert werden (vgl. Leonard & Sensiper, 1998, S. 113). Als erster hat sich Polanyi (1966) mit der Unterscheidung von implizitem und explizitem Wissen beschäftigt. Aus der Tatsache, dass Menschen mehr wissen, als sie kommunizieren können schließt er, dass neben dem expliziten Wissen auch implizites Wissen existieren muss (Polanyi, 1966, 2002). In der Literatur wird dieses Phänomen durch vielfältige Begriffspaare wiedergegeben (vgl. die ausführliche Darstellung bei von Krogh & Venzin, 1995, S. 421). Hedlund & Nonaka (1993) schlagen beispielsweise die Begriffe „tacit and articulated knowledge“ vor, Berger & Luckmann (1966) „embedded knowldge“, aber es sind auch die Begriffe „encoded knowledge“ (Blackler, 1995) oder „declarative knowledge“ (Anderson, 1983) zu finden. Alle Begriffssysteme versuchen jedoch letztlich zu beschreiben, dass Wissen entlang des Begriffskontinuums von „implizit“ und „explizit“ variieren kann.

Die artikulierte oder kodifizierte Dimension von Wissen wird explizit in physikalischen oder materiellen Objekten verkörpert. Dies können Patente, Handbücher usw. sein (es ist das „know-what“ und know-that“, vgl. hierzu Kogut & Zander, 1992 und Ryle, 1949). Der explizite Austausch schließt die eigene Sprache oder das eigene Vokabular, kodifizierte Verfahrensweisen, Dokumente usw. ein. Es kann „in Sätze gefasst oder als Zeichnung zu Papier gebracht werden“ (von Krogh et al., 2000, S. 264). Es kann in strukturierter Weise z.B. in entsprechenden Datenbanken, Dokumentationen, Patenten, Produktbeschreibungen oder Prozessen gespeichert werden. Darüber hinaus kann es leichter als das implizite Wissen übermittelt und auf andere Personen bzw. Organisationen übertragen werden (vgl. Rehäuser & Krcmar, 1996, S. 7).

Implizites Wissen (engl. tacit knowledge) ist dagegen „persönlich, kontextspezifisch und daher nur schwer kommunizierbar“ (Nonaka et al., 1997, S. 18 und S. 72). Es ist schwer zu formulieren und daher anderen schwer zu vermitteln (vgl. Hedberg et al., 1997; Polanyi, 1966). Polanyi (1997) weist auf Wissensbestandteile hin, die nicht klar explizierbar, aber dennoch vorhanden sind: „We can know more than we can tell“ (Polanyi, 1967, S. 136). Um Fahrrad zu fahren, muss man beispielsweise wissen, wie man die Balance halten kann. Wir denken nicht darüber nach, ob wir jetzt nach links oder rechts steuern müssen, um nicht umzufallen, und wir könnten auch nicht genau artikulieren oder niederschreiben, was man hierzu wissen muss. Dieses implizite Wissen ist in unserem alltäglichen Handeln verwurzelt und immer mit einem spezifischen Kontext verknüpft – einer bestimmten Technologie, einem Beruf oder einer Gemeinschaft. Dadurch ist es systematisch nur schwer zu erfassen und zu übermitteln (vgl. Nonaka et al., 1997, S. 18 ff.). Das „Know-how“ – die praktischen Fertigkeiten oder Kenntnisse, die es uns erlauben, effizient und effektiv zu arbeiten und nicht immer über den detaillierten Lösungsweg nachdenken zu müssen, sondern es einfach zu tun – hat seinen Ursprung in unserem impliziten Wissen. „Die technische Dimension umfasst die informellen und schwer beschreibbaren Fertigkeiten, die der Begriff Know-how wiedergibt.“ (Nonaka et al., 1997, S. 19). Dazu zählen sowohl intellektuelle wie auch handwerkliche Fertigkeiten. Gleichzeitig besitzt das implizite Wissen eine kognitive Dimension; wir besitzen es in Form von eingebetteten Denkmodellen, Anschauungen und Perspektiven, so dass wir es als sicher und nicht hinterfragbar ansehen Die kognitive Dimension besteht aus tief verwurzelten mentalen Vorstellungen und Modellen, die wir für selbstverständlich halten: “It consists of schemata, mental models, beliefs, and perceptions so ingrained that we take them for granted. The cognitive dimension of tacit knowledge reflects our image of reality (what is) and our vision for the future (what ought to be).” (Nonaka et al., 1997, S. 8).

Sowohl das explizite wie auch das implizite Wissen können teilweise durch verschiedene Transformationsprozesse ineinander übergehen. Nonaka et al. (1997, S. 84) beschreiben dies mit ihrem SECI-Modell[3], welches die Umwandlung von explizitem und implizitem Wissen in einem ständigen Umwandlungsprozess (Spirale) darstellt.

---

3 Das Wort SECI setzt sich dabei aus den englischen Bezeichnungen für die einzelnen Phasen ‘Sozialization’, ‘Externalization’, ‘Combination’ und ‘Internalization’ zusammen.

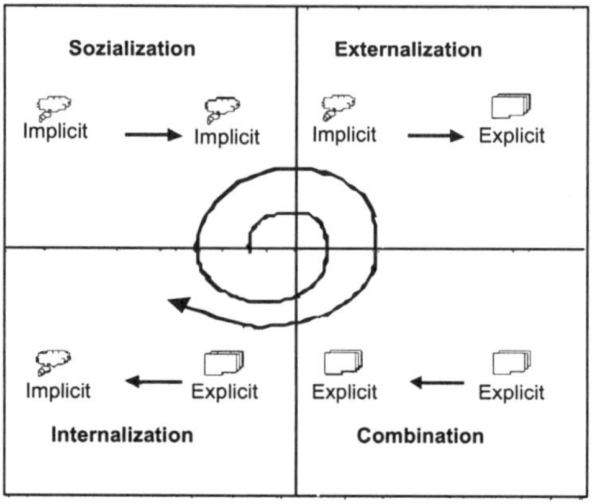

Abb. 16: Das SECI-Modell (Quelle: Nonaka et al., 1997, S. 84)

Die Phase der *Sozialisierung* beschreibt dabei den Austausch von Erfahrungen, aus dem neues implizites Wissen entsteht, wie z.B. gemeinsame Werte oder technische Fähigkeiten. Da implizites Wissen nur schwer formalisierbar und häufig zeit- sowie ortspezifisch ist, kann es nur durch gemeinsame Erfahrungen übermittelt werden, wie es z.B. das gemeinsame Verbringen von Zeit oder das Leben in derselben Umgebung ermöglichen.

Externalisierung beschreibt die Umwandlung von implizitem Wissen in explizites Wissen. Da implizites Wissen schwierig auszudrücken ist, geschieht der Umwandlungsprozess oft durch Hilfsmittel wie das Verwenden von Metaphern, Analogien, Sprache, die reich an Bildern oder Geschichten ist, und Visualisierungshilfen wie Modelle, Diagramme oder Prototypen.

Die Transformation von explizitem Wissen in komplexeres und systematisierteres explizites Wissen repräsentiert die Phase der *Kombination* (Nonaka nennt diese Phase jetzt Systematisierung, vgl. Nonaka, 2000). Dabei ist es notwendig, verschiedene Felder von explizitem Wissen miteinander zu verbinden (zu kombinieren) und das so entstandene neue Wissen organisationsweit zur Verfügung zu stellen. Die Systematisierung und die Verfeinerung verbessert den praktischen Wert von existierendem Wissen und dessen Transferierbarkeit zu anderen Unternehmensteilen.

Die *Internalisierung* beinhaltet die Umwandlung von organisationsweitem explizitem Wissen in das implizite Wissen von Individuen. Dieser Prozess erfordert vom Individuum, dass er oder sie dazu in der Lage ist, persönlich relevantes Wissen innerhalb der Organisation zu erkennen. Konstantes Lernen und das Schaffen von neuen Erfahrungen durch „learning-by-doing" kann Mitarbeiter bei diesem Internalisierungsprozess unterstützen. Dieses implizite Wissen und die Erfahrungen, die auf einem individuellen Level gemacht werden, können durch den Sozialisationsprozess zwischen Individuen geteilt werden, so dass sich die Wissensspirale wieder in Bewegung setzt.

Nonaka & Konno (1998, S. 44) bemerken zum Umwandeln (auch als Kodifizieren bezeichnet) von implizitem in explizites Wissen: „(...) the articulation of tacit knowledge – that is the conversion of tacit into explicit knowledge – involves techniques that help to express one's ideas or images as words, concepts, figurative language (such as metaphors, analogies, or narratives), and visuals." Dieses auf individueller Ebene vorhandene implizite Wissen muss zur Nutzbarmachung für das Unternehmen auf eine kollektive Ebene gehoben und nach Möglichkeit kodifiziert werden. Implizites Wissen wird jedoch nicht in jedem Fall und vollständig kodifizierbar sein, da nicht alle Entscheidungsregeln oder Handlungsorientierungen, die einer Arbeit zugrunde liegen, artikuliert werden können (Kogut & Zander, 1992). Die folgende Sektion beschreibt, wie die verschiedenen Wissensdimensionen auf verschiedenen ontologischen Ebenen existieren und transformiert werden können.

Zusammenfassend lässt sich sagen, dass die unterschiedlichen Wissensaktivitäten des Wissensmanagements, intendiert durch die ihnen zugrunde liegenden Denkmodelle, unterschiedliche Initiativen beinhalten. Dabei wird versucht, beide Wissensdimensionen zu berücksichtigen und durch den Einsatz und die Förderung von Transformationsprozessen für das Unternehmen nutzbar zu machen. Alle Wissensaktivitäten sollten dabei die beschriebenen Charakteristiken beider Dimensionen beachten. Gerade die Umwandlung und der Transfer impliziten Wissens stellt durch seine spezifischen Charakteristiken eine bedeutende Herausforderung der modernen Wissensmanagement-Konzepte dar.

2.1.3.3 Ontologische Dimension: Individuelles und kollektives Wissen

Neben der epistemologischen Dimension kann Wissen auch bezüglich unterschiedlicher Wissensebenen untersucht werden. Man bezeichnet dies als die ontologische Dimension des Wissens. Unterschieden werden kann hier zunächst nach individuellem und kollektivem Wissen. Dabei befindet sich individuelles oder privates Wissen „nur für einzelne Personen im Zugriff" (Rehäuser & Krcmar, 1996, S. 7). Während dies bei implizitem Wissen häufig von Natur aus der Fall ist, muss privates explizites Wissen z.B. durch Zugriffsrechte geschützt werden. Kollektives Wissen steht dagegen mehreren Benutzern gleichzeitig zur Verfügung. Unter „kollektiv" versteht man dabei Gruppen, Organisationen und interorganisationale Entitäten (vgl. Nonaka & Takeuchi, 1995, S. 57). Ebenso wie privates Wissen kann auch kollektives Wissen sowohl expliziter wie auch impliziter Natur sein (vgl. Leonard & Sensiper, 1998, S. 113). Es entsteht zumeist aus einem Zusammenwirken individueller Wissenselemente: „Collective tacit knowledge is developed communally, over time, in interactions among individuals in the group. It exists more or less complete in the head of each group member who has been completely socialized into the group." (Leonard & Sensiper, 1998, S. 121).

Die Wertschöpfung eines Unternehmens ist in erheblichem Maße vom Aufbau und der Nutzung kollektiven Wissens abhängig. Brown & Duguid (1998) gehen davon aus, dass ein Großteil des betrieblich genutzten Wissens kollektiv geschaffen wird (Brown & Duguid, 1998, S. 91). Darüber hinaus kann nach einer Individual-, Gruppen-, organisationalen und inter-organisationalen Ebene unterschieden werden (Hedlund & Nonaka, 1993). Die nachfolgende Aufstellung veranschaulicht diese Unterscheidung, setzt sie zu den im vorangegangenen Kapitel dargestellten Wissensdimensionen in Beziehung und gibt Beispiele aus der Unternehmenspraxis. Hedlund & Nonaka (1993) verwenden für die explizite Dimension des Wissens dabei den Begriff „articulated knowledge".

	Individual	**Group**	**Organisation**	**Inter-organisational Domain**
Articulated knowledge	Knowing calculus	Quality circle's documented analysis of its performance	Organisation chart	Supplier's patents and documented practices
Tacit knowl-edge	Cross-cultural negotiation skills	Team coordination in complex work	Corporate culture	Customer's attitudes to products and expectations

Tabelle 3: Wissensebenen-Modell (Quelle: Hedlund & Nonaka, 1993)

Die Anzahl der unterscheidbaren Wissensebenen ist nicht auf zwei begrenzt. Seufert & Seufert (1998, S. 78) unterteilen die Wissensschaffung weiter. Neben den bei Hedlund & Nonaka (1993) dargestellten Ebenen unterteilen sie das implizite Wissen in die von Nonaka (1985) vorgeschlagenen Dimensionen technisches und kognitives Wissen. Diese Aufteilung ermöglicht eine genauere Auswahl von wissensbezogenen Aktivitäten, welche speziell auf eine Förderung der Wissensentwicklung in einer bestimmten Ebene (z.B. der Gruppenebene) und einer bestimmten Wissensdimension (z.B. der technischen Dimension impliziten Wissens) ausgerichtet sind.

Nonaka & Takeuchi (1997, S. 86 ff.) verbinden die Wissensdimensionen und -ebenen bereits in einem dynamischen Modell, der „Wissensspirale". Dabei werden explizites und implizites Wissen in einem ständigen Umwandlungsprozess transferiert, wobei die Wissensschaffung auf den verschiedenen Ebenen „höhere" ontologische Schichten, von der individuellen zur

Unternehmensebene, erreichen kann. Nonaka & Takeuchi (1997, S. 86) gehen dabei davon aus, dass das Wissen bei seinem Weg durch die ontologischen Schichten angereichert wird. „Die Wissensbeschaffung im Unternehmen ist somit ein Spiralprozess, der ausgehend von der individuellen Ebene immer mehr Interaktionsgemeinschaften erfasst und die Grenzen von Sektionen, Abteilungen, Divisionen und sogar Unternehmen überschreitet." (Nonaka et al., 1997, S. 86).

Im Wesentlichen verfolgt sein Ansatz der Wissensspirale (siehe Abbildung 17) den Versuch einer Erklärung, wie aus individuellem implizitem Wissen kollektives explizites Wissen werden kann, um dieses Wissen zu kodifizieren, also für das Unternehmen nutzbar, das heißt für andere verfügbar und organisierbar zu machen (Nonaka, 1994, S. 20). Es befindet sich dabei jedoch auf einer höheren Abstraktionsebene, welche das Endprodukt, jedoch weniger die Einzelprozesse zur Umwandlung oder Anwendung beschreibt und daher keine konkreten Handlungsempfehlungen zulässt.

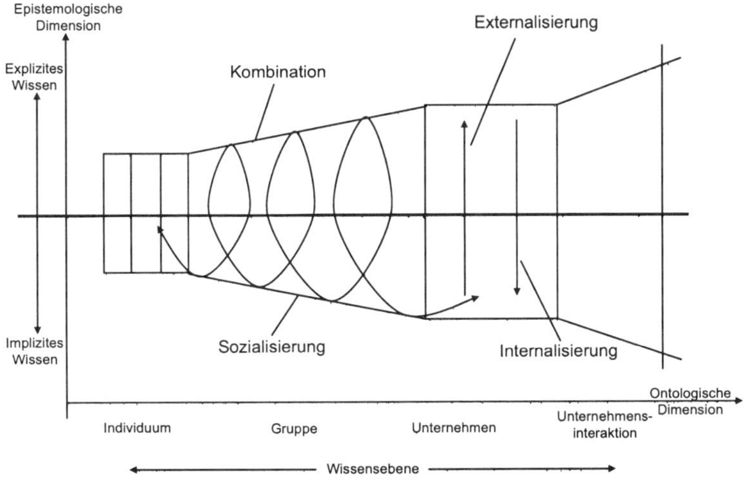

Abb. 17: Die Wissensspirale – die Umwandlung der verschiedenen Wissensdimensionen der unterschiedlichen ontologischen Ebenen (Nonaka, 1994, S. 20)

Wissensbezogene Aktivitäten lassen sich auf einer detaillierteren Ebene auf die Wissensprozesse beziehen, welche auf den verschiedenen Wissensebenen und in den ontologischen Schichten konkrete Handlungen beinhalten, die wiederum in einer Wissensmanagement-Konzeption gebündelt werden können. Damit bildet die Unterscheidung der verschiedenen Wissensdimensionen und -ebenen die Grundlage für das Verständnis der im Folgenden beschriebenen Wissensprozesse. Erst die Wissensprozesse ermöglichen es, das im Unternehmen vorhandene

Wissen (in den epistemologischen und ontologischen Dimensionen) durch gezielte Aktivitäten von einer ontologischen Ebene in eine höhere Ebene zu heben, sowie auf der gleichen Ebene zu teilen und weiterzuentwickeln.

Um neues Wissen zu entwickeln, bedarf es laut Nonaka (2000) eines entsprechenden Kontextes (vgl. auch von Krogh et al., 2000), den er der japanischen Philosophie folgend als „Ba“ bezeichnet. Er setzt damit den Prozess der Wissensschaffung mit einem Raum in Verbindung, in dem dieser durch die beschriebenen Umwandlungsprozesse stattfinden kann (Nonaka & Konno, 1998). Er definiert „Ba“ als: „(...) a shared context in which knowledge is shared and utilized. In knowledge creation, generation and regeneration of the key, as ba provides the energy, quality and place to perform the individual conversions and to move along the knowledge spiral.” (Nonaka et al., 2000, S. 14). Im Mittelpunkt dieses Konzepts steht die Forderung nach der Interaktion der Individuen, die in einem gemeinsamen Kontext stattfinden muss. Dieser Kontext kann physisch, virtuell, mental oder eine Kombination von diesen Möglichkeiten sein. Eine Trennung des Wissens vom gemeinsamen Kontext würde nach Nonaka & Konno (1998, S. 40 f.) Wissen in Informationen umwandeln. Analog zu den vier SECI-Prozessen der Umwandlung von implizitem in explizites Wissen und vs. existieren vier unterschiedliche Typen von „Ba“ (Nonaka et al., 2000, S. 16 ff.). Auf den Grundlagen des „Ba“-Konzepts und den damit korrespondierenden SECI-Prozessen bauen Seufert & Seufert (1998) ihren Wissensnetzwerk-Ansatz auf. Sie argumentieren, dass Wissensnetzwerke gerade den notwendigen Raum für die Unterstützung der Wissensprozesse bieten (Seufert & Seufert, 1998). In Anlehnung an das „Ba“-Konzept unterscheiden auch sie vier verschiedene Typen von Wissensnetzwerken, die primär dem Erfahrungsaustausch, dem Dialog und der Interaktion, der Wissensaufbereitung und der Wissensanwendung dienen. Dieser Wissensnetzwerk-Ansatz wurde im Rahmen des Forschungsprojekts KnowledgeSource weiterentwickelt (Seufert et al., 1999b).

Zusammenfassend lässt sich sagen, dass erst durch die Transformation von implizitem in explizites und von individuellem in kollektives Wissen dieses die größten Werte für das Unternehmen entfaltet. Diese Transformation vollzieht sich durch Transformationsprozesse, die Nonaka et al. (2000) in ihrem SECI-Konzept beschreiben. Damit diese Prozesse zur Entwicklung neuen Wissens führen können, benötigen sie einen Ort, der als „Ba“ bezeichnet wird (Nonaka & Konno, 1998, S. 40 f.). Eine Organisationsform muss also, um den Transfer und die Transformation von Wissen zu ermöglichen, diese Prozesse unterstützen und ihnen den nötigen Raum einräumen.

2.1.3.4 Die Wissensprozesse

Wissensprozesse beschreiben die Entstehung, Nutzung und Pflege des Wissens im Kontext einer Unternehmung. Wissensentwicklung und Wissenstransfer sind Beispiele für solche Prozesse, die auf der Interaktion der Individual- und Gruppenebene und dem Umwandlungsprozess zwischen explizitem und implizitem Wissen aufbauen (vgl. Nonaka et al., 1997, S. 75; eine genauere Betrachtung dieser Fragestellungen gibt Dous, 2001). Verschiedene Modelle versuchen die Abhängigkeiten der Prozesse voneinander darzustellen, so sprechen Probst et al. (1997, S. 53) beispielsweise von „Kernprozessen" des Wissensmanagements, die voneinander abhängig sind und aufeinander folgen. Im Folgenden soll das verbreitete Konzept Nonakas (1994) zur Unterscheidung der Wissensprozesse zugrunde gelegt werden.

Man kann im Wesentlichen vier Wissensprozesse voneinander unterscheiden (Zack, 1999; siehe auch Harris et al., 1999, S. 11-12; Heilmann, 1999 und von Krogh et al., 2000, S. 261 f.). Dies sind „Lokalisieren" und „Festhalten" von vorhandenem Wissen („Locating/Capturing"), „Transferieren" und „Teilen" vorhandenen Wissens („Transfering/Sharing") und das „Entwickeln" von neuem Wissen („Creating"). Das „Anwenden" von Wissen („Applying") in einem bestimmten Kontext wird nicht als eigenständiger Wissensprozess angesehen, wenn man der Definition Nonaka's (1994, S. 15) folgt, „Knowledge is a justified true belief that has the capability for action". Diese Definition von Wissen impliziert nach Nonaka (1994) bereits dessen Anwendbarkeit, da Wissen nicht zum Selbstzweck existiert, sondern vielmehr in enger Verbindung zur Wertschöpfung des Unternehmens zur Anwendung gelangt (vgl. auch Stehr, 1992).

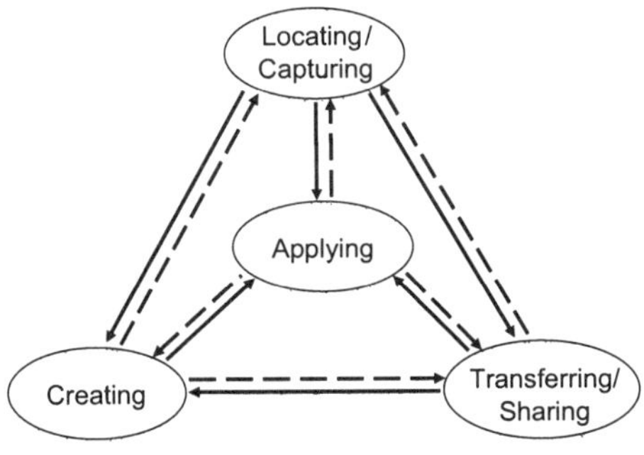

Abb. 18: Die Wissensprozesse (Seufert et al., 2004, S. 39)

Die Wissensprozesse *Lokalisieren und Festhalten* von Wissen zielen auf die Identifizierung existierenden Wissens ab. Powell (1998, S. 237) beschreibt die Notwendigkeit dieser Prozesse folgendermaßen: "(...) an enormous amount of information and knowledge resides in the minds and electronic mail of key people, but this material is rarely organized in a fashion that allows for its transmission to others." Von Bedeutung ist hier das klare Definieren, Betrachten und Evaluieren des impliziten wie expliziten Wissens, das lokalisiert und festgehalten werden soll. Man kann dabei zwischen dem Festhalten von explizitem Wissen, wie Berichte in Datenbanken, in Systemen, und dem Lokalisieren und Visualisieren von implizitem Wissen in Wissensträgern, z.B. dem Lokalisieren von Expertisen durch Wissenslandkarten, unterscheiden.

Wissensteilung und -transfer kann sich als ein Austausch von (implizitem oder/und explizitem) Wissen zwischen Individuen, Gruppen und Abteilungen innerhalb und außerhalb des Unternehmens vollziehen. Das Teilen und Transferieren von Denkmodellen und Fähigkeiten kann dazu genutzt werden, eine Aufgabe zu erfüllen und ermöglicht die Interpretation von und das Handeln durch Informationen (Kriwet, 1997; Nonaka & Takeuchi, 1995; Probst et al., 1999; {von Krogh, 1998 #387}. Inkpen (1996) misst gerade dem Prozess des Wissenstransfers innerhalb des Wissensmanagements eine herausragende Bedeutung zu, wenn er schreibt „(..) the ability to create knowledge and move it from one part of the organization to another is the basis for competitive advantage." (Inkpen, 1996, S. 139, vgl. auch von Krogh & Köhne, 1998; Spender & Grant, 1996). Der Prozess des Wissenstransfers kann als einer der Hauptprozesse innerhalb von Wissensnetzwerken angesehen werden (Enkel & Wicki, 2002).

Wissensteilung vollzieht sich, wenn der Rezipient ein erstes vergleichbares Verständnis des Sachverhalts wie die Quelle hat (Haerem et al., 1996). Wissensteilung kann sich sowohl beabsichtigt und strukturiert als auch unerwartet und unsystematisch vollziehen {Inkpen, 1995 #444}{Hamel, 1989 #301}; Davenport et al., 1998. Wissensteilung und -transferierung vollzieht sich in drei Phasen: der Initiierung und Koordination, der Wissensflussphase und der Integration (Kriwet, 1997; {von Krogh, 1998 #387}. Die folgende Abbildung verdeutlicht diese Phasen.

Abb. 19: Die Phasen des Wissenstransfers (Quelle: von Krogh & Köhne, 1998, S. 239)

Diese drei Phasen folgen nicht immer sequenziell aufeinander, sondern können in eine vorangegangene Phase zurückkehren, und verschiedene Wissensflüsse können sich in unterschiedlichen Stadien befinden (von Krogh & Köhne, 1998, S. 239 ff.). Das Teilen und Transferieren von implizitem wie explizitem individuellem und organisationalem Wissen kann durch zahlreiche Instrumente unterstützt werden. So kann das Teilen von „Lessons learned" in Organisationsformen wie Netzwerken mit einer gemeinsamen Wissensbasis und vergleichbaren Verhaltens- und Kommunikationsstrukturen der Netzwerkmitglieder ein geeignetes Hilfsmittel sein. Dieser Wissensaustausch ist dann auf ein spezifisches Objekt ausgerichtet, initiiert durch eine existierende Wissenslücke (von Krogh & Köhne, 1998, S. 239 ff.).

Unternehmen *entwickeln neues Wissen* durch Vergrößern ihres expliziten oder impliziten Wissens. Die Vergrößerung des expliziten Wissens eines Unternehmens kann dadurch erzielt werden, dass existierendes implizites Wissen in explizites Wissen umgewandelt wird. Dies ist aufgrund der dem individuellen impliziten Wissen innewohnenden Charakteristiken eine der größten Herausforderungen des Wissensmanagements.

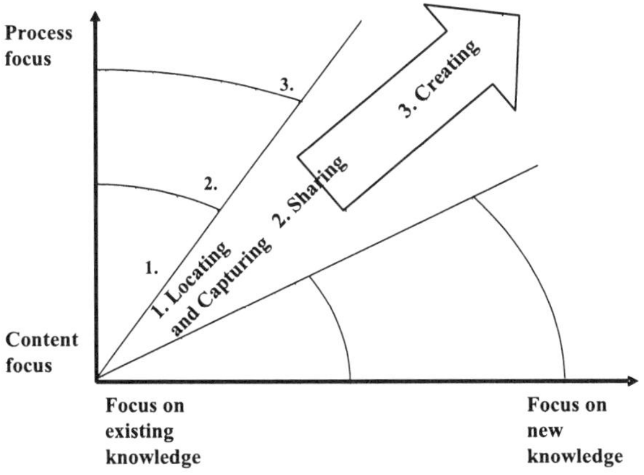

Abb. 20: Die Wissensprozesse (Seufert et al., 2004, S. 40)

Betrachtet man die einzelnen Wissensprozesse, so können diese in einer Hierarchie eingeordnet werden (Seufert et al., 2004, S. 40). Das Lokalisieren und Festhalten von Wissen stellt dabei die Basis der darauffolgenden Wissensprozesse dar und bezieht sich eher auf im Unternehmen bereits existierendes Wissen, welches in überwiegend expliziter Form vorhanden ist. Um Wissen transferieren und teilen zu können, muss dieses bereits bekannt bzw. bereits festgehalten worden sein. Hier kann es sich um neues wie auch bereits existierendes, explizites wie implizites Wissen handeln. Der Fokus der Wissensgenerierung liegt auf der Entwicklung neuen Wissens, welches in neue Produkte und Services transferiert werden kann. Der Inhalt des neuen Wissens ist dabei weniger von Bedeutung als der Wissensprozess selbst, um so die Möglichkeit zu beinhalten, kontinuierlich neues Wissen zu entwickeln, welches die Vorraussetzung für Innovationen bildet (siehe von Krogh & Venzin, 1995; Nonaka, 1994, S. 14). Beim Lokalisieren und Festhalten von Wissen ist dagegen der Fokus eher auf den Inhalt des Wissens gerichtet. Die folgende Abbildung verdeutlicht den unterschiedlichen Fokus auf Prozess oder Inhalt des Wissens innerhalb des Unternehmens.

Betrachtet man die Prozesse Teilen und Transferieren von Wissen, so kann eine bessere Nutzung von existierendem Wissen wie auch die Fähigkeit, wissensbezogene Aufgaben zu lösen, zu Kostenreduktion, Effizienzsteigerung und Innovationsförderung durch Verhindern eines „Neuerfindens des Rads" führen (von Krogh & Köhne, 1998, S. 238). Die Fähigkeit, neues Wissen zu entwickeln und dieses von einem Teil der Organisation zu einem anderen Teil zu transferieren, ist laut Inkpen (1996) und Grant (1996b) die Basis für langfristige Wettbewerbsvorteile.

Grundsätzlich lässt sich sagen, dass diese generischen Wissensprozesse als Kern jedes Interaktions- und Kommunikationsprozesses auf individueller und/oder Gruppenebene angesehen werden können (Seufert et al., 2004, S. 40 ff.). Sie bauen aufeinander auf; so müssen, z.B. um implizites Wissen auszutauschen, zuerst die entsprechenden Wissensträger lokalisiert und in Interaktion miteinander gebracht werden, bevor die Internalisierung durch Anpassung und Modell-Lernen einsetzen kann. Nonaka (1994, S. 18 f.) beschreibt diese Prozesse als dynamische Transformationsprozesse zwischen explizitem und implizitem Wissen, die in die Phasen Sozialisierung, Externalisierung, Systematisierung und Internalisierung eingeteilt werden können (siehe vorangegangenes Kapitel). Wissensaktivitäten sollen dabei die vorgestellten Wissensprozesse unterstützen, um so das im Unternehmen vorhandene Wissen zu nutzen sowie durch die Entwicklung neuen Wissens Wettbewerbsvorteile zu erzielen. Alle Wissensprozesse sind dabei gleichermaßen von Bedeutung.

Zusammenfassend lässt sich festhalten, dass die folgenden Erkenntnisse für die Gestalt und den Aufbau von Wissensnetzwerken von Bedeutung sind:

- Beide Wissensdimensionen (explizit und implizit) müssen berücksichtigt und durch den Einsatz und die Förderung von Transformationsprozessen für das Unternehmen nutzbar gemacht werden.

- Alle Wissensaktivitäten sollten dabei die beschriebenen Charakteristiken beider Dimensionen beachten.

- Gerade die Umwandlung und der Transfer impliziten Wissens stellt durch seine spezifischen Charakteristiken eine bedeutende Herausforderung der modernen Wissensmanagement-Konzepte dar.
- Erst durch die Transformation von implizitem in explizites und von individuellem in kollektives Wissen werden die größten Werte für das Unternehmen entfaltet.
- Die Transformation vollzieht sich durch die von Nonaka (1994, S. 18 ff.) beschriebenen Transformationsprozesse (SECI Model), auf detaillierterer Ebene durch die einzelnen Wissensprozesse (Lokalisieren/Festhalten, Transferieren/ Teilen und Entwicklung neuen Wissens).
- Damit diese Prozesse zur Entwicklung neuen Wissens führen können, benötigen sie einen Ort, den Nonaka als „Ba“ bezeichnet (Nonaka & Konno, 1998, S. 40 f.).
- Eine Organisationsform muss also, um den Transfer und die Transformation von Wissen zu ermöglichen, diese Prozesse unterstützen und ihnen den nötigen Raum einräumen.

Zusammenfassend lässt sich festhalten, dass effektive Instrumente des Wissensmanagements, d.h. auch Wissensnetzwerke, zum einen die spezifischen Charakteristiken der Wissensdimensionen, zum anderen auch, von einem Unternehmenskontext aus betrachtet, die Umwandlung von individuellem Wissen in kollektives Wissen berücksichtigen sollten. Der Umwandlungsprozess, wie ihn Nonaka (1994, S. 19) in seinem SECI-Modell beschreibt, und auf einer detaillierteren Ebene die einzelnen Wissensprozesse, benötigen unterstützende Hilfsmittel und einen Raum, den Nonaka & Konno (1998, S. 40 f.) als „Ba“ bezeichnen. Aktivitäten oder Instrumente des Wissensmanagements müssen sich daran messen lassen, ob sie diese Bedingungen erfüllen. Im folgenden Kapitel werden die wichtigsten Konzepte kurz vorgestellt und anhand einer Diskussion über deren Stärken und Schwächen die eigene Positionierung vorgenommen.

2.1.4 Wissensmanagement in Unternehmen

Wissen wird von Högberg & Edvinson (1998, S. 81) als der einzige Produktionsfaktor bezeichnet, welcher sich durch den Einsatz und seine Nutzung vermehrt. Dieses neue Verständnis von „Wissen als Ressource“ (Probst et al., 1999, S. 20) erfordert Methoden und Strategien, um das vorhandene Potenzial zur nachhaltigen Sicherung der Wettbewerbsfähigkeit zu nutzen. So betonen Davenport und Prusak (1998) die Wirksamkeit des Wissens für den Erfolg des Unternehmens, wenn sie bemerken: “The only sustainable advantage a firm has comes from what it collectively knows, how efficiently it uses what it knows, and how readily it acquires and uses new knowledge." (Davenport & Prusak, 1998, S. XV).

Als Wissensmanagement werden alle Aktivitäten bezeichnet, die auf die Förderung der Wissensprozesse auf allen Ebenen der Organisation abzielen und dadurch dem Unternehmen helfen sollen, die Ressource Wissen zu erschließen und zu vermehren (Probst et al., 1999). Allweyer (1998) formuliert dazu, dass Wissensmanagement die Entwicklung, Unterstützung, Überwachung und Verbesserung von Strategien, Prozessen, Organisationsstrukturen und Technologien im Unternehmen umfasst. Dabei beeinflusst die Wissensverarbeitung alle Aktivitäten zur Beschäftigung, Darstellung, Übertragung, Nutzung und Entfaltung von Wissen. Probst et al. (1999, S. 53) fokussieren noch stärker auf die Wissensprozesse, wenn sie beschreiben, dass Wissensmanagement darauf abzielt, Wissensprozesse wie beispielsweise das Lokalisieren und Erfassen, die Verbreitung und Ansammlung von Wissen durch verschiedene Aktivitäten bewusst zu fördern. Wissensmanagement kann nach Probst et al. (1999, S. 59 f.) als eine Verbesserung der organisatorischen Fähigkeiten auf allen Ebenen der Organisation durch einen besseren Umgang mit der Ressource Wissen definiert werden. Diese Aktivitäten können in verschiedene Ansätze eingeordnet werden, je nachdem welche ideologische Grundhaltung sie verfolgen. Die verbreitetsten Grundhaltungen sollen durch eine kurze systematische Aufarbeitung im Folgenden in technikorientierte, humanorientierte, organisationstheoretische und kostenorientierte Ansätze verdeutlicht werden. Anhand der Systematisierung ist es möglich, den für diese Arbeit gewählten Ansatz zu verdeutlichen und abzugrenzen.

2.1.4.1 Technikorientierter Ansatz

Technologische Ansätze des Wissensmanagements können kurz mit dem Begriff „Wissensmanagement als Wissensrepräsentation" charakterisiert werden. Es handelt sich dabei um eine von der Informatik beeinflusste Sichtweise, für welche Wissensmanagement eine „Sammlung von Verfahren zur Verwaltung einzelner Wissensobjekte" (Thiesse, 2001, S. 12) darstellt, die durch technische Hilfe besser und effizienter transferiert werden können. Diese „Wissensobjekte" dienen dazu, Wissen in entsprechenden Informationssystemen abzubilden. Der technikorientierte Ansatz bezieht sich damit ausschließlich auf die technische Auslegung der Wissensprozesse (vgl. z.B. Marshall, 1997; Raven & Prasser, 1998; Kleinhans, 1989 oder Puppe, 1990). Das Management von Wissen besteht aus dieser Perspektive hauptsächlich aus Informationstransfer via Hard- und Softwaremanagement, welches oft auch als Datenbankmanagement bezeichnet wird. Betrachtet man den Wissenstransfer, auf den der technische Ansatz im Wesentlichen ausgerichtet ist, so wird dieser als einfach strukturierte und durch IT (Informationstechnologien) zu verknüpfende Sender-Empfänger-Beziehung charakterisiert. Demnach sind Probleme im Wissenstransfer aus dieser Perspektive lediglich Kommunikationsschwierigkeiten, die durch die geeignete IT-Unterstützung gelöst werden können. Der Faktor Wissen hat damit die gleichen Eigenschaften wie der Faktor Informationen, was zu gleichen Gestaltungsempfehlungen für beide führt. Durch diese Gleichsetzung wird die Dimension des impliziten Wissens fast völlig vernachlässigt. Dennoch sehen Vertreter dieses Ansatzes die neuen Informationstechnologien, analog zum Informationsmanagement, als Erfolgsfaktor für unternehmensweites Wissensmanagement (vgl. Kerr, 1990 oder von Maur & Winter, 2003).

2.1.4.2 Humanorientierter Ansatz

Der humanorientierte Ansatz könnte unter der Formel „Wissensmanagement als Lernprozess" beschrieben werden. Für diese aus der Lernpsychologie stammende Betrachtungsweise ist die Verarbeitung von Wissen nicht direkt steuerbar. Möglichkeiten zur Steuerung werden nur in der Gestaltung von äußeren Einflussfaktoren, die auf die Lernprozesse von Gruppen einwirken können, gesehen (vgl. von Krogh et al., 2000; Thiesse, 2001, S. 12). Die humanorientierte Perspektive verhält sich dem technikorientierten Ansatz gegenüber mit dieser Sichtweise diametral entgegengesetzt. Der Mensch steht beim humanorientierten Ansatz als Wissensträger im Vordergrund und ist damit Fokus der Überlegungen zum Wissensmanagement (vgl. z.B. von Krogh & Ross, 1996b; Kriwet, 1997). Wissenstransfer im Speziellen wird hier nicht als rein mechanischer Vorgang des Transferierens von Informationen von A nach B gesehen, sondern vielmehr als soziale Interaktion zwischen den Akteuren. Im unternehmerischen Rahmen wird damit dem Mitarbeiter eine zentrale Bedeutung im organisationalen Wissensmanagement beigemessen. Der humanorientierte Ansatz geht dabei davon aus, dass nur individuelle persönliche Transferbeziehungen den Besonderheiten des impliziten Wissenstransfers Rechnung tragen können. Weder IT-Systeme noch die dadurch verbreiteten Informationen werden als Bestandteile des Wissenstransfers betrachtet. Durch ein autopoietisches Wissensverständnis, das von Krogh und Roos (1996) zugrunde legen, differenzieren sie sich von Beginn an von IT-orientierten Ansätzen, in welchen Wissenstransfer als steuerbar und planbar angesehen wird (siehe im Kapitel 2.1.1 die Autopoietische Erkenntnislehre; vgl. auch von Krogh et al., 2000). Da die Autoren Wissenstransfer als personen- und kontextspezifisch ansehen, ist dieser nicht kontrollierbar oder durch organisatorische Gestaltungsmaßnahmen direkt beeinflussbar. Maßnahmen zur Förderung der Wissensprozesse setzen demnach beim Individuum selbst an oder aber bei der sozialen Interaktion zwischen Mitgliedern einer Gemeinschaft.

2.1.4.3 Kostenorientierter Ansatz

Die auf der Institutionsökonomie basierenden Arbeiten können als Ergänzung zu den situativen Überlegungen angesehen werden. Teece (1981a, 1981b) und Kogut und Zander (1991) bringen eine kostenorientierte Betrachtung in das Wissensmanagement ein. Generell gilt, dass in einer marktwirtschaftlichen Ordnung in Verbindung mit dem Menschenbild des „homo oeconomicus" das Ziel des Managements darin besteht, d.h. *Wissensmanagement zur Sicherstellung der langfristigen Gewinnmaximierung* (vgl. Müller-Stewens & Lechner, 2001, S. 182). In diesem Ansatz stehen die Kosten des Wissensmanagements, insbesondere die Gestaltungskosten, im Mittelpunkt. Kogut und Zander (1991, S. 1) formulieren daher „On the one hand, knowledge is treated as a public good, transferable at zero marginal cost. On the other hand, evidence has shown that knowledge is costly to transfer and difficult to diffuse."

Teece (1977, 1981b), der wertvolle Aussagen über den interorganisationalen Wissenstransfer auf Basis von institutionenökonomischer Überlegungen macht, analysiert auf Basis des Transaktionskostenansatzes mögliche Gestaltungsinstitutionen für Wissens-transferprozesse. Er kommt dabei zu dem Schluss, dass die Organisation oder das Netzwerk die geeigneten Institutionen darstellen, Wissen transaktionskostengünstig zu übermitteln. Teece (1977, 1981b) argumentiert hier im Sinne der konnektivistischen Auffassung, dass im Rahmen von gebildeten und gefestigten Verbindungen zwischen Individuen und Einheiten Wissen effizienter transferiert werden kann, als im Rahmen von marktlichen Prozessen (vgl. auch Kogut & Zander, 1992, 1995).

Die Arbeit von Keller (1995) beschäftigt sich darüber hinaus mit der Transferbereitschaft von Akteuren. Er entwickelt dabei ein Anreizsystem zur Steigerung der Abgabebereitschaft von Informationen und Wissen auf Basis der motivationstheoretischen Ansätze sowie der „Prinzipal-Agent"-Theorie (vgl. im Kapitel 2.2.2). Kellers Studie zeigt auf, dass im Rahmen eines Anreizsystems ein monetäres Prämiensystem bevorzugt werden sollte. Ähnliche Studien (vgl. z.B. O'Dell, 1998; S. 168 f.) sehen allerdings die Bedeutung monetärer Belohnung anders und empfehlen keine derartigen Anreizsysteme zur Förderung der Wissensbereitschaft. So scheint es, als ob die Rolle von Anreizsystemen noch nicht abschließend geklärt ist.

2.1.4.4 Organisationstheoretischer Ansatz

Die organisatorische Sichtweise beschäftigt sich dagegen mit „Wissensmanagement als Organisationsgestaltung" und beinhaltet damit nicht nur die Diskussion über das Wesen des Wissens, sondern auch Gestaltungsempfehlungen. Für diese Sichtweise ist die vollständige Explizierung von Wissen nur selten möglich und sinnvoll, weshalb nicht das Wissen selbst das Gestaltungsobjekt des Wissensmanagements ist. Vielmehr sind es die Prozesse, in denen Wissen angewandt und entwickelt wird (vgl. Thiesse, 2001, S. 12). Die organisationstheoretischen Ansätze umfassen systemtheoretische Überlegungen (von Krogh et al., 1998) sowie erste Arbeiten zu situativen Gestaltungsansätzen (Sveiby, 1996; Grant & Almeida, 1997; siehe auch Kapitel 2.2.1). Einige Werke basieren auch auf den neuen institutionenökonomischen Theorien (Teece, 1977, 1981; Kogut & Zander, 1991; Keller, 1995).

Für die vorliegende Arbeit ist besonders Sveiby (1996) von Bedeutung, der in seinem Ansatz versucht, anhand erster situativer Gestaltungsüberlegungen die Transfermechanismen mit dem jeweiligen Wissenstyp zu verknüpfen, um so Hinweise für die Gestaltung von Transferprozessen zu geben. Dabei geht er von der Frage aus „how is knowledge best transferred" und analysiert die zwei gängigsten Transferwege: Transfer via IT (indirekter Transfer) und traditioneller Transfer (direkter, „face-to-face"-Transfer). Er versucht, beide Transfermöglichkeiten aufgrund ausgewählter Kriterien voneinander abzugrenzen (Sveiby, 1996). Wissen scheint hiernach am besten auf traditionelle Weise, d.h. durch persönliche Kommunikation und Sozialisierungsprozesse, weitergegeben werden zu können. Damit steht Sveiby (1996) im Einklang mit der Meinung, dass implizites Wissen vor allem durch den direkten Austausch geteilt werden kann (vgl. Teece, 1998, S. 65).

2.1.4.5 *Wissensbasierte Organisationstheorie*

Die wissensbasierte Organisationstheorie sieht „Wissensmanagement zur Organisationsgestaltung". Eine erste Annäherung an die wissensbasierte Organisationstheorie versucht Spender (1996a) zu erzielen, der eine Brücke zwischen dem Faktor Wissen und einer neuen wissensbasierten Organisationstheorie schlägt. Er betont dabei, dass eine pragmatische Diskussion über Wissen zu führen ist sowie die Notwendigkeit, immaterielle Ressourcen bei der Gestaltung der Organisationsform zu berücksichtigen. Er schlägt eine pluralistische Epistemologie vor, um ein breiteres Verständnis des Faktors Wissen zu erlangen. Spenders (Spender, 1996a, S. 52) Schwerpunkt liegt auf den unterschiedlichen Wissensebenen und der Dimension des individuellen vs. kollektiven Wissens (siehe Kapitel 2.1.3.3). Er geht jedoch nicht über das Herausstellen der Notwendigkeit einer Verknüpfung von Wissen und Organisationsformen hinaus und leitet aus der Erweiterung des Wissensbegriffs selbst keine neuen Gestaltungsempfehlungen ab. Grant (1996, S. 111) versucht ebenfalls, die „knowledge-based theory of the firm" weiterzuentwickeln, indem er die Unternehmung als eine Institution für die Wissensintegration ansieht und die hierfür notwendigen Mechanismen herausstellt. Er stellt dabei durch die Bewertung von formalen und informalen Koordinationsmechanismen dar, dass bürokratische Mechanismen zwar den Anforderungen traditioneller Organisationsformen entsprechen, jedoch nicht denen wissensbasierter Formen. „These knowledge-based approaches include the renovation of traditional organizational structures through delayering and empowerment and the development of new organizational forms including horizontal and team-based structures." (Grant, 1996, S. 120).

Zu den konzeptionellen oder auch integrierten Ansätzen im Wissensmanagement zählen auch die Arbeiten von Probst et al. (1997), Nonaka und Takeuchi (1995), und von Krogh und Venzin (1995), die auf dem Bezugsrahmen der wissensbasierten Sicht des Unternehmens (Knowledge-based View) aufsetzen. Von Krogh und Venzin (1995) unterscheiden in ihrem Modell vier Hauptaktivitäten des Wissensmanagements, die aufeinander aufbauen und sich gegenseitig ergänzen (vgl. von Krogh & Venzin, 1995, S. 426): die „Identifizierung von Wissen", die „Entwicklung von Wissen" sowie die „Kompetenzbildung" und das „Innovationsmanagement". Bei genauer Betrachtung wird ersichtlich, dass es sich um eine Argumentationskette handelt, wonach aus Wissen letztlich Wettbewerbsvorteile resultieren (vgl. von Krogh & Venzin, 1995, S. 425; siehe auch Zahn et al., 2000, S. 55). Dabei muss Wissen zunächst als solches identifiziert werden. Einmal identifiziertes strategisches Wissen ist der Ausgangspunkt für eine gezielte Wissensentwicklung, wobei das bereits identifizierte Wissen zielgerichtet ergänzt wird. Darauf aufbauend können Kompetenzen identifiziert und entwickelt werden (von Krogh & Venzin, 1995, S. 426 ff.). Anzumerken ist hier, dass der Besitz dieser Kompetenzen als temporär angesehen werden muss (von Krogh et al., 2000, S. 73). Dennoch stellen solche Kompetenzen die Basis für nachhaltige Innovationsfähigkeit dar. So wird das Unternehmen befähigt, „(...) sich durch Produkt- und Prozessinnovationen in neue Märkte zu begeben oder sich in den bestehenden Märkten von den Wettbewerbern abzuheben." (von Krogh & Venzin, 1995, S. 431).

Hedlund (1994, S. 75) versucht in seinem Modell des Wissensmanagements als einer der wenigen in einem konzeptionellen Ansatz die organisatorischen Implikationen des Wissensmanagements zu erfassen. Sein Modell, das sich mit den Prozessen der Wissenstransformation beschäftigt, weist große Ähnlichkeit mit dem Konzept von Nonaka und Takeuchi (1995) auf und analysiert die Transformationsprozesse zwischen den beiden Wissenstypen (tacit and articulated knowledge) und zwischen den Wissensagenten (Individuum, Gruppe, Organisation und Kooperation). Dabei unterscheidet Hedlund (1994), basierend auf der Arbeit von Nelson und Winter (1982), zwischen individuellem und organisationalem Wissen. Er liefert durch seine Arbeit wertvolle Einblicke in organisatorische Implikationen zum effektiven Wissensmanagement, das nach Hedlund (1994) eine Abkehr von der Logik hierarchischer Organisationen und traditioneller Strukturen erfordert. Er führt damit das Konzept der „N-Form" ein. Hedlund (1994) zufolge erleichtern und fördern die Hauptcharakteristiken der sogenannten N-Form den Wissensfluss in Unternehmen. Dabei verbindet er netzwerkorientierte Organisationstrends und Wissensmanagement anhand von organisatorischen Implikationen eines erfolgreichen Managements des Faktors Wissen. Er legt damit die Basis für die Entwicklung neuer netzartiger, wissensbasierter Organisationsformen (siehe Kapitel 2.2.3), wie die in der vorliegenden Arbeit beschriebenen Wissensnetzwerke. Das nächste Kapitel soll zum Einen zu diesen netzartiger, wissensbasierter Organisationsformen hinführen, zum Anderen sollen aber auch durch die Diskussion ausgewählter Organisationstheorien erste Gestaltungsempfehlungen für Wissensnetzwerk-Konzepte identifiziert werden.

2.2 Gestaltungsempfehlungen auf Basis ausgewählter Organisationstheorien

Um Gestaltungsmerkmale für Wissensnetzwerk-Konzepte zu identifizieren, ist neben der Klärung der Anforderungen, welche die Charakteristiken des Wissens bedingen, auch eine Annäherung aufgrund ausgewählter Organisationstheorien notwendig. Organisationstheorien dienen der Analyse und Gestaltung von Organisationen (vgl. zur allgemeinen Auseinandersetzung mit Organisationstheorien Bleicher, 1996; Kieser, 1995b, 1995d und Witte, 1989). Da keine allgemeingültige Organisationstheorie existiert (Kieser, 1995c), muss eine Selektion einzelner Theorien aufgrund ihrer Anwendbarkeit und ihrem Nutzen zur Beantwortung der gestellten Forschungsfrage erfolgen und stellt damit keine generelle Beurteilung von Organisationstheorien dar. In diesem Kapitel soll die Grundlage für die organisatorische Gestaltung von Wissensnetzwerk-Konzepten innerhalb des Unternehmens gelegt werden. Dazu soll zunächst durch eine Diskussion der Systemtheorie, der Austausch- und Interaktionstheorie geklärt werden, warum Wissensprozesse eigener Organisationsformen bedürfen. Wie moderne wissensbasierte netzartige Organisationsformen aussehen können, wird am Beispiel von ausgewählten Modellen von Hedlund (1994), Miles und Snow (1992) und Doz (1987) diskutiert.

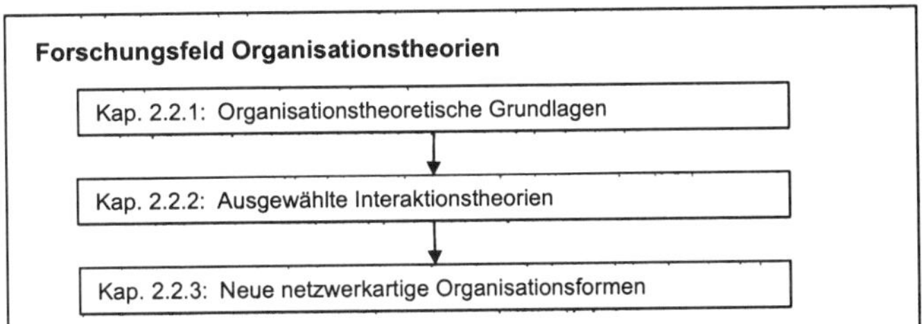

Abb. 21: Aufbau des Theoriekapitels zum Forschungsfeld Organisationstheorien

2.2.1 *Theoretische Grundlagen: Warum bedürfen Wissensprozesse einer eigenen Organisationsform?*

2.2.1.1 *Systemtheorie: Wissensprozesse als eigenständiges, dynamisches System*

Die Systemtheorie ist eine interdisziplinäre Wissenschaft, die eine formale Theorie, die für alle biologischen, sozialen und mechanistischen Systeme gilt, zu entwickeln versucht, und aus diesem Grund auch als Metatheorie bezeichnet wird (Luhmann, 1984, S. 16 ff.). Die Systemtheorie eignet sich zur Analyse von Organisationen, da sie auf abstraktem Niveau erklärt, was ein System ist und dessen wichtigsten Merkmale, Funktionen und Strukturen offenlegt (Amler, 1993, S. 19).

Ursache der Systembildung ist das Phänomen der Komplexität auf der einen Seite und die Kontingenz, die Abhängigkeit einer Entscheidung von der Umwelt auf der anderen Seite, was zu einer Handlungsunsicherheit führen kann. Die Reduzierung von Komplexität und Kontingenz kann durch die Herausbildung von Systemen mit spezifischen Strukturen erzielt werden. Kasper (1991) weist darauf hin, dass eine Struktur alles umfasst, was der Selektion im System dient und dadurch systemintern zu höherer Ordnung und Selektivität führt als die Umwelt. Das Problem liegt in der Balance zwischen Über- und Unterorganisation (Widmer, 1990, S. 48), da ein höherer Strukturierungsgrad des Systems auch eine höhere innere Komplexität erzeugt. Die zentrale Herausforderung einer Systemgestaltung ist es, diese Balance zu erreichen.

Die Aufgabe des Managements besteht dabei in der Beherrschung der Komplexität, d.h. im angemessenen Umgang mit der Vielfalt der Interaktionen zwischen den Elementen des Systems (vgl. Malik, 1986). Dabei muss die Varietät des lenkenden Systems dem Ausmaß an potentiellen Störungen angemessen sein („Gesetz der erforderlichen Vielfalt", vgl. Ashby, 1958; Beer, 1959). Ein weiteres charakteristisches Merkmal systemischen Denkens ist nach Probst (1987, S. 37 ff.) die Vernetzung und die Intensität wechselseitiger Abhängigkeiten zwischen den Teilen des Systems sowie zwischen Teilen und dem Ganzen. Die Dynamik und Komplexität in einem System kann erst durch eine Analyse dieser Interdependenzen dargestellt werden. Die systemorientierte Betrachtung fördert den Fokus auf die Interaktionen und Prozesse zwischen den Systemelementen (vgl. Kiss, 1990, S. 33 ff.). Eine veränderte Denkweise hinsichtlich der Funktion des Managements wird daher von Bleicher (1991, S. 35) für den Umgang mit komplexen und dynamischen Systemen gefordert.

Für die Beantwortung der in dieser Arbeit gestellten Forschungsfrage können folgende Ansätze aus der Systemtheorie übernommen werden:

- Interpretation der Wissensprozesse in Wissensnetzwerken als soziales System, das einer Gestaltung bedarf.

- Abhängigkeit zwischen der Komplexität der Wissensprozesse und den Gestaltungsstrukturen von Wissensnetzwerk-Konzepten (Balance zwischen Über- und Unterorganisation, Gesetz der Vielfalt).
- Zusammenspiel zwischen den komplexen Systemen „Unternehmen" und „Wissensnetzwerk", eingebunden in eine Konzeption, welche die Verbindung zwischen beiden darstellt.
- Fokussierung auf (Wissens-)Interaktionen zwischen den Systemelementen und die daraus resultierenden organisatorischen Auswirkungen.

2.2.1.2 *Austauschtheorie: Wissensprozesse als soziale Beziehungsprozesse*

Auch in der Austauschtheorie stellen die Interaktionen ein zentrales Element dar. Die Austauschtheorie führt die Evolution unternehmensweiter oder gar netzwerkartiger Beziehungen auf die Absicht zurück, einen die Kosten des Austausches überschreitenden Nutzen zu erzielen. Der Austausch wird dabei als eine freiwillige Aktivität zweier oder mehrerer Organisationseinheiten zum Zwecke ihrer besseren Zielerreichung definiert. Die Überlappung zum aus der Institutionsökonomie bekannten Begriff der Transaktion (vgl. zur Transaktionskostentheorie Kapitel 2.2.2) besteht im Austausch von Ressourcen, wobei die Austauschtheorie hierunter auch Wertvorstellungen und Gefühle subsumiert. Homans (1958) bezeichnet Aktivität, Interaktion und Empfindungen als zentrale Elemente seines Konzepts der Interaktion von Gruppen. Als Interaktion bezeichnet er dabei die zweckgerichtete, wechselseitige soziale Beziehung zwischen mindestens zwei Partnern als das grundlegende Phänomen des Verhaltens zwischen Menschen. Interaktionen stellen einerseits eine spezielle Art der Kommunikation dar, andererseits, so Staehle (1999, S. 309), gehen sie über den materiellen Aspekt der Informations- und Datenübermittlung hinaus.

Das individualistische Konzept der sozialen Austauschtheorie führt die Entstehung von kooperativen Beziehungen alleine aufgrund des Nutzenkalküls der Akteure zurück. Hier kann eine Verbindung zur Transaktionskostentheorie (Williamson, 1985) und zur Anreiz-Beitrags-Theorie (Barnard, 1938; March & Simon, 1958) gesehen werden. Ein ständiges Geben und Nehmen bestimmt dabei den Aufbau des zwischenmenschlichen Verhaltens, wobei keiner mehr Kosten als der andere haben und möglichst mit Gewinn aus der Situation herauskommen möchte.

Netzwerkartige Austauschbeziehungen innerhalb von Unternehmen sollen, so Cook & Emerson (1984), in ihrem kontextbezogenen Austauschansatz als soziale Interaktionsbeziehungen interpretiert werden. Cook (1977, S. 64-65) sieht dabei die wesentlichen Triebkräfte der

Entwicklung derartiger Austauschbeziehungen in der funktionalen Spezialisierung und der Ressourcenknappheit. Transaktionen sind in den Kontext eingebettet und als Bestandteile einer längeren sozialen Beziehung zu interpretieren. Das Analyseobjekt ist daher auch nicht die isolierte Transaktion, sondern die soziale Austauschbeziehung. Die Interaktion stellt ein zentrales Element der Austauschtheorie dar, die in Anlehnung an verhaltenswissenschaftliche Entscheidungstheorien Aussagen bezüglich der Bedeutung der soziologischen Dimension von ökonomischen Beziehungen macht und die den Aspekt des Vertrauens in die Analyse von Austauschbeziehungen integriert.

Für die Analyse der Gestaltung von Organisationsformen zur Förderung von Wissensprozessen soll vertiefend auf das Konzept der Interaktion eingegangen werden. Dieses wurde schon in den austauschtheoretischen Ansätzen verwendet, wird jedoch im Rahmen der interaktionsorientierten Netzwerkansätze erheblich weiterentwickelt.

2.2.1.3 Interaktionstheorie: Von bilateralen zu netzartigen Wissensprozessen

Die Interaktionstheorie, die den Interorganisationstheorien und dort insbesondere den Austausch-/Netzwerkansätzen zugeordnet ist, beschreibt die Logik der Interaktionsprozesse. Eine Gruppe schwedischer Ökonomen fokussiert seit Anfang der achtziger Jahre auf die Analyse der netzartigen Beziehungen zwischen Unternehmen (Håkansson, 1982; Turnball & Valla, 1986). Während die Theorie ursprünglich als Erklärungsmodell für relativ langfristige und stabile Austauschbeziehungen auf Märkten für Investitionsgüter konzipiert wurde, wird sie nach und nach auch für die Bereiche gemeinsame Technologieentwicklung (vgl. Håkansson, 1987, 1989), strategisches Management (vgl. Håkansson & Snehota, 1995) und insbesondere internationales Management (vgl. Forsgen, 1989; Johanson & Mattsson, 1989) ausgedehnt. Immer mehr stehen dabei intraorganisatorische Fragestellungen im Vordergrund (Fischer, 1997).

Der Interaktionsansatz basiert auf soziologischen Austauschtheorien und bezieht bei seiner Betrachtung nicht nur ökonomische, sondern auch soziologische Aspekte mit ein. Der ursprüngliche Analysegegenstand ist nicht das Unternehmensnetzwerk als Ganzes, sondern der Interaktionsprozess zwischen den Akteuren, der sowohl ökonomische als auch soziale Austausch- und Anpassungsprozesse umfasst. Im Gegensatz zum Transaktionskostenansatz (vgl. Kapitel 2.2.2), welcher eher rechtliche und organisatorische Aspekte beleuchtet, betont dieser Ansatz vielmehr die soziale Einbettung der Interaktion (Granovetter, 1985, S. 481 ff.). Derartige Interaktionsbeziehungen zeichnen sich durch Langfristigkeit, Stabilität, Interdependenz und hohe Kosten des Partnerwechsels aus (Turnball & Valla, 1986, S. 2). Von Vertretern des Transaktionsansatzes wird die Entwicklung von Beziehungen als langfristige Investition in die Zukunft des Unternehmens gesehen (Mattsson, 1987, S. 236).

Interaktionsprozesse finden nicht im luftleeren Raum statt, sondern befinden sich im Spannungsfeld von Akteuren, Atmosphäre und Umfeld (Håkansson, 1982, S. 14 ff.; Turnball & Valla, 1986, S. 5). Aufgrund der intraorganisationalen Analyseperspektive der Forschungsfrage kann die Dimension externes Umfeld wie beispielsweise die Marktstrukturen vernachlässigt werden.

Der Interaktionsprozess umfasst den Austausch von Produkten, Dienstleistungen oder Finanzen und kann in einen Sozial- und Wissensaustausch differenziert werden. Der Wissensaustausch ist besonders durch die Beziehungsdimension zwischen den Akteuren gekennzeichnet und kann als eher langfristige Austauschbeziehung interpretiert werden. Diese Beziehungsdimension führt zu einem festen institutionalisierten Kontaktmuster zwischen den Interaktionsakteuren, was vertrauensfördernd und unsicherheitsreduzierend wirkt, jedoch schwierig aufzubauen ist (Håkansson, 1982, S. 17). Die Interaktionsakteure sind durch Kontaktmuster und Routinen miteinander verbunden, welche daher Schlüsselelemente komplexer Austauschbeziehungen darstellen.

Bei den Interaktionsakteuren unterscheidet Håkansson (1982) zwischen Unternehmen und Individuen als Akteure und versucht durch deren nähere Beschreibung und Charakterisierung weitere Einflussfaktoren auf Interaktionsprozesse zu identifizieren. Als Beschreibungsmerkmale werden Unternehmensgröße, -struktur und -strategie oder individuelle Erfahrungen und Persönlichkeiten als interaktionsbeeinflussend genannt (Håkansson, 1982, S. 19). Die Atmosphäre (bei Tröndle, 1987 als „Kooperationsklima“ bezeichnet) kann als Verbindungselement der Dimensionen Interaktionsprozess und -akteure interpretiert werden und umfasst Machtaspekte, Konfliktsituationen und bisherige oder aktuelle Erwartungen (Håkansson, 1982, S. 21).

Die Verfeinerungen der Interaktionsansätze beziehen sich besonders auf die Verfeinerung der dyadischen Analyseeinheit um die Netzwerkperspektive (Håkansson & Snehota, 1995, S. 28 ff.; dieser wird auch zunehmend als interaktionsorientierter Netzwerkansatz verstanden, vgl. dazu Sydow, 1992, S. 216 und Kapitel 2.3). Im Rahmen eines solchen Netzwerks finden die Aktivitäten der Akteure nicht isoliert statt, sondern in Interaktion mit anderen Akteuren. Diese Beziehungen zielen vor allem auf den Austausch von Ressourcen oder deren gemeinsame Nutzung ab. Håkansson und Snehota (1995) zufolge kann die Bildung eines Netzwerks durch die Quasi-Internalisierung von immateriellen und materiellen Ressourcen der anderen Netzwerkakteure erklärt werden. Durch ihre Interaktionen entstehen untereinander Abhängigkeiten, weil spezifische Aktivitäten zeitlich, inhaltlich und örtlich aufeinander abgestimmt werden müssen. Håkansson (1987, S. 92 ff.) unterscheidet hier zwischen technischen, administrativen, sozialen und wissensbedingten Interdependenzen. Das Modell impliziert, dass zunächst netzwerkartige Beziehungen im Unternehmen aufgebaut, dann weiterentwickelt und schließlich etabliert werden müssen, bevor sich im Rahmen intensivierter Beziehungen Rückkopplungen von einer verstärkten Interaktion bis hin zu Wissensaustauschprozessen entwickeln.

Die gegenseitige Orientierung sowie die Bereitschaft zur Interaktion bilden für diese Weiterentwicklung die Voraussetzung (Johanson & Mattsson, 1989, S. 38). Eine besondere Bedeutung für die Vermeidung von etwaigen „misfits" und der Sicherung der Stabilität der Beziehungen gewinnt die Bildung von Vertrauen zwischen den Interaktionspartnern (Håkansson & Johanson, 1988, S. 373). Zu Beginn werden dabei einzelne Transaktionen durchgeführt, bei denen die Partner ihre Vertrauenswürdigkeit unter Beweis stellen können. Die Entstehung eines reziproken Austauschverhältnisses mit beiderseitiger Zufriedenheit verstärkt das Interesse an komplexen Austauschbeziehungen. Im Rahmen der damit einhergehenden Intensivierung der Beziehung entwickeln sich weitere Gepflogenheiten des Gebens und Nehmens sowie eines gemeinsamen Verständnisses bezüglich gewisser Normen, Werte und Vorstellungen. Das wiederum kann nach Powell (1990, S. 305) Vertrauen begründen und eine gleichgewichtige Partnerbeziehung schaffen (zur Bedeutung von Vertrauen in Wissensinteraktionen vgl. auch von Krogh, 1998; von Krogh et al., 1997; Sydow, 1992; McAllister, 1995).

Die Transaktionen werden in der Interaktionstheorie als Interaktionssystem zwischen mehreren Akteuren interpretiert, dadurch ergeben sich wertvolle Erkenntnisse für die Analyse von Wissenstransferprozessen. Gerade vor dem Hintergrund der Netzwerkorientierung neuer Organisationsformen für die Wissensinteraktion ist dieser Ansatz sehr interessant. Vorteile können auch in der Berücksichtigung der sozialen Komponente sowie in dem – isolierte Transaktionen übersteigenden – Betrachtungshorizont des Interaktionsansatzes gesehen werden (vgl. Berger, 1993, S. 83), die für die Gestaltungsempfehlung für Wissensnetzwerke von Bedeutung sein werden.

Der interaktionsorientierte Netzwerkansatz greift soziale Aspekte auf und sieht im Faktor Vertrauen eine Komponente der dynamischen Intensivierung von Interaktionsbeziehungen. Die Etablierung personeller Netzwerke lässt sich laut Belzer (1993) auf Basis des Interaktionsansatzes herleiten. Damit schließt die Interaktionstheorie durch die längerfristige dynamische Betrachtung des Interaktionsprozesses, die Anpassungseffekte berücksichtigend, an die institutionstheoretischen Ansätze an (vgl. Kapitel 2.3.2 Phänomenologische Betrachtungsebene von Netzwerken).

Diese erweiterten Erkenntnisse beziehen sich insbesondere auf diejenigen Bereiche von Unternehmensnetzwerken, die durch transaktionskostentheoretische Überlegungen nicht abgedeckt werden können, und erlangen damit zunehmend an Bedeutung (Sydow, 1992; Johanson & Mattsson, 1989). Der Ansatz versucht dabei, soziale Austauschtheorien sowie Ideen der Kontingenztheorie miteinander zu verknüpfen, um der komplexen Realität von Netzwerken gerecht zu werden (vgl. Tröndle, 1987). Der interaktionsorientierte Netzwerkansatz basiert, anders als der Transaktionskostenansatz, nicht auf einer organisationstheoretischen Fundierung und ist in weiten Bereichen noch nicht vollwertig entwickelt (Sydow, 1992). Er ist daher wenig dazu geeignet, grundlegende Handlungsempfehlungen für die effiziente Auswahl und Gestaltung von Organisationsformen zu geben. Scheidt (1995, S. 257) schlägt dazu den Transaktionskostenansatz vor, der im nächsten Kapitel genauer betrachtet wird.

Implikationen zur Gestaltung und zum Aufbau von Wissensnetzwerken und Wissensnetzwerk-Konzepten ergeben sich beim interaktionsorientierten Netzwerkansatz dennoch vor allem aus den Konzepten der dynamischen Interdependenz, Interaktion und der Netzwerkperspektive:

- Durch die Betonung der dynamischen und sozialen Komponenten von Wissensprozessen im interaktionsorientierten Netzwerkansatz finden auch die gegenseitigen Abhängigkeiten netzartiger Wissensflüsse Beachtung.
- Wissensprozesse müssen im Kontext gesehen werden, welcher durch die Akteure und die Atmosphäre näher bestimmt werden muss, d.h. einzelne Wissensnetzwerke und Wissensnetzwerk-Konzepte sind eingebettet in die Organisationsstruktur und -kultur des Unternehmens wie auch in die Struktur des Wissensnetzwerk als solches.
- Je mehr Akteure in Wissensprozesse eingebunden sind, desto wichtiger und umfangreicher ist die Organisationsgestaltung in einzelne Wissensnetzwerke, eingebunden in eine Konzeption.

Neben den oben diskutierten theoretischen Grundlagen des Phänomens der Wissensprozesse und ersten Gesichtspunkten einer organisatorischen Gestaltung werden im Folgenden ausgewählte Organisationstheorien analysiert, um die theoretischen Grundlagen für Gestaltungsempfehlungen zu legen, die in der folgenden Diskussion der Netzwerktheorien ausgearbeitet werden.

2.2.2 Gestaltungsempfehlungen von Wissensinteraktionen

2.2.2.1 Situativer Ansatz: Die Situation bestimmt die Gestaltung

Die im oberen Kapitel skizzierte Kritik an systemtheoretischen Konzepten hat in der Literatur zur Entwicklung differenzierter, situationsspezifischer Gestaltungsempfehlungen geführt

(Staehle, 1999, S. 48). Nach Vorläufern in Großbritannien (Burns & Stalker, 1961 oder die Aston Gruppe um Pugh an der Universität Aston in Birmingham, Pugh, 1968) entwickelte sich vor allem in den USA ein neuer situativer Forschungsansatz, der „contingency approach“ (vgl. Blau, 1954; Lawrence & Lorsch, 1969), der eine große Nähe zur Systemtheorie erkennen lässt. Kast & Rosenzweig (1985, S. 116) definieren ihn wie folgt: „Die situative Analyse von Organisationen und ihrem Management betrachtet die Organisation als ein aus Subsystemen zusammengesetztes System, das durch identifizierbare Grenzen von seinen Umsystemen (Umwelt) getrennt ist. Der situative Ansatz bemüht sich um ein Verständnis der Beziehungen sowohl innerhalb und zwischen Subsystemen als auch zwischen Organisationen und ihrer Umwelt.“

Die Relativierung der traditionellen „one best solution“-Aussagen stellt den Kern des Erkenntnisinteresses des situativen Ansatzes dar, indem sie bei Gestaltungsempfehlungen die jeweilige Situation mit berücksichtigen. Dieser Ansatz geht von der Annahme aus, dass es keine universell effiziente Organisationsstruktur gibt und dass Organisationen ihre Strukturen an ihre jeweilige Situation anpassen (Kieser, 1995b, S. 155). Die Dimensionsausprägungen von Organisationsstrukturen, so die Argumentation, wie z.B. Spezialisierungs-, Formalisierungs- oder Zentralisierungsgrad, sollten nicht als Konstante gesehen werden, sondern als Variable konzipiert sein. Dabei bilden u.a. externe und interne Situationsdeterminanten wie Konkurrenzverhältnisse oder Kundenstruktur und Unternehmensgröße, Fertigungs- oder Informationstechnik die situativen Variablen in den verschiedenen Modellen des Contigency-Ansatzes (vgl. Kieser, 1995b).

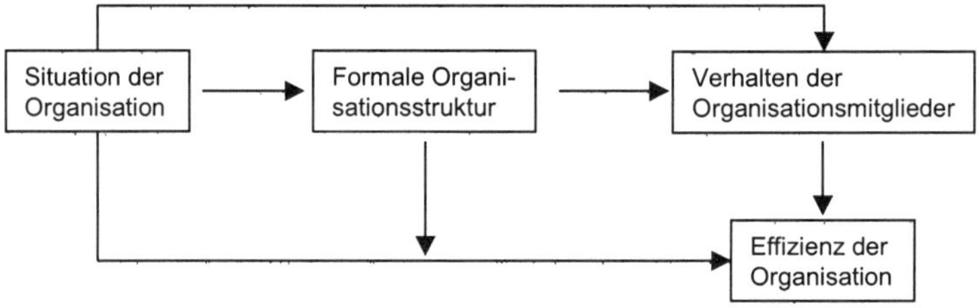

Abb. 22: Grundkonzept des situativen Ansatzes (Kieser & Kubicek, 1992, S. 57)

Basierend auf der empirischen Behebung vergleichbarer Problemsituationen, deren Einflussfaktoren sowie möglicher Gestaltungsalternativen wird beim situativen Ansatz nach regelhaften Zusammenhängen zwischen bestimmten Situationsvariablen (unabhängige Variable) und Ausprägungen von Systemstrukturen und Systemverhalten (abhängige Variable) gesucht (Blau & Schoenherr, 1971). Kausale Abhängigkeiten zwischen unabhängigen und abhängigen Variablen (situativer Determinismus) werden in ihrer einfachsten Form behauptet, wobei meist Hypothesen gebildet werden, die Aussagen über derartige Kausalitäten geben. Die Benennung der abhängigen und unabhängigen Variablen, die bei manchen Autoren nicht einsichtig und in der Regel nicht begründet ist (vgl. z.B. Tröndle, 1987), scheint in einem unendlichen Variablenset zu erfolgen. Dies führt dazu, dass die Auswahl der zu untersuchenden Variablen durch das vorgegebene theoretische Erkenntnisziel und durch das praktische Anwendungsinteresse geleitet wird.

Der situative Ansatz integriert strukturelle und verhaltensbezogene Aspekte und impliziert dabei eine vollständige Determinierbarkeit des Verhaltens von Mitarbeitern (Bühner, 1976, S. 450). Betrachtet man den Ansatz unter Effizienzgesichtspunkten, so verbleibt nur eine situationsgerechte Gestaltungsalternative, d.h. organisatorische Strukturentscheide reduzieren sich auf ein bloßes Anpassungshandeln an externe und interne Situationsgegebenheiten. Von den organisationssoziologischen Ansätze unterscheiden sich die situativen Ansätzen vor allem durch erste Effizienzüberlegungen, die bereits auf transaktionskostentheoretische Ansätze hindeuten.

Die „Theorielosigkeit" ist einer der Hauptkritikpunkte, die dem situativen Ansatz vorgeworfen werden, aber auch der geringe Bewährungsgrad der Hypothesen, durchweg niedrige Korrelationen sowie inkonsistente Ergebnisse geben Anlass zur Kritik (vgl. Staehle, 1999, S. 53 ff.; Kieser, 1995b, S. 169-177). Es wird deutlich, dass der situative Ansatz keine Theorie im eigentlichen Sinne darstellt, sondern vielmehr einen Forschungsansatz, der fast beliebig inhaltlich gefüllt werden kann, was gleichzeitig eine Schwäche wie eine Stärke sein kann. Vom Blickwinkel der Gestaltungsempfehlungen liegt in der geringen Unterstützung des situativen Ansatzes für die Organisationsgestaltung ein entscheidendes Manko. So ist die Aussage, dass eine Organisation bei Zunahme an Größe Entscheidungen delegieren muss, wenig überraschend, doch fehlen Empfehlungen, welche Entscheide weiterhin zentral erfolgen sollen und welche Vorkehrungen im Einzelnen getroffen werden müssen, um das Risiko der Entscheidungsdelegation zu begrenzen (Kieser, 1995b, S. 170).

Auch die grundlegenden Annahmen oder Aussagen des situativen Ansatzes werden in Frage gestellt, wenn Schreyögg (1978, S. 46) formuliert, dass die Situation nicht die Organisationsstruktur determiniert, sondern lediglich eine „Entsprechung innerhalb gewisser Bandbreite organisatorischer Lösungen" fordert. Aus dieser Kritik am klassisch-situativen Ansatz heraus, sind unter Einbeziehung von Spielräumen der Kontingenztheorie die verhaltenswissenschaftlich-situativen Ansätze entwickelt worden, was diesen Ansatz von dem angeführten Determinismusvorwurf befreit (Staehle, 1999, S. 55).

Durch die Annahme des „Contingency-Ansatzes", dass nur situative Gestaltungsempfehlungen abgeleitet werden können, lassen sich nur gewisse situative Konstellationen identifizieren, ohne dass es hierfür eine Erklärung gibt. Das Fehlen vorformulierter Hypothesen führt dazu, dass festgestellte Korrelationsbeziehungen zwischen den einzelnen Situationen und Strukturvariablen häufig erst im Nachhinein zu erklären versucht werden.

Da der situative Ansatz ausschließlich auf die strukturellen Organisationsdimensionen fokussiert, weicht er hinsichtlich seines zugrunde liegenden Organisationsverständnisses von anderen Gestaltungstheorien ab: der Transaktionskostenansatz versteht unter Organisation die Koordination von Leistungsbeziehungen (extern wie intern), während sich die Kontingenztheoretiker auf ein rein strukturelles Verständnis von Organisationen beschränken.

Trotz der genannten Kritik können aus dem situativen Ansatz, auch wenn er beliebig inhaltlich ausgefüllt werden kann und kein bestimmtes Analyseraster vorgibt, folgende Aspekte für die vorliegende Arbeit übernommen werden:

- Organisatorische Gestaltungsmaßnahmen beeinflussen die Transferfähigkeit und -bereitschaft von Wissen. Die Gestalt von Wissensnetzwerken und Wissensnetzwerk-Konzepten beeinflussen die Effektivität des Wissenstransfers wie auch die Motivation der Akteure zu diesem. Der Gestalt und den fördernden Maßnahmen innerhalb des Wissensnetzwerk-Konzepts muss daher bei der empirischen Untersuchung Beachtung geschenkt werden.
- Die organisatorische Gestaltung wird durch die Situation beeinflusst, was wiederum das Verhalten der Akteure beeinflusst. Die Anforderungen an das Wissensnetzwerk-Konzept (z.B. die zu verfolgenden Ziele) und die Umgebung des Unternehmens (die spezifische Struktur und Kultur, welche das Konzept umgeben) beeinflussen die Gestalt des Konzepts wie auch einzelner Wissensnetzwerke.
- Es gibt nicht die „one best solution“ der Gestaltungsform für Wissensprozesse in Wissensnetzwerken.
- Unterschiedliche Gestaltungsalternativen von Wissensnetzwerk-Konzepten und einzelnen Wissensnetzwerken sind je nach Situation (Art von Wissenstransfer) vorteilhaft.

Die Erkenntnis, dass es situativ bedingte optimale Gestaltungsalternativen gibt, ist wegweisend für die vorliegende Arbeit und verbindet die Transaktionskostentheorie mit dem situativen Ansatz (Picot, 1991). Die mangelnde inhaltliche Ausgestaltung des situativen Ansatzes lassen es allerdings notwendig werden, weitere Gestaltungstheorien zu diskutieren, um ein inhaltliches Analyseraster für die Untersuchung von Wissensnetzwerk-Konzepten zu erhalten. Im Folgenden werden daher die institutionenökonomischen Konzepte aufgrund ihrer Gestaltungsempfehlungen für unternehmensweite Wissensinteraktionen untersucht.

2.2.2.2 *Institutionenökonomischer Ansatz: Die Institution bestimmt die Gestaltung von Wissensnetzwerken und Wissensnetzwerk-Konzepten*

Der institutionenökonomische Ansatz beschäftigt sich mit der Analyse von Institutionen (z.B. Märkte, Organisationen, Rechtsnormen), in deren Rahmen ökonomische Austauschbeziehungen stattfinden. Dabei geht er davon aus, dass Institutionen das soziale Handeln von Individuen steuern und das Ergebnis rationaler Gestaltung oder evolutionärer Prozesse sein können (Dietl, 1993, S. 72). Davis et al. (1971, S. 6 f.) definieren dies wie folgt: "The institutional environment is the set of fundamental political, social and legal ground rules that establishes the basis of production, exchange and distribution."

Die institutionenökonomische Organisationstheorie öffnet die Organisationsanalyse gegenüber der Mikroökonomie und führt die Wahl der organisatorisch-institutionellen Gestaltungsalternativen auf ökonomische Kalküle zurück. Durch die Integration des Einflussfaktors Effizienz auf Organisationsformen ergänzt sie die sozialwissenschaftlich ausgerichteten Organisationstheorien. Zu den neuen institutionenökonomischen Theorien gehören die Verfügungsrechte-, Transaktionskosten- und Agenturtheorie (Ebers & Gotsch, 1995, S. 185). Die Gemeinsamkeit dieser Theorien liegt in der Tatsache, dass sie davon ausgehen, dass Transaktionskosten existieren, was sie von neoklassischen Theorien abgrenzt. Darüber hinaus entwickeln sie sich auch gegenseitig weiter, wie z.B. wenn die Transaktionskostentheorie die Verfügungsrechte(„property-rights“)-Theorie um den Teil ergänzt, der sich mit den Ursachen und Wirkungszusammenhängen von Transaktionskosten befasst und diese Aussage durch die Analyse der effizienten Abwicklungsform weiter ausführt.

Die drei genannten institutionenökonomischen Theorien unterscheiden sich jedoch in ihrer Theoriekonstruktion und ihren Anwendungsmöglichkeiten. Gegenüber der Verfügungsrechtetheorie können die Transaktionskosten- und Agenturtheorie durch die Erweiterung des Verhaltensrahmens das Verhalten der Akteure in differenzierterer Weise darstellen. Der hohe Abstraktionsgehalt der Verfügungsrechtetheorie erschwert darüber hinaus die Analyse von Transaktionen (Williamson, 1975, S. 3). Die Transaktionskostentheorie berücksichtigt in zentraler Weise die Unterschiede zwischen alternativen Gestaltungs- und Vertragsformen, wobei die Agenturtheorie ein abstrakteres Vertragskonzept enthält und keine vergleichbare Differenzierung alternativer Organisationstypen vornimmt. Die Transaktionskostentheorie fokussiert dabei weniger auf Anreizsysteme und lässt Risikoaspekte außer Acht. Im Gegensatz zu den beiden anderen Theorien betont sie die Notwendigkeit einer Perspektivenerweiterung von der reinen Ex-ante-Betrachtung von Beziehungen zur zusätzlichen Ex-post-Betrachtung.

Agentur- und Transaktionskostentheorie stellen eine Weiterentwicklung des Verfügungsrechte-Konzepts dar und können aus bisher nicht betrachteter Perspektive zur Analyse organisatorischer Gestaltungsmaßnahmen von Wissensinteraktionen beitragen. Daher sollen beide Theorien im Folgenden näher betrachtet werden.

Prinzipal-Agent-Theorie. Die Arbeiten von Alchian & Demsetz (1972) und Arrow (1974) können als Meilensteine in der Entwicklung der Agenturtheorie angesehen werden, wobei das Verständnis der Organisation als eine Institution vertraglicher Beziehungen die Grundlage bildet. Die Institution des Vertrages und die Rolle der Austauschbeziehung zwischen einem Auftraggeber (principal) und einem Auftragnehmer (agent) stehen im Mittelpunkt der Theorie (Franke, 1993). Die Beziehungen zwischen Arbeitgeber und Arbeitnehmer, Eigentümer und Management oder Aufsichtsrat und Vorstand sind typische Beispiele derartiger Auftrags- und Agenturbeziehungen (vgl. Picot, 1990, S. 8).
Zur Realisierung seiner Interessen überträgt der Auftraggeber bestimmte Aufgaben und Entscheidungskompetenzen auf der Basis einer Vereinbarung an einen beauftragten Partner, der für seine Dienste eine Vergütung erhält. Diese Übertragung der Aufgaben hat für den Auftraggeber den Vorteil, dass er sich die Fähigkeiten und den Informationsvorsprung seines Agenten zu Nutze macht. Hat der Auftraggeber zu wenig Informationen über die Motive des Auftragsnehmers, seine Handlungsmöglichkeiten und das faktische Leistungsverhalten, steigt das Risiko, dass der Agent nicht nur gemäss den Vereinbarungen des Vertrags handelt, sondern eigene Interessen verfolgt. Die Theorie fokussiert daher auf die Prinzipal-Agent-Probleme und den daraus resultierenden Koordinationsbedarf sowie auf Mechanismen wie Anreiz-, Kontroll- und Informationssysteme, die zur Lösung der Agenturprobleme dienen können.

Im Wesentlichen ist die Agenturtheorie aus drei Grundelementen aufgebaut (Ebers & Gotsch, 1995, S. 195), zum ersten aus einem vertragstheoretischen Organisationskonzept, zum zweiten aus einem Verhaltensmodell, welches individuelle Nutzenmaximierung, ungleiche Informationsverteilung, Interessenunterschiede und die Risikoeignung der Akteure betont, sowie zum dritten aus der Annahme, dass die optimale Gestaltung von Verträgen die Berücksichtigung von Agenturkosten voraussetzt. Die Ex-ante-Perspektive, d.h. die vertraglichen Regelungen betreffen den Zeitpunkt vor der Realisierung des Ergebnisses, stellt ein weiteres Charakteristikum der Agenturtheorie dar. Die Theorie betrachtet damit vor allem die Frage, wie Anreizsysteme gestaltet werden sollen, um einen Agenten zur gewünschten Leistung zu motivieren. Während in der Vergangenheit eher die Gestaltung monetärer Anreizsysteme im Vordergrund stand (vgl.

Holmström, 1979; Grossmann & Hart, 1983), werden neuerdings auch Anreizmechanismen wie Reputation oder Vertrauen in die Betrachtung einbezogen (vgl. Vogt, 1987; Spremann, 1988).

Die Vorteilhaftigkeit alternativer Gestaltungsformen, bezogen auf die jeweils entstehenden Agenturkosten, stellt eine Kernaussage der Theorie dar (Jenseen & Meckling, 1976, S. 308). Dabei stellen die Agenturkosten die in Rechnung gestellte Differenz einer Leistungserstellung durch einen Agenten bei vollständiger Information beider Partner einerseits und einer Leistungserstellung bei unvollständiger Informationsverteilung andererseits dar. Schwächen der Agenturtheorie sind gerade im Bereich der Agenturkosten (Hartmann-Wendels, 1992, S. 78) und der Verhaltensannahmen von Prinzipal und Agent (Freese, 1990, S. 223 ff.) zu sehen (vgl. dazu auch Kieser, 1995d, S. 205 ff. und Sydow, 1992, S. 172 f.).

Die Effizienz der vertraglichen Gestaltung von Agenturbeziehungen ist gerade aus dem Grund von großer Bedeutung, als die Agenturtheorie Organisationen als Netzwerke vertraglich geregelter Auftragsbeziehungen untersucht. Die Beziehungs- und Vertragsgefüge im intra- oder interorganisatorischen Kontext stehen damit im Vordergrund und können wertvolle Hinweise für die in dieser Arbeit behandelte Thematik liefern. Die Mechanismen für Anreiz- und Kontrollsysteme zur Erhöhung der Wissenstransferbereitschaft können für die Gestaltung von Wissensnetzwerken eine entscheidende Rolle spielen. Eine Bewertung der Agenturtheorie bzgl. ihrer Gestaltungsempfehlungen für Wissensinteraktionen muss aufgrund der Integrierbarkeit dieser Mechanismen erfolgen. Wissenstransferbeziehungen in Netzwerken können als Agenturbeziehungen interpretiert werden, wobei das relevante Vertragsproblem lautet: Wissen an andere Einheiten innerhalb des Netzwerks weitergeben, um so die Vorraussetzungen zur Entwicklung neuen Wissens zu schaffen. Da aber nicht nur zwischen Vertragsnehmer (Management oder Netzwerkleader) und Agent (Netzwerkmitglied), sondern innerhalb des Netzwerks auch zwischen den einzelnen Agenten (horizontaler Transfer zwischen den Netzwerkmitgliedern in einer Agent-Agent-Beziehung) Wissen transferiert wird, sind auch diese Elemente der Agenturtheorie zu berücksichtigen. Motivationsaspekte, wie dass die Teilnahme am Netzwerk einen gewissen Mindestnutzen für alle Einheiten versprechen muss, wie auch das gesamte Konzept einen Mindestnutzen für das Unternehmen haben muss, können übernommen werden (was den Aspekt der Nutzenbetrachtung in das Analyseraster einfügt). So scheint die Entscheidungssituation, Wissen innerhalb des Netzwerks zu transferieren der Agenturproblematik sehr ähnlich zu sein.

Transaktionskostentheorie: Wann und unter welchen Bedingungen wird Wissen durch ein Wissensnetzwerk-Konzept ausgetauscht? Coase's (Coase, 1937) Arbeit zur

Transaktionskostentheorie bildet im Wesentlichen den Ausgangspunkt zur Entwicklung dieser Theorie. Er beschreibt das Wesen der Institution Unternehmung, wenn er festlegt, dass für Marktteilnehmer der Gebrauch des Preismechanismuses mit Kosten verbunden ist, die aufgrund des Prozesses der Klärung und Vereinbarung einer Austauschbeziehung (Transaktion) entstehen. Unter Transaktion versteht man dabei einen Austausch von materiellen und/oder immateriellen Ressourcen, Leistungen, Verfügungs- oder Nutzungsrechten (Picot, 1982, S. 269; Ebers & Gotsch, 1995, S. 227; Williamson, 1975, S. 139).

Die Transaktionskostentheorie beinhaltet verschiedene Ansätze, wobei sich im Folgenden auf die Arbeit von Williamson (1975) und Ouchi (1980) konzentriert wird, da diese als die differenziertesten und einflussreichsten Versionen gelten (Osterloh, 1988). Basierend auf Coase's (1937) Überlegungen betreffend der Existenz, Bedeutung und Handhabung von Transaktions- und Vertragskosten entwickelte Williamson (1975) eine Spezifizierung der relevanten Eigenschaften der Transaktionskosten (Transaktionskostencharakteristiken) und die erforderlichen Koordinationsmechanismen (institutionelle Arrangements). Ursprünglich bezogen sich Williamsons (1975) Überlegungen jedoch nur auf „Markt" vs. „Hierarchie", doch inspiriert von Ouchi (1980) findet sich dort auch eine Hybridform (Williamson, 1991a, S. 22-24). Im Folgenden wird die Transaktionskostentheorie anhand ihrer drei Bausteine Transaktionskosten, Verhaltensannahmen der Akteure und Transaktionscharakteristika kurz dargestellt.

Die *Transaktionskosten* sind die spezifischen Kosten, die bei der Etablierung, Durchführung und Kontrolle von Tauschvereinbarungen entstehen (Picot, 1982, S. 267), wobei deren Höhe von der Art der zu koordinierenden Leistung und der gewählten Abwicklungsform abhängig ist. Aus den drei *Verhaltensannahmen*, die dieser Theorie zugrunde liegen, resultiert die Bedeutung der Ex-post-Absicherung von Tauschbeziehungen. Die erste Verhaltensannahme bezieht sich auf die begrenzte Realität, die den Akteuren unterstellt wird, da sie über begrenzte Informationen und Informationsverarbeitungskapazitäten verfügen. Die zweite Verhaltensannahme unterstellt den Akteuren Opportunismus und geht daher davon aus, dass die Transaktionspartner bei der Gestaltung von Austauschbeziehungen ihr Eigeninteresse verfolgen und es daher zu opportunistischen Handlungen kommt. Die beiden beschriebenen Verhaltensannahmen bilden die Vorraussetzung für die Notwendigkeit institutioneller Gestaltungsmaßnahmen, da institutionelle Regelungen unnötig wären, wenn die Akteure über vollkommene Informationen verfügten und sich an ihr Versprechen, nicht opportunistisch zu handeln, hielten. Die dritte Verhaltensannahme bezieht sich auf die Risikoeignung der Akteure, wobei ihnen Risikoneutralität unterstellt wird (Williamson, 1985, S. 388 ff.).

Zusammenfassend lässt sich sagen, dass die Transaktionskostentheorie verschiedene institutionelle Arrangements aufgrund ihrer Transaktions-/Koordinationskosten unterscheidet. Diese Kostenunterschiede lassen sich darauf zurückführen, wie aufwendig die institutionellen Arrangements jeweils gestaltet sind, wie stark die von ihnen ausgehenden Anreize für effizienten Ressourceneinsatz sind, wie kostengünstig Verhaltenskontrolle und -steuerung zu gewährleisten sind und wie hoch die Kosten für die Anpassungsfähigkeit an geänderte Bedingungen ausfallen (Williamson, 1991b, S. 277 ff.). So können Charakteristiken wie 1) Anreizintensität, 2) Kontrollmechanismen, 3) Anpassungsfähigkeit sowie 4) Kosten der Etablierung und Nutzung des institutionellen Arrangements (Wissensnetzwerk-Konzept) selbst bedeutende Einflussgrößen für die effiziente Abwicklung und Organisation von Transaktion darstellen, die auch bei der Entwicklung oder Beurteilung von Organisationsformen zum Wissenstransfer beachtet werden müssen. Da die zentrale These der Transaktionskostentheorie besagt, dass eine gegebene Transaktion umso effizienter organisiert und abgewickelt werden kann, je besser die Charakteristiken des institutionellen Arrangements den sich aus den Merkmalen der abzuwickelnden Transaktion ergebenden Anforderungen entsprechen, lässt sich für Wissensnetzwerke und deren Konzepte schließen, dass diese zum einen auf den Prozess des Wissensaustausches zum Erreichen der formulierten Ziele angepasst werden müssen, aber zum anderen auch auf die Bedürfnisse der einzelnen Akteure, die sich aus der Unternehmensstruktur und -kultur, aber auch aus den individuellen Zielen der einzelnen ergeben.

2.2.3 Neue Organisationsformen: von traditionellen zu netzwerkorientierten Organisationskonzepten

Die der „process school" zuzuordnenden Konzepte von Hedlund (die „N-Form", Hedlund, 1994), Bartlett und Goshal (das transnationale Organisationsmodell, Bartlett & Ghoshal, 1989) und Prahalad und Doz (die Orchestrierung, Prahalad & Doz, 1987) betrachten Organisationen aus einer Prozess-Perspektive und bereiten den Weg für mehrdimensionale Gestaltungskonzepte[4]. Diese Konzepte wurden aufgrund der veränderten Marktbedingungen wie der größeren Bedeutung internationaler Märkte und der damit verbundenen Veränderung der internen und externen Anforderungen weiterentwickelt.

Den Beginn dieser organisationalen Änderungen bildete die Verflachung von Hierarchiestufen mit dem Ziel, Kosten einzusparen. Nachfolgend fokussierte man sich auf prozessorientierte, horizontale Organisationen (Steward, 1992), welche die Lern- und Innovationsfähigkeit erhöhen sollten. Hieraus resultierte ein Trend in Richtung flacherer, flexiblerer und agilerer Organisations-

---

[4] Die Arbeiten diskutieren zentrale oder dezentrale Organisationskonzepte und analysieren deren Konsequenzen für die Beziehungen zwischen den Einheiten. Dabei werden auch Gestaltungs- und Koordinationsmechanismen sowie der Unternehmenskultur eine höhere Bedeutung beigemessen.

formen, die zugleich Neuigkeit, Innovation und Wandel verkörpern sollten (Pascale, 1990; Peters, 1987). Die Entstehung von flexibleren, netzartigen Strukturen wurde in den Achtziger-Jahren entdeckt. Miles & Snow (1992, S. 54) schreiben dazu: „Throughout the end of 1980s, organisations around the world responded to an increasingly competitive global business environment by moving away from centrally co-ordinated, multi-level hierarchies and toward a variety of more flexible structures that closely resembled networks rather than pyramids."

Die Netzwerkperspektive beinhaltet dabei eine stärkere Berücksichtigung der einzelnen Knoten eines Netzwerks sowie darüber hinaus der Verbindung zwischen diesen. Roethlisberger & Dickson (1939) wiesen schon früh auf die wichtige Rolle informeller Netzwerke und persönlicher Kontakte hin. Die wachsende Popularität des Netzwerkgedankens trägt leider auch zu einer unklaren Terminologie des Begriffs Netzwerk bei (Nohira & Ghoshal, 1991). Der Begriff „Netzwerkorganisation", der alle Charakteristiken eines neuen Modewortes beinhaltet, greift Ideen der Konzepte wie „integrative organisation" von Kanter (1983) oder „organic organization" von Burns & Stalker (1961) wieder auf (Biemans, 1996).

Die Netzwerkansätze können demnach als ganzheitliche Organisationskonzepte interpretiert werden, die mehrere innovative organisatorische Gestaltungselemente zusammenfassen. Autoren wie Hedlund (1994), Whittington & Mayer (1997) und Ruigrok et al. (1999, S. 41) betonen, dass Netzwerkorganisationen eine Reihe von bekannten organisatorischen Innovationen wie flache Hierarchien, ein hohes Ausmaß von Dezentralisierung, den Einsatz von Team- und Projektstrukturen, den Gebrauch von modernen IT-Systemen und Kommunikationsnetzwerken sowie einen starken Fokus auf den Faktor Wissen widerspiegeln. Der Begriff der Netzwerkorganisation umfasst neben interorganisatorischen Netzwerken auch intraorganisationale Netzwerke, die bei dieser Arbeit im Vordergrund stehen sollen, was zu schwammigen Definitionen und Aussagen führt (Baker, 1992, S. 399). Biemans (1996) und Malnight (1996) behaupten jedoch, dass eine komplementäre Beziehung zwischen diesen besteht und eine Betrachtung beider Formen sinnvoll ist.

Im folgenden Kapitel sollen daher inter- und intraorganisationale Netzwerke im Allgemeinen und Formen von Wissensnetzwerken im Besonderen aufgrund von strukturellen und prozessualen Betrachtungen dieser Organisationsformen analysiert werden, um daraus zusätzliche Erkenntnisse für die Gestaltung von Wissensnetzwerken und deren Aufbau zu gewinnen.

2.3 Gestaltungsempfehlungen auf der Basis ausgewählter Netzwerktheorien

Heute ist nahezu keine Industrie von der Entwicklung von netzwerkartigen Beziehungen in und zwischen Unternehmen unberührt geblieben (vgl. Fleisch, 2000, S. 3 f.). Soll eine Organisation von einem relativ gut strukturierten und managebaren System in sich ineinander verschlingende Netzwerke mit unklaren Grenzen transformiert werden, steigen die Anforderungen an das Management von Wissen, da die institutionell geregelten Wissensflüsse in traditionellen Organisationsstrukturen zugunsten größerer Potenziale in Netzwerken neu geregelt werden müssen (Fleisch, 2000, S. 3 f.). Rehäuser und Krcmar (1996, S. 27), Högberg und Edvinsson (1998, S. 81 f.) und Powell (1998, S. 229 ff.) weisen darauf hin, dass gerade in Netzwerken die Fähigkeit im Transferieren und Entwickeln von Wissen gegenüber traditionellen Organisationsstrukturen stärker ausgebildet ist. Jedoch wurde bisher wenig getan, um die Konzepte Wissensmanagement und Netzwerke in Konzepte für intraorganisationale Netzwerke zu verbinden (Roithmayr & Fink, 1997, S. 503 f.; Seufert et al., 1999b). Die Potenziale der netzwerkartigen Organisationsformen zeigen bereits die ersten Konzepte von Hedlund (1994), Bartlett und Goshal (1989), Prahalad und Doz (1987) und Miles und Snow (1992). Intraorganisationale Netzwerke, die gerade im Bereich des Wissenstransfers und der Wissensentwicklung in Unternehmen ihre Potenziale entfalten, sind jedoch nur unzureichend theoretisch und empirisch konzeptualisiert worden (Seufert et al., 1999b, S. 180). Die vorliegende Arbeit will hierzu einen Beitrag leisten.

Die folgende Abbildung zeigt die Struktur des folgenden Kapitels:

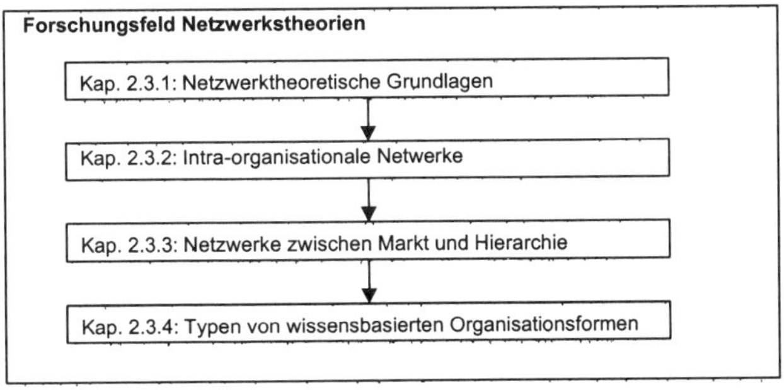

Abb. 23: Aufbau des Theoriekapitels zum Forschungsfeld Netzwerktheorien

2.3.1 *Theoretische Grundlagen: Definition des Netzwerkbegriffs*

Der Netzwerkbegriff gewinnt in vielen Disziplinen zunehmend an Aufmerksamkeit und Bedeutung (Reiß, 1996, S. 196; Weber, 1996, S. 90 f.). Neben Diskussionen in den Wirtschaftswissenschaften (z.B. in der Wirtschaftsinformatik, ausgelöst durch die neuen Möglichkeiten der Informations- und Kommunikationstechnologien (Fleisch, 2000) für die Betriebswirtschaftslehre (Weber, 1996, S. 94; Hippe, 1996, S. 24)) werden Netzwerke auch in den Geisteswissenschaften wie Psychologie, Soziologie, Pädagogik und Politikwissenschaften als Gegenstand der Forschung diskutiert (Schubert, 1994, S. 9).

Der Netzwerkbegriff wird jedoch uneinheitlich verstanden und verwendet (vgl. Boos et al., 1992, S. 55; Keil, 1999, S. 78; zur Historie des Netzwerkbegriffs und den verschiedenen Erscheinungsformen vgl. exemplarisch Burmeister & Canzlar, 1991; Huber, 1991; Miles & Snow, 1994, S. 203 ff.; Nohria, 1992; Bellmann & Hippe, 1996; Bellmann & Mildenberger, 1996; Biesecker, 1996; zu den Ursprüngen der Netzwerkforschung vgl. auch Schubert, 1994, S. 14 ff.). Hippe (1996, S. 24, vgl. auch Weber, 1996, S. 94) spricht von einem Dschungel an Begriffen und Inhalten.

Tabelle 4 gibt einen Überblick über bedeutende Beiträge zur Netzwerkforschung in der existierenden Literatur.

Die Interpretationsbreite des Netzwerkbegriffs wird bei Nohria und Eccles (1992, S. 288) deutlich: „The most general use of the term "network" is for the structure or ties among in a social system. These may be roles, individual persons, organizations, industries, or even nation states. Their ties may be based on conversation, affection, friendship, kindship, authority, economic exchange, information exchange, or anything else that forms the basis of a relation." Folgt man Schubert (1994, S. 9), so ist ein Netzwerk grundsätzlich „ein vergleichsweise alltägliches Phänomen: Personen bzw. Organisationen unterhalten oder suchen Beziehungen zu anderen Personen bzw. Organisationen: diese Verbindungen ergeben ein Geflecht sozialer, ökonomischer oder politischer Beziehungen." (vgl. auch Sydow, 1992, S. 75). Angesichts der dargestellten Interpretationsbreite scheint es notwendig, den Netzwerkbegriff für die Arbeit zu konkretisieren. Daher folgt eine Spezifizierung, die schließlich zur Definition des Netzwerkbegriffs führt.

	Strukturelle Ansätze Schwerpunkt auf Formierung, Charakteristiken und Organisation	**Beziehungs-orientierte Ansätze Schwerpunkt auf die Interaktion und die Beziehungen**	**Prozess-orientierte Ansätze Schwerpunkt auf die Entwicklung und den Inhalt von Prozessen**
Makro-Perspektive (Strategien, Konzeptualität)	• Williamson, 1991b) • Thorelli, 1986 • Sydow, 1992 • Miles & Snow, 1986	• Powell, 1990 • Provan & Milward, 1995 • Renz, 1998	• Ring & Van de Van, 1994
Mikro-Perspektive (Akteure, Situation)	• Sydow et al., 1995 • Uzzi, 1997	• Chrisholm, 1989 • Human & Provan, 1997	• Larson, 1992

Tabelle 4: Beiträge der Netzwerkliteratur (Vassiliadis et al., 1999b, S. 6)

Netzwerke werden allgemein als ein universelles Phänomen verstanden, welches sich vom Forscher durch dessen Fragestellung erschließen lässt. Drei grundlegende Betrachtungsweisen können im Netzwerk unterschieden werden (Sydow, 1992, S. 118 ff.): die phänomenologische Ebene, die methodische Ebene (Netzwerkanalyse) und die theoretische Ebene (Netzwerktheorie). Die phänomenologische Ebene betrachtet Netzwerke als empirische Phänomene. Muster, die in der Realität entdeckt und als Netzwerke betrachtet werden können, finden unterschiedliche Ausprägungen in verschiedenen Branchen und Regionen. Ausgewählte Charakteristiken ermöglichen es, die verschiedenen Erscheinungsformen voneinander abzugrenzen und begrifflich festzulegen (vgl. Sydow, 1992, S. 83 ff.; Nohria, 1992, S. 6). Es handelt sich hierbei beispielsweise um strategische, regionale oder operative Netzwerke. Sydow (1992, S. 118) weist jedoch darauf hin, dass dies trotz der begrifflichen Akzentuierung "weder ein bestimmtes methodisches Vorgehen noch einen bestimmten theoretischen Ansatz impliziert". Die Auswahl geeigneter Beschreibungsmerkmale zur Differenzierung der verschiedenen Erscheinungsformen von Netzwerken kann nur situativ erfolgen.

Netzwerkanalyse und -theorie ermöglichen es, die Netzwerkperspektive zu eröffnen, indem die einzelnen Akteure (Personen, Organisationen etc.) und ihre Beziehungen zueinander betrachtet werden. Das Verhalten der Akteure zu verstehen, ist dabei das zentrale Anliegen (Sydow, 1992, S. 118 ff.; vgl. auch Alba, 1982, S. 42-43). Durch die Netzwerkanalyse können die sozialen Beziehungen im Netzwerk erfasst werden, indem mögliche Muster identifiziert und ihre Voraussetzungen und Folgen analysiert werden. Sie ist eingebettet in theoretische Grundkonzepte, eine eigene Netzwerktheorie existiert allerdings nicht (siehe z.B. Radel 1999). Vielmehr muss auf bestehende Organisations-, Interorganisations- und Markttheorien zurückgegriffen werden (wie dies durch die vorangegangenen Kapitel versucht wurde), die jedoch immer nur Teilaspekte des Netzwerkphänomens beleuchten (eine Übersicht der zentralen Merkmale der Markt-Hierarchie-Unterscheidungen liefert z.B. Schubert, 1994, S. 10; allgemein zu Organisationstheorien vgl. etwa Bleicher, 1992, 1993; Kieser, 1985, 1995a und Witte, 1989). Sydow (1992, S. 125) hebt dabei die graduelle Unterscheidung von Markt und Hierarchie auf und konzeptualisiert Märkte und Organisationen ebenfalls als Netzwerke. Powell (1987) bezeichnet Netzwerke sogar als eigenständige Koordinationsform zwischen Markt und Hierarchie, wobei dieser Ansicht jedoch nur wenige Forscher folgen (Nohria, 1992, S. 12; siehe auch Kapitel 2.3.3).

Gegenstand der Forschung kann zum einen die Erklärung der Evolution und des Verhaltens von Netzwerken sein, zum anderen deren Gestaltung (vgl. Hill, 1995, S. 128). Betrachtet man das Theoriedefizit in der Netzwerkforschung, können Versuche zur Beschreibung, Erklärung und

Gestaltung von Netzwerken nach Scholz (1997, S. 330) eher als hermeneutische Annäherung an den Gegenstandsbereich, denn als abschließende Untermauerung verstanden werden.

Im nächsten Schritt werden ausgewählte Aspekte aus den drei Betrachtungsperspektiven für Netzwerke herausgegriffen, die für Gestaltungs- und Aufbauempfehlungen von Wissensnetzwerken, d.h. von intraorganisationalen sozialen Netzwerken, einen wesentlichen Beitrag leisten.

2.3.2 Phänomenologische Betrachtungsebene von Netzwerken

Im interorganisationalen Bereich lassen sich verschiedene Arten von Netzwerken unterscheiden: soziale Netzwerke, Unternehmensnetzwerke und Netzwerkorganisationen. Die Analyse und Gestaltung von sozialen Netzwerken, die in dieser Arbeit im Vordergrund stehen, setzt eine klare Definition der Systemebenen, der Betrachtungsobjekte und der Erkenntnisperspektiven voraus. Grundsätzlich lassen sich intra- und interorganisationale Netzwerke unterscheiden, wobei die Grenzen durch die zunehmende Vernetzung fließende Übergänge aufweisen.

2.3.2.1 Netzwerkorganisationen

Der Begriff Netzwerkorganisation kann in einer Reihe mit den Begriffen Projektorganisation, Prozessorganisation, Selbstorganisation und anderen Formen der Dezentralisierung gesehen werden (Reiß, 1996, S. 199; Müller-Stewens, 1997, S. 24 ff.). Der weitgehende Verzicht auf Bürokratisierung und Formalisierung, der hohe Stellenwert personeller und informatorischer Integrationsmechanismen, das Subsidiaritätsverhältnis zwischen Fremd- und Selbstorganisation sowie der entsprechende Typus der Zeltorganisation mit flexiblen Arbeitsformen stellen wesentliche Elemente dieser Organisationsform dar (Reiß, 1996, S.199). Als netzwerkspezifische Schwachstellen der Netzwerkorganisation zeigt Reiß (1996, S.199) darüber hinaus die fehlende materielle und soziale Sicherheit, den Zwang zur Spezialisierung, die hochgradige Personenabhängigkeit sowie die Gefahr der Überkomplexität auf.

Da keine pauschalen Angaben zur Höhe der Integration zwischen den beteiligten Organisationseinheiten gemacht werden können, fällt eine weitere Konkretisierung des Begriffs der Netzwerkorganisation schwer. Reiß (1998, S. 225) unterscheidet jedoch zwischen der Netzwerkorganisation im weiteren und im engeren Sinne, je nachdem, wie hoch der Integrationsgrad und die Begriffsspezifizierung vorangeschritten sind. Von einer Netzwerkorganisation im weiteren Sinn kann gesprochen werden, wenn die Abhängigkeiten, die zwischen mehreren Akteuren bestehen, z.B. durch informatorische Austauschbeziehungen, personelle Verflechtungen etc. charakterisiert sind. Dagegen spricht man von Netzwerkorganisationen im engeren Sinne, wenn ein höheres Maß an Gemeinsamkeit zwischen den Organisationseinheiten vorliegt, die für einen höheren

Integrationsgrad sorgt. Gemeinsame Arbeits- und Denkweisen, Spielregeln für die Zusammenarbeit sowie gemeinsam verfolgte Netzwerkziele zählen zu den Integrationstreibern (vgl. Reiß, 1998, S. 225; Millarg, 1998, S. 82).

2.3.2.2 Unternehmensnetzwerke

Auf die Realisierung von Wettbewerbsvorteilen zielt die Organisationsform Unternehmensnetzwerk ab, die durch komplex-reziproke, eher kooperative denn kompetitive und relativ stabile Beziehungen charakterisiert ist (vgl. Sydow, 1992, S. 79). Sie sind das Ergebnis einer Unternehmensgrenzen überschreitenden Differenzierung und Integration mehrerer Aktivitäten, die sich auch auf unterschiedliche Branchen beziehen können. „Dazu werden Make-or-Buy-Überlegungen mit dem Ziel angestellt, die Funktionswahrnehmung im Netzwerk unter langfristigen Gewinnerzielungsgesichtspunkten optimal zu verteilen und im Zusammenhang damit die gesamte Wertschöpfungskette durch Restrukturierung zu optimieren." (Sydow, 1992, S. 79).

Unternehmensnetzwerke, die in der Literatur auch als strategische Allianzen bezeichnet werden, zeichnen sich dadurch aus, dass Aufgabenstellungen durch vertragliche Beziehungen zwischen einer Mehrzahl rechtlich selbständiger Unternehmen vereinbart werden (Picot et al., 1998, S. 239). Neben diesen vertraglichen Beziehungen sind auch technisch- und personell-organisatorische Beziehungen für den Erfolg von großer Bedeutung (Sydow, 1992, S. 79).

Unternehmensnetzwerke verfügen über einen bestimmten Grad an Struktur, z.B. durch formale Regeln, die den Handel im Netzwerk in einem bestimmten Maße determinieren. In dem Maße, in dem der Handel des Unternehmensnetzwerks einer bestimmten Richtung folgt, kann dieses als strategisches Netzwerk bezeichnet werden (vgl. Renz, 1998, S. 186). Die Führung des Netzwerks, die durch explizite Netzwerkziele, einer sichtbaren formalen Struktur mit entsprechenden Rollenzuweisungen der einzelnen Unternehmen und einer eigenen Netzwerkidentität sichtbar wird, charakterisiert den Unterschied zwischen dem strategischen Netzwerk und dem Unternehmensnetzwerk (vgl. Sydow, 1992, S. 63; Scheff, 1999, S. 63).

Unternehmensnetzwerke zeichnen sich darüber hinaus durch einen mehr oder weniger beabsichtigten Integrationsgrad der Netzwerkunternehmen aus. Wobei der Grad der Integration das Maß der Abhängigkeit der Unternehmen vom Netzwerk und damit die Möglichkeit, verschiedene Handlungsrichtungen verfolgen zu können, beeinflusst (vgl. Sydow, 1992, S. 63; Scheff, 1999, S. 63).

2.3.2.3 Soziale Netzwerke

Sydow (1992, S. 78) definiert soziale Netzwerke als „(...) a specific set of linkages among a defined set of actors, with the additional property that the characteristics of these linkages as a whole may be used to interpret the social behaviour of the actors involved." Soziale Netzwerke sind Beziehungsgeflechte aus sozialen Einheiten, die sich durch gemeinsame Interessen, der daraus resultierenden Ausdifferenzierung gemeinsamer Werte oder einer gemeinsamen Aufgabe ergeben (vgl. Weber, 1996, S. 95). Boos et al. (1992) thematisieren die Funktionsweise und Bedeutung sozialer Netzwerke für formale Organisationen und spezifizieren die Merkmale sozialer Netzwerke wie folgt:

- eine gemeinsame thematische Orientierung oder Intention
- die Personengebundenheit
- die Freiwilligkeit der Teilnahme
- das zugrunde liegende Tauschprinzip

Die gemeinsamen Interessen der Netzwerkpartner, die den „Nährboden" darstellen, auf dem Netzwerke entstehen (Boos et al., 1992, S. 58), werden durch die gemeinsame thematische Orientierung oder Intention beschrieben. Das gemeinsame Beziehungspotenzial der Teilnehmer, in das auch potenzielle Teilnehmer mit eingebunden werden können, wird durch die Personengebundenheit ausgedrückt (Boos et al., 1992, S. 58; vgl. auch Millarg, 1998, S. 26). Dieses Beziehungspotenzial wird durch den „reziproken Tausch" bei gemeinsamen Interessen aktiviert, sofern ein aktueller Anlass für eine Person des Netzwerks gegeben ist. Das Tauschprinzip sozialer Netzwerke beinhaltet die Notwendigkeit einer Balance der Austauschverhältnisse in Form eines reziproken Tausches zwischen den Netzwerkteilnehmern (Boos et al., 1992, S. 59). Eine Teilnahme an einem gemeinsamen Austausch kann nicht erzwungen werden, daher stellt das Prinzip der Freiwilligkeit die Bereitschaft der partizipierenden Personen dar, eine gemeinsame Absicht zu verfolgen und/oder sich für ein gemeinsames Thema zu engagieren. Dierkes (2001, S. 31) formuliert, dass ein soziales Netzwerk aus der Perspektive eines Netzwerkpartners eine strukturverändernde Intention hat, da dabei die Möglichkeit zur Veränderung im Mittelpunkt steht.

Zusammenfassend lässt sich bemerken, dass die Netzwerkorganisation in das Kontinuum zwischen dem Unternehmensnetzwerk, was bei zunehmenden Integrationsgrad der Netzwerkorganisation im engeren Sinn entspricht (vgl. Miles & Snow, 1992; Powell, 1990), und dem sozialen Netzwerk, welches der Netzwerkorganisation mit niedrigem Integrationsgrad und einem höheren Freiwilligkeitsprinzip entspricht, eingeordnet werden kann. Der Integrationsgrad stellt ein wesentliches Charakteristikum der verschiedenen Arten von Netzwerken dar.

2.3.3 *Netzwerke als Organisationsform zwischen Markt und Hierarchie*

Die wissenschaftliche Diskussion, ob Netzwerke als eigenständige Organisationsform in Wirtschaft und Gesellschaft oder lediglich im Spannungsfeld zwischen Markt und Hierarchie gesehen werden können, ist bereits angeklungen (vgl. dazu Sydow, 1992, S. 102; Klein, 1996, S. 125; Powell, 1990). Während bei der Sichtweise von Netzwerken als eigenständige Organisationsform die koordinierenden wirtschaftlichen Aktivitäten im Vordergrund stehen, werden bei der zweiten Sichtweise die Koexistenz von marktlichen, hierarchischen, kooperativen und kompetitiven Elementen betrachtet (Powell, 1990, S. 301).

2.3.3.1 *Netzwerke als intermediäre Koordinationsform*

Netzwerke als eigenständige Koordinationsform zwischen Markt und Hierarchie heben vor allem die Wissenschaftler Sydow (strategische Netzwerke, vgl. Sydow, 1992, S. 82), Jarillo (Networks, vgl. Jarillo, 1988, S. 32), Priore und Sabel (flexible Spezialisierung, vgl. Piore & Sabel, 1989) und Miles und Snow (dynamische Netzwerke, vgl. Miles & Snow, 1992) hervor (vgl. auch Fuest, 1998, S. 96). Die Transaktionskostentheorie (vgl. Coase, 1937; Williamson, 1975) bildet die Erklärungsbasis für die Entstehung und Steuerung von Netzwerken (vgl. dazu Kapitel 2.2.2). Gemäß der neoklassischen Markttheorie koordinieren Märkte diskrete Transaktionen ausschließlich auf der Basis von Preisen. Diese enthalten alle relevanten Informationen. Die Marktbeziehungen sind kurzfristig und wettbewerbsintensiv. Im Gegensatz dazu werden Aktivitäten innerhalb von Hierarchien über Instruktionen einer geringen Anzahl von Organisationsmitgliedern gesteuert. Diese Weisungen substituieren idealtypisch jegliche marktliche Koordination. Hierarchische Beziehungen sind, anders als Marktbeziehungen, langfristig und kooperativ ausgerichtet. Die Koordination in Märkten erfolgt durch Vereinbarung.

Kooperative Vereinbarungen im Netzwerk ersetzen die vormals im Markt bzw. in der Hierarchie koordinierten Wirtschaftsaktivitäten (vgl. Renz, 1998, S. 187). Die Konstrukte „Markt“ und „Hierarchie“ werden durch die Zwischenform des Netzwerks bzw. durch dessen konstituierenden kooperativen Elemente aufgeweicht (vgl. Fuest, 1998, S. 97). Die Transaktionskostentheorie und deren Anwendung für Entscheidungen über die Vorteilhaftigkeit verschiedener Koordinationsformen wird vor allem aufgrund der ihr zugrunde liegenden Annahmen kritisiert. Zum einen basieren diese Annahmen auf Opportunismus und begrenzter Rationalität, die in Netzwerken durch erfolgskritische Aspekte wie Vertrauen und kooperative Arrangements kontrastiert werden. Zum anderen finden soziale und kulturelle Bedingungen in der Transaktionskostentheorie und damit in dieser Interpretation keine entsprechende Berücksichtigung. Zusammenfassend lässt sich sagen, dass das Netzwerk als intermediäre Organisationsform sowohl marktliche als auch hierarchische Elemente hat, es ist jedoch hauptsächlich ökonomisch, d.h. es ist auf der Basis von Realitätserwartungen legitimiert (Fuest, 1998, S. 96 ff.). Diese Interpretation fokussiert auf die wirtschaftlichen Vorteile von Netzwerken für spezifische Aufgabenstellungen unter bestimmten Rahmenbedingungen.

2.3.3.2 Netzwerke als eigenständige Organisationsform

Im Gegensatz zu der oben beschriebenen Sichtweise vertritt besonders Powell (1990) die Ansicht, dass Netzwerke eine eigenständige Organisationsform darstellen. Er argumentiert dabei mit der Überbewertung beider Pole und versteht Netzwerke als eine dritte Organisationsform eigenen Rechts bzw. eigener Gesetzmäßigkeit, die sich nicht durch eine Superposition marktlicher und hierarchischer Elemente ergibt (Powell, 1990, S. 300). Netzwerke beruhen dabei mehr auf den komplementären Stärken der Akteure als auf Verträgen oder Beschäftigungsverhältnissen. Elemente von Powells Netzwerkverständnis sind darüber hinaus Reziprozität, Reputation, Vertrauen, Verpflichtung und Interdependenz. Damit wirken normative Sanktionen im Netzwerk (Powell, 1990, S. 300). Für dieses Netzwerkverständnis spielen eher sozial-kulturelle Aspekte als technisch-materielle die entscheidende Rolle (vgl. Sydow, 1992, S. 206). Reine Effizienzüberlegungen wie die Minimierung von Transaktionskosten sind nicht der ausschlaggebende Faktor einer Netzwerkbildung, denn diese werden durch strategische Betrachtungen wie dem zu tätigenden Aufwand für den Zugriff auf kritische Ressourcen und entscheidende Fähigkeiten, die nicht unternehmensintern vorgehalten werden können, relativiert (Powell, 1990, S. 322).

Die stärkere Betrachtung von sozialen, politischen und historischen Kontextfaktoren zur Erklärung verschiedener Netzwerk- bzw. Organisationsformen und nicht nur die ausschließliche Betrachtung der Minimierung von Transaktionskosten wird von Powell (1990, S. 323) nachhaltig gefordert. Die reinen Effizienzüberlegungen werden schon dadurch relativiert, dass das Know-how, die Nachfrage nach Geschwindigkeit und das Vertrauen zwischen den Partnern wesentliche Faktoren von Netzwerken darstellen. Dabei wird die Vorteilhaftigkeit für einen wiederholten Know-how-Austausch, für die Geschwindigkeit des Informationsaustausches und dessen Interpretation, für den Flexibilitätsgewinn sowie für die Entstehung von Kooperationen und Solidarität in vertrauensvoller Atmosphäre hervorgehoben (Powell, 1990, S. 324 ff.). Die Position eines Akteurs einscheidet über die Möglichkeit, von diesen Faktoren zu profitieren, was den Machtfaktor in die Überlegungen einbringt (Powell, 1990, S. 326).

Für diese Arbeit bietet das Verständnis des Netzwerks als eigenständige Organisationsform die Grundlage für eine individuelle bzw. ökonomisch motivierte Kooperation zwischen den Akteuren. Die grundlegende Frage nach den Aufbauempfehlungen lässt sich erst durch eine Diskussion der Phasen der Netzwerkentstehung und der Kombination mit der prozessualen Perspektive beantworten.

2.3.4 Positionierung von Wissensnetzwerken als soziale Netzwerke

Wissensnetzwerke sind soziale Netzwerke, die entsprechend einer häufig zitierten Definition als „a specific set of linkages among a defined set of actors, with the additional property that the characteristics of these as a whole may be used to interpret the social behavior of the actors involved" (Mitchell, 1969, S. 2; Tichy et al., 1979, S. 507; Alba, 1982, S. 40; Lincoln, 1982) bezeichnet werden können. Der Begriff Netzwerk zielt somit auf die sozialen Beziehungen zwischen Akteuren ab. Akteure eines sozialen Netzwerks können nicht nur Organisationen, sondern auch Personen, Gruppen und Gemeinschaften sein. Die sich zwischen den Akteuren herausbildenden Beziehungen können grob nach Inhalt (z.B. Produkte oder Dienstleistungen, Informationen oder Emotionen), Form (z.B. Dauer und Enge der Beziehung) und Intensität (z.B. Interaktionshäufigkeit) kategorisiert werden. Form und Intensität der Beziehungen begründen die Netzwerkstruktur (vgl. Burt, 1979; Alba, 1982, S. 42-43). Der Begriff „Wissensnetzwerke" bezeichnet eine Anzahl von Personen, Ressourcen und deren Beziehungen, die sich versammeln, um ihr Wissen auszutauschen und anzuwenden, mit dem primären Ziel, Wissenstransfer und Wissensentwicklung zu betreiben und so Werte für das Unternehmen zu schaffen (Seufert et al., 1999a, S. 12).

2.3.5 Verschiedene Typen von wissensbasierten netzwerkartigen Organisationsformen

Ausgehend von der grundlegenden Definition des Begriffs wissensbasierter Organisationsformen werden im folgenden Kapitel unterschiedliche wissensbasierte Organisationsformen betrachtet. Theorie und Praxis unterscheiden dabei eine Reihe von verschiedenen wissensbasierter Formen, wie Community of Interest (CoI), die Community of Practice (CoP), das Projektteam oder Task Force und das Wissensnetzwerk (WN), welche im Folgenden genauer betrachtet werden.

Um die Organisationsformen voneinander zu differenzieren, bedarf es einer Reihe von Vergleichskriterien. Diese erlauben eine Darstellung der wesentlichen Charakteristika mit dem Ziel, ein möglichst vollständiges Bild auf das Forschungsobjekt zu entwickeln und im Folgenden eindeutige Kriterien zur Beurteilung der Aufbaumethodiken herauszuarbeiten. Seufert et al. (1999a, S. 5 f.) verwendet hierzu die Kriterien Inhalt, Form und Identität. Da diese Unterscheidung für die Anwendung in der Praxis jedoch zu grob und abstrakt erscheint, werden Wissensnetzwerke in dieser Arbeit anhand einer auf Seufert basierenden erweiterten Kategorisierung beschrieben. Die untersuchten Bereiche sind *„Zielsetzung und Arbeitsweise" (Inhalt)*,

„Mitgliederauswahl und Formalisierung" (Form), „Wissensbasis der Mitglieder" (Inhalt), „Motivation und Zusammenhalt" (Identität), „Lebensdauer" (Form), sowie *„Aufwand und Kosten" (Form).*

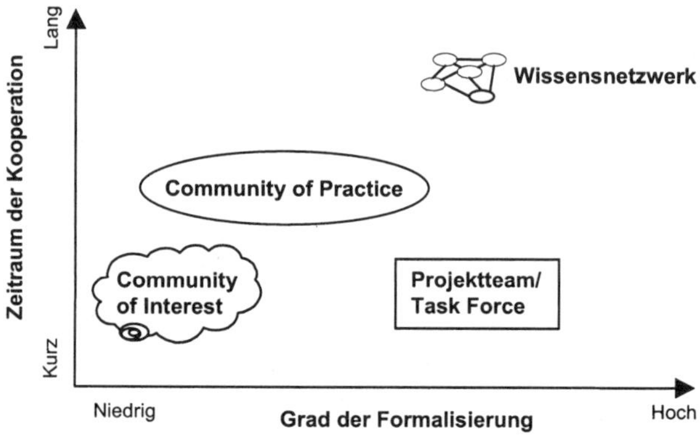

Abb. 24: Typen von wissensbasierten Organisationsformen (vgl. Köhne et al., 2000, S. 27)

Bevor die Formen anhand dieser Kriterien genauer beschrieben werden, ermöglicht Abbildung 24 eine erste Positionierung der vier Netzwerktypen aus organisatorischem Blickwinkel. Hierbei sind die verschiedenen Ausprägungen nach dem Grad der Formalisierung und der Dauer ihres Bestehens gruppiert.

2.3.5.1 Projektteam/Task Force

Ein Projektteam oder eine Task Force wird durch eine Gruppe von Personen gebildet, die speziell umgrenzte Aufgaben oder Probleme lösen sollen, um ein definiertes Ziel zu erreichen (Vassiliadis et al., 1999b, S. 9). Während eine Task Force ein kurzfristiger Zusammenschluss von Experten ist, die Vorschläge zur Umsetzung erarbeiten, schließt sich die Bildung eines Projektteams zur Umsetzung dieser Idee oft unmittelbar an. Katzenbach & Smith (1993) definieren Teams als: „A team is a small number of people with complementary skills who are committed to a common purpose, performance goals, and approach for which they hold themselves mutually accountable." (Katzenbach & Smith, 1993, S. 45). Dieses gemeinsame Ziel fördert die Bildung einer Gruppenidentität und das Einverständnis der Mitglieder. Während in einer Gemeinschaft die Mitglieder eine gemeinsame Wissensbasis teilen, werden Mitglieder von Teams gerade aufgrund ihrer Diversität ausgewählt. Sie stammen aus unterschiedlichen Bereichen, was zu einer kreativen Abrasion und einem intellektuellen Konflikt zwischen den diversen Standpunkten führen und schließlich in neuen Ideen und Produkten resultieren soll (Leonard-Barton, 1995; Leonard & Swap, 1999). Zusätzlich ist der Lebenszyklus von Projektteams und Task Forces durch einen institutionellen Zeitplan bestimmt. Ihre Existenz ist temporär und endet meist mit der Vollendung der gestellten Aufgabe.

Das Projekteam verfolgt ein messbares Arbeitsziel, bei welchem die Zielerreichung oberste Priorität besitzt. Diese Ergebnisverantwortung, welcher alle Mitarbeiter unterliegen, stellt einen ersten grundlegenden Unterschied zu den vorher betrachteten Arbeitsformen dar. Die verfolgten Ziele können dabei vielfältiger Natur sein und sowohl strategischen wie auch operativen Charakter besitzen. Allgemein ist davon auszugehen, dass es sich um solche Aufträge handeln wird, die wissensintensiv sind und der Zusammenarbeit verschiedener Bereiche bedürfen.

Wichtig ist zudem, dass zur Erreichung dieser Ziele mit verteilten Rollen gearbeitet werden muss. Dies ist durch die spezielle Natur des Projektteams bedingt, die zum einen auf verteilte, zum anderen auf überwiegend virtuelle Zusammenarbeit setzt. Verteilt bedeutet auch hier, dass die Mitglieder an unterschiedlichen, teilweise weit entfernten Standorten beschäftigt sein können. Trotz mitunter stattfindender physischer Treffen erfolgt der größte Teil der gemeinsamen Arbeit über ausgewählte Kommunikationsmedien wie Internet/Intranet, E-Mail und Telefon (für eine genaue Betrachtung dieser Möglichkeiten siehe Dous, 2001). Durch diese Arbeitsweisen ist der Koordinationsaufwand als hoch einzustufen, eine Unterscheidung der Mitglieder nach Aufgaben und Rollen ist sinnvoll.

Bestimmte Mitarbeiter werden von ihren Vorgesetzen für das Projektteam benannt und für die Arbeit in diesem freigestellt. In diesem Fall spricht man von einem „top-down" organisierten Projektteam. Der Formalisierungsgrad ist als hoch einzustufen, da es aufgrund einer direkten Anweisung des Managements eingesetzt wird. Das Projektteam besteht ergänzend zur Linienorganisation und ist in Bezug auf Zielsetzung, Mitglieder und Lebensdauer klar definiert. Es ist stark strukturiert und von anderen Arbeitsgruppen abgrenzbar.

Im Projektteam handelt es sich bei der Wissensbasis der Wissensträger um homogenes und/oder komplementäres Fachwissen, welches bei allen Mitgliedern vorhanden sein muss. Eine solche komplementäre Mitgliederzusammensetzung kann auch bei virtuellen Teams beobachtet werden: „Typically, the team members have different areas of expertise and often work in different functional areas." (Potter et al., 2000, S. 131). Dabei ist es nicht vonnöten, dass die Projektteam-Mitglieder absolute Experten in ihrem jeweiligen Fachgebiet sind. Vielmehr muss es sich um Praktiker handeln, die sich mit der entsprechenden Thematik bereits vorab auseinandergesetzt haben und ein starkes Interesse aufweisen.

Ein zentrales Charakteristikum ist die Motivation, die die Grundlage für die gemeinsame Arbeit darstellt. Hat sich ein Mitarbeiter einmal für die Mitgliedschaft entschieden, so ist diese bis zum

Ende der Zusammenarbeit verbindlich. Der Ausfall bzw. die Neuaufnahme von Mitgliedern stellen die Ausnahme dar. Die Zugehörigkeit zum Projektteam ist dokumentiert und wird nach außen kommuniziert. Auch intern kann aufgrund der intensiven Zusammenarbeit von einer hohen Identifikation mit der Gruppe ausgegangen werden.

Wie Praktiker- und Interessengemeinschaften kann auch das Projektteam in drei grundsätzliche Lebensphasen eingeteilt werden. Das Projektteam löst sich mit der Erfüllung des Auftrags bzw. nach Erreichen der Zielsetzungen auf. Die Arbeitsform ist daher als temporär einzustufen: „When finished, the team can be disbanded and members redeployed to other projects." (Potter et al., 2000, S. 131).

Die Kostenstruktur des Projektteams setzt sich aus verschiedenen Kostenarten zusammen. Während der Startphase sind dies Infrastrukturkosten für die Durchführung von gemeinsamen Treffen und die Bereitstellung von Hilfsmitteln aller Art. Die Arbeitsphase ist vor allem durch Personalkosten gekennzeichnet, da die Mitarbeiter für ihre reguläre Arbeit in der Organisation ausfallen. Hinzu kommen noch Führungskosten, die den Aufwand für die Abstimmung der einzelnen Aktivitäten und die Führung der Mitarbeiter beziffern. In der Abschlussphase entstehen Administrationskosten für die Aufbereitung, Archivierung und Nutzbarmachung der gewonnenen Ergebnisse.

2.3.5.2 Community of Interest (Interessengemeinschaft)

Der Begriff „Community of Interest" wird im Zusammenhang mit einem weitreichenden Spektrum an Community-Definitionen verwendet (vgl. von Krogh & Wicki, 2001, S. 276). Eine Community of Interest ist eine Gruppe von Personen, die sich in einer losen Beziehung zueinander für ein gemeinsames Thema interessieren und sich hierüber austauschen. Der Kontakt zwischen den Mitgliedern ist eher sporadisch. Die Abwesenheit einer etablierten Praxis und das relativ geringe Engagement der Gruppenmitglieder behindern das Bilden einer starken Bindung zueinander (Wenger et al., 2002, S. 43 f.). In einer Community of Interest sind die Mitglieder daran interessiert, Informationen und Wissen mit einem minimalen Engagement und zeitlichen Ressourcen auszutauschen.

Eine hauptsächliche Ausprägung von virtuellen Interessengemeinschaften, elektronische Diskussionsgruppen, skizziert Komito (1998, S. 100) wie folgt: „Special-interest electronic discussion groups, whether they focus on leisure activities or occupational special tasks, are obvious examples of electronic communication linking individuals who share common experiences." Im organisationalen Kontext finden Communities of Interest seit geraumer Zeit Anwendung als Bindeglied zwischen Organisationen und deren Umfeld Snyder (1999, S. 2) bezeichnet ihre Einsatzmöglichkeit als „market based“, beispielsweise als Instrument des Customer-Relationship-Managements in Form von internetbasierten „Kundencommunities“, mit Hilfe derer externes Wissen absorbiert, aber auch internes Wissen im Unternehmensumfeld verbreitet werden kann.

Wie aus der obenstehenden Definition hervorgeht, ermöglichen Communities of Interest den Wissensaustausch zwischen Wissensträgern mit vergleichbaren Interessen. Eine Interessengemeinschaft kann sich auch aus einem bestimmten Problembewusstsein oder der persönlichen Betroffenheit von Mitarbeitern heraus gründen, beispielsweise in Phasen des organisatorischen Wandels (Müller-Stewens & Lechner, 2001, S. 480 f.). Der Wissensaustausch findet meist in elektronischer Form über nahezu synchrone Kommunikation statt, beispielsweise in virtuellen Diskussionsforen oder Chats. Diesen „certain sense of interactional immediacy“ sehen Mynatt et al. (1999) als wesentliches Element der Arbeitsweise von virtuellen Communities an.

Neben dem Wissensaustausch kann eine Interessengemeinschaft zudem das Ziel der Wissensgenerierung für die Organisation haben. Dies ist der Fall, wenn in die thematische Diskussion innerhalb einer Interessengemeinschaft lenkend eingegriffen wird, um konkrete Ideen für die Organisation zu generieren (vgl. Hanley & Dawson, 2000, S. 324).

Die Teilnahme an einer Interessengemeinschaft ist grundsätzlich freiwillig. Ihre Mitglieder beteiligen sich aus persönlichem Interesse und unabhängig von ihrem beruflichen Hintergrund (vgl. Cothrel & Williams, 1999, S. 57). Innerhalb einer Organisation können die Teilnehmer einer Interessengemeinschaft aus verschiedenen Abteilungen, Geschäftsbereichen, Hierarchien und Landesgesellschaften stammen. Interessengemeinschaft sind grundsätzlich informelle Netzwerkformen. Während im Außenverhältnis i.d.R. ein geringes Maß an Formalisierung durch eine Themenvorgabe oder eine Moderation gegeben ist, sind die Inhalte und der Ablauf der Interaktion im Innenverhältnis vollständig informell, d.h. ohne eine externe Bestimmung und Kontrolle von Rollen oder Verantwortlichkeiten (Cothrel & Williams, 1999, S. 58).

Die Mitglieder einer Interessengemeinschaft können sowohl homogenes als auch komplementäres Erfahrungswissen besitzen. Auch die Qualität des Wissensniveaus der Teilnehmer spielt eine untergeordnete Rolle. Aus der Freiwilligkeit und dem persönlichen Interesse an der Teilnahme ergibt sich jedoch in einem selbstregelnden Mechanismus eine themenbasierte Wissensqualität, welche wiederum direkt abhängig vom Wissen der anderen Teilnehmer ist.

Wie in den vorherigen Abschnitten bereits erläutert, treten die Mitglieder einer Interessengemeinschaft aus persönlicher Motivation heraus zusammen. Der Kontakt findet jedoch meist sporadisch statt. Da außer der Absicht, Wissen zu teilen und Interessen auszutauschen, keine weiteren Intentionen seitens der Mitglieder vorhanden sind, ist meist nur ein geringes Zusammengehörigkeitsgefühl zu beobachten (Vassiliadis et al., 1999b, S. 9).

Nach Wenger (1998) führt „The absence of an implied practice and the relatively low involvement of group members (...)" zu keinem intensiven Zusammenhalt und geringer Identifikation der Mitglieder mit einer Interessengemeinschaft. Grund dafür ist u.a., dass es sich bei der Teilnahme in einer Communities of Interest um ein Engagement außerhalb der Stellenbeschreibung und ohne direkten Bezug zum Arbeitsauftrag handelt. Somit werden seitens der Teilnehmer sowie der Vorgesetzten minimaler Zeitaufwand und geringe Verpflichtungen gefordert.

Communities of Interest sind prinzipiell unbefristet und bieten einen kontinuierlichen Kontext zum Wissensaustausch (Mynatt et al., 1999). Im Gegensatz dazu können jedoch über einen beschränkten Zeitraum hinweg themenspezifische Interessengemeinschaften (z.B. Diskussionsgruppen) eingerichtet werden, beispielsweise als Kommunikationskanäle bei aktuellen Entwicklungen innerhalb der Organisation.

Für den Aufbau von Communities of Interest entstehen verglichen mit anderen hier betrachteten Wissensnetzwerken nur geringe Kosten. Die Interaktion der Mitglieder verläuft hauptsächlich virtuell, weswegen lediglich die dafür notwendige Infrastruktur bereitgestellt werden muss. Ebenso entstehen beim Betrieb einer Interessengemeinschaft aufgrund deren Selbstorganisation nur in geringem Ausmaß Führungskosten. Die hauptsächliche Kostenquelle stellen die Personalkosten dar. Diese fallen für das Engagement der Mitglieder an, welches die Erledigung des normalen Arbeitsauftrags zeitweise aufschiebt.

2.3.5.3 Community of Practice (Praktikergemeinschaft)

Eine Community of Practice oder Praktikergemeinschaft ist eine Gruppe von Personen, welche zum größten Teil in vergleichbare Aufgaben involviert sind und aus den selben Bereichen stammen. Snyder definiert „Communities of Practice consist of people who are informally as well as contextually bound by a shared interest in learning and applying a common practice." (Snyder, 1997, S. 1). Sie tauschen ihre praktischen Erfahrungen, ihre Fachkenntnisse und ihr intuitives Wissen über ein gemeinsames Interesse untereinander aus, wobei jede Gruppe ihr eigenes soziales und kognitives Repertoire entwickelt, das ihre Handlungen und Interpretationen lenkt. Dieser Austausch findet auf einer informellen Basis statt, und die Mitglieder einer solchen Community of Practice entwickeln eine gemeinsame Identität – sowie gemeinsame Werte und Kenntnisse –, indem sie gemeinsame Probleme lösen, sich für die Tätigkeit der anderen interessieren und sich ihre alltäglichen Sorgen mitteilen. Lerntheoretiker wie Orr (1990), Brown

& Duguid (1991), Lave & Wenger (1991), Snyder (1997) und vor allem Wenger (1998b) haben sich systematisch mit der Erforschung dieses Phänomens beschäftigt.

Das erste Beispiel für eine Community of Practice im modernen Sinne findet sich in Form der oft zitierten Fallstudie der „Xerox-Servicemitarbeiter". Hier wurde das Verhalten von Kundendienstmitarbeitern des Kopiergeräteherstellers Xerox untersucht. Dabei fanden sich erstaunliche Abweichungen zwischen den vorgegebenen Arbeitsbeschreibungen und dem tatsächlichen Vorgehen, welches die Mitarbeiter vor Ort anwendeten. In der Praxis nutzten sie nicht das in teuren Trainings erworbene Wissen, sondern diskutierten reale Schwierigkeiten mit ihren Kollegen und gelangten so zu schnellen und passenden Problemlösungen (Brown & Gray, 1995, S. 78; Orr, 1990). Als besonders effektiv erwies sich dabei das informelle Gespräch bei einer Tasse Kaffee und der zwanglose Austausch von Anekdoten und Geschichten bzgl. der persönlichen Arbeitserfahrungen. Auf diesen Erkenntnissen aufbauend bemühte sich Xerox, diese Form des Wissensaustauschs zu unterstützen. Auch die Wissenschaft untersuchte dieses Phänomen interessiert, woraus eine ganze Reihe von Abhandlungen hervorging, welche die Community of Practice zu einer der am genauesten untersuchten Form der Wissensnetzwerke macht (Orr, 1990).

Durch das gemeinsame Interagieren und Austauschen von Wissen entwickelt die Gruppe ihr Know-how weiter. Sie entwickelt dabei Routinen für die Zusammenarbeit. Die persönlichen Interessen und das Engagement der Teilnehmer ermöglicht eine enge Beziehung zwischen den Akteuren und gestattet den Individuen dadurch, ihre Intuitionen, Beurteilungen zu teilen und ein gemeinsames Verständnis zu entwickeln. Diese Charakteristiken binden die Mitglieder einer Community of Practice in einer sozialen Identität zusammen (Wenger & Snyder, 2000b, S. 140).

„As communities of practice generate knowledge, they renew themselves. They give you both the golden eggs and the goose that lays them." (Wenger & Snyder, 2000b, S. 143). Wie aus diesem einleitenden Zitat deutlich wird, stellt die Generierung von individuellem Wissen eines der grundlegenden Ziele der Gemeinschaft dar. Dies erfolgt ungerichtet durch Kommunikation. Neben der Schaffung hat vor allem der Austausch von implizitem Wissen zwischen Praktikern eine sehr hohe Bedeutung. Ein solcher Wissensaustausch in Kombination mit der Weitergabe von Ideen, Erkenntnissen und Erfahrungen, ist das zentrale Bestreben bei der Gründung einer Community. So sollen die Mitglieder neben gemeinsamem Lernen vor allem von der gegenseitigen Hilfe und Unterstützung durch ihre Kollegen profitieren. "To develop members' capabilities; to build and exchange knowledge" sehen Wenger und Snyder (2000b, S. 142) als relevante Vorsätze bei der Implementierung dieser Wissensnetzwerkform an.

Nachhaltig geprägt wird eine Praktikergemeinschaft auch von der Arbeitsweise, die sie auf dem Weg zur Zielerreichung anwendet. Wenger und Snyder (2000b, S. 140) beschreiben diese wie folgt: „(...) people in communities of practice share their experiences and knowledge in free-flowing, creative ways that foster new approaches to problems." Beispielhaft darstellen lässt sich diese Arbeitsmethode an der eingangs erwähnten Fallstudie der Xerox-Servicemitarbeiter. Sie gründet auf dem zwanglosen Zusammentreffen von Praktikern gleicher Ausrichtung zur Diskussion und Lösung relevanter praxisnaher Problemstellungen. Obwohl diese Form des ungerichteten Wissens- und Erfahrungsaustauschs auf den ersten Blick chaotisch wirkt, kann dieser von großer Bedeutung für den Unternehmenserfolg sein: „The participants in these communities of practice were learning together by focusing on problems that were directly related to their work. In the short term, this made their work easier or more effective; in the long term, it helped build both their communities and their shared practices – thus developing capabilities critical to the continuing success of the organizations." (Wenger & Snyder, 2000b, S. 143).

In Bezug auf die Mitgliederauswahl gilt bei einer Community of Practice der Grundsatz, dass die Mitgliedschaft nicht von oben angeordnet, sondern absolut freiwillig ist. Wenger und Snyder halten hier klar fest: „(...) membership in a is self-selected" Wenger & Snyder, 2000b, S. 142). Dabei ist noch anzumerken, dass Praktikergemeinschaften sich nicht auf das berufliche Umfeld beschränken müssen. Vielmehr sind sie überall dort anzutreffen, wo Menschen interagieren. „Communities of Practice are everywhere. We all belong to a number of them – at work, at school, at home, in our hobbies. Some have a name, some don't. We are core members of some and we belong to others more peripherally." (Wenger, 1998a, S. 2). Auf die nicht betrieblichen Formen soll im Weiteren jedoch nicht näher eingegangen werden.

Die Größe einer Praktikergemeinschaft kann sehr unterschiedlich sein. Das Spektrum reicht von zehn bis Hunderten von Mitgliedern, wobei sehr große Communities oft nach thematischen oder geographischen Gesichtspunkten geteilt werden (vgl. Wenger & Snyder, 2000b, S. 141). Die Mitwirkung in einer Praktikergemeinschaft beruht auf persönlichem Engagement, welches auf intrinsische Motivation zurückzuführen ist. Dabei ist es völlig unerheblich, aus welcher Hierarchieebene ein Mitglied stammt, die Praktikergemeinschaft ist hierarchiefrei. Wenger betont, dass jedes potenzielle Mitglied eine genaue Vorstellung darüber hat, ob es etwas zur Community of Practice beitragen und ob es etwas aus ihr mitnehmen kann (vgl. Wenger & Snyder, 2000b, S. 142). Insofern sollte es jedem selbst überlassen bleiben, ob er in dieser Gemeinschaft mitwirken will. Weiterhin hat ein Mitglied keine formellen Verantwortlichkeiten, welchen er nachkommen muss.

Hinsichtlich der Formalisierung kann erneut zwischen Innen- und Außenverhältnis unterschieden werden. Für das Innenverhältnis gilt der Grundsatz, dass die Community of Practice ein sich selbst organisierendes Gebilde ohne jede formelle Struktur ist. Sie sind informell und sich selbst organisierend, indem sie ihre eigene Agenda erstellen und danach handeln wie auch eine eigene Führung herausbilden (Wenger & Snyder, 2000b, S. 142). Dies kann so weit gehen, dass selbst den Mitgliedern nicht bewusst ist, dass sie Teil einer solchen Gemeinschaft sind (Brown & Duguid, 1998, S. 96).

Eine Community of Practice hat im Normalfall kein offizielles Außenverhältnis. Sie besitzt keine formalen Vertreter oder externe Anspruchsgruppen. Jedoch können sich in der betrieblichen Praxis auch andere Ausprägungen herauskristallisieren (vgl. z.B. Enkel et al., 2002, S. 108-127). So können z.B. Aufstellungen von bestehenden Gemeinschaften im Unternehmen existieren, dabei entsteht jedoch keine Formalisierung im engeren Sinne, da die Praktikergemeinschaften dadurch weder inhaltlich noch zeitlich festgelegt werden.

Im Hinblick auf die Wissensbasis der Mitglieder gilt, dass die Wissensträger einen überlappenden Erfahrungshintergrund besitzen sollten. Daraus resultiert eine homogene Wissensbasis (vgl. Wenger & Snyder, 2000b, S. 139). Trotz dieser Ähnlichkeit der Mitglieder bezüglich ihrer Interessen- und Aufgabengebiete kann durchaus eine Verschiedenheit der Sichtweisen aufgrund der jeweiligen persönlichen Umgebung vorliegen. Dies wird durch den Umstand noch verstärkt, dass die Mitarbeiter nicht aus der selben Abteilung oder Geschäftseinheit stammen müssen. So ist es durchaus möglich, dass die Mitglieder aus völlig verschiedenen Unternehmensbereichen oder gar aus verschiedenen Firmen stammen (Wenger & Snyder, 2000b, S. 141). Ein Beispiel hierfür könnte eine Community of Practice von Personalentwickler sein, die sich regelmäßig treffen, um ihre jeweiligen Erfahrungen mit bestimmten Projekten auszutauschen.

Wichtig ist in diesem Zusammenhang, dass es sich bei allen Mitgliedern um Praktiker handelt, welche einen ähnlichen Praxishintergrund aufweisen. Dabei ist es nicht vonnöten, dass alle Praktiker zugleich Experten in ihrem jeweiligen Fachgebiet sind. Vielmehr ist es durchaus zielführend, wenn zwischen den Mitgliedern ein gewisses Wissensgefälle herrscht. So kann z.B. das Wissen von „alten Hasen" Neueinsteigern helfen, sich schneller in die jeweilige Materie einzuarbeiten.

Als verbindendes Element einer Community of Practice kann zunächst ein gemeinsames Interesse an einer Fragestellung identifiziert werden. Dies kann z.B. aus einer gemeinsamen Tätigkeit oder Bestrebung resultieren. Wenger bezeichnet dies als gemeinsame „practice" (Wenger, 1998b, S. 102). Darüber hinaus ist es wichtig, dass die Mitglieder sich mit den individuellen Werten der Community of Practice identifizieren können, die sich aus der gemeinsamen Arbeit entwickeln.

Wenger und Snyder (2000b, S. 142) bezeichnen dies als „passion, commitment, and identification with the group's expertise". Brown und Duguid (1998, S. 90) gehen zudem auf das Selbstverständnis einer Community of Practice ein: „In der Praxis entwickelt eine solche Gemeinschaft ein Verständnis davon, was sie tut, wie sie es tut und wie sie mit anderen Gemeinschaften und deren Praxis in Verbindung steht." Dieses Verständnis stellt die gemeinsame kognitive Basis aller Mitglieder dar (vgl. Brown & Gray, 1995, S. 81).

Die Lebensdauer der Community of Practice ist grundsätzlich unbegrenzt. Sie besitzt keinen definierten Anfangs- und Endzeitpunkt. Generell gilt, dass die Gemeinschaft so lange besteht, wie die Mitglieder Interesse an der Zusammenarbeit und der Aufrechterhaltung dieser haben. Wenger sieht den Bestand gewährleistet, „as long as there is interest in maintaining the group" (Wenger & Snyder, 2000b, S. 142).

Die Community of Practice kann dabei grob in fünf Lebensabschnitte unterteilt werden. Dies sind die Phasen *„Potential"*, *„Coalescing"*, *„Active"*, *„Dispersed"* und *„Memorable"* (Wenger, 1998a, S. 3). Während die Community of Practice sich in den ersten beiden Phasen im Aufbau befindet und an Mitgliedern gewinnt, erreicht sie während der dritten Phase ihre höchste Aktivität. In Phase vier und fünf verlieren die behandelten Themen allmählich an Attraktivität. Das Interesse an der Community of Practice beginnt zu schwinden, die Mitglieder verringern Schritt für Schritt ihre Mitarbeit und ihre Beiträge. Dadurch wird die Gemeinschaft für die anderen Mitglieder weniger interessant, wodurch ein Kreislauf entsteht, der schließlich zu ihrer Auflösung führt (Wenger, 1998a, S. 3).

Für den Betrieb einer Praktikergemeinschaft fallen hauptsächlich zwei Arten von Kosten an. Es sind dies Infrastruktur- und Personalkosten. Die Kosten für die Infrastruktur setzen sich maßgeblich aus Aufwendungen für unterstützende Faktoren zusammen. Dies können gemeinsame Treffen bzw. die Ausstattung dieser Treffen genauso sein wie die Bereitstellung von speziellen Informations- und Kommunikationslösungen. Personalkosten fallen insofern an, als den Mitarbeitern ein organisatorischer Freiraum für die Treffen der Community of Practice gewährt werden muss. In diesen Zeiten können sie ihrem regulären Arbeitsauftrag nicht nachgehen. Beide Kostenarten treten während der gesamten Lebensdauer der Community of Practice auf.

2.3.5.4 Wissensnetzwerk oder Knowledge Network

Die vierte Form der in dieser Arbeit betrachteten wissensbasierten Organisationsformen bildet das Wissensnetzwerk. Der Begriff Wissensnetzwerk wurde maßgeblich vom Forschungszentrum KnowledgeSource an der Universität St. Gallen unter der Leitung von Prof. Dr. Andrea Back und Prof. Dr. Georg von Krogh geprägt (siehe dazu Kapitel 3). „A knowledge network is a recognised and explicitly empowered group of key experts, that are the custodians of a well-defined knowledge domain which is key to the achievement of the company strategy and the attainment of business benefits." (Seufert et al., 1999a, S. 21). Diese Definition soll für die Ausführungen zu Knowledge Networks in dieser Arbeit gelten. Im Folgenden werden die Charakteristika zunächst kurz anhand der anfangs aufgestellten Vergleichskriterien erläutert, eine detaillierte Diskussion der vorhandenen Theorie zu Wissensnetzwerken erfolgt im Kapitel 3.

Aus obenstehender Definition ergibt sich, dass in einem Wissensnetzwerk ein Zusammenschluss von Experten stattfindet mit dem Ziel, daraus einen Mehrwert für die Organisation zu schaffen. Dieser Mehrwert soll darin bestehen, kontinuierlich neues Wissen zu generieren, welches anschließend in neue Produkte und Services transferiert werden kann (vgl. von Krogh & Venzin, 1995, S. 417 ff.). Zu diesem Zweck kann es sich um Wissen aus einem bestimmten Fachgebiet, aber vor allem um Wissen zu bestimmten Kernkompetenzen handeln, welches über die Mitglieder eines Wissensnetzwerk zusammengeführt, ausgetauscht und aufgebaut wird (vgl. Vassiliadis et al., 1999b, S. 23).

Die Arbeitsweise eines Wissensnetzwerks ist somit durch den ergebnisorientierten Wissensaustausch seiner Mitglieder gekennzeichnet. Die Wissensgenerierung erfolgt im Wesentlichen über die wissenstheoretischen Vorgänge der Sozialisation und der Externalisierung. Die Interaktion der Mitglieder eines Wissensnetzwerks kann real, aber auch virtuell mit Unterstützung moderner Informations- und Kommunikationstechnologie (IKT) erfolgen. Die Arbeit in einem Wissensnetzwerk kann zudem verschiedene Phasen der Intensität durchlaufen. Neben dem permanenten Austausch und Aufbau von Wissen kann ein kurzfristig von der Führungsebene signalisierter Bedarf an kompetenzspezifischem Wissen zu projektähnlicher Arbeit mit vorgegebener Dauer führen.

Wegen der strategischen Bedeutung des Wissensaustauschs in Wissensnetzwerk werden die Mitglieder dieses Netzwerkmodells von der Leitungsebene („top-down") eingesetzt. Hiermit soll gewährleistet werden, dass für das jeweilige Ziel der Wissensschaffung die relevanten Experten am Wissensnetzwerk beteiligt sind und somit eine hohe Verwendbarkeit des generierten Wissens erreicht wird.

Da Wissensnetzwerke dem kontinuierlichen und langfristigen Wissensaufbau dienen, werden sie häufig zum Aufbau von kompetenzspezifischem Wissen, beispielsweise zur Unterstützung eines Markteintritts oder im Bereich F&E, eingesetzt. Deshalb stammen die Mitglieder, unabhängig von der hierarchischen Organisationsstruktur, meist aus verschiedenen Abteilungen, Standorten oder Geschäftsbereichen (Enkel & Back, 2002, S. 152 ff.). Obwohl Wissensnetzwerke somit nicht Bestandteil der formell bestehenden Aufbauorganisation sind, besitzen sie im Vergleich zu den anderen in dieser Arbeit erwähnten wissensbasierten Organisationsformen wie die Praktiker- oder Interessengemeinschaft einen hohen Grad an Formalität. Dieser zeigt sich sowohl im Außen- als auch im Innenverhältnis des Wissensnetzwerks. Im Außenverhältnis besteht die Formalisierung darin, dass Wissensnetzwerke eine von der Führungsebene bewusst eingesetzte Organisationsform darstellen. Die Ziele ihrer Existenz sind genau determiniert, wodurch eine hohe Transparenz und Kontrollmöglichkeit ihrer Ergebnisse anhand des Zielerreichungsgrads möglich wird.

Im Innenverhältnis zeigt sich der hohe Formalisierungsgrad darin, dass die Mitglieder eines Wissensnetzwerks verschiedene Rollen annehmen und die Ergebnisverantwortung des Netzwerks persönlich mittragen.

Die Mitglieder eines Wissensnetzwerks können sowohl homogenes als auch komplementäres Fachwissen besitzen. Die Qualität und der Umfang ihres Wissens sollte sich jedoch unabhängig von ihrer fachlichen Herkunft auf einem vergleichbaren, möglichst hohen Niveau bewegen. Diese Forderung ergibt sich aus der Zielsetzung eines Wissensnetzwerks, nämlich dem Aufbau von qualitativ hochwertigem Expertenwissen.

Der Grad der Homogenität der gemeinsamen Wissensbasis richtet sich nach dem Zweck des Wissensnetzwerks. Für den kompetenzbasierten Wissensaufbau kann es erforderlich sein, dass sich die Mitglieder durch den Austausch von komplementärem Wissen ergänzen. Ein Beispiel hierzu wäre eine Machbarkeitsstudie für eine Produkteinführung: Hier wird sowohl technisches Wissen als auch Kenntnisse über Markt und Absatz sowie kostentheoretisches Expertenwissen benötigt.

Die ausreichende intrinsische Motivation der Mitglieder eines Wissensnetzwerks stellt allgemein einen der Schlüsselfaktoren erfolgreicher Wissensgenerierung dar (von Krogh et al., 2000, S. 262). Die Beachtung ausreichender Motivation der Mitglieder spielt zunächst beim Einrichten eines Wissensnetzwerks eine vergleichsweise untergeordnete Rolle, da hier eine externe Auswahl der Teilnehmer durch die Führungsebene erfolgt. Dabei kann vorausgesetzt werden, dass Experten auf ihrem Fachgebiet von Natur aus einen gewissen Grad an Motivation besitzen, da sie die intensive Beschäftigung mit einem Fachgebiet sonst nicht gewählt hätten. In der aktiven Phase des Wissensaustauschs wird eine ausreichende Motivation, das Wissensnetzwerk in seinem Wissensaufbau voranzutreiben, von großer Bedeutung für den Zusammenhalt der Mitglieder untereinander. Diese Nähe ist im Falle des Wissensnetzwerks prinzipiell durch das gemeinsame Streben nach Zielerreichung gegeben, hängt aber auch stark von räumlicher Distanz und dem Anteil von persönlicher und virtueller Zusammenarbeit ab.

Ein Wissensnetzwerk gilt als persistente Vernetzung von Wissensträgern zur Erreichung eines bestimmten Geschäftsziels. Seine Mitglieder interagieren ohne vorherbestimmte zeitliche Begrenzung, um zu einer bestimmten Thematik oder einem Geschäftsprozess Wissen aufzubauen. Eine zeitliche Beschränkung eines Wissensnetzwerks kann dennoch erfolgen, wenn der darin behandelte Wissensbereich für die Organisation an Bedeutung verliert. Ein weiterer Grund zur Auflösung kann dann gegeben sein, wenn zu Beginn festgelegte Ziele der Wissensgenerierung durch das Wissensnetzwerk nicht in gewünschter Form erreicht werden (vgl. Enkel et al., 2004e, S. 198 f.).

Für die Einrichtung und den Betrieb eines Wissensnetzwerks entstehen verschiedene Arten von Kosten. Diese fallen in der Aufbauphase in Form von Suchkosten für die Expertenauswahl an. In der Arbeitsphase des Netzwerks müssen Personalkosten für die Abordnung der Mitglieder eingerechnet werden. Eventuell muss der Ausfall der Mitglieder für die Linienorganisation über interne Verrechnungspreise ausgeglichen werden. Zudem entstehen Führungskosten, falls das Wissensnetzwerk durch eine zentrale Instanz in koordinativen oder administrativen Tätigkeiten unterstützt wird.

2.3.5.5 Zusammenfassung der Unterschiede in wissensbasierten Organisationsformen

Die folgende Tabelle fasst die wesentlichen Eigenschaften der in dieser Arbeit betrachteten wissensbasierten Organisationsformen zusammen:

Charakteristiken	**Interessengemeinschaft**	**Praktikergemeinschaft**	**Task Force/ Projektteam**	**Wissensnetzwerk**
Beschreibung	Verbund von Personen mit vergleichbaren Interessen zum Austausch von Erfahrungswissen, unabhängig von beruflichen Aufgabengebieten	Verbund von Praktikern mit vergleichbaren Arbeitsfeldern zum Austausch und Aufbau von Erfahrungswissen	Temporärer Zusammenschluss von Praktikern zur Erreichung eines bestimmten Wissens- oder Geschäftsziels	Verbindung von Experten und Wissensträgern innerhalb eines Unternehmens zum zielgerichteten Wissensaustausch
Ziele und Arbeitsweise	Weitgehend selbstbestimmter und freiwilliger Wissens- und Meinungsaustausch	Weitgehend selbstbestimmter und freiwilliger Wissens- und Meinungsaustausch	Zielgerichtetes Arbeiten mit verteilten Rollen und Ergebnisverantwortung zur Erfüllung eines Geschäftsauftrags	Zielgerichteter Wissens- und Kompetenzaufbau mit verteilten Rollen und Ergebnisverantwortung

Führung	Selbstbestimmt	Selbstbestimmt	Geführt durch Projektplan	Balance zwischen Selbstbestimmung und Führung durch Zielvorgaben
Formalisierung	Informelle Strukturen	Informelle Strukturen	Stark formalisiert	Stark formalisiert
Entstehung	Entsteht über Zeit	Entsteht über Zeit	Gezielt aufgebaut	Gezielt aufgebaut
Wissen der Mitglieder	Wissensträger besitzen ähnliches Erfahrungswissen aller Qualitätsstufen	Wissensträger besitzen ähnlichen Erfahrungshintergrund, haben homogene Wissensbasis, Qualitätsunterschiede möglich	Wissensträger besitzen homogenes und/oder komplementäres Fachwissen, ähnliche Wissensqualität	Wissensträger besitzen homogenes und/oder komplementäres Fachwissen; sehr hohe Qualität
Motivation	Motivation durch persönliches Interesse (persönliche Weiterentwicklung) aller Beteiligten	Motivation durch persönliches Interesse (persönliche Weiterentwicklung) aller Beteiligten	Motivation durch persönliches Interesse (Wertschätzung, Karriere fördernd) und Arbeitsauftrag	Motivation durch persönliches Interesse (Wertschätzung, Karriere fördernd) und Arbeitsauftrag
Lebenszeit	unbefristet	unbefristet	auftragsbezogen	unbefristet
Ressourcen und Kosten	Geringe Personalkosten + Infrastrukturkosten	Geringe Personalkosten + Infrastrukturkosten	Mittlere bis hohe Personalkosten und Infrastrukturkosten + Führungskosten	Mittlere bis hohe Personalkosten und Infrastrukturkosten + Führungskosten

Tabelle 5: Unterschiede wissensbasierter Organisationsformen (Quelle: eigene Darstellung)

3 Entwicklung eines Analyserasters für die Untersuchung von Wissensnetzwerk-Konzepten

In diesem Kapitel werden die abstrakten Gestaltungsempfehlungen aus den Forschungsfeldern Wissensmanagement, Organisations- und Netzwerktheorien aus dem vorangegangenen Kapitel mit Erkenntnissen aus der Forschung über Wissensnetzwerke verbunden. Ziel ist es, konkrete Elemente, welche die Gestalt von Wissensnetzwerk-Konzepten beschreiben, für die Fallstudienforschung zu identifizieren. Aus diesen Elementen wird ein Analyseraster gebildet, welches eine fokussierte und strukturierte Datensammlung zu allen maßgeblichen Elementen von Wissensnetzwerk-Konzepten ermöglicht und darüber hinaus die Datenanalyse und -präsentation in den Einzelfallsudien übersichtlicht gestaltet (siehe dazu Eisenhardt, 1989, S. 536). Bei den in diesem Kapitel diskutierten Forschungsergebnissen zu einzelnen Wissensnetzwerken (als Grundeinheit der Wissensnetzwerk-Konzepte) wird auf die Arbeiten des Forschungszentrums KnowledgeSource der Universität St. Gallen[5] zurückgegriffen, das sich seit 1997 intensiv mit der Forschung in diesem Bereich beschäftigt.

Der Aufbau des Kapitels ist in Abbildung 25 grafisch dargestellt.

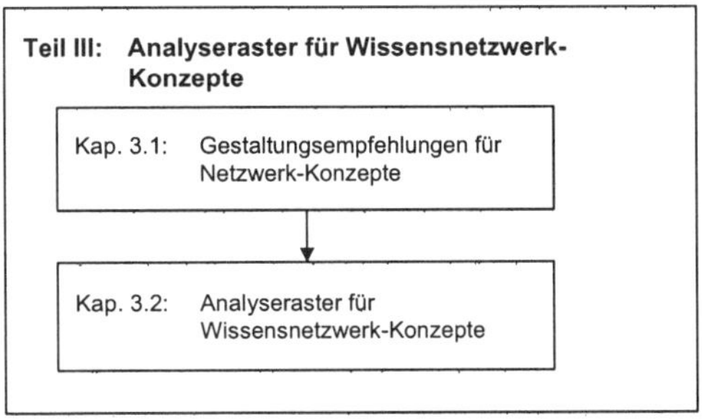

Abb. 25: Struktur des dritten Kapitels: Entwicklung eines Analyserasters

3.1 Gestaltungsempfehlungen für Wissensnetzwerk-Konzepte

Dieses Kapitel diskutiert, aufbauend auf den Gestaltungsempfehlungen des vorangegangenen Kapitels, zusammenfassend die Ergebnisse des Forschungszentrums KnowledgeSource. Dabei

---

5 Die Autorin hat als Forscherin wesentlich zu den vorliegenden Erkenntnissen des Forschungszentrums KnowledgeSource durch ihre Tätigkeit als Forschungsassistentin von 1999 bis 2000 im Kompetenzzentrum Knowledge Networks und seit Dez. 2000 als Leiterin des Forschungszentrums KnowledgeSource und des Kompetenzzentrums Knowledge Networks for Growth beigetragen.

wird vor allem auf das entwickelte Drei-Ebenen-Modell, die Strategieverankerung der Wissensnetzwerke und deren Leistungsmessung eingegangen.

3.1.1 Aufbau und Forschung des Forschungszentrums KnowledgeSource

Das Forschungszentrum KnowledgeSource ist das einzige Forschungszentrum, welches sich seit Jahren (es war das erste Forschungszentrum für dieses Thema) intensiv und fokussiert mit der Erforschung von Wissensnetzwerken und deren Anwendungsgebieten auseinandersetzt und diese Forschung in zahlreichen Publikationen veröffentlicht hat (siehe Website Publikationen unter www.knowledgesource.org im März 2003). Diese Arbeiten können als Grundlage für die Erforschung von Wissensnetzwerken angesehen werden (weiterführende Forschung z.B. in Vassiliadis, 2002 und Raimann, 2002). Zum Verständnis des Beitrags, welchen das Forschungszentrum KnowledgeSource leistet, wird im Folgenden kurz dessen Aufbau und Forschungsmethodik geschildert.

Das Forschungszentrum KnowledgeSource wurde 1997 an der Universität St. Gallen durch eine Kooperation von Prof. Georg von Krogh vom Institut für Betriebswirtschaft und Prof. Dr. Andrea Back vom Institut für Wirtschaftsinformatik gegründet. Die ursprüngliche Idee war es, nur eine Verbindung der Perspektiven und Kompetenzen verschiedener Wissenschaften zu ermöglichen, um ein Thema wie Wissensmanagement holistisch zu erfassen und Lösungen für die Praxis zu entwickeln. Ein weiterer Kernaspekt bei der Konstruktion des Forschungszentrums war die enge Zusammenarbeit mit Praktikern aus Unternehmen, um so deren Probleme besser verstehen und gemeinsam Lösungen entwickeln zu können. Aus diesen beiden Kernideen entstand das bis heute erfolgreiche Konzept der KnowledgeSource (siehe Website der KnowledgeSource unter www.knowledgesource.org vom März 2003).

Bei den Kompetenzzentren (CC) handelt es sich um jeweils auf zwei Jahre begrenzte, stark fokussierte Forschungsprojekte, die sich mit Wissensnetzwerken und deren spezifischen Gestaltungsalternativen beschäftigen. Die Kompetenzzentren werden vollständig durch den Jahresbeitrag der Partnerfirmen finanziert. Um dem Anspruch der gemeinsamen Forschung mit der Praxis gerecht zu werden, werden in einem Aktionsforschungsansatz neben der literaturbasierten Entwicklung von Modellen für Wissensnetzwerk-Komponenten und Ausprägungen bilaterale Projekte und gemeinsame Workshops durchgeführt. Die bilateralen Projekte in den Partnerfirmen (drei bis vier Firmen pro CC, jeweils zwei bilaterale Projekte pro Unternehmen und CC) dienen der unternehmensspezifischen Anpassung der Modelle und Komponenten sowie der Validierung und Optimierung durch die Praxis. Die sechs gemeinsamen Workshops in der CC-Laufzeit mit jeweils zwei Vertretern pro Unternehmen (erfahrene Wissensmanager der

Unternehmen) dienen der Diskussion der in den Projekten erzielten Ergebnisse und deren Generalisierung. Dieses Vorgehen ermöglicht eine Identifizierung und Eliminierung der unternehmensspezifischen Faktoren und erleichtert eine Generalisierung und Anpassung der Modelle für andere Unternehmen (siehe Proposal des CC Knowledge Networks for Growth, Seufert, 2000, S. 12).

Als Hauptergebnisse der Arbeit der beiden Kompetenzzentren (die Laufzeit des CC „Knowledge Networks" war Oktober 1998 bis Oktober 2000, die Laufzeit des CC „Knowledge Networks for Growth" war von Februar 2001 bis Februar 2003), die seit der Gründung der KnowledgeSource durchgeführt wurden, lassen sich zusammenfassen in (die wichtigsten Ergebnisse sind dokumentiert in Back et al., 2004; von Krogh et al., 2004 und Enkel et al., 2004d):

- die Entwicklung des Drei-Ebenen-Modells für Wissensnetzwerke,
- die MERLIN-Methodologie für deren Aufbau,
- das Referenzmodell für Wissensnetzwerke zur Unterstützung des Unternehmenswachstums und
- eine Methodologie zur Konzeption und zum Aufbau von Wissensnetzwerken in Wachstumsfeldern.

3.1.2 Drei-Ebenen-Modell für Wissensnetzwerke

Der autopoietische Ansatz, dem diese Arbeit folgt, sieht Wissen als kontextspezifisch und eingebettet in den Köpfen von Individuen (siehe Kapitel 2.1.2.3). Wissen ist nicht vorgegeben, sondern kann durch Interaktion weiterentwickelt werden. Dementsprechend kann durch das Bearbeiten einer gemeinsamen Aufgabe eine Interaktion zwischen Individuen erfolgen, die den Austausch von Wissen und dessen Weiterentwicklung ermöglicht. Wichtig dabei ist, für die Transformationsprozesse (z.B. die Umwandlung von implizitem in explizites und die Umwandlung von individuellem in kollektives Wissen, siehe Kapitel 2.1.3.2 und 2.1.3.3) wie auch für die Wissensprozesse (z.B. dem Transferieren oder Entwickeln von Wissen, siehe Kapitel 2.1.3.4) einen geeigneten Raum zu schaffen, den Nonaka „Ba" nennt (Nonaka et al., 2000, S.14, siehe Kapitel 2.1.3.4). Die geeignete Umgebung wie auch der gezielte Einsatz von Hilfmitteln kann die Transformations- und Wissensprozesse unterstützen und so eine Interaktion der Akteure hervorrufen, in der individuelles implizites Wissen in kollektives implizites oder explizites Wissen umgewandelt wird, welches das Unternehmen zur Schaffung von Wettbewerbsvorteilen nutzen kann (siehe die wissensbasierte-Theorie des Unternehmens in Kapitel 2.1.1). Um einen solchen Raum zu schaffen, sind besonders wissensbasierte Organisationsformen geeignet (siehe Kapitel 2.1.4), da sie durch ihre netzartige Form, verbundenen mit flacheren Hierarchien, flexibler reagieren können und besser sowie schneller als bürokratische Strukturen das geeignete Wissen für das Unternehmen nutzbar machen und weiterentwickeln können (siehe Kapitel 2.2.3). Wie in Kapitel 2.3.5 diskutiert, sind unter den wissensbasierten Organisationsformen gerade Wissensnetzwerke als soziale, intraorganisationale Netzwerke (siehe Kapitel 2.3.2 bis 2.3.4) dazu geeignet sowohl die passende Umgebung zu schaffen wie auch zielgerichtet unternehmensrelevantes Wissen zu tranformieren. Wie diese Umgebung in Wissensnetzwerken geschaffen wird, versucht das Drei-Ebenen-Referenzmodell, das im Folgenden diskutiert wird, zu erläutern.

Bei einem Wissensnetzwerk kann zwischen drei verschiedenen Ebenen unterschieden werden, die ein solches Netzwerk beschreiben und in enger Abhängigkeit voneinander stehen. Die erste Ebene beschreibt die *Facilitating Conditions*, die Umgebungsbedingungen, in denen das Netzwerk existiert. Die zweite Ebene beinhaltet die *Knowledge Work Processes*, also sowohl die Wissensprozesse als auch die Arbeitsprozesse innerhalb des Netzwerks, welche den Mitgliedern ermöglichen, ihr Wissen auszutauschen und aufgaben- und zielorientiert zu arbeiten. Die dritte Ebene beinhaltet die *Architecture*, die Struktur des Netzwerks und die unterstützenden Hilfsmittel. Hiermit sind sowohl organisatorische Hilfsmittel als auch informations- und kommunikationstechnische Hilfsmittel und Systeme gemeint (Seufert et al., 1999a, S. 53 ff.). Abbildung 26 zeigt den Aufbau und die Abhängigkeit der verschiedenen Ebenen, die im Folgenden detaillierter vorgestellt werden.

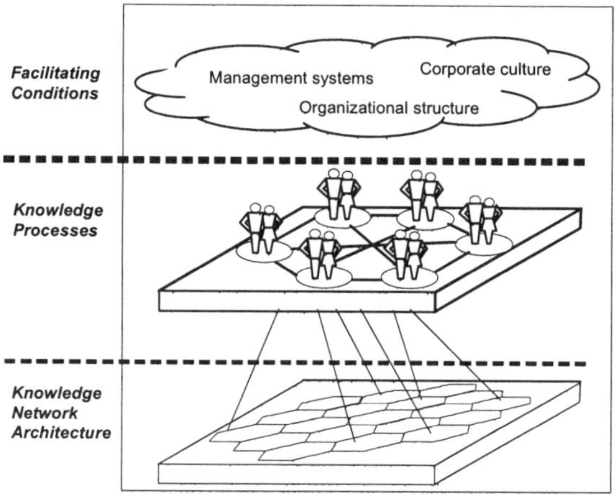

Abb. 26: Referenzmodell eines Wissensnetzwerks (Seufert et al., 2004, S. 39)

3.1.2.1 *Facilitating Conditions – Umgebungsbedingungen*

Die Umgebungsbedingungen im Unternehmen beeinflussen das Verhalten der Netzwerkmitglieder sowie den Ablauf der Prozesse innerhalb des Netzwerks. Unter diesen Umgebungsbedingungen sind z.B. die verwendeten Management-Systeme, die Organisationsstruktur des Unternehmens und die Unternehmenskultur zu verstehen (De Long, 1999). So kann eine Arbeitsatmosphäre, die geprägt ist von Vertrauen und Respekt, die Entwicklung neuen Wissens ermöglichen (zum Konzept von „Care" als Faktor zur Wissensentwicklung siehe von Krogh, 1998).

Köhne et al. (1999, S. 20-28) identifizieren die folgenden Umgebungsbedingungen als maßgeblich für die Beeinflussung von Netzwerkaktivitäten:

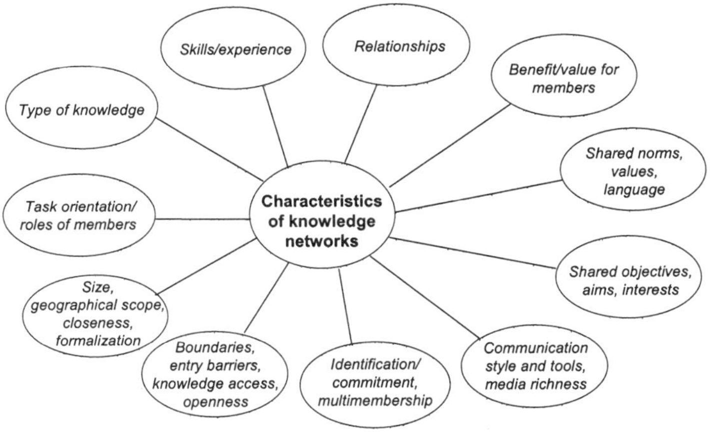

Abb. 27: Beeinflussende Umgebungsbedingungen für Wissensnetzwerke (Quelle: Köhne et al., 1999, S. 21).

Umgebungsbedingungen können in kulturelle und strukturelle Faktoren unterschieden werden, die hemmend oder fördernd auf die Arbeit des Wissensnetzwerks einwirken können (Köhne et al., 2000). Kulturelle Faktoren können z.B. eine wissensfreundliche oder wissensfeindliche Kultur, Motivation durch Anreize zur Wissensteilung oder das Führungsverhalten im Unternehmen sein. Diese Faktoren können nur indirekt beeinflusst werden. Herzberg et al. (1959) nennen sie „Hygienefaktoren" und meinen damit, dass neben dem Beseitigen von existierenden Barrieren (hindernden Umgebungsfaktoren) erst der zusätzliche Einsatz von Erfolgsfaktoren (fördernden Umgebungsfaktoren) einen Wissenstransfer ermöglichen. Strukturelle Faktoren wie beispielsweise die Größe des Netzwerks, die Rollen und Verantwortlichkeiten im Netzwerk oder die Ziele und Aufgaben des Netzwerks können ebenfalls hemmend oder fördernd wirken; sind jedoch direkt beeinflussbar (Köhne et al., 2000, S. 37-50).

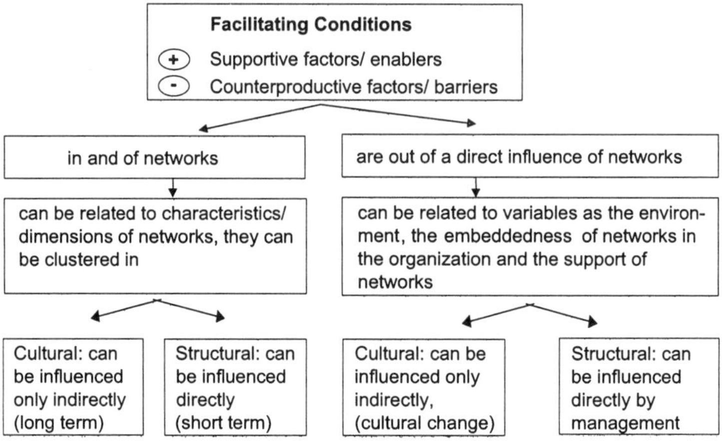

Abb. 28: Kategorien von Umgebungsbedingungen (Quelle: Köhne et al., 2000, S. 37)

Eine internationale Fragebogenstudie hat ergänzend dazu ergeben, dass sich die Bedeutung der Umgebungsfaktoren in großen (über 50 Mitglieder) und kleinen Netzwerken (unter 50 Mitglieder) unterscheidt (Enkel & Wicki, 2002, S. 19). In großen Netzwerken wurden vor allem Faktoren genannt, die das Netzwerk an der effektiven Erfüllung seiner Aufgabe hindern. Diese Faktoren sind zum Beispiel Zielkonflikte der Mitglieder (19%), Verlust des Vertrauens zu anderen Netzwerkmitgliedern (14%) und mangelnde Erfahrung in der Zusammenarbeit. Auch die geografische Distanz (6%), das Bilden von Cliquen innerhalb des Netzwerks (6%) und die Neudefinition von Geschäftsprozessen während der Arbeit des Netzwerks (2%) wurden genannt, sind aber weniger entscheidend. In kleinen Netzwerken wurden vor allem geografische Distanz (13%), sprachliche und kulturelle Probleme (13%) und konkurrierende Ziele (11%) als bedeutend angesehen. Das Bilden von Cliquen innerhalb des Netzwerks (1%), mangelnde Erfahrung in der Zusammenarbeit (4%) und die Neudefinition von Geschäftsprozessen während der Arbeit des Netzwerks (4%) spielen hier nur eine untergeordnete Rolle[6].

Ein Wissensnetzwerk wird nicht nur durch seine Umgebungsfaktoren (unterstützende, aber auch hindernde Faktoren) beeinflusst, es kann auch seine eigenen Umgebungsbedingungen schaffen, die sich von den Umgebungsbedingungen des Unternehmens unterscheiden und diese sogar langfristig beeinflussen können. Giddens (1991) formuliert den gegenseitigen Einfluss von

---

[6] Wie bereits erwähnt, war das Ziel der Fragebogenuntersuchung, die vom Competence Center Knowledge Networks initiiert wurde, herauszufinden, ob und wie Unternehmen Wissensnetzwerke einsetzen. Basis dieser Untersuchung bildete ein Fragebogen, der an 188 Mitarbeiter internationaler Unternehmen, welche Erfahrungen mit Wissensmanagement in der Praxis haben, gesandt wurde. Der Zeitraum der Fragebogenerhebung lag zwischen Februar und März 2000 und wurde ergänzt durch Interviews im gleichen Jahr (Enkel & Wicki, 2002).

Struktur und Handlung in seiner Strukturationstheorie. So kann ein besonderes Maß an Sorge des Netzwerkleiters beispielsweise mehr Vertrauen zwischen den Netzwerkmitgliedern schaffen und dadurch die Wissensteilung unterstützen. Dies kann langfristige Auswirkungen auf den Umgang mit Wissen im Unternehmen haben und zu einer wissensfreundlichen Kultur beitragen (vgl. von Krogh, 1998).

3.1.2.2 Knowledge Work Processes – Wissensprozesse und Arbeitsprozesse

Wie bereits in Kapitel 2.1.3 dargestellt, kann man zwischen vier verschiedenen Wissensprozessen (Lokalisieren/Festhalten, Transferieren/Teilen, Anwenden und Neues Wissen entwickeln) unterscheiden. Die Ebene der Prozesse umfasst neben den Wissensprozessen auch die Arbeitsprozesse, die zur Erfüllung der Aufgaben des Wissensnetzwerks notwendig sind und die Verbindung zum Geschäftsprozess herstellen (Seufert et al., 2004, S. 39 ff.). Nicht alle Prozesse können direkt gesteuert werden. So kann die Generierung von neuem Wissen nicht kontrolliert oder gemanaged, sondern vielmehr nur ermöglicht werden, indem gezielt Faktoren zur Unterstützung (siehe fördernde Umgebungsfaktoren oben) eingesetzt werden (von Krogh et al., 2000, S. VII). Empirische Daten zeigen, dass Wissensnetzwerke alle vier Prozesse unterstützen können, jedoch primär der Prozess Wissenstransfer und Teilen von existierendem oder neuem Wissen als der zentrale Prozess (61%) angesehen wird. Danach folgen die Prozesse Entwicklung neuen Wissens (16%), Lokalisieren und Festhalten (9%) und Anwenden von Wissen (7%) (Enkel & Wicki, 2002, S. 10 f.).

Basierend auf Nonakas SECI-Modell (Nonaka et al., 1998) und dem Konzept von „Ba“ (Nonaka & Konno, 1998) werden vier Typen oder Modi von Wissensnetzwerken unterschieden: Experiencing Network (Erfahrungsnetzwerk), Materializing Network (Materialisierungsnetzwerk), Resystematizing Network (Resystematisierungsnetzwerk) und Learning Network (Lernnetzwerk). Die einzelnen Typen von Netzwerken wandeln jeweils eine Wissensart (implizit oder explizit) in eine neue Wissensart um. So wird im Erfahrungsnetzwerk implizites Wissen der Beteiligten durch Wissensaustausch und Kombination von vorhandenem und neuem Wissen in neues implizites Wissen der Beteiligten umgewandelt (Seufert et al., 1999b, S. 187 f.).

Die Zuweisung des Netzwerktyps dient der besseren Unterstützung der Arbeit des Netzwerks durch optimale Umgebungsbedingungen, Mitglieder und Hilfsmittel, sind jedoch nicht statisch zu sehen. In den einzelnen Netzwerken können auch die anderen im SECI-Modell beschriebenen Prozesse stattfinden, jedoch bezeichnet der zugeordnete Netzwerktyp den Hauptprozess. Auch kann sich ein Netzwerk von einem Typ zu einem anderen entwickeln (Seufert et al., 2004, S. 69 f.). Empirische Daten weisen darauf hin, dass es für Netzwerkmanager schwierig ist, eine genaue

Zuordnung ihrer Netzwerke zu einem der beschriebenen Netzwerktypen vorzunehmen (Enkel & Wicki, 2002, S. 11). Es kann vermutet werden, dass sich die Netzwerke eher aufgrund ihrer operativen Aufgaben und Ziele als aufgrund des zu erfüllenden Wissensprozesses unterscheiden. Hierzu soll der empirische Teil des vorliegenden Forschungsprojekte Aufschluss geben.

Der im Netzwerk stattfindende Transformationsprozess, der „Operational Knowledge Task" genannt wird, bildet den Kern der Netzwerkprozesse, denn er verbindet die Wissensprozesse des Netzwerks mit den Geschäftsprozessen, die das Netzwerk im Unternehmen unterstützen soll (Enkel & Back, 2002, S. 160 ff.). Ein Beispiel wäre ein Wissensnetzwerk, dessen Hauptaufgabe es ist, zu unterstützen, dass Wissensträger wie Entwickler für Motoren eines internationalen Automobilkonzerns (Geschäftsprozess Produktentwicklung) ihr implizites Wissen austauschen und so neues implizites Wissen über Motoren, deren Herstellung oder Problembehebung zum Wohle des Unternehmens schaffen (Erfahrungsnetzwerk), unterscheidet sich in seinen benötigten Prozessen, Umgebungsbedingungen und den unterstützenden Hilfsmitteln von einem Netzwerk, in dem die Mitglieder vorhandenes explizites Wissen diskutieren, daraus lernen und es so mit ihrem eigenen impliziten Wissen verbinden sollen (Lernnetzwerk).

Die beschriebenen Prozesse können durch geeignete Hilfsmittel und die optimalen Umgebungsbedingungen unterstützt werden. Umgebungsbedingungen, Prozesse und Hilfsmittel müssen dabei eine Einheit bilden (was die Darstellung des Drei-Ebenen-Modells andeuten soll), um die Effektivität des Wissensnetzwerks zu gewährleisten (Seufert et al., 2004, S. 39 f.). Koehne et al. (2000, S. 28) zeigen auf, dass jede Entwicklungsstufe eines Wissensnetzwerks bestimmte Charakteristiken hat und durch bestimmte Umgebungsbedingungen, Prozesse und Hilfsmittel gezielt unterstützt und beschleunigt (bzgl. des Erreichens der nächsten Stufe) werden kann (siehe zum Lebenszyklus von Wissensnetzwerken Kapitel 3.1.3). Bisher liegen keine empirischen Untersuchungen zu den verschiedenen Phasen von Wissensnetzwerken vor, jedoch nimmt man an, dass diese mit denen von anderen, besser belegten, wissensbasierten Organisationsformen wie Communities of Practice und Team vergleichbar sind (siehe dazu Kapitel 3.1.3 und Köhne et al., 2000, S. 28 f.).

3.1.2.3 Architecture – Architektur von Wissensnetzwerken

Die dritte Ebene eines Wissensnetzwerks besteht zum einen aus der Beschreibung der Struktur (Topologie) des Netzwerks, zum anderen aus den unterstützenden Hilfsmitteln, die in den sozialen Beziehungen innerhalb des Netzwerks genutzt werden (Seufert et al., 2004, S. 53 f.). Diese Hilfsmittel dienen der Förderung der Wissensprozesse, der Schaffung der richtigen Umgebungsbedingungen und der Unterstützung der Netzwerkentwicklung. Sie können in organisatorische Hilfsmittel wie regelmäßige Besprechungen oder Anreize für die Mitglieder und in informationstechnologische Hilfsmittel wie Videokonferenzen oder E-Mail unterschieden werden. Hilfsmittel und Umgebungsbedingung sind dabei oft schwer voneinander zu unterscheiden. Während als Umgebungsbedingungen ein Zustand beschrieben wird (z.B. motivierte Mitglieder des Netzwerks), helfen das Instrument oder die Hilfsmittel, diesen herbeizuführen (durch Anreizsysteme oder Wertschätzung der Arbeit).

Organisatorische Hilfsmittel können zum Beispiel klar definierte Rollen wie der Knowledge Aktivist oder Netzwerkführer (vgl. von Krogh et al., 1997), regelmäßige Besprechungen, Hilfsmittel zur Entfaltung der Kreativität wie Metapläne, Flipcharts, MindMaps oder spezielle Anreizsysteme für die Arbeit im Wissensnetzwerk sein. Raimann & Köhne (2004, S. 141 ff.) versuchen aufgrund der Wissensprozesse verschiedene Gruppen von Hilfsmitteln zu identifizieren, welche Unterstützungspotenziale für Wissensnetzwerke beinhalten. Sie liefern eine Liste möglicher Hilfsmittel, jedoch wenige Kriterien, nach denen sich Netzwerkmanager diejenigen Hilfsmittel auswählen können, die für ihr Netzwerk die optimale Unterstützung beinhalten.

Gerade die Weiterentwicklung im Bereich der Informations- und Kommunikationstechnologien hat zu neuen Unterstützungspotenzialen für Wissensnetzwerke gesorgt. So können Wissensportale verschiedene Funktionalitäten, z.B. „Yellow Pages", Kompetenzlandkarten und Kommunikationstools wie Videokonferenzen, Groupware-enabled Data-Warehouse-Konzepte oder auch schlicht E-Mail- und Instant-Messaging-Systeme (Seufert, 1997; Raimann, 2002 und Raimann & Back, 2000), integrieren. Jeder der verschiedenen Modi eines Wissensnetzwerks kann durch unterschiedliche Hilfsmittel optimal unterstützt werden. Beim beispielhaft genannten Netzwerk zur Effizienzsteigerung der Motorenentwicklung können die Aktivitäten des Netzwerks gerade bezogen auf den Austausch impliziten Wissens durch regelmäßige Treffen, Videokonferenzen und Kommunikationsmittel wie elektronische Teamrooms unterstützt werden (vgl. Raimann, 2002, S. 178 ff.). Raimann (2002, S. 129 ff.) liefert mit seinem Service-Modell für Wissensnetzwerke einen neuen Ansatz, wobei bedingt durch den Lebenszyklus und die Wissensprozesse Bedürfnisse identifiziert werden, die dann durch Informations- und Kommunikationstechnologien (IKT), im Besonderen durch Webportale, befriedigt werden. Jedoch basieren die von ihm identifizierten Bedürfnisse mit nur zwei Fallstudien von Wissensnetzwerken auf einer kleinen Datenbasis. Ein weiterer Schwachpunkt seiner Forschung ist die nicht vorhandene Validierung seines Service-Modells in der Praxis. Die empirische Studie über Wissensnetzwerk-Konzepte sollte Aufschluss über die verwendeten Hilfsmittel dieser liefern.

3.1.2.4 Zusammenfassung und Identifizierung der Analysekriterien

Zusammenfassend lässt sich sagen, dass Wissensnetzwerke, durch Hilfsmittel unterstützt, eine Umgebung zu schaffen versuchen, die sich positiv auf die Transformations- und Wissensprozesse auswirkt. Gestützt wird die Notwendigkeit der Organisationsgestaltung durch die Analyse der Organisationstheorien (siehe Kapitel 2.2). Wissensnetzwerke bilden ein soziales System, das einer expliziten Gestaltung bedarf, die eine Balance zwischen Über- und Unterorganisation wahren muss, wie auch in Abhängigkeit zum komplexen sozialen System, dem Unternehmen, in das es eingebettet ist, stehen muss (siehe Analyse der Systemtheorie in Kapitel 2.2.1.1). Der Einfluss der „Außenwelt" wird im Drei-Ebenen-Modell in der Ebene der Umgebungsbedingungen angedeutet, jedoch nicht näher ausgeführt. Die Strukturationstheorie (siehe Kapitel 3.1.2.1) weist darüber hinaus darauf hin, dass nicht nur die Gestalt der einzelnen Wissensnetzwerke und ihres Konzepts durch die Unternehmensumgebung beeinflusst werden, sondern dass eine gegenseitige Beeinflussung vorhanden ist. Wissensnetzwerke beeinflussen langfristig die Unternehmenskultur und -struktur. Die Forderung nach einer Gestaltung von Austauschprozessen sowie die Abhängigkeit der Gestalt von Wissensnetzwerk-Konzepten und einzelnen Wissensnetzwerken von der Unternehmensstruktur und -kultur formuliert auch die Interaktionstheorie (siehe Kapitel 2.2.1.3 und 2.2.2.1). Sie beschreibt, dass Wissensnetzwerk-Konzepte und Wissensnetzwerke durch die Unternehmensumgebung beeinflusst sind und diese beeinflussen, weshalb es kein einheitliches und allgemein gültiges Wissensnetzwerk-Konzept geben kann, welches die Wissensinteraktionen fördert (es wird hier von „one best solution" gesprochen, siehe situativer Ansatz in Kapitel 2.2.2.1), sondern dass die Konzepte in den Unternehmen aufgrund ihrer Anpassung unterschiedlich sein werden. Die zu erwartenden Unterschiede beziehen sich dabei auf die Dimensionsausprägungen wie etwa der Spezialisierungs-, Formalisierungs- oder Zentralisierungsgrad, um auf die unterschiedlichen Konkurrenzverhältnisse, Kundenstrukturen und Unternehmensgrössen etc. angepasst zu sein. Aus dieser Analyse der Theorie ergeben sich die folgenden Komponenten für Wissensnetzwerk-Konzepte, die in der empirischen Untersuchung studiert und daher in das Analyseraster aufgenommen werden müssen.

Geht man davon aus, dass alle Netzwerke des Wissensnetzwerk-Konzepts sehr ähnlich oder gleich aufgebaut sind, um das strategische Ziel des Unternehmens zu unterstützen, ist eine Betrachtung der Komponenten, die ein Wissensnetzwerk charakterisieren, wie dessen Ziele und erwarteter Nutzen, dessen Aufbau, Arbeitsweise und Rollen, ausschlaggebend. Diese Komponenten müssen dabei die Struktur des Wissnensnetzwerk-Konzepts so gestalten, dass die Wissensinteraktionen positiv beeinflusst werden und eine Anpassung an die Unternehmensstruktur und -kultur vorhanden ist. Daher lauten die Kriterien für das Analyseraster auf einer Makroebene, welche Daten über das Netzwerk-Konzept sammeln helfen:

- *Kernkomponenten und ihre Ausprägungen*
  - Nutzen und Ziele der Wissensnetzwerke
  - Aufbaumethodik
  - Arbeitsweise
  - Rollen in der Wissensnetzwerk-Struktur

Da nicht nur die Anpassung des Konzepts auf den Unternehmenskontext, sondern auch eine Anpassung einzelner Netzwerke innerhalb des Konzepts auf besondere Umgebungsbedingungen oder Ziele berücksichtigt werden muss, müssen auch Gestaltungsalternativen von einzelnen Wissensnnetzwerken auf einer Mikroebene betrachtet werden. Die zu untersuchenden Komponenten im Analyseraster lauten daher:

- *Gestaltungsalternativen von Wissensnetzwerken*
  - Aufgaben/Ausrichtung der Wissensnetzwerke
  - Unterschiedliche Organisationsstruktur
  - Einflussfaktoren auf den Erfolg oder Misserfolg

Ein wichtiges Hilfsmittel stellen die Unterstützungs- und gestaltungsfördernden Maßnahmen des Wissensmanagement-Teams des jeweiligen Unternehmens dar. Auch diese müssen bei der Datensammlung erfasst werden. Das in das Analyseraster hinzuzufügende Element lautet daher:

- *Unterstützung der Wissensnetzwerke und Öffentlichkeitsarbeit*

Die Einbettung des Konzeptes in den Unternehmenskontext wird im Kapitel 3.1.4 Strategieverankerung diskutiert und führt dort zu zusätzlichen Kriterien für das Analyseraster.

3.1.3 Der Lebenszyklus von Wissensnetzwerken

Die folgende Grafik (Abb. 29) zeigt auf, dass sich Wissensnetzwerke neben der eher statischen Betrachtung auf der Mikro-Ebene (also Netzwerkebene) durch das Drei-Ebenen-Modell auch dynamisch in ihrem Lebenszyklus beschreiben lassen. Neben der Mikro-Perspektive können Netzwerke auch in ihrer Einbindung in den Unternehmenskontext, also auf einer Makro-Ebene betrachtet werden. Auch hier unterscheidet man zwischen einer statischen Perspektive innerhalb der hierarchischen Struktur des Unternehmens oder der dynamischen Struktur innerhalb eines Netzwerkunternehmens (Enkel et al., 2000, S. 301). Ein weiteres dynamisches Element in der Netzwerkbetrachtung bildet der Aufbauprozess bzw. die aktuelle Entwicklungsstufe des Netzwerks.

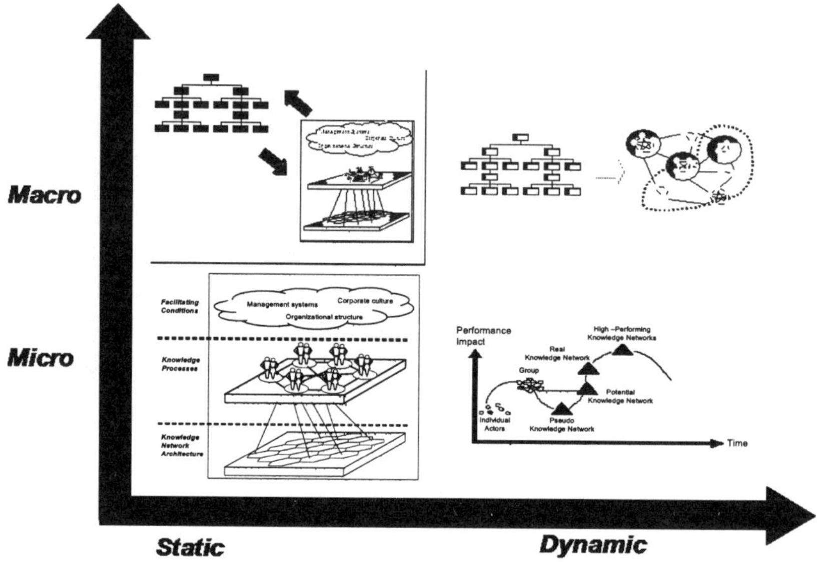

Abb. 29: Unterschiedliche Ebenen der Netzwerkbetrachtung (Enkel et al., 2000, S. 301)

Von ihrer Entstehung bis zu ihrer Auflösung durchlaufen Wissensnetzwerke, wie auch Communities of Practice oder Projektteams, einen Lebenszyklus (siehe Wenger, 1998a, S. 3 oder Katzenbach & Smith, 1993). Dieser ist in verschiedene Phasen eingeteilt, anhand dessen sich die einzelnen Vorgänge im phasenweisen Ablauf beschreiben lassen. Eine Aufbaumethodik für Wissensnetzwerke versucht einen natürlichen Lebenszyklus zu imitieren und durch eine Optimierung der einzelnen Phasen zu verkürzen. Die theoretische Aufarbeitung und empirische Evaluierung des Lebenszyklus von Wissensnetzwerken ist jedoch noch nicht so weit fortgeschritten wie beispielsweise von Communities of Practice oder Projektteams. Da Wissensnetzwerke eine Mischform beider Gruppen darstellen (siehe Kapitel 2.3.6), wurde zur Entwicklung eines Lebenszyklus von Wissensnetzwerken daher auf die Lebenszyklen der genannten Gruppen unter Berücksichtigung der genannten Unterschiede zurückgegriffen.

Der Lebenszyklus von Wissensnetzwerken kann grob in Startphase, Arbeitsphase und Abschlussphase unterteilt werden. Die Phaseneinteilung geschieht in Anlehnung an das Lebenszyklusmodell von Communities of Practice nach Wenger (1998, S. 3) (siehe Abb. 30).

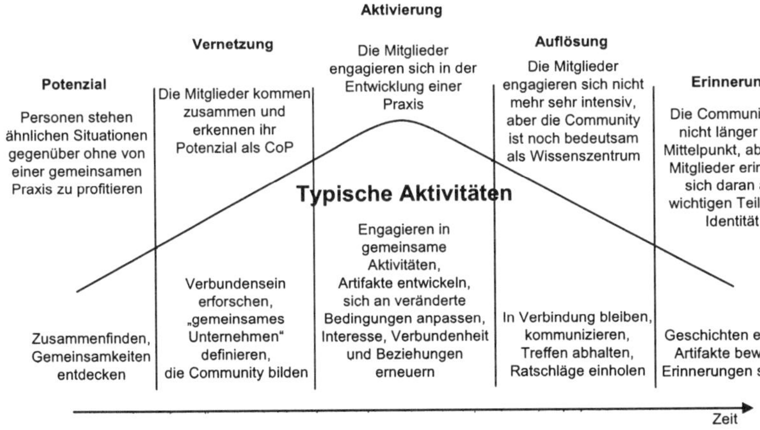

Abb. 30: Lebenszyklusmodell für Wissensnetzwerke (vgl. Wenger, 1998a, S. 3)

Gemäss Wenger (1998, S. 3) besteht der Lebenslauf einer Community of Practice zunächst aus einer „*Potenzial*"-Phase, in der die Möglichkeit zur Gründung einer Community of Practice entsteht. In der „*Vernetzung*"-Phase kann bereits von einer echten Gemeinschaft gesprochen werden. Die Phase „*Aktivierung*" bezeichnet den Zeitraum der größten Tätigkeit der CoP-Mitglieder. „*Auflösung*" meint anschließend, dass dort ein abnehmendes Engagement der CoP-Mitglieder zu beobachten ist. In der „*Erinnerung*"-Phase hat die Auflösung der CoP bereits stattgefunden; die Mitglieder erinnern sich, gehen aber wieder anderen Aufgaben nach. Eine ähnliche Phaseneinteilung weist auch der von Katzenbach und Schmith (1993, S. 87-103) beschriebene Lebenszyklus für Hochleistungsteams auf (siehe auch die Lebenszyklusmodelle aus der Gruppenforschung, z.B. die Phasen der Gruppenentwicklung (Forming, Storming, Norming und Performing bei Tuckman, 1965 und Tuckman & Jensen, 1977).

Enkel et al. (2000, S. 304 ff.) teilen den Lebenszyklus eines Wissensnetzwerks ebenfalls in fünf Phasen ein. Die erste Phase „*Aufbau*" dient der Vorbereitung und gegenseitigen Einführung der Netzwerkmitglieder. Während dieser Phase ist durch die benötigten Koordinationsarbeiten und den Kommunikationsbedarf, in Verbindung mit dem hohen Bedarf an implizitem Wissen (z.B. wer die geeigneten Experten sind etc.), die Produktivität oftmals gering. In dieser Phase ist die Sozialisierung durch eine grundlegende Einführung der Netzwerkmitglieder in die Thematik von zentraler Bedeutung (Seufert & Seufert, 1998, S. 80 ff.). Die Leistungsfähigkeit des Netzwerks sollte mit dem gegenseitigen physischen Kennenlernen beim ersten Treffen sowie dem Erkennen der Fähigkeiten der einzelnen Mitglieder steigen, wie auch mit den ersten gemeinsamen Arbeiten, die Vertrauen in die weitere Zusammenarbeit schaffen (vgl. dazu Katzenbach & Smith, 1993, S.

90). Dies stellt den Übergang in die zweite Phase *„Etablierung"* dar. Sobald das Netzwerk etabliert wurde, beginnen die Mitglieder sich gegenseitig kennen zu lernen und ihre Potenziale für eine Zusammenarbeit zu testen (Wenger, 1998a, S. 3). In dieser Phase beginnen die Mitglieder auch ihre ersten Eindrücke zu sammeln und mit dem Interesse am Erreichen des gemeinsamen Ziels zu handeln. Die dritte Phase *„Gestalten"* ist durch das Gestalten des Netzwerks charakterisiert. Die Akteure beginnen die institutionalisierten Rahmenbedingungen durch erste Arbeiten, die Organisation und Strukturierung von vorhandenem Wissen und die Etablierung von speziellen Routinen zu beeinflussen (Yates et al., 1999). Während dieser Phase verwenden sie überwiegend Hilfsmittel zur Entwicklung von neuem Wissen wie auch zum Wissensaustausch. Die höchste Leistungsfähigkeit des Netzwerks wird in dieser Phase erreicht (Köhne et al., 2000, S. 28). In der vorletzten Phase *„Auflösung"* sind die Teilnehmer des Wissensnetzwerks nicht mehr aktiv, aber immer noch miteinander in Kontakt. Sie treffen sich informell und unterstützen sich nach wie vor gegenseitig. Das Wissensnetzwerk bleibt dadurch zwar als Wissensquelle erhalten, seine formalen Strukturen lösen sich jedoch auf. Es ist nur noch in der *Erinnerung* der Netzwerkmitglieder und in den gespeicherten Artefakten vorhanden.

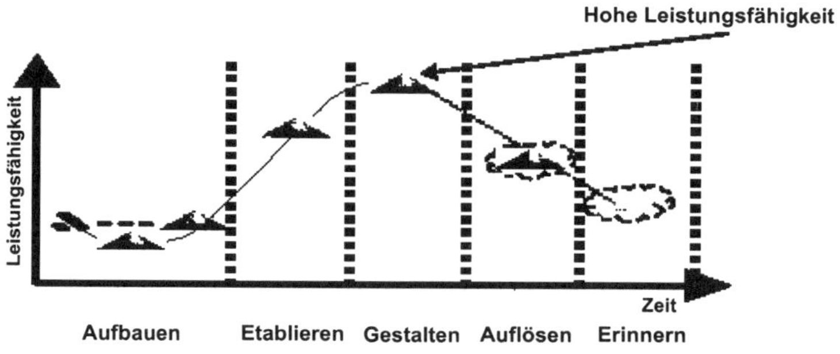

Abb. 31: Lebenszyklus von Wissensnetzwerken (Quelle: Enkel et al., 2000, S. 304)

Der dargestellte Lebenszyklus soll durch die in der KnowledgeSource entwickelte Aufbaumethodik für Wissensnetzwerke namens MERLIN (*M*aterializing, *E*xperiencing, *R*esystematizing and *L*earning *In* *N*etworks) verkürzt und optimiert werden (Köhne et al., 2000, S. 29). Der entwickelte Aufbauprozess enthält vier Hauptschritte, die wiederum zahlreiche Unterschritte enthalten und so eine praxisorientierte Anleitung für den Aufbau von Wissensnetzwerken bieten (von Krogh et al., 2004). Diese Schritte sind „Vorbereitung", „Aufbau des Wissensnetzwerks", Start des Netzwerks" und „Messen der Leistung" (eine verkürzte Darstellung der Methode findet sich in Enkel & Back (2002, S. 160-170). Die MERLIN-Aufbaumethodik wurde aus den Teilerkenntnissen des ersten Kompetenzzentrums entwickelt und im zweiten Kompetenzzentrum auf das neue Ziel, eine Anpassungsmethodik für Wissensnetzwerke zur Unterstützung von Wachstumsfeldern, angepasst (Enkel et al., 2004d). Jedoch wurden die Aufbaumethodiken bisher nicht ausreichend empirisch validiert (die angepasste Aufbaumethodik wurde in drei Netzwerkaufbauprojekten verwendet) (siehe dazu Rumyantseva et al., 2004 ; Gurgul et al., 2004a; 2004b).

3.1.3.1 Zusammenfassung und Identifizierung der Analysekriterien

Zusammenfassend lässt sich sagen, dass Netzwerke wie auch andere wissenbasierte Organisationsformen einen Lebenszyklus durchlaufen, der sie vom Aufbau bis zu ihrem Ende beschreibt. Ziel eines Unternehmens ist es, die Aufbauphasen dabei so kurz und effektiv wie möglich zu halten und schnell die Phase der Produktivität zu erreichen. Aufbaubeschreibungen und Hilfsmittel sollen dieses Ziel unterstützen. Wie bereits im vorangegangenen Kapitel festgestellt, sind daher die Elemente „Aufbau" und „Hilfsmittel" wichtige Komponenten für die Erfassung von allen notwendigen Daten, um Wissensnetzwerk-Konzepte verstehen und beurteilen zu können. Neben der aktuellen Gestalt der Wissensnetzwerk-Konzepte sollten (wie im forschungsmethodischen Kapitel 1.3.4 erläutert) auch die „Learnings", also wie sich das Konzept über die Zeit von der Einführung bis zum Zeitpunkt der Datensammlung entwickelt hat, festgehalten werden. Diese Entwicklung kann Rückschlüsse auf die Optimierung der Anpassung entweder an den Unternehmenskontext oder an die veränderten Ziele geben. Daher werden die folgenden Untersuchungselemente in das Analyseraster aufgenommen:

- *Veränderungen/Entwicklungen des Wissensnetzwerk-Konzepts*
    - Vom Projekt zum Tagesgeschäft
    - Bewegung in der Wissensnetzwerk-Landschaft
    - Maßnahmen zur Gewährleistung der Nachhaltigkeit
    - Aktuelle und zukünftige Herausforderungen

3.1.4 Strategieverankerung

Basierend auf dem Verständnis der wissensbasierten Theorie des Unternehmens (KBV, siehe Kapitel 2.1.1) müssen Wissensnetzwerke und deren Konzepte als Wissensmanagement-Aktivitäten das Erreichen strategischer Unternehmensziele unterstützen und so zu Wettbewerbsvorteilen für das Unternehmen beitragen. Eine solche Unterstützung kann durch die Übersetzung der strategischen Ziele des Unternehmens in strategische Ziele für das Wissensnetzwerk-Konzept und in operative Ziele für die einzelnen Netzwerke geschehen, die wiederum ihre Entsprechung in den Wissenszielen dieser finden müssen. Dementsprechend kann der Erfolg eines Wissensnetzwerk-Konzepts und einzelner Wissensnetzwerke durch das Erreichen dieser strategischen Ziele bemessen werden. Da bisher keine Untersuchungsergebnisse über die Strategieverankerung von Wissensnetzwerk-Konzepten vorliegen, werden im Folgenden die Forschungsergebnisse zur Strategieverankerung einzelner Wissensnetzwerke diskutiert und im Anschluss Kriterien für Wissensnetzwerk-Konzepte abgeleitet.

Für ein Wissensnetzwerk ist neben der Orientierung an einem strategischen Ziel auch die Verbindung zur Wissensstrategie des Unternehmens von großer Bedeutung, denn es ist ein Instrument zu deren Umsetzung (Vassiliadis et al., 1999b, S. 13 ff.). So ist ein Wissensnetzwerk zum einen mit einem Geschäftsprozess wie z.B. mit der Produktentwicklung (wie oben erläutert durch den Operational Knowledge Task) verbunden und soll durch das Vernetzen von Wissensträgern in diesem Bereich zur Steigerung der Effizienz beitragen. Zum anderen muss einer der ersten Schritte beim Aufbau eines Wissensnetzwerks die Verankerung in der Wissensvision des Unternehmens sein und der Übersetzung dieser in Wissensziele für die einzelnen Netzwerke (vgl. Enkel et al., 2004b S. 111 f.).

Besonders mittel- und langfristige Ziele wie Effizienzsteigerung, Innovationsverbesserung und Risikominimierung (Nonaka & Takeuchi, 1995; Senge, 1994; von Krogh et al., 2001; von Krogh & Roos, 1992; von Krogh & Venzin, 1995) können durch Wissensmanagement-Aktivitäten unterstützt werden und zu langanhaltenden Wettbewerbsvorteilen führen (Bleicher, 1992; Porter, 1985; Prahalad & Hamel, 1990). Diese drei strategischen Ziele werden daher im Folgenden näher betrachtet.

Der Schwerpunkt der Effizienzverbesserung ist, die Kosten des existierenden Geschäftsprozesses schneller zu reduzieren als die Wettbewerber. Auf einer Unternehmensebene geht es darum, den Wert des Ergebnisses in Relation zu den Kosten des „Inputs" zu erhöhen. Für viele Unternehmen besteht die größte Herausforderung in der Verbesserung ihrer Geschäftsprozesse (von Krogh, 2002, S. 19-20). Effizienzverbesserung kann die Verbesserung der Geschwindigkeit von Geschäftsprozessen umfassen, die richtige Anzahl und Arten von Prozessen, die Verbesserung der Entscheidungsfindung und die Verbesserung der Interaktion mit den Kunden. Sie ist aber auch von Bedeutung für das Lernen von Partnern, Konkurrenten und dem eigenen Handeln, wie man die Geschäftsprozesse noch effizienter gestalten kann (Vassiliadis et al., 1999b, S. 15 f.).

Das strategische Ziel der Risikominimierung steht mit den Risiken des operativen Geschäftslebens in Verbindung. Unternehmen stehen vor allem vor zwei Arten von Risiken: politischen und wettbewerbsverbundenen (Vassiliadis et al., 1999b, S. 16). Die politischen Risiken resultieren aus der Unsicherheit bezogen auf politische Entscheidungen, die getroffen werden. Speziell für internationale Unternehmen stellen die manchmal unvorhersehbaren politischen Entscheidungen (z.B. das Verbot von Zigarettenwerbung) eine entscheidende Einflussgröße auf das Unternehmen dar. Wettbewerbsrisiken resultieren aus dem unsicheren Umfeld der Aktionen und Reaktionen existierender, aber auch neu auftauchender Konkurrenten. Da immer mehr Unternehmen in mehr als einem Markt operieren (z.B. Mischkonzerne) und aufgrund der Auflösung der Grenzen zwischen den einzelnen Märkten, wird es zunehmend schwieriger, den wechselnden Anforderungen gerecht zu werden.

Das Ziel Innovationsverbesserung dient der Verbesserung der Wettbewerbsposition durch die Entwicklung von neuen Produkten, Dienstleistungen und Prozessen (von Krogh, 2002, S. 19). Innovationen basieren oftmals auf Wissen über Prozesse und kulturelle Bedingungen, welches nicht direkt durch andere Wettbewerber imitiert werden kann (Vassiliadis et al., 1999b, S. 17). Prozessbasiertes Wissen ist Wissen über den unternehmensinternen Innovationsprozess als solchen, also die verschiedenen Phasen wie die Konzeptentwicklung, die Evaluation und Selektion der Alternativen sowie die Entwicklung von Prototypen. Kulturelle Bedingungen sind gemeinsame Werte und Verhaltensmuster innerhalb des Unternehmen (von Krogh, 1998). Große Unternehmen mit vielen Geschäftseinheiten müssen sich der Herausforderung stellen, ihr prozessbasiertes Wissen zu nutzen, um durch unterschiedliche Innovationen innerhalb des Unternehmens einen Wettbewerbsvorteil zu erzielen. Langfristig sollte ein Unternehmen eine innovationsfreundliche Kultur (charakterisiert z.B. durch Fehlertoleranz, Freiraum für Kreativität durch flexible Arbeitszeiten und zusätzliche Frei-Zeiten und „Kaffeeecken" zum informellen Wissensaustausch) entwickeln, welche zu einer Steigerung der Innovationsrate innerhalb einer kurzen Zeitspanne führen wird (siehe Widmer, 1999 und von Krogh et al., 2000, S. 4 ff.).

Innovationen helfen dem Unternehmen, neue Gewinnquellen mit neuen Produkten und Dienstleistungen zu erschließen. Dabei kann ein Unternehmen zum einen seine internen Innovationsprozesse verbessern, indem z.B. neue wissensbasierte Organisationsformen Wissensträger miteinander verbinden, die vorher nicht verbunden waren, um eine wissensfreundliche Umgebung zu schaffen (Enkel et al., 2004a, S. 15 ff.). Zum anderen kann ein Unternehmen auch gezielt neues Wissen akquirieren durch einen Merger oder eine Akquisition eines anderen Unternehmens (die meisten Merger und Akquisitionen werden aufgrund des dort vorhandenen Wissens getätigt (siehe Rumyantseva et al., 2002, S. 4) oder durch die Zusammenarbeit mit externen Wissensquellen wie Universitäten, Zulieferern oder Kunden (Enkel et al., 2004a, S. 13 ff.). In beiden Fällen ist Wissen ein wichtige Quelle für Innovationen (siehe Drucker, 2002 und von Krogh & Venzin, 1995), und eine Verbindung der Wissensträger (innerhalb des Unternehmens oder mit externen Quellen) kann durch die Struktur eines Wissensnetzwerks unterstützt werden (Enkel et al., 2004a, S. 20 ff.).

Analysiert man die Verfolgung der verschiedenen strategischen Ziele innerhalb des Unternehmens, so zeigt eine empirische Untersuchung, dass Wissensmanagement-Aktivitäten im gleichen Maße wie Wissensnetzwerke zur Unterstützung aller drei Ziele eingesetzt werden (Enkel & Wicki, 2002, S. 23). Innovationsverbesserung wurde von 35% der Befragten als Hauptziel der Wissensmanagement-Aktivitäten angegeben, wobei 36% der Befragten dieses als Hauptziel der existierenden Wissensnetzwerke ansehen. Effizienzverbesserung bildet mit 39% das wichtigste Ziel von Wissensmanagement, wobei es „nur“ zu 36% als spezifisches Ziel der Wissensnetzwerke angegeben wird. Risikominimierung wird innerhalb der untersuchten 50 Unternehmen am geringsten als Ziel der Wissensmanagement- (29%) und Wissensnetzwerk-Aktivitäten (26%) verfolgt (Enkel & Wicki, 2002, S. 23).

3.1.4.1 Zusammenfassung und Identifizierung der Analysekriterien

Die Untersuchung konnte jedoch weder Unterschiede im Aufbau der Netzwerke bezüglich der unterschiedlichen Ziele feststellen noch herausfinden, wie die Verbindung zwischen diesen strategischen Zielen und dem Wissensnetzwerk hergestellt wird. Die wissenbasierte Theorie des Unternehmens zugrunde legend, kann davon ausgegangen werden, dass Wissensnetzwerk-Konzepte strategische Ziele unterstützen und diese auf die einzelnen Wissensnetzwerke des Konzepts in operative und Wissensziele heruntergebrochen werden (siehe Kapitel 2.1.1 zur KBV und 2.1.3.4 zur Anpassung der Wissensprozesse auf die Unterstützung der operativen und Wissenziele). Wie bereits in Kapitel 3.1.2.4 diskutiert wurde, weisen Systemtheorien und Austauschtheorie (siehe Kapitel 2.2.1.1 und 2.2.1.2) darauf hin, dass eine Anpassung der Gestalt des Wissensnetzwerk-Konzepts und der einzelnen Wissensnetzwerke zur optimalen Unterstützung der Ziele, als auch eine Anpassung an den Unternehmenskontext zur Förderung der Wissensinterakionen erfolgen muss. Als zu untersuchendes Charakteristikum muss daher der Strategieverankerung der Konzepte, inklusive der Auswirkung der Strategie auf die Gestalt des Konzepts und der Strukturen innerhalb des Konzepts, im Analyseraster Beachtung gezollt werden. Im Raster werden daher die folgenden Elemente zur späteren Datensammlung und -analyse aufgenommen:

- *Strategieverankerung und Umsetzung der Wissensnetzwerkinitiative*
    - Umsetzung des Wissensnetzwerk-Konzepts
    - Lenkungsstruktur der Wissensnetzwerke

3.1.5 Leistungsmessungen von einzelnen Wissensnetzwerken und deren Konzepten

Durch die wissenbasierte Theorie des Unternehmens bedingt sollen Wissensmanagement-Initiativen einen nachweisbaren Nutzen für das Unternehmen bringen und dessen strategische Ziele unterstützen (siehe Kapitel 2.1.1). Zusätzlich beinhalten die Transaktionskosten- wie auch die Austauschtheorie die Forderung, nur dann einzelne Wissensnetzwerke oder Wissensnetzwerk-Konzepte einzusetzen, wenn das zu erreichende Ziel nicht durch andere, mit geringeren Transaktionskosten oder mit einem effektiveren Austausch verbundenen Organisationsformen erzielt werden kann (zur Forderung der Austauschtheorie siehe Kapitel 2.2.1.2, zur Forderung der Transaktionskostentheorie siehe 2.2.2.2.). Die Institutionsökonomie, zu der die Transaktionskostentheorie gehört, besagt dazu weiter, dass die institutionale Umgebung das Handeln der Akteure beeinflusst und dass dieses Handeln auf Effizienz ausgerichtet ist. Also ist nicht nur für das Unternehmen der Erfolg des Wissensnetzwerk-Konzepts (und mit Erfolg ist die Unterstützung des strategischen Ziels gemeint) von Bedeutung, sondern erfolgreiches Handeln spielt auch für die einzelnen Mitglieder des Konzepts bzw. der Wissensnetzwerke eine wichtige Rolle (siehe zur Institutionsökonomie Kapitel 2.2.2.2). Der Austausch von Wissen durch Wissensnetzwerke erfolgt effektiv, wenn die Kosten dieser Organisationsform dem Nutzen für das Unternehmen wie auch für die einzelnen Mitglieder entspricht. Es muss also ein Leistungsmessungssystem für Wissensnetzwerke und Wissensnetzwerk-Konzepte existieren, welches diesen Nutzen visualisiert und den Kosten gegenüberstellt. Der folgende Absatz diskutiert daher Leistungsmessungsmaßnahmen für Wissensnetzwerke.

Das Entwickeln und Implementieren von Messungen spielt eine bedeutende Rolle, um den Erfolg oder Einfluss der Maßnahmen des Wissensmanagements aufzuzeigen. Es gibt zahlreiche Ansätze, das intellektuelle Kapital oder den Wert von Wissen mit klassischen Messinstrumenten zu messen, doch keiner scheint optimal zu sein, da das direkte Messen von Wissen nicht möglich ist (vgl. Vassiliadis et al., 2000; Enkel et al., 2004c, S. 139 ff.).

Von einer Wissensmanagement-Perspektive aus bestand immer das Bedürfnis nach Leistungsmessung und einem Nachweis des erzielten Werts (siehe z.B. Larry Prusaks Vortrag auf der McMaster World Congress on Intellectual Capital 2002 in Hamilton, Kanada, wo er davon spricht, dass „the Honeymoon of Knowledge Management is over“ (Prusak, 2002) oder siehe Leif Edvinsons Bemühungen, die Wissensmanagement-Aktivitäten von Skandia in deren Geschäftsbericht auszuweisen (Skandia, 2000)). Jedoch sind gerade die Natur des Wissens und seine spezifischen Charakteristiken dafür verantwortlich, dass es schwer ist, Leistungsindikatoren zu identifizieren (siehe Kapitel 2.1.2 und 2.1.3). Wie kann gemessen werden, dass neues Wissen entstanden ist, bevor es in neuen Produkten und Dienstleistungen repräsentiert ist? Auch hat

Wissensmanagement, neben anderen Prozessen, immer als Unterstützungsprozess für die Geschäftsprozesse innerhalb des Unternehmens gedient (siehe Kapitel 2.1.1 und 2.1.4), was eine Verbesserung der Leistung des Unternehmens oder einzelner Teilbereiche schwer als alleinigen Erfolg von einzelnen Wissensmanagement-Aktivitäten darstellen lässt. Es ist nicht möglich, den Beitrag von einzelnen Aktivitäten am Gesamtergebnis zu isolieren.

Neben den Charakteristiken von Wissen und dem unterstützenden Charakter von Wissensmanagement kommt erschwerend hinzu, dass Wissensmanagement-Aktivitäten zum einen komplex sind und ein komplexes System, das Unternehmen, zu beeinflussen versuchen (Senge, 1994). Zum anderen zielen sie, wie bereits erwähnt, auf das Erreichen von mittel- und langfristigen Zielen, statt auf kurzfristige, ab, was die Anzahl der Messinstrumente reduziert.

In ökonomisch harten Zeiten wird aber gerade der Bedarf des Managements nach Möglichkeiten zur Überprüfung der Rentabilität auch für wissensbasierte Organisations-formen größer. Vor allem seit dem letzten Jahr werden die Forderungen nach geeigneten Leistungsnachweisen für Wissensnetzwerke an die Wissensmanagement-Verantwortlichen der Unternehmen lauter (siehe in den einzelnen Fallstudien in Kapitel 4 unter Leistungsmessung). Können Wissensmanagement-Initiativen ihren Beitrag zu den strategischen Zielen des Unternehmens nicht nachweisen, sind sie gefährdet, in der nächsten Budgetrunde als Kostenverursacher ohne nachweislichen Wert eingestellt zu werden.

Das Forscherteam der KnowledgeSource hat bereits 1999 angefangen, sich intensiver mit dem Thema Leistungsmessungen auseinander zu setzen (siehe Vassiliadis et al., 1999b) und ein spezielles *integriertes Messsystem* für Wissensnetzwerke geschaffen. Die Idee, die diesem Messsystem zugrunde liegt, ist, dass es nicht ein einzelnes Messinstrument gibt, das sowohl auf Unternehmens- wie auch auf Netzwerk- oder gar auf Individualebene Leistung erfassen und Verbesserungspotenziale aufzeigen kann, sondern dass nur eine Kombination von Einzelinstrumenten auf den verschiedenen Ebenen in einem integrierten Messsystem diese Anforderungen erfüllen kann (siehe Seufert et al., 2004, S. 89 ff.). Im Folgenden wird das integrierte Messsystem vorgestellt und diskutiert sowie seine Schwächen durch andere Ansätze erweitert.

Das Ziel des integrierten Messsystems für Wissensnetzwerke soll zum einen die Darstellung des Wertes dieser Wissensmanagement-Aktivität für das Unternehmen sein (externes Messsystem), zum anderen Instrumente enthalten, welche die individuelle Leistung eines Netzwerks messen und dem Netzwerkmanager helfen, Verbesserungspotenziale aufzuzeigen (internes Messsystem) (siehe Seufert et al., 2004, S. 89).

3.1.5.1 Leistungsmessungen auf Unternehmensebene: das externe Messsystem

Um die Leistung eines Wissensnetzwerks bezogen auf einen Unternehmensbereich oder das Gesamtunternehmen darstellen zu können, wurde eine Wissens-Scorecard entwickelt, welche, von einer Balanced Scorecard abgeleitet, Indikatoren für das Überprüfen von Wissenszielen enthält (Köhne et al., 2000, S. 33 ff.).

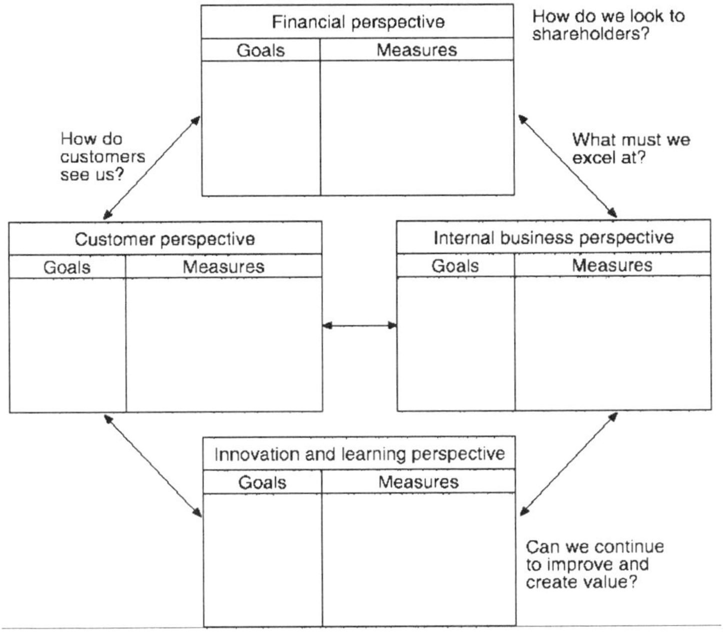

Abb. 32: The Balanced Scorecard (Quelle: Kaplan & Norton, 1992, S. 72)

Eine Scorecard enthält sowohl finanzielle als auch nicht-finanzielle Leistungsindikatoren und dient der Implementierung und konsequenten Verfolgung von strategischen Unternehmenszielen (Kaplan & Norton, 1992). Eine spezielle *Wissens-Scorecard* kann auf der Unternehmensebene neben anderen Wissensmanagement-Aktivitäten auch die Ziele des Wissensnetzwerks abbilden und so messen, ob diese erreicht werden (Köhne et al., 2000, S. 34 f.) Bei einer Balanced Scorecard (BSC) handelt es sich um ein Strategieimplementierungsinstrument, welches quantitative und qualitative Indikatoren miteinander kombiniert und aus diesen Indikatoren Kennzahlen ableitet und so Veränderungen misst. Die BSC kombiniert im Wesentlichen vier Perspektiven miteinander, die kritisch im Unternehmen sind: die *internen Unternehmensprozesse*, welche direkt mit der Leistungsfähigkeit des Unternehmens zusammenhängen, die *finanziellen Ergebnisse*, welche die fassbaren Ergebnisse der internen Prozesse reflektieren, die *Kunden-Perspektive*, welche Kundenreaktionen und -zufriedenheit erfasst, und schließlich die letzte Perspektive, die *Lern- und Wachstums-Indikatoren*, welche die Entwicklung des Unternehmens und die Potenziale zukünftiger Prozesse erfassen (Kaplan & Norton, 1992).

Die Kombination aller vier Perspektiven gibt ein holistisches Bild der Leistung eines Unternehmens bzw. einzelner Geschäftseinheiten. In allen vier Perspektiven werden die jeweils formulierten Ziele durch Indikatoren operationalisiert und die so gewonnenen Kennzahlen können von Zeit zu Zeit miteinander verglichen werden, um den Einfluss neuer Aktivitäten auf die vier Perspektiven zu messen (Arveson, 1999). Durch dieses Vorgehen beim Entwickeln einer Balanced Scorecard (von strategischen Zielen Indikatoren abzuleiten) kann die Implementierung einer Strategie gemessen werden, jedoch nicht die Einzelleistung verschiedener Aktivitäten. Die Wissens-Scorecard stellt eine Spezifizierung der Balanced Scorecard dar. Sie besteht ebenfalls aus den genannten Perspektiven, beinhaltet jedoch die Möglichkeit, auf drei verschiedenen Ebenen mit Hilfe von wissensbezogenen Indikatoren eine Veränderung zu messen: auf individueller, Netzwerk- und Unternehmensebene. Die folgende Abbildung 33 zeigt ein Beispiel für eine Wissens-Scorecard.

	Company	**Network**	**Individual**
Financials	• Discounted cash-flow • Sales increase • ROE, EVA, ROI	• Profits resulting from operation of KNN • % of R&D invested in basic research in KNN	• Profits resulting from individual involvement • % of input in the innovation process
Customers	• Customer satisfaction • Retention rate • Customer complaints • % of products < 3 years	• Usage of ICT • % of orders received out of total offers	• Sales per professional • Sales per salesperson • Value added per employee
Internal Processes	• Time to market • No. of customer complaints	• % of contracts filed without error • Process cost development	• Employee turnover ratio • Degree of process task fulfillment
Growth	• Number of patents and cost of patent maintenance • Income per R&D expense •Project lifecycle cost per dollar of sales	• % of new ideas generated to new ideas implemented • Knowledge assets	• Number of individual entries to the data base • Qualifications, skills and motivation of employees

Abb. 33: Beispiel einer Wissens-Scorecard (Quelle: Köhne et al., 2000, S. 34)

Die Indikatoren der Wissens-Scorecard müssen dabei auf die verschiedenen Ebenen angepasst werden. Von der Wachstums-Perspektive („Growth") aus gesehen finden sich auf Unternehmensebene beispielsweise Indikatoren wie die Gesamtanzahl von Patenten in einem Zeitraum, auf Netzwerkebene könnten hier die Entwürfe für neue Produktideen in einem definierten Zeitraum, generiert von einem Netzwerk zur Produktentwicklung, auf Individualebene die einzelnen Einträge eines Mitarbeiters in die Entwurfsdatenbank für Produktideen oder sein Beitrag im betrieblichen Vorschlagswesen dargestellt werden. Soll die Wissens-Scorecard wirklich alle Wissensmanagement-Aktivitäten eines Unternehmens oder einer Geschäftseinheit messen, ist es notwendig, dass diese jeweils durch Indikatoren erfasst werden, die mit diesen Aktivitäten in direktem Zusammenhang stehen (vgl. Enkel et al., 2004c, S. 154 ff.). Das Identifizieren solcher Indikatoren, gerade bezogen auf Netzwerkaktivitäten, ist der schwierigste und bisher nicht ausreichend dargestellte Teilbereich bei der Entwicklung einer Wissens-Scorecard (unvollständige Beschreibungen dieses Vorgangs finden sich in Köhne et al., 2000, S. 60-63 oder Raimann et al., 2000, S. 63-95). Oftmals können nur indirekte Indikatoren, die entfernt mit der Leistung des Wissensnetzwerks in Verbindung stehen, integriert werden, was kaum Aufschlüsse über den individuellen Beitrag eines Netzwerks zulässt. Bisher liegen keine empirischen Ergebnisse über die Verwendung einer Wissens-Scorecard vor, was vielleicht an den eben genannten Lücken in der Entwicklung dieser liegt.

3.1.5.2 Leistungsmessung auf Netzwerkebene: das interne Messsystem

Auf Netzwerkebene soll das interne Messsystem die Wissens-Scorecard ergänzen, indem die Leistungen des individuellen Netzwerks dargestellt sowie Verbesserungsfelder aufgezeigt werden. Hierzu werden interne Messinstrumente wie ein „Gesundheits-Check" und das Achten auf „Krankheitssymptome" entwickelt und zu einem integrierten Messsystem kombiniert (siehe Seufert et al., 2004, S. 99 ff.).

Start-up

- Is the network supported by the top management? Is it accepted?
- Is the strategy communicated clearly to the top management, the relevant people such as stakeholders, the entire company and the potential/involved members?
- Did the network receive the appropriate support in respect of resources, such as time, attention, people and money?
- Did the network members work on a specific task or activity? Did the network fulfill a concrete goal derived from a specific business goal?
- Did every member know what specific task he/she has to fulfill in the network? Did everybody know the concrete processes that have to be executed to solve the network's operational knowledge task?
- Is the output of the Knowledge Work Processes such that the next process in line can be started?

Abb. 34: Ausschnitt aus dem Gesundheits-Check für Wissensnetzwerke (Quelle: Enkel et al., 2000, S. 233)

Der Gesundheits-Check besteht dabei aus Fragen, die in verschiedenen Kategorien, entsprechend den Aufbauschritten für Netzwerke, zusammengefasst sind und jeweils auf „Krankheiten", also Verbesserungsfelder hinweisen. Alle Fragen sind so formuliert, dass sie vom Netzwerkleiter mit „Ja" beantwortet werden können, wenn das Netzwerk „gesund" ist. Beantwortet er eine Frage mit Nein, weist das auf einen Bereich hin, der optimiert werden kann. Abbildung 34 zeigt einen Ausschnitt aus dem Gesundheits-Check für Wissensnetzwerke.

Die Idee bei der Verwendung des Gesundheits-Checks ist, dass der Netzwerkleiter in regelmäßigen Abständen durch die einzelnen Fragen geht und so die Leistungsfähigkeit des Netzwerks sicherstellt (Enkel et al., 2000, 232 ff.). Ergänzt wird der Gesundheits-Check durch eine Liste mit Krankheitssymptomen von Wissensnetzwerken (Seufert et al., 2004, S. 100 ff.). Hier werden in verschiedenen Kategorien Krankheitssymptome dargestellt, um anzuzeigen, wann ein Netzwerk optimiert werden und in welchem Bereich sich diese Optimierung vollziehen muss. Die folgende Abbildung zeigt einen Auszug aus der Liste der Krankheitssymptome.

Task orientation/ roles of members:
- The network is not dynamic,
- The network is not fast,
- No resources given to the network,
- No/few deliveries or low quality of delivery.

Skills/experience:
- Indecisive leadership.

Relationships:
- Mistrust,
- No care is given to the network and network members by the leader,
- Frustration of the network members.

Abb. 35: Krankheitssymptome von Wissensnetzwerken (Quelle: Enkel et al., 2000, S. 235 ff.)

Obwohl Gesundheits-Check und die Liste der Symptome vom KnowledgeSource-Team als Leistungsmessungs-Instrumente bezeichnet werden, messen sie doch nicht die individuelle Leistung sondern weisen vielmehr darauf hin, dass bestimmte Bereiche eines Netzwerks nicht der „Norm" entsprechend funktionieren. Ein Schwachpunkt des internen Messsystems ist daher, dass keine individuelle Anpassung der Instrumente auf die Unternehmens- oder Netzwerkspezifika möglich ist. Es wird davon ausgegangen, dass alle Netzwerke die gleiche Struktur und Ausprägung haben und daher Abweichungen mit verminderter Leistung gleichzusetzen sind. Unterschiede im Aufbau aufgrund der unterschiedlichen Unternehmenskultur (z.B. weniger oder stärker formalisiert) oder den verschiedenen Aufgaben des Netzwerks (z.B. Teilen von implizitem Wissen oder Entwickeln von Wissensdokumenten) können nicht berücksichtigt werden.

Auf der *Individual-Ebene*, also der individuellen Leistung eines Netzwerkmitglieds, wird auf das Messsystem des Unternehmens zurückgegriffen. Hier sind vor allem individuelle Zielvereinbarungen mit den Mitarbeitern von Bedeutung (Enkel et al., 2004e, S. 179 ff.). Die individuellen Ziele können aber auch auf der individuellen Ebene der Scorecard festgehalten werden, was jedoch voraussetzt, dass sich die vereinbarten Ziele in den verschiedenen Perspektiven abbilden lassen.

3.1.5.3 Identifizierung von Analysekriterien zur Leistungserfassung

Wie die Diskussion der Theorie zu Beginn des Kapitels gezeigt hat, ist die Nutzenerfassung von Wissensnetzwerken und Wissensnetzwerk-Konzepten von großer Bedeutung für das Unternehmen wie auch die einzelnen Mitglieder des Konzepts. Die Diskussion der Leistungsmessungsinstrumente für Wissensnetzwerke zeigt jedoch gerade hier Lücken auf. Ein wichtiger Teilbereich der nachfolgenden empirischen Untersuchung muss daher die Erfassung und Analyse der Leistungsmessungsmaßnahmen von Wissensnetzwerk-Konzepten (externe Indikatoren) und einzelnen Wissensnetzwerken (interne Indikatoren) sein. Die entsprechenden Elemente im Analyseraster lauten:

- *Leistungsmessungen bei Wissensnetzwerken*
  - Interne Leistungsmessungen
  - Externe Leistungsindikatoren
  - Weitere Messinstrumente

3.2 Zusammenfassung des Analyserasters

Fallstudienforschung unterscheidet sich von hypothesentestender Forschung dadurch, dass die letztere von vorneherein darauf ausgerichtet ist, Daten zu sammeln und zu analysieren, welche zur Überprüfung oder Widerlegung der vorher aufgestellten Hypothesen führen. Die Fallstudienforschung jedoch erhebt den Anspruch, ein Phänomen nicht hypothesengeleitet und daher nicht durch einen Filter zu betrachten (Eisenhardt, 1989, S. 540). Jedoch kann sich ein Forscher nicht völlig theorie- und annahmenfrei einem Forschungsobjekt annähern, wie auch eine ohne Konstrukte geleitete Datensammlung leicht zu einer Unmenge an unstrukturierten Daten führen kann, die eine Analyse oder gar Theoriebildung erschweren (Eisenhardt, 1989, S. 540 f.). Die in diesem und Kapitel 2 diskutierten Theorien dienten dazu, nicht Hypothesen zu formulieren und diese durch Daten aus der Praxis zu validieren (dafür sind die existierenden Theorien nicht aussagekräftig genug), sondern die Datensammlung und -analyse so zu fokussieren, dass alle wichtigen Elemente von Wissensnetzwerk-Konzepten im Unternehmen erfasst und analysiert werden können. Die identifizierten Elemente des Analyserasters wurden dabei auch aus der Theorie entwickelt. Diese können in eine Makro- und eine Mikro-Perspektive gegliedert werden, wobei die Makro-Perspektive einen Blick auf das Netzwerkkonzept und den generellen Aufbau aller Netzwerke des Konzepts richtet, die Mikro-Perspektive dagegen den Blick auf Gestaltungsalternativen innerhalb von Wissensnetzwerken wendet.

Zusammenfassend ergibt sich das folgende Datensammlungs- und Analyseraster entwickeln:

MAKRO-PERSPEKTIVE AUF DIE WISSENSNETZWERK-KONZEPTE

Strategieverankerung und Umsetzung der Wissensnetzwerkinitiative
- Umsetzung des Wissensnetzwerk-Konzepts
- Lenkungsstruktur der Wissensnetzwerke

Kernkomponenten und ihre Ausprägungen
- Nutzen und Ziele der Wissensnetzwerke
- Aufbaumethodik
- Arbeitsweise
- Rollen in der Wissensnetzwerk-Struktur

Unterstützung der Wissensnetzwerke und Öffentlichkeitsarbeit

Leistungsmessungen bei Wissensnetzwerken
- Interne Leistungsmessungen
- Externe Leistungsindikatoren
- Weitere Messinstrumente

Veränderungen/Entwicklungen des Wissensnetzwerk-Konzepts
- Vom Projekt zum Tagesgeschäft
- Bewegung in der Wissensnetzwerk-Landschaft
- Maßnahmen zu Gewährleistung der Nachhaltigkeit
- Aktuelle und zukünftige Herausforderungen

MIKRO-PERSPEKTIVE AUF DIE WISSENSNETZWERK-KONZEPTE

Gestaltungsalternativen von Wissensnetzwerken
- Aufgaben/Ausrichtung der Wissensnetzwerke
- Unterschiedliche Organisationsstruktur
- Einflussfaktoren auf den Erfolg oder Misserfolg

Dieses Analyseraster wird im nächsten Schritt zur Datensammlung bei den Fallstudienunternehmen eingesetzt, d.h. die Datensammlungsinstrumente wie Interviews oder Fragebogen werden mit Fragen zu den genannten Elementen versehen und die Analyse von Dokumenten und archivierten Untersuchungsdaten soll zur Klärung der oben genannten Punkte dienen. Durch die Fokussierung auf die Elemente des Analyserasters kann die notwendige Datenvielfalt und ein einheitlicher Detaillierungsgrad der Daten erzielt werden. Sind ausreichend Daten zu allen Elementen vorhanden und analysiert, muss ein vollständiges Bild des Wissensnetzwerk-

Konzepts des jeweiligen Unternehmens vorhanden sein. Zusätzlich dient das Analyseraster auch als Grundlage der Fallstudienstruktur. Die analysierten Daten werden im nächsten Kapitel in einer einheitlichen Struktur präsentiert, um so das Verständis zu erleichtern und einen späteren Vergleich zu ermöglichen.

4 Wissensnetzwerk-Konzepte in der Praxis: Einzelfallstudien-Analyse

Im Rahmen dieses Kapitels sollen die Ergebnisse der eigenen empirischen Untersuchung anhand von vier Fallstudien präsentiert werden. Die Fallstudiendarstellung stellt das Endergebnis des Analyseprozesses dar, der mit Hilfe des im vorangegangenen Kapitel entwickelten Analyserasters durchgeführt wurde. Die Einzelfallstudien bilden die Grundlage für die Beantwortung der für dieses Projekt gestellten Forschungsfrage: „Wie kann ein Wissensnetzwerk im Unternehmen gestaltet und in eine Konzeption eingebunden sein?".

Zu diesem Ziel ist das Kapitel wie folgt strukturiert: Im ersten Abschnitt (Kapitel 4.1) soll die einheitliche Struktur der vier Fallstudien aufgezeigt werden. Anschließend werden die Ergebnisse der analysierten Daten aus Interviews, Fragebogen, archivierten Informationen, Dokumenten und Beobachtungen in Form von vier Einzelfallstudien präsentiert (Kapitel 4.2 bis 4.4.3). Die Einzelfallstudien bilden die Grundlage für den im Kapitel 5 folgenden Fallstudienvergleich. Die folgende Abbildung zeigt die beschriebene Struktur des Empirie-Kapitels auf:

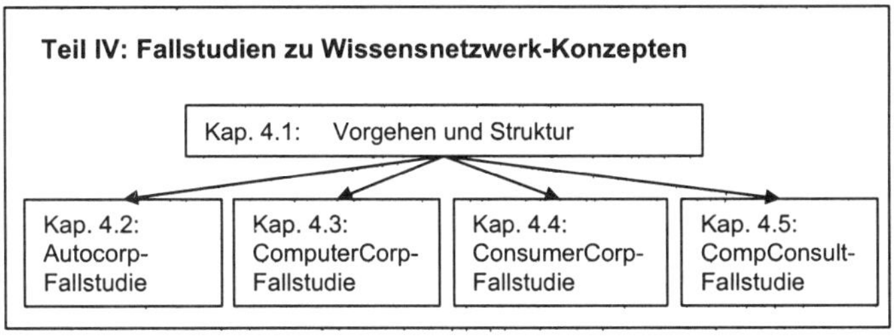

Abb. 36: Struktur und Inhalt des Empirie-Kapitels

4.1 Methode und Forschungsdesign

Yins (1994, S. 45) Forderung nach einem replizierbaren Design bei Mehrfach-Fallstudien und Eisenhardts (1989, S. 536) Forderung nach der Bildung von Konstrukten zur theorie-entwickelnden Fallstudienforschung folgend, wurden im letzten Kapitel Konstrukte entwickelt, die im Folgenden zur Datensammlung, -analyse und -präsentation dienen.

4.1.1 Datensammlung

Ziel der Datensammlung war es, in jedem Unternehmen alle notwendigen Daten zu sammeln, die für die Erfassung und Analyse der jeweiligen Wissensnetzwerk-Konzepte notwendig sind. Dabei wurde (wie bereits in Kapitel 1.3.4 erwähnt) auf eine Triangulation zur Sicherung der Validität durch die Verwendung von verschiedenen, sich ergänzenden Datensammlungsinstrumenten wie Interviews, Fragebogen, archivierten Daten, aktuellen Präsentationen und internen Dokumenten wie auch direkten und indirekten Beobachtungen geachtet (siehe zur Empfehlung der Verwendung einer Vielzahl von Datensammlungsinstrumenten z.B. Mintzberg, 1979, S. 587 und Miles & Huberman, 1994, S. 2; zur Daten-Triangulation siehe z.B. Treumann, 1998; Kromrey, 2002, S. 524 f.). Zwar folgte jede Datensammlung im Fallstudienunternehmen dem gleichen Vorgehen, jedoch wurden die Instrumente entsprechend der aufgefundenen und direkt analysierten Daten ausgewählt (zum iterativen Prozess der Datensammlung und -analyse siehe Eisenhardt, 1989, S. 538 f.). So wurde der eigene Fragebogen für Netzwerkmitglieder nur dann eingesetzt, wenn keine aktuellen vergleichbaren Daten aus firmeninternen Untersuchungen vorlagen oder zur Verfügung gestellt werden konnten. Um die verwendeten Datenquellen jeder einzelnen Fallstudie offen zu legen, wird an den Beginn der Fallstudienbeschreibung jeweils ein Absatz zu Methodik und Datensammlung eingefügt, welcher im Detail die Anzahl der Interviews, Funktion der Interviewpartner, verwendeten Dokumente etc. transparent erläutert.

Der Datensammlungszeitraum betrug sechs bis zwölf Monaten pro untersuchtem Unternehmen. Die Unterschiede lassen sich einerseits durch die Urlaubszeit der Interviewpartner zum Zeitpunkt der Untersuchung und andererseits durch den Terminplan der Haupt-Ansprechpartner, welche für die Freigabe jedes Interview-Transkriptes oder Dokumentes verantwortlich waren, erklären. Die Anzahl der Interviews hing sowohl mit der Anzahl der Verantwortlichen für die Wissensnetzwerk-Konzepte pro Unternehmen zusammen als auch mit dem Informationsgehalt, den die einzelnen Mitglieder in ihren verschiedenen Funktionen beisteuern konnten. Bei der Dokumentenanalyse wurde darauf geachtet, alle relevanten internen wie publizierten Dokumente zu erhalten, wobei die Fallstudienunternehmen über einen sehr unterschiedlichen Grad an Kodifizierung ihres Wissens über das Netzwerk-Konzept verfügten. Bei allen Unternehmen handelte es sich um die erste Untersuchung ihres Konzepts, was dazu führte, dass während der gesamten Datensammlung ungeplant zusätzliche Interviewpartner, Dokumente oder Follow-up-Interviews integriert werden mussten, um ein vollständiges Bild über das jeweilige Konzept zu erhalten. Die Datensammlung wurde jeweils dann beendet, wenn der Zuwachs an neuem Wissen nur noch gering war (siehe dazu Eisenhardt, 1989, S. 545).

Alle beteiligten Unternehmen waren hochmotiviert und haben durch ihre hohe Kooperationsbereitschaft und die Zurverfügungstellung von wertvollen Daten zum Erfolg dieser Arbeit beigetragen. Mit allen Unternehmen wurde vor der Datensammlung vereinbart, dass eine Analyse der Einzelfallstudien-Daten des jeweiligen Unternehmens sowie die Identifizierung von Schwächen und die Formulierung von Verbesserungsempfehlungen im Anschluss an die Datensammlung in Präsentationsform vor dem Management erfolgen wird, sodass die Unternehmen einen direkten Nutzen aus der Beteiligung an der vorliegenden Untersuchung erhalten und eine Validierung der analysierten Daten erfolgen kann. Zusätzlich haben alle Haupt-Verantwortlichen der Wissensnetzwerk-Konzepte die entsprechende Fallstudie ihres Unternehmens gelesen und genehmigt.

Da die semistrukturierten *Interviews* den Kern der Datensammlung bilden (vgl. Yin, 1994, S. 84), wird in der folgenden Tabelle ein Überblick über die einzelnen Funktionen der Interviewpartner aller Fallstudien gegeben. Obwohl die Verantwortlichen in den Unternehmen unterschiedliche Funktionsbezeichnungen besitzen, wurden zur Vereinfachung alle Manager, alle Verantwortlichen für die Umsetzung des Konzepts und den Netzwerkaufbau und alle Netzwerkleiter oder Koordinatoren einzelner Netzwerkleiter zusammengefasst. Die insgesamt 48 Interviews umfassten durchschnittlich 50 Min. (insgesamt 2480 Minuten Interviewmaterial) und wurden mit einem MP3-Recorder aufgenommen, digitalisiert und innerhalb von 24 Stunden transkribiert. Die Namen der Interviewpartner wurden im Rahmen der Anonymisierung der Fallstudien auf ein Initial verkürzt.

Interviewpartner gruppiert nach Funktion bzgl. des Wissensnetzwerk-Konzepts	
	Anzahl:
Top-Management	5
Netzwerk-Manager bzw. Konzept-Verantwortliche	26
Netzwerkleiter bzw. Netzwerk-Koordinatoren	17
Total	48

Tabelle 6: Interviewpartner nach Funktion gruppiert

Die Interviewleitfäden wurden jeweils an die Funktion und Muttersprache des Interviewten wie auch an den Sprachgebrauch des Unternehmens angepasst, was durch vorangegangene erste Dokumentenanalyse, Vorgespräche und archivierte Daten möglich wurde (siehe das Beispiel eines Interviewleitfadens im Anhang). Neben den Interviewfragen und Platz für die direkte

Mitschrift enthielt der Leitfaden auch eine dritte Spalte für erste Interpretationen, zur Hervorhebung zusätzlicher Fragen und/oder Verbindungen zu verwandten Themen, was die Interviewanalyse vereinfachte (zur Formulierung erster Interpretationen und Eindrücke während des Interviews siehe auch Eisenhardt 1989, S. 539).

Besaßen die Verantwortlichen für den Aufbau und die Pflege des Netzwerk-Konzepts nicht genügend Informationen über den aktuellen Status der Wissensnetzwerke (archivierte Daten) innerhalb des Konzepts oder über Struktur, Erfolgsfaktoren und Verbesserungspotenziale, wurde ein speziell für die vorliegende Untersuchung entwickelter *Fragebogen* eingesetzt (ein Exemplar des Fragebogens in deutscher Sprache befindet sich im Anhang). Der Fragebogen richtet sich an die Netzwerkmitglieder und befragt sie nach der Struktur ihres Netzwerks und fordert sie dazu auf, die einzelnen Strukturelemente zu beurteilen (wie hilfreich ist dieses Elemente zur Erfüllung der Aufgaben des Netzwerks). Der Einsatz war nur bei einem Unternehmen (Autocorp) notwendig, zwei Unternehmen besaßen eigene aktuelle Untersuchungen (ConsumerCorp und CompConsult) und ein Unternehmen (ComputerCorp) stellte zusätzliche Interviewpartner (10 Mitglieder unterschiedlicher Netzwerke) zur Verfügung. Die internen Untersuchungen umfassen im Wesentlichen die Inhalte des Fragbogens, dürfen aber aus Vertraulichkeitsgründen nicht im Appendix dargestellt werden.

Bei den analysierten *Dokumenten* handelte es sich überwiegend um Geschäftsberichte, publizierte Artikel, interne Dokumente und Berichte, Präsentationen, Leitfäden und Dokumentationen. Diese Dokumente enthalten zum einen wichtige Informationen über das untersuchte Wissensnetzwerk-Konzept, aber zeigen auch die Art und Weise, wie das Konzept wem kommuniziert wird. Nur ca. 10% der verwendeten Materialien ist öffentlich zugänglich.

Neben den bereits genannten Datenquellen stellten die *Unternehmensbesuche* eine weitere bedeutende Informationsquelle dar, da sie der Forscherin halfen, die dokumentierten Daten besser einzuordnen und auch implizite Andeutungen oder Vorgehensweisen besser zu verstehen. Die 19 Unternehmensbesuche (durchschnittlich acht Tage pro Unternehmen) dienten vorwiegend dem Kennenlernen des Wissensmanagement-Teams, der Durchführung der Interviews, Sichtung der internen Dokumente und der Durchführung von Abstimmungsworkshops und Ergebnispräsentationen.

4.1.2 Datenanalyse

Wie Eisenhardt (1989, S. 539 f.) beschreibt, gibt es keine einheitliche Methode zur Datenanalyse von vergleichenden Fallstudien, jedoch ist es essentiell, die Menge der Daten durch Fokussierung zu reduzieren, um ein leserfreundliches Format zu gestalten, welches alles Notwendige enthält, damit der Autor das Phänomen holistisch beschreiben kann. Wichtig dabei ist, so Eisenhardt (1989, S. 540) weiter, dass jede Fallstudie auch für sich alleine verstanden werden kann. Die Einzelfallstudien-Analyse ist dabei eng gekoppelt an den anschließenden Fallstudienvergleich, da sich bei der Analyse der Einzelfallstudien bereits Kriterien (Konstrukte genannt) und Muster für den Vergleich ergeben können. Das in Kapitel 3 entwickelte Analyseraster wird im Folgenden zur Datensammlung und -analyse verwendet. So werden gezielt Informationen aus den verschiedenen Datenquellen zu den identifizierten Komponenten für Wissensnetzwerk-Konzepte wie beispielsweise deren Strategieverankerung oder den Aufbau der einzelnen Netzwerke gesucht. Dabei können die verwendeten Datenquellen pro Komponente in den Einzelfallstudien unterschiedlich sein, da nicht alle Unternehmen gleichermaßen z.B. interne Dokumente über den Aufbau der einzelnen Netzwerke besitzen, sondern eher Interviewdaten zur Analyse dieser Komponente dienen können. Um die Validität der Fallstudien sicherzustellen (siehe Kapitel 1.3.3), müssen jedoch alle im Analyseraster erfassten Komponenten (in einem vergleichbaren Detaillierungsgrad) beschrieben werden, um eine holistische Darstellung des einzelnen Wissensnetzwerk-Konzepts zu ermöglichen und damit die Voraussetzung für den Fallstudienvergleich in Kapitel 5 zu schaffen. Die Datensammlung endet, wenn die Sättigung des Analyserasters erreicht ist, d.h. wenn zu allen Komponenten, die ein Wissensnetzwerk-Konzept umfasst, Daten gesammelt und analysiert wurden. Die Analyse der Einzelfallstudien führt schließlich zur strukturierten Darstellung dieser Daten in Form einer Fallstudie, wie sie ab Kapitel 4.2 dargestellt sind.

4.1.3 Struktur der Einzelfallstudien

Die Ergebnisse der Datensammlung und -analyse werden in Form von Einzelfallstudien präsentiert. Das Zusammenfließen der zahlreichen empirischen Ergebnisse in den einzelnen Fallstudien ermöglicht dem Leser ein holistisches Bild des Untersuchungsobjekts Wissensnetzwerk. Orientiert ist die Präsentation jeder Fallstudie an den im vorangegangenen Kapitel entwickelten Konstrukten, was zum einen der Übersichtlichkeit dient, aber vor allem die verwendete Replikationslogik verdeutlicht und den folgenden Fallstudien-Vergleich vereinfacht.

Die folgende Fallstudie ist in 3 Teilen aufgebaut: im *ersten Teil* wird zunächst die historische Entwicklung des Unternehmens, dessen Umfeld und strategische Einbindung des Konzepts dargestellt, wodurch die Hintergründe für die Konzeption und die Umsetzung des entsprechenden Wissensnetzwerk-Konzepts geklärt werden. Dies erscheint unter dem Gesichtspunkt der Kontextbildung sehr bedeutsam, um die nachfolgenden Aussagen besser einschätzen zu können (vgl. Pettigrew, 1992, S. 7 ff.).

Im *zweiten* (Makro-Perspektive) und *dritten* Teil (Mikro-Perspektive) erfolgt die Analyse der Daten aus den verschiedenen Datenquellen aufgrund des in Kapitel 3 aufgestellten Analysemodells für Wissensnetzwerke. Bei der angewandten Analysemethode mit Hilfe der vorher definierten Konstrukte handelt es sich um das von Yin (1984, S. 106 ff.) und Eisenhardt (1989, S. 539 ff.) zur Theoriebildung vorgeschlagene „Pattern matching", wobei die Kernkomponenten für Wissensnetzwerke die entsprechenden „Pattern", also die Muster zur Analyse bilden. Diese Muster werden im *zweiten Teil* der jeweiligen Fallstudie zur Präsentation der Daten verwendet, um aus einer Makro-Perspektive heraus die Umsetzung des Wissensnetzwerk-Konzepts mit einer Betrachtung der Strategieverankerung, der Kernkomponenten und der Leistungsmessungen für Wissensnetzwerke darzustellen. Der Teil endet mit einer Betrachtung der Veränderungen des Konzepts bis heute, um so die Weiterentwicklung, aber auch zukünftige Trends aufzuzeigen.

Während die identifizierten Komponenten im zweiten Teil das vorliegende Konzept aus der Außensicht betrachten, wird im folgenden *dritten Teil* eine Innenansicht, mit einem höheren Detaillierungsgrad und dem Fokus auf ausgewählte Komponenten, ermöglicht. Der dritte Teil, die Mikro-Perspektive, analysiert einzelne Ausprägungsvarianten der vorhandenen Wissensnetzwerke im Unternehmen und erlaubt eine erste Auseinandersetzung mit den Schwächen und Stärken des jeweiligen Konzepts.

4.2 Fallstudie Autocorp: Das TechClub-Konzept

Die Autocorp ist ein führendes Unternehmen im Bereich Automotive. Autocorp-D bezeichnet im folgenden den PKW-Entwicklungsbereich von Autocorp, in welchem ein konsequentes Wissensmanagement eingeführt wurde.

4.2.1 Methodik und Datensammlung

Um ein vollständiges Bild auf das TechClub-Konzept, also die Wissensnetzwerke von Autocorp-D, zu erhalten, wurden über einen Zeitraum von fünf Monaten (August bis Dezember 2002) mit dem Einverständnis von Autocorp-D Daten für die vorliegende Fallstudie aus verschiedenen Datenquellen gesammelt.

Unter Mitarbeit einer "Schlüsselfigur" des Autocorp-D KM-Mandats wurden repräsentative Interviewpartner ausgewählt und zwölf durchschnittlich 60-Min.-Interviews mit TechClub-Mitgliedern (Mitglieder aus dem Koordinationsteam, die Einblick in mehrere TechClubs haben) und Netzwerkmanagern (Mitarbeiter des KM-Mandats) durchgeführt. Für die Interviews wurden jeweils angepasste Interviewleitfäden (für die Mitglieder des Koordinationsteams, die Mitglieder des KM-Mandats) erstellt, wobei die Fragen an die bereits gewonnenen Erkenntnisse aus der

Dokumentenanalyse, den Sprachgebrauch Autocorp-Ds und die jeweiligen Rollen der Interviewpartner angepasst wurden. Ergänzt werden die Interviewergebnisse durch die Auswertung von zehn Fragebögen (als Fragebogen-Analyse referenziert), welche zusätzliche Einblicke in die interne Organisation der TechClubs geben.

Des Weiteren wurden neben publizierten Artikeln (Geschäftberichte und frühere Untersuchungen, zitiert nach Autor) ca. 120 Seiten interne Dokumente (Präsentationen, Mitarbeiterzeitung, E-Mails, Auszüge aus dem Intranet und der Wissensdatenbank, zitiert als Autocorp_Dok 1 bis X) und archivierte Untersuchungsdaten (vor allem Ergebnisse der internen Untersuchung der Wissensnetzwerke, dem sogenannten Review) gesichtet und analysiert sowie Beobachtungsprotokolle von sechs teils mehrtägigen Feldbesuchen, die in der Untersuchungszeit durchgeführt wurden, mit einbezogen. Alle Dokumente, Transkripte und Protokolle sind jeweils zitiert und finden sich im Literaturverzeichnis wieder.

4.2.2 Historie, Umfeld und organisatorische Entwicklung

Der Ursprung des Wissensnetzwerk-Konzepts liegt bei der Firma Carcorp in den USA, die seit 1992 TechClubs zur Wissensteilung einsetzt. Ursprünglich war der Einsatz der TechClubs durch die Notwendigkeit getrieben, dass durch die Restrukturierung der Produktion in „Car Platforms“ Wissensinseln entstanden (Raimann, 2002, S. 119).

Die Plattformen waren nun, entgegen der alten Struktur Carcorps, für sämtliche Phasen der Fahrzeugentwicklung verantwortlich. Diese Restrukturierung als Antwort auf die wachsende Konkurrenz auf dem Automobilmarkt aus Japan wurde als erfolgreich bezeichnet, da sie die Entwicklungszyklen halbierte und die Kosten reduzierte. Sie führte aber auch zu Schwierigkeiten, beispielsweise dass verschiedene Versionen von Produktteilen im Umlauf waren, sich Fehler auf verschiedenen Plattformen wiederholten, kaum koordinierte Beziehungen zu Zulieferern bestanden und die Nutzung von Erfahrungswissen unzureichend und vor allem nicht plattformübergreifend ausgeprägt war. „The company had lost the ability to learn from its own experience“ (Karlenzig, 1999).

Die Ingenieure lösten einen Teil der Probleme durch erste informelle Treffen zum Erfahrungsaustausch, das Management erkannte jedoch bald die Potenziale solcher Treffen für den Wissensaustausch und die Kommunikation und unterstützte die Gruppen. Damit wurden die TechClubs geboren, die sich zum Ziel setzten, Wissen über die verschiedenen Plattformen hinweg auszutauschen und im „Engineering Book of Knowledge“ (EBOK) festzuhalten.

Autocorp lernte dieses System 1998 kennen. Autocorp-D übernahm das Wissensmanagement-Konzept, bestehend aus TechClubs und EBOK, wobei aber Inhalte und Gestaltung der TechClubs auf den Entwicklungsbereich von Autocorp angepasst wurden: „Wir sahen, dass Carcorp hier ein gutes System hatte und Erfolge damit erzielt hat. Das machte es wesentlich einfacher für uns, das Thema KM wieder hoffähig zu machen und gab uns die Möglichkeit, es in hoher Geschwindigkeit und flächendeckend einzuführen. Eine Referenz, die funktioniert, war hier das Entscheidende für die Implementierung." (Interview_L, 2002, S. 1).

Im Juli 1999 begann man durch eine flächendeckende Einführung der TechClubs (Wissensnetzwerke im Technologie-Bereich, die daher Technologie-Clubs oder kurz TechClubs genannt werden) und dem Engineering Book of Knowledge (kurz EBOK genannt) das Wissensmanagement der Autocorp-D neu auszurichten und zu standardisieren. „Ich erhoffe mir von der Einführung der TechClubs vor allen Dingen eine Stärkung der baureihenübergreifenden Koordination", so ein Direktor von Autocorp-D (Autocorp_Dok_3, 2000, S. 5). Dazu wurde das Projekt EBOK gestartet, welches bis Ende 2001 Entwicklungsingenieure aller Bereiche von Autocorp-D über die Fahrzeugsparten hinweg in Wissensnetzwerken (TechClubs) miteinander verbinden sollte. „Ein TechClub ist eine Expertenrunde zu einem bestimmten Technologiefeld. In ihm treffen sich Experten eines Fachgebiets regelmäßig und über Linienstrukturen hinweg. Diese Experten tauschen Erfahrungen und Ideen aus und erarbeiten Inhalte für das EBOK. Damit sorgen sie für den Austausch und die Dokumentation von Wissen." (Autocorp_Dok_4, 2000).

In diesen TechClubs sollten die Ingenieure durch den Austausch von Best Practices und Lessons Learned, also ihres impliziten Wissens, eine einheitliche Wissensbasis schaffen und diese im dem TechClub zugehörigen Book of Knowledge dokumentieren. Dieses Vorgehen soll die Kodifizierung des wertvollen impliziten Wissens der Entwicklungsingenieure, aber auch die Schaffung einer expliziten Wissensdatenbank ermöglichen, durch die das Wissen leicht und komfortabel allen Entwicklungsbereichen zur Verfügung gestellt werden kann. Da die TechClubs nicht nur für die Befüllung, sondern auch für die ständige Überprüfung der einzelnen Kapitel des EBOK verantwortlich sind, soll so auch die schwierige Frage der Aktuell-Haltung gelöst werden (Autocorp_Besuch_1, 2002, S. 1).

„Wissen wird die strategische Ressource in den Prozessen, Produkten und als Produkt. Wissen wird der einzige nachhaltige Erfolgsfaktor. Die Entwicklung ist die Stelle der Wertschöpfungskette, an der Wissen gewonnen und eingesetzt wird. Wissensmanagement ist in der Entwicklung eine absolute Notwendigkeit." (Autocorp_Dok_2, 2000, Folie 3).

„Der wichtigste Teil des Wissensmanagements ist der Prozess, in dem implizites, individuelles Wissen in explizites, kollektives Wissen überführt wird und umgekehrt. Um Wissen besser nutzbar zu machen, müssen die organisatorischen (z.B. Abbau von Barrieren, Dezentralisierung), die technologischen (Kommunikationsmittel) und die kulturellen (Motivation) Rahmenbedingungen verbessert werden." (Autocorp_Dok_2, 2000, Folie 4).

Explizite Ziele der Wissensmanagement-Initiative von Autocorp sind:

- Wissen regelmäßig mit anderen teilen und im notwendigen Umfang in systematischer Form dokumentieren
- Implizites Wissen kollektiv nutzbar machen
- Statt aufwendiger Suche nach verstreuten Informationen und schlecht dokumentiertem Erfahrungswissen wird firmeninternes Know-how schneller und gezielter an die Anwender weitergegeben

Vorteile: effektivere Abläufe, kürzere Entwicklungszeiten, höhere Effizienz, Fehlervermeidung und bessere Nutzung des Expertenwissens." (Autocorp_Dok_3, 2000, S. 2).

4.2.3 Makro-Perspektive: Gestaltungselemente des TechClub-Konzepts von Autocorp-D

4.2.3.1 Strategieverankerung und Umsetzung der Wissensnetzwerkinitiative

Die strategische Verankerung des Konzepts wurde genauso konsequent durchgeführt wie die flächendeckende und schnelle Einführung der TechClubs und des EBOK. „Das Bestehen, die Weiterführung und die Weiterentwicklung des KM und der TC-Struktur und das EBOK ist explizit in der Strategie als ein Handlungsfeld aufgeführt und damit verankert." (Interview_L, 2002, S. 1).

Das Projekt EBOK, zur Einführung dieser Initiative, bestand aus 4 Vollzeit-Mitarbeitern („KM-Mitarbeiter") und 12 weiteren Kernteam-Mitgliedern (Projektmitarbeiter aus den verschiedenen Direktionen von Autocorp-D), die ab November 1999 mit der flächendeckenden Umsetzung betraut waren. Das Kernteam sollte die methodische Einführung von TechClubs und EBOK unterstützen (Autocorp_Dok_2, 2000, Folie 14).

Als Herausforderungen der Umsetzung des Konzepts wurden vom KM-Mandat die flächendeckende Einführung ohne Pilot, die hohe Umsetzungsgeschwindigkeit und die Verankerung des Konzepts in den Bereichen durch die Mitwirkung der Bereiche im Koordinationsteam hervorgehoben (Autocorp_Dok_20, 2002, S. 9). Ein wichtiger Erfolgsfaktor des Projekts war die Unterstützung durch das Top-Management, was sich sowohl in der Aufhängung des Projekts direkt an einem Direktor von Autocorp-D (Interview_K_1, 2002, S. 1) als auch in den regelmäßigen Berichten in den Gremien widerspiegelte (Autocorp_Dok_20, 2002, S. 9). Um das oben genannte Ziel einer einheitlichen expliziten Wissensbasis durch das EBOK zu erreichen, wurde vom Projektteam eine organisatorische Einbettung der TechClubs in die Entwicklungslandschaft von Autocorp-D vorgenommen. Das bedeutet, dass die vorhandenen Schnittstellen über die Fahrzeugsparten hinweg identifiziert wurden und zu jedem Themenbereich ein TechClub mit den maßgeblichen Experten (Ingenieuren) aus jedem Bereich gegründet wurde. Um die Vernetzung der TechClubs sicher zu stellen, wurde außerdem ein Lenkungssystem implementiert, durch welches sich die TechClubs durch Executive TechClubs steuern und kontrollieren lassen.

Lenkungsstruktur der TechClubs. Um eine ordnungspolitische Struktur zu gestalten, gibt es zwei Ebenen von TechClubs: die Executive TechClubs und die Engineering TechClubs. Während sich die einzelnen Engineering TechClubs „auf übergreifende Technologiethemen fokussieren" (Autocorp_Dok_3, 2000, S. 5), werden alle Engineering TechClubs (oder kurz EngTC) zum gleichen Funktionsbereich, wie z.B. dem Funktionsbereich Elektrik/Elektronik, durch einen Executive TechClub (oder kurz ExTC) gesteuert. „Ein ExTC trägt Verantwortung für die Themen, die in den Engineering TCs bearbeitet werden. Er berichtet regelmäßig an die Entwicklungleitung über die erarbeiteten Inhalte." (Autocorp_Dok_2, 2000, Folie 14). Ein ExTC besteht aus den von seinem Technologiefeld tangierten Mitglieder der oberen Führungsebene. Themenspezifisch nehmen an den ExTC-Sitzungen auch die Leiter der zugeordneten EngTCs teil. Mit Stand Juli 2002 sind 13 ExTCs aktiv, welche insgesamt 89 EngTCs steuern.
Die ExTCs haben die folgenden Aufgaben:

- übergreifende, mehrere Ex- bzw. EngTC betreffende Technologiethemen werden bearbeitet, z.B. Leichtbau,
- Vorgeschlagene EngTC-Themen und -Chairmen werden entschieden
- Vorgaben für/Prüfung der Arbeit in den EngTCs
- Umsetzung der Technologie- und Funktionalstrategien
- Entwicklungs- und Erprobungsstandards bewerten und entscheiden
- Technologien der Zulieferer strategisch bewerten (Auszug aus Autocorp_Dok_2, 2000, Folie 16)

Die Rolle der Chairperson wird meist von einer Führungskraft des betreffenden Technologiefeldes übernommen. Die Chairpersons der ExTCs sollen einen übergeordneten Blick auf die einzelnen Funktionsbereiche haben und auf die EngTCs ihres Bereichs koordinierend einwirken. Sie vertreten ihren Linienbereich, tauschen sich im ExTC über die Themen der einzelnen

Engineering TechClubs aus und stellen so eine gewisse Vernetzung (Wissensteilung) der TCs eines Bereichs sicher. Die ExTCs der einzelnen Funktionsbereiche sind wiederum durch ihre Chairperson im ExTC-Steuerkreis, dem obersten Lenkungsgremium der TechClubs, vertreten. Dieser trifft jegliche übergeordneten, also alle TechClubs betreffenden, Entscheidungen. Der ExTC-Steuerkreis wiederum berichtet dem Lenkungsausschuss, einem Gremium der Entwicklungsleitung über wichtige Themen oder neue Strukturen, welche auf die gesamte Entwicklung Einfluss haben oder nur vom Lenkungsausschuss entschieden werden können (Autocorp_Dok_2, 2000).

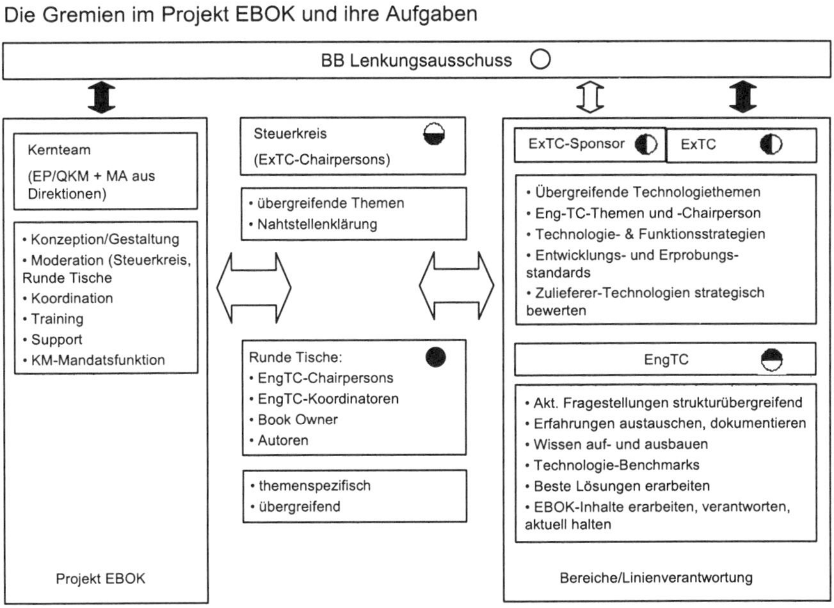

Abb. 37: Lenkungsstruktur des TechClub-Konzepts (Quelle: Autocorp_Dok_4, 2000, S. 1)

4.2.3.2 *Kernkomponenten und ihre Ausprägungen*

Im Folgenden werden die Aspekte: Nutzen und Ziele, Aufbaumethodik, Arbeitsweise, Rollen und Unterstützungsfaktoren näher betrachtet.

Nutzen und Ziele des TechClub-Konzepts von Autocorp. „Die fünf wichtigsten Nutzeneffekte von Knowledge Management" werden von Autocorp-D genannt als:

- „First Time Right – Fehler werden nicht wiederholt

- Aufwand für Beschaffung von Informationen und Erfahrungswissen wird stark reduziert
- Neue Mitarbeiter werden schneller und effizienter eingearbeitet
- KM unterstützt kurze Innovationszyklen
- Standardisierung spart Aufwand (Zeitgewinn, Kostensenkung)" (Autocorp-D_Dok_2, 2000, Folie 17).

Bezogen auf die drei Unternehmensziele Effizienzsteigerung, Innovationsförderung und Risikominimierung, die Wissensmanagement langfristig unterstützen kann (von Krogh et al., 2001, S. 424-427), formuliert Autocorp-D, dass vor allem Innovation und Effizienz durch ihr Wissensmanagement unterstützt werden. „Beitrag zu Zielen und Nutzen: Innovative Produkte (Leading Practices, mehr Zeit für Neues), effiziente Prozesse (Expertenwissen wird besser genutzt, Rad wird nur einmal erfunden) und überzeugende Führungsarbeit (share to win)." (Autocorp_Dok_2, 2000, Folie 18).

„Der größere Nutzen wird in den TechClubs erzielt. Deshalb liegt der Schwerpunkt von Knowledge Management in den TechClubs.", so eine Kernaussage aus der Präsentation des Wissensmanagement-Konzepts, die vom KM-Mandat vorbereitet und in allen Abteilungen vom jeweiligen Abteilungsleiter gehalten wurde (Autocorp_Dok_20, 2002, Folie 5).

Aufbaumethodik der TechClubs. Der Aufbau eines TechClubs erfolgt mit Unterstützung durch das Projektteam bzw. KM-Mandat (Autocorp_Besuch_1, 2002, S. 2). Dabei werden die Führungskräfte, deren Mitarbeiter die TechClub-Mitglieder werden sollen, frühzeitig bei der Auswahl der Mitglieder und der Definition der Ziele und Aufgaben des TechClubs unterstützt. Eine optimierte Prozessbeschreibung für deren Aufbau wurde im Book of Knowledge des KM-TechClubs, der aus Wissensmanagement-Interessierten und -Verantwortlichen von Autocorp-D besteht, veröffentlicht (Autocorp_Dok_21, 2002, S. 1-6). Die Aufbauempfehlung enthält zum einen die Klärung von Punkten vor der ersten Sitzung, und zum anderen die Gestaltung der ersten Sitzung und die Gestaltungspunkte für folgende Sitzungen. Für die Phase vor der ersten Sitzung werden vor allem die Planung von Themen, Zielen, Verbindungen zu bestehenden TechClubs und die Mitgliederzusammensetzung diskutiert. Als Inhalte der konstituierenden Sitzung sind neben der Diskussion der oben beschriebenen Planungspunkte die Besetzung der Rollen, die Planung der organisatorischen Maßnahmen wie Protokoll, Sitzungstermine und Agenda sowie die mögliche Integration anderer Gruppen aufgeführt. Die letzte Phase der Beschreibung dient den unterstützenden Maßnahmen wie Schulungen, eine eigene Geschäftsordnung, eine Grobstruktur des EBOK mit Autoren und Themen, die Planung des Intranetauftritts und die Erinnerung an Reflexionsbögen und Berichte an den KM-Steuerkreis. Neben diesen strukturellen Hilfestellungen enthält das Kapitel jedoch auch Lessons Learned aus den Erfahrungen von Chairpersons mit TechClubs sowie Leading Practices, also Vorzugslösungen zu Methoden und Tools, die sich im TechClub bewährt haben (Autocorp_Dok_21, 2002, S. 5-6).

Arbeitsweise der TechClubs. Die Engineering TechClubs treffen sich durchschnittlich alle 2 bis 4 Wochen für ca. 2 Stunden und bearbeiten aktuelle Themen ihres Technologiefeldes (Autocorp_Besuch_2, 2002, S. 1). Durch die gemeinsame Arbeit der Experten an aktuellen Problemstellungen, meist initiiert durch Impulsreferate oder durch die Präsentation neuer Technologien durch Zulieferer, die gemeinsam bewertet werden können, soll der Erfahrungs- und damit Wissensaustausch angeregt werden (Autocorp_Besuch_3, 2002, S. 1-3). Die Teilnehmer sollen nicht nur in ihrem Entwicklungsbereich auf diesen Erfahrungen (durch Lessons Learned) aufbauen können, sondern auch durch die gemeinsame Definition von Vorzugslösungen (Best Practices) eine gemeinsame und standardisierte Vorgehensweise festlegen (Autocorp_Besuch_3, 2002, S. 3). Ein wichtiger Bereich ihres Arbeitens stellt auch die Erarbeitung, Verantwortung und die Pflege der dem TechClub zugehörigen Inhalte des EBOK dar. Somit kann das EBOK als „das Gedächtnis des TechClubs" angesehen werden (Interview_Bo, 2002., S. 1).

Zusammenfassend lässt sich sagen, dass der TechClub folgende Aufgaben umfasst:

- „Aktuelle Fragestellungen werden strukturiert bearbeitet
- Erfahrungen („Lessons Learned") werden ausgetauscht und dokumentiert
- Wissen zu Technologien/Methoden wird auf- bzw. ausgebaut
- Technologie-Benchmarks werden erarbeitet
- Beste Lösungen („Leading Practices") werden erarbeitet
- Zugeordneter EBOK-Inhalt wird erarbeitet, verantwortet und gepflegt
- Zulieferer präsentieren Technologien, die gemeinsam bewertet werden." (Autocorp_Dok_2, 2000, Folie 15).

Rollen in der TechClub-Struktur. Neben den *Chairpersons*, den Netzwerkleitern, gibt es weitere Rollen in jedem TechClub (EngTC und ExTC), wie den *Koordinator*, der administrative und organisatorische Aufgaben wie beispielsweise die Organisation der Treffen, die Abstimmung mit den Referenten, die Pflege des Themenspeichers etc., übernimmt. Neben den Ingenieuren, welche Mitglieder der EngTCs sind, gibt es einen *Book Owner*. Dieser „Buch-Besitzer" ist organisatorisch und inhaltlich für die Pflege des TechClub-spezifischen Book of Knowledge, der elektronischen Wissensdatenbank (daher auch oft EBOK genannt) verantwortlich. Das heißt, er übernimmt die Redaktion der von den Autoren eingereichten Beiträge. Die *Autoren* sind wiederum die Ingenieure, die zu bestimmten Themen ein Dokument über ihre Best Practices und Lessons Learned verfassen (Interview_K_2, 2002, S. 2-3). Die Autoren sind nicht zwangsweise permanente Mitglieder im TechClub. Teilweise wirken sie nur themenspezifisch und temporär im TechClub mit.

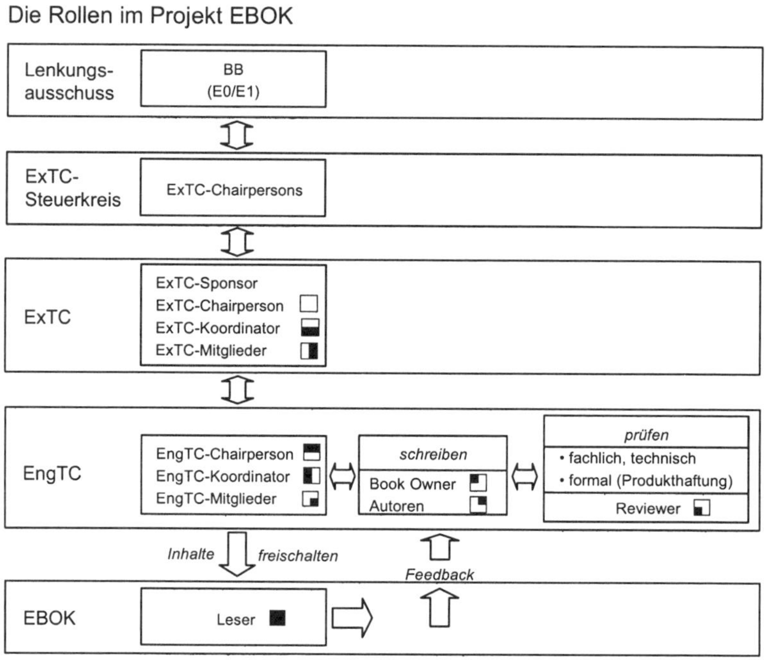

Abb. 38: Die wichtigsten Rollen im TechClub-Konzept von Autocorp-D (Quelle: Autocorp_Dok_4, 2000, S. 1)

Die Inhalte der einzelnen Kapitel sollen das implizite Wissen über ein Themenfeld beinhalten (Autocorp_Besuch_2, 2002, S. 2). Um dies sicherzustellen, hat das MB-EBOK-Projektteam zum einen den Redaktionsprozess für die Kapitel definiert (Autocorp_Dok_5, 2000) und zum anderen eine Wissensdatenbank zur elektronischen Ablage und Verknüpfung der Inhalte zur Verfügung gestellt (Autocorp_Besuch_3, 2002, S. 1). Der ideale Prozess zur Entwicklung der Inhalte beinhaltet, dass ein Themenfeld in einer TechClub-Sitzung vorgestellt, Lessons Learned geteilt und Best Practices identifiziert werden. Dieses implizite Wissen soll dann von einem Mitglied (dem Referenten des Themas) kodifiziert, also in expliziter Form niedergeschrieben werden und als Buchkapitel in das EBOK des jeweiligen TechClubs aufgenommen werden (Interview_Ko, 2002, S. 2). Der Autor soll dabei möglichst das Erfahrungswissen niederschreiben und weniger allgemeine Informationen über das Thema. Ein *Revisor* oder *Reviewer* prüft die Kapitel vor der Freigabe.

Das Projektteam zur Umsetzung des TechClub-Systems wurde außerdem von Mitgliedern aus den einzelnen Bereichen, dem *Koordinationsteam*, unterstützt. Jede Direktion (Bereich von Autocorp-D) hat dazu zu Beginn des Projekts einen Vertreter benannt, der zunächst mit bis zu 80% seiner Kapazität später nur noch mit einem kleineren Teil seiner Arbeitszeit mit in den Aufbau und der Pflege der TechClub, besonders in seinem Center, involviert war (Autocorp_Besuch_2, 2002, S. 2). Heute unterstützen die Mitglieder des Koordinationsteams die TechClubs ihres Centers bei der Rückmeldung an das KM-Mandat (siehe z.B. Interview_Ko, 2002, S. 1). Um über den aktuellen Status der TechClubs seines Centers informiert zu sein, versucht das Koordinationsteam zweimal jährlich die Sitzungen der einzelnen TechClubs zu besuchen. Die Einbeziehung der Centervertreter in Aufbau- und Koordinationsprozess sollte zum einen die Akzeptanz des Systems in den Centers erleichtern, es zum anderen aber auch ermöglichen, die individuellen Eigenheiten der einzelnen Center besser kennen zu lernen und durch Anpassungen zu berücksichtigen (Interview_K_2, 2002, S. 1). Dazu trifft sich das Koordinationsteam in regelmäßigen Sitzungen und Klausurtagungen mit dem KM-Mandat (Interview_K_2, 2002, S. 1).

4.2.3.3 Unterstützung der Wissensnetzwerke und Öffentlichkeitsarbeit

Als Hilfestellung wird vom Projektteam zum einen eine Beschreibung „Was gehört ins EBOK" (Autocorp_Besuch_3, 2002, S. 1), die Definition von Qualitätskriterien für gute EBOK-Kapitel (Autocorp_Dok_11, 2001) und ein Selbstlernkurs zum MB-EBOK (Autocorp_Dok_9, 2001 allgemein; Dok_9.1 für Autoren und Dok_9.2 für Book Owner) zur Verfügung gestellt, zum anderen werden Schulungen für Autoren und Book Owner angeboten, welche ihnen helfen, die Qualität der Kapitel sicherzustellen (insgesamt 76 Schulungen Stand Juli 2002, (Autocorp_Dok_8, 2002 und Interview_H, 2002, S. 1)). Die Dokumente können komfortabel in MS Word erstellt und dann in HTML konvertiert werden, damit sie, als elektronische Wissensdatenbank verknüpft (mit Links zu den einzelnen Kapiteln), über das firmeneigene Intranet für alle zugelassenen Leser zur Verfügung stehen (Interview_Bo, 2002, S. 1; Autocorp_Dok_13,

2001, S. 1-2 über Navigation und Suche im EBOK). Ein Sicherheitssystem schützt diese wertvolle Wissensquelle für den Entwicklungsbereich vor unberechtigten Zugriffen (Interview_Bo, 2002, S. 2; siehe auch Reviewprozess Kapitelerstellung in Autocorp_Dok_5, 2000).

Das Projektteam hat neben den bereits erwähnten Schulungen für Book Owner, Autoren, aber auch für Chairpersons von TechClubs vielfältige Anstrengungen unternommen, die TechClubs zu unterstützen und ihre Aktivitäten im Unternehmen bekannt zu machen. Zu diesen Maßnahmen gehören regelmäßige Veröffentlichungen wie die „KM-News" mit Erfolgsgeschichten einzelner TechClubs und Hinweisen zu aktuellen Aktivitäten (Autocorp_Dok_6, 2000-2002), „Newsmail EBOK" informiert speziell Book Owner und Chairpersons per E-Mail über Neuerungen oder Schulungsaktivitäten für die elektronische Wissensdatenbank (Autocorp_Dok_7, 2001). Mit der Organisation und Durchführung von jährlichen KM-Forum-Tagungen (Interview_K_2, 2002, S. 1-2) wie auch mit vom Projektteam initiierten Präsentationen in den Abteilungssitzungen soll die breitere Belegschaft über die Aktivitäten der TechClubs informiert werden. (Autocorp_Dok_14.1, 2002 und Autocorp_Dok_14.2, 2002). Ebenfalls zur Öffentlichkeitsarbeit gehört auch das Zurverfügungstellen einer Homepage für jeden TechClub, der die Namen und Rollen der Mitglieder, die Themengebiete und Ziele, Agenda und Termin der nächsten Sitzung, Protokoll der letzten Sitzung und den Themenspeicher für folgende Sitzungen enthält (Autocorp_Besuch_3, 2002, S. 2). Darüber hinaus finden sich Links zum entsprechenden EBOK (nur bei Freischaltung) und zu den andern TechClubs auf der Homepage (Beispiel einer Homepage siehe Autocorp_Dok_22, 2002). Diese Homepage wurde bisher zentral vom KM-Mandat instand gehalten, soll zukünftig aber von den TechClubs selbst gepflegt werden (Interview_Bo, 2002, S. 1).

Durch diese Öffentlichkeitsarbeit gelang es, die Anzahl der EBOK-Benutzer auf 4500 zu erhöhen (Stand August 02, Autocorp_Dok_5, 2000 oder Autocorp_Dok_6, 2000-2002). Darüber hinaus geben professionelle Informationsbroschüren und Präsentationen Einblicke in die Funktionsweise und den Aufbau der TechClubs sowie deren ordnungspolitische Funktion bei Autocorp-D (Autocorp_Dok_1, 2000 und Autocorp_Dok_2, 2000). Personelle Unterstützung zum Aufbau von TechClubs wurde durch das Projektteam, welches im Juni 2001 mit Abschluss des Projekts personell reduziert und als „KM-Mandat" dem Prozessmanagement zugeordnet wurde, und in der Anfangsphase durch die Mitglieder des Koordinationsteams geleistet (Interview_K_2, 2002, S. 2). Diese Unterstützung bezog sich zum einen auf die Hilfe bei der Kapitelerstellung durch Konvertieren der Word-Dokumente oder bei grafischen Umsetzungen, zum anderen natürlich auf die Hilfe beim Aufbau der TechClubs und bei der Umsetzung der beschriebenen Struktur.

4.2.3.4 Leistungsmessungen der TechClub-Struktur

Die Maßnahmen zur Leistungsmessung sollen darauf abzielen neben der individuellen Leistungsmessung der TechClubs auch eine Überprüfung der KM-Strategie und deren Weiterentwicklung zu ermöglichen (Interview_L, 2002, S. 1 f.). Dazu wurden von Autocorp-D verschiedene Messinstrumente entwickelt, die im Folgenden dargestellt werden. Ein wichtiges Element der Leistungserfassung der TechClubs war in der Startphase der ausführliche „Review" im Januar 2001. Später wurde dieser durch den Reflexionsbogen und die Nutzenerfassung abgelöst. Im Abschnitt *Weitere Messinstrumente* werden darüber hinaus zusätzliche Leistungsmessungen erwähnt.

Reviewprozess im Januar 2001. Dazu wurden vom Projektteam alle TechClubs (ExTCs und EngTCs) persönlich „besucht", was die Teilnahme an einer Sitzung des TechClubs sowie eineinviertelstündige Bewertungs- und Beratungsgespräche mit der Chairperson, dem Koordinator (für ExTCs, in EngTC Book Owner statt Koordinator) und ausgewählten Mitgliedern umfasste. Ziel der Initiative war es, „Abläufe und Qualität (zu) optimieren und (zu) vereinheitlichen. Dies gilt für die TechClub- und für die EBOK-Beiträge, aber auch für die zugrunde gelegte Methodik (entsprechend dem Leitfaden für Technology Clubs und für das Engineering Book of Knowledge)." (Autocorp_Dok_10.1, 2001, S. 2). Dazu wurden Daten über den Gesamteindruck einschließlich der Stärken des TC gesammelt, eine Bewertung der TC-Arbeit vorgenommen, Handlungsempfehlungen für den TC aufgezeigt, Vereinbarungen zur Unterstützung durch das Projektteam getätigt sowie ein Feedback des TC an das Projektteam (Kritik, Anregungen, Wünsche) gegeben (Autocorp_Dok_10.1, 2001, S. 2). Der Reviewbogen, der zur Datensammlung diente, umfasste im Wesentlichen die Themengebiete: Organisation der TC-Sitzungen, Zusammensetzung des TC, Arbeitsfähigkeit des TC, Motivation im TC, vom TC bearbeitete Inhalte, Qualität der Arbeit im TC und Qualität der EBOK-Inhalte sowie Vernetzung des TC mit anderen TCs und im TC erzielte Nutzeneffekte (Autocorp_Dok_10.2, 2001, S. 1-3). Ziel war vor allem eine Beratung der TechClubs in dieser Anfangsphase. Zudem beabsichtigte man aber auch, durch die Kommunikation der Ergebnisse im jeweiligen ExTC (in gekürzter Form) eine höhere Qualität der Arbeit zu erreichen (Interview_K_1, 2002, S. 4, siehe beispielhaft die Review-Zusammenfassung der EngTCs vom ExTC Passive Safety, Autocorp_Dok_10.5, 2001, S. 1-5).

Ergebnisse des Reviewprozesses: Erfolgsfaktoren und Best Practices. Neben den spezifischen Ergebnissen für jeden TechClub können allgemeine Erfolgsfaktoren für EngTCs und das EBOK identifiziert werden (Autocorp_Dok_10.6, 2001, S. 1). Diese basieren auf den Review-Ergebnissen aller TCs (Autocorp_Dok_10.8, 2001, S. 1-9). Als Erfolgsfaktoren für EngTCs sind zum einen die Schlüsselrolle der Chairperson zu nennen, die eine gute straffe Führung zeigen und möglichst aus einer höheren Managementebene stammen soll. Der Management Support und das Besetzen der Rollen des TCs bereits in der ersten Sitzung wie auch das Definieren klarer Ziele sind ebenfalls von großer Bedeutung. Zum anderen muss die Motivation der Teilnehmer beachtet und der Nutzen für die Teilnehmer sichergestellt werden, z.B. durch aktuelle Themen. Für das EBOK wurden vor allem die Autorenschulungen hervorgehoben, welche die Leserfreundlichkeit der Kapitel erhöhen und die Metadatenpflege erleichtern, aber auch die Bedeutung der Rolle des Reviewer für die Kontrolle und Freigabe der Kapitel betont. Die Umsetzung der Inhalte des EBOK in die nächste Baureihe/Serie trägt zur Motivation der Autoren bei und bildet daher ebenfalls einen Erfolgsfaktor (Autocorp_Dok_10.6, 2001, S. 1).

Ein weiteres generelles Ergebnis war die Identifizierung von Leading Practices der TCs als Tipps zur Weitergabe an neue TechClubs. Insgesamt wurden 40 Leading Practices identifiziert, wovon fünf, Arbeitsfähigkeit, Integration der Linien, Vernetzung, Inhalte und EBOK, hervorgehoben wurden (Autocorp_Dok_10.6, 2001, S. 1). Die Arbeitsfähigkeit kann durch eine Vorbereitung der Sachthemen durch Arbeitsgruppen zwischen den EngTC-Sitzungen gefördert werden. Die Integration der Linienorganisation kann durch eine Aufnahme des Ziels „Input für das EBOK" in die persönliche Zielvereinbarung der Führungskräfte unterstützt werden. Gemeinsame Sitzungen mit anderen TCs und Links im Intranet zu anderen EngTCs sollen eine stärkere Vernetzung herbeiführen. Durch die Erarbeitung und Abstimmung von Umsetzungsstrategien mit Zielverfolgung und die Abfrage der Top-10-Knackpunkte sowie deren Einbeziehung in die Themenliste der EngTCs will man eine Fokussierung und Verbesserung der Inhalte erzielen. Bezüglich des EBOK wird eine Controllingliste für die Fortschritte der Kapitelerstellung (mit Themen, Autoren und Reviewers) als fördernde Maßnahme empfohlen (Autocorp_Dok_10.6, 2001, S.1).

Selbstüberprüfung durch den Reflexionsbogen. Da sich der Reviewprozess als sehr aufwendige, aber auch nützliche Controllingmaßnahme erwies, wurde beschlossen, diesen in verkürzter Form, als „Selbstreflexion" der TechClubs, halbjährlich (jeweils im April und Oktober) durchzuführen (Interview_K_1, 2002, S. 2). Der zunächst noch mehrseitige, jetzt jedoch auf eine Seite gekürzte Reflexionsbogen, enthält Angaben zur Mitgliederzahl, Selbsteinschätzungen der Motivation, der Qualität der Sitzungen, der produzierten EBOK-Kapitel wie auch der Vernetzung der TechClubs untereinander (Autocorp_Dok_17.1, 2002). Die

Einschätzung erfolgt meist durch die Chairperson oder den Koordinator des TechClubs, sollte jedoch eigentlich von allen TechClub-Mitgliedern gemeinsam auf der letzten Sitzung im April bzw. Oktober ausgefüllt werden, damit so auch eine kritische Reflexion und gemeinsame Verbesserungsvorschläge diskutiert werden können (Interview_K_1, 2002, S. 2). Die Selbsteinschätzung des TechClubs erfolgt auf einer Fünferskala von minus-minus bis plus-plus. Die Ergebnisse werden als Bericht zunächst an den ExTC, dann an den Steuerkreis der TechClubs weitergeleitet und dort beurteilt (Interview_K_1, 2002, S. 2).

Der neue (ab April 2002), nochmals reduzierte Bogen beschränkt sich auf die Themen Qualität der Sitzungen, Qualität des EBOK, Vernetzung, Bearbeitung der Kernelemente, Motivation und Zusammensetzung wie Organisation und Arbeitsfähigkeit (Autocorp_Dok_17.1, 2002). Neben der Angabe der Einschätzung (wieder von minus-minus bis plus-plus) besteht auch die Möglichkeit, individuelle Ziele zur Verbesserung zu notieren, die jedoch kaum genutzt wird (Autocorp_Dok_17.5, 2002). Die Bewertungen in den Themenbereichen werden, wie schon beim Reviewprozess, unterschiedlich gewichtet, wobei die Einschätzung im Bereich Motivation dreifach, Zusammensetzung, Arbeitsfähigkeit und Austausch von Erfahrungen hingegen zweifach gewertet werden (Autocorp_Dok_10.7, 2001, S. 1-2). Die restlichen Themen gehen nur einfach in die Wertung ein. Wiederum werden die Ergebnisse zunächst an die ExTCs, im nächsten Schritt in kumulierter Form an die Bereichssitzung weitergegeben (Interview_K_1, 2002, S. 2). Dieses Vorgehen sorgt, trotz gelegentlichem Unmut der Teilnehmer den Bogen halbjährlich auszufüllen, für eine hohe, fast 100%-ige Teilnahmequote (Interview_K_1, 2002, S. 2).

Ergebnisse der Selbstbewertung vom April 2002. Die Gesamtauswertung der Ergebnisse vom April 2002 aller TechClubs zeigt nur geringfügige Veränderungen zur letzten, im Oktober/November 2001 vorgenommenen Bewertung (Autocorp_Dok_17.3, 2002). Alle TechClubs schätzen sich als überdurchschnittlich bis sehr gut ein, was nur teilweise die wirkliche Leistung des einzelnen TechClubs widerspiegelt, sondern vielmehr das Bewusstsein, dass die Ergebnisse der Selbstbewertung namentlich an die nächst-höhere Instanz weitergegeben werden. Die Angaben in den einzelnen Kategorien liegen so nah beieinander (Vorjahr und April 2002), dass keine Aussagen über Leistung oder Veränderungen gemacht werden können (Autocorp_Dok_17.4, 2002).

Aus den zusätzlichen Angaben zum Reflexionsbogen können allerdings zwei wichtige Bereiche mit Handlungsbedarf identifiziert werden. Zum einen sollten die TechClubs sich stärker als bisher bedarfsorientiert vernetzen und Themen miteinander abgleichen, zum anderen sollte eine höhere Verbindlichkeit der Arbeit in den TechClubs erzielt werden. Für das EBOK formulierte das KM-Mandat als Handlungsbedarf, die Befüllung und Aktualisierung des EBOK zu beschleunigen wie auch die Suchfunktionen zu optimieren (Autocorp_Dok_17.5, 2002).

Weitere Messinstrumente. Als weiteres ergänzendes Messinstrument wurde die Nutzenstatistik, also die Zugriffe auf das EBOK dargestellt, welche einen Vergleich der Zugriffe zwischen Juli 2001 und Dezember 2002 erlaubt (Autocorp_Dok_18, 2002, S.1). Die Statistik zeigt einen deutlichen Anstieg der Zugriffe in 2002 auf mehr als 5000 Zugriffe im Monat. Zurückgeführt wird dieser Anstieg vor allem auf die verstärkte Kommunikation über die TechClubs und die EBOKs in den Abteilungen, maßgeblich unterstützt durch die Präsentationen in den Abteilungen von Autocorp-D (Vorlage Abteilungspräsentation Autocorp_Dok_14, 2002; Autocorp_Dok_14.1, 2002; Autocorp_Dok_14.2, 2002; Interview_K_2, 2002, S. 3). Die Anzahl der Nutzer ist um 29% auf ca. 4250 gestiegen, die Anzahl der freigeschalteten (also der fertig gestellten und frei zugänglichen) Kapitel um 19% auf 1523 Kapitel insgesamt (Autocorp_Dok_18, 2002, S. 1). So wenig eine Statistik auch über die Qualität des EBOK aussagen kann, zeigt sie doch, dass der Zugriff auf das EBOK gestiegen ist. Zur Zeit wird vom KM-Mandat ein zusätzliches Messinstrument erarbeitet, um Feedback vom Benutzer der einzelnen Kapitel zu erhalten, um so Aussagen zur Qualität der Kapitel vom Leser selbst zu erhalten.

Die *Nutzenerfassung* der Sitzung ist eines der neueren zusätzlichen Instrumente. Es handelt sich um eine Tabelle, die in den TechClub-Sitzungen ausgefüllt werden sollte und den Nutzen der Sitzung für die Teilnehmer explizit machen soll (Autocorp_Dok_17.2, 2002).

4.2.3.5 Veränderungen/Entwicklungen des Wissensnetzwerk-Konzepts

Das letzte Kapitel dieses Teils soll die Entwicklung des Wissensnetzwerk-Konzepts von Autocorp-D darstellen, indem zunächst die Weiterentwicklung vom Projekt zum normalen Tagesgeschäft sowie die aktuellen Bewegungen in der Wissensnetzwerk-Landschaft von Autocorp-D aufgezeigt werden. Als Letztes werden die aktuellen Entwicklungen (mit Stand Oktober 2002) wie der Übergang vom Projektstatus in das Tagesgeschäft, die Bewegungen in der TechClub-Landschaft und die Vergabe der Richtlinienkompetenz an die Wissensnetzwerke kurz dargestellt.

Vom Projekt zum Tagesgeschäft. Die größte Veränderung im TechClub-Konzept ging mit der Beendigung des Projektstatus und der Übernahme in das Tagesgeschäft einher. Das Projekt wurde im Juli 2001 planungsgemäß und für die Beteiligten erfolgreich beendet (Interview_K_2,

2002, S. 3). Die dann folgende Übergangsphase war jedoch von einem teilweisen Rückgang der Aufmerksamkeit des Managements, dem Wegfall des Steuerkreises, dem Rückzug von Bereichsvertretern durch die Bereiche, keine konkreten Zielvorgaben für die EBOK-Befüllung sowie durch personelle und strukturelle Veränderungen in der TechClub-Landschaft und beim „KM-Mandat", der Nachfolgeabteilung zur Betreuung und Pflege der TechClubs, gekennzeichnet (Autocorp_Dok_20, 2002, Folie 15).

Mit Ende der Übergangsphase für Projekt zum Tagesgeschäft wurden die verbliebenen 3 KM-Mitarbeiter in die Abteilung Process- and Knowledge Management im Bereich Engineering Support übernommen. Gleichzeitig waren die 12 Kernteammitglieder nur noch mit jeweils ca. 10% ihrer Kapazität für das Knowledge Management aktiv. Während das Management eher weniger Handlungsbedarf für das Aufgreifen neuer KM-Themen sieht und den Fokus auf das Pflegen der bestehenden TechClub-Struktur als „Selbstläufer" sowie die Verbesserung der Themen Leistungsmessung und Vernetzung der bestehenden Landschaft, um Nachhaltigkeit zu schaffen, legt (Interview_L, 2002, S. 4), fasst das KM-Mandat seine Aufgaben und Verantwortung für Wissensmanagement durchaus weiter als die Pflege der bestehenden TechClub-Landschaft auf und formuliert dazu als Leitbild: „Wir managen die Schlüsselressource Wissen professionell. Dazu erschließen wir die besten Methoden und Tools und sorgen für deren Anwendung." (Autocorp_Dok_23, 2002). Daraus ergeben sich eine Reihe von Aufgaben, die sich neben der Koordination und Unterstützung der TechClubs durch eine Verbesserung der informationstechnischen Hilfsmittel und ständige Qualitätsverbesserungen des bestehenden TechClub-Systems durch Schulungen sowie Kommunikation über Nutzen und Ziele zum restlichen Unternehmen voranzutreiben, identifizieren lassen (Autocorp_Dok_20, 2002, Folie 27). Dass das KM-Mandat damit die Bedürfnisse der Nutzer und Mitarbeiter trifft, bestätigen die Interviews und Fragebögen. Das Thema Vernetzung der TechClubs untereinander wie auch zum restlichen Unternehmen wird von den meisten Interviewten (siehe dazu das Unterkapitel Aktuelle Herausforderungen) als eine der wichtigsten und dringenden Herausforderungen für das KM-Mandat gesehen (siehe z.B. Interview_Ko, 2002, S. 2; Interview_La, 2002, S. 3 und Interview_Bi, 2002, S. 3).

Eine aktuelle Entscheidung des KM-Steuerkreises, des Managementboards des Wissensmanagement-Ansatzes von Autocorp-D, hat jüngst diese Einschätzung bestätigt, indem die Themen Ausgestaltung der Richtlinienkompetenz, KM zwischen Produktprojekten, Vernetzung und Themenabgleich, Knowledge-based Engineering und die Neugestaltung der Nutzenerfassung als aktuelle KM-Schwerpunkte hervorgehoben werden. Eine KM-Konferenz im zweiten Halbjahr 2003 soll darüber hinaus den Bekanntheitsgrad und die Akzeptanz des TechClub-Ansatzes innerhalb von Autocorp-D verbessern (Autocorp_Dok_24, 2002). Der Absatz Aktuelle

Herausforderungen im nächsten Kapitel geht vertiefend auf die aktuellen Themen des KM-Mandats aus Sicht der Nutzer ein.

Bewegung in der TechClub-Landschaft. Die TechClub-Landschaft von Autocorp-D ist nach wie vor in Bewegung, wenn auch nicht so stark wie in der Anfangszeit. Der Zuwachs an neuen TechClubs beschränkt sich auf 9 EngTC und 1 ExTC seit Juli 2001 (Autocorp_Dok_19, 2001, S. 1). Es sind lediglich leichte Bewegungen durch das Zusammenlegen einiger TechClubs mit verwandten Themen und die Verlagerung oder Neuausrichtung vorhandener TechClubs zu erkennen, was dem Management Grund zu der Annahme gibt, dass es sich bei der TechClub-Struktur um ein etabliertes und akzeptiertes System handelt, ein Selbstläufer, welches in das Tagesgeschäft von Autocorp-D übergegangen ist (Interview_L, 2002, S. 2). „Es ist eine Konsolidierung zu bemerken, am Anfang mussten wir mehr treiben. Bis zu 20 % im Jahr verändert sich die TC-Landschaft, z.B. durch Konsolidierung zweier TCs, Bildung neuer usw. Die bedeutendste Veränderung ist jedoch, dass die TCs ab jetzt Richtlinienkompetenz haben.“ (Interview_L, 2002, S. 2).

Mit Richtlinienkompetenz mehr Nachhaltigkeit. Um die Nachhaltigkeit der TechClubs zu sichern, wurde im September 2002 eine für das TechClub-Konzept bedeutende Entscheidung durch die Bereichssitzung beschlossen: die TechClubs verfügen ab sofort über die von den ExTCs und EngTCs selbst gewünschte Richtlinienkompetenz (Interview_K_2, 2002, S.2). Dies bedeutet, dass die TechClubs vom obersten Management als maßgebliches Gremium zur Festlegung von Standards für Autocorp-D gesehen werden und in Zukunft diese Funktion, also das Definieren von Standards für die Entwicklung und Produktion, wahrnehmen sollen. Die TechClubs sind damit „keine lose Gemeinschaft von Leuten mehr, die sich zu einem Thema austauschen, sondern wir haben, durch die Initiative einiger TCs gemerkt, dass hier alle Leute zusammenkommen, die übergreifend zu einem Thema etwas zu sagen haben. Die müssten dann auch festlegen, wie so ein Thema bei Autocorp-D standardgemäß abgearbeitet werden soll.“ (Interview_L, 2002, S. 2). Die Richtlinienkompetenz ist für einige TechClubs nichts Unbekanntes, da diese sich bereits vorher bemüht haben, auch ohne ein offizielles Mandat Richtlinien für ihren Bereich zu definieren. Durch den Beschluss der Bereichssitzung haben jetzt alle TechClubs das Recht und die Pflicht, Standards festzulegen, welche die Linienorganisation umsetzen muss. „Vorher konnte jeder seine eigenen Richtlinien machen, das ist jetzt nicht mehr so. Man hat nach bestem Wissen und Gewissen zu entscheiden.“ (Interview_L, 2002, S. 3). Die vom ExTC beschlossenen Richtlinien können nur mit seiner Einwilligung bzw. durch einen

Beschluss noch höherer Entwicklungsgremien verändert oder außer Kraft gesetzt werden (Interview_K_2, 2002, S. 3).

„Das ist für uns der Weg, den TCs mehr an Bedeutung zuzubilligen. Es sind jetzt keine zahnlosen Tiger mehr." (Interview_L, 2002, S. 2). Zum einen erhofft sich das KM-Mandat und das Management, durch eine Bedeutungsaufwertung der TechClubs die Nachhaltigkeit ihres Systems zu sichern und die Motivation zur Teilnahme zu steigern: „Man geht dahin, wo man was bewegen kann, daher gehen wir davon aus, dass sich durch die Richtlinienkompetenz der Anwesenheitsgrad der Original-Mitglieder wieder erhöhen wird. Eine höhere Präsenz der erforderlichen Personen und eine höhere Verbindlichkeit der Arbeit soll erzielt werden." (Interview_L, 2002, S. 3). Zum anderen sollen die Richtlinienbeschlüsse auf TechClub-Ebene auch das Bestreben zur Gleichteilentwicklung (über die einzelnen Fahrzeug-Plattformen hinweg) unterstützen: „Baureihen wurden immer wichtiger und unabhängiger in ihren Entscheidungen. Mit der Richtlinienkompetenz wirkt man hier dieser Tendenz entgegen. Die Querschnittsfunktionen arbeiten wieder an Komponenten für alle Baureihen und können so unseren Aufwand reduzieren. Wir können so früher die Baureihen bearbeiten, höhere Qualität und Reifegrad, Reduzierung der G- und K-Kosten." (Interview_La, 2002, S. 1-2).

4.2.4 *Mikro-Perspektive: Gestaltungsalternativen der TechClubs*

Im folgenden Kapitel sollen, parallel zur Makro-Perspektive im oberen Kapitel, aus der Perspektive der Koordinatoren und Teilnehmer der TechClubs, also einer Mikro-Perspektive oder Innensicht, sowohl die Ausprägungen wie auch die Bedeutung von ausgewählten Kernkomponenten der Wissensnetzwerke bei Autocorp-D analysiert werden.

4.2.4.1 *Aufgaben und Ausrichtung der TechClubs*

Wie bereits in der Makro-Perspektive beschrieben, unterscheiden sich im Wesentlichen die ExTechClubs und EngTechClubs durch ihre unterschiedlichen Aufgaben voneinander. Darüber hinaus gibt es einen TechClub, der speziell zur Förderung von Innovation im Unternehmen eingesetzt wird. Seine Mitglieder sind die einzelnen Bereichsvertreter, die gemeinsam über Vorschläge für Innovationsprojekte aus den einzelnen Bereichen entscheiden. Auf diese Weise sollen Redundanzen in der Entwicklung vermieden, aber auch Innovationslücken entdeckt werden (Interview_K_4, 2003, S. 1-4).

4.2.4.2 *Unterschiedliche Organisationsstruktur*

Die Organisationsstruktur der einzelnen TechClubs unterscheidet sich nur minimal voneinander. Primär handelt es sich um Varianten in den Ausprägungen der einzelnen Komponenten, wie eine Fragebogenuntersuchung im Rahmen des vorliegenden Forschungsprojekts mit 10 TechClubs ergeben hat (Autocorp_Fragebogenauswertung, 2003).

4.2.4.3 *Einflussfaktoren auf den Erfolg oder Misserfolg eines TechClubs*

Als wichtiges Instrument der Unterstützung der TechClubs und zur Motivationsförderung ihrer Mitglieder ist die Management-Unterstützung zu nennen, die sich unter anderem in der Lenkungsstruktur der TechClubs darstellt. Dass die Arbeit der Engineering TechClubs nach oben kommuniziert wird und dort eine Kontrolle und Steuerung stattfindet, aber auch ein Wahrnehmen und Wertschätzen der geleisteten Arbeit, ist für die Mitarbeiter wie auch das mittlere Management von großer Bedeutung (Interview_K_1, 2002, S. 5).

4.2.5 *Stärken und Schwächen des Autocorp-TechClub-Konzepts*

Als eine der Stärken des vorliegenden Wissensnetzwerk-Konzepts kann dessen großflächige und konsequente Umsetzung in der gesamten Autocorp hervorgehoben werden. Das explizit formulierte Ziel, eine gemeinsame Wissensbasis für ganz Autocorp zu schaffen und in dieser Best Practices und Lessons Learned aus dem impliziten Wissen der beteiligten Ingenieure zu integrieren, kann durch das entwickelte und implementierte TechClub-System erreicht werden. Als Erfolgsfaktor für die Erreichung dieses Zieles kann z.B. die offene und aktive Top-Management-Unterstützung genannt werden. In einem stark bürokratischen und hierarchischen Unternehmen wie Autocorp ist diese explizite Management-Unterstützung entscheidend für die Akzeptanz der Veränderungen, die mit der Implementierung einer neuen Organisationsform einhergehen. Ein wichtiger Motivationsfaktor für das Management zur Unterstützung des Systems war der erwartete Nutzen für die Effizienzsteigerung und Qualitätssicherung in den einzelnen Bereichen von Autocorp. Dieser erwartete Nutzen für jeden Beteiligten wurde durch das KM-Mandat frühzeitig und intensiv kommuniziert, was zu einer aktiven Managementunterstützung (bis hin zum Präsentieren von vom KM-Mandat vorbereitete Präsentationen über das TechClub-System in den einzelnen Abteilungen durch die Abteilungsleiter) führt. Auch die „Übersetzung" der Hierarchie in ein hierarchisch strukturiertes TechClub-System (siehe die Lenkungsstruktur der TechClubs) unterstützt dessen Akzeptanz. Auch die Konzeption und Kommunikation der klaren ordnungspolitischen Funktion, welche die TechClubs einnehmen, um so deren Nutzen zu verdeutlichen und sie nicht als Konkurrenz zur Linie, sondern als eine sinnvolle Ergänzung darzustellen, hat stark zur Akzeptanz des Konzepts beigetragen. Bei der Einführung des Systems wurden darüber hinaus frühzeitig Schlüsselpersonen aus den einzelnen Bereichen als Koordinatoren integriert, was es ermöglichte, die individuellen Bedürfnisse der Bereiche bei der Konstruktion der Tech-Clubs für diese zu berücksichtigen und das System nicht von vorne herein als „zentral verordnet ohne Kontakt zur Wirklichkeit" verurteilte. Auch die zahlreichen Unterstützungsmaßnahmen des KM-Mandats (Schulungen, Broschüren, Leitlinien, kompetente Ansprechpartner für das EBOK, Beratung, Hilfe bei der Kapitelerstellung etc.) können als ein entscheidender Erfolgsfaktor gesehen werden, da sie helfen, die vorhandene Motivation zur Umsetzung des TechClub-Systems schnell in erste Erfolge, wie z.B. erste Buchkapitel im EBOK, umzusetzen. Die anhaltende Motivation, das TechClub-System zu unterstützen, zeigt sich auch in der neusten Entscheidung, den TechClubs die Möglichkeit zur Definition der in der Entwicklung entscheidenden Richtlinien zu geben, da man davon ausgeht, dass in den TechClubs bereits die richtigen Personen an der Entwicklung solcher Richtlinien arbeiten. Durch die Zuweisung der Richtlinienkompetenz an die TechClubs zeigt das Management großes Vertrauen in die Leistungsfähigkeit dieser.

Neben diesen Stärken beinhaltet das TechClub-Konzept von Autocorp auch Schwächen, die teilweise mit den genannten Stärken in engem Zusammenhang stehen. So kann die Identifizierung und Gleichsetzung des TechClub-Konzepts mit dem Begriff Wissensmanagement dazu führen, dass zusätzliche Wissensmanagement-Aktivitäten außerhalb des Konzepts wie z.B. eine Reorganisation des Dokumentenmanagements nur schwer Akzeptanz und Unterstützung finden. Diese Einschränkung von Wissensmanagement auf Wissensnetzwerke kann sich z.B. bei einer Veränderung der Anforderungen an den Entwicklungsbereich, was eventuell die Implementierung von neuen Instrumenten oder Konzepten voraussetzt, als kontraproduktiv erweisen. Eine wesentliche Stärke des Konzepts beruht auf der aktiven Unterstützung des Top-Managements. Die Überführung des KM-Mandats in die Linie nach erfolgreicher Einführung der TechClubs könnte von den Mitarbeitern als ein nachlassendes Interesse des Top-Managements interpretiert werden. Sie kann aber auch positiv, als Chance die Verantwortung für das Konzept von einer zentralen Steuerung an die Linie zu übergeben, gedeutet werden. Langfristig sollte der Nutzen des Systems von den Mitarbeitern verinnerlicht werden und mehr von diesen als von einer zentralen Stelle getragen werden. Eine bisher noch nicht vorhandene effektivere Nutzenerfassung kann den Wert des Konzepts für das Unternehmen, die einzelnen Bereiche und die Mitarbeiter verdeutlichen. Die vorhandene Nutzenerfahrung kann dies bisher noch nicht, da die momentan durchgeführte Selbstreflexion von den Mitgliedern der TechClubs eher als Rechtfertigungs- und Controllinginstrument des Managements denn als Chance, Verbesserungspotenziale zu entdecken und Unterstützung zur Verbesserung einzufordern, gesehen wird. Dieses Verständnis der Selbstreflexion drückt sich in der geringen Akzeptanz der Pflichtrückmeldungen (die Mitglieder führen diese nur widerwillig aus) und der geringen Aussagekraft dieser (alle TechClubs werden gleich gut eingestuft) aus. Betrachtet man zusätzlich die Bedeutung der Richtliniekompetenz und die neue Verantwortlichkeit der TechClubs für diese, scheint eine Qualitätskontrolle und eine Identifizierung und Verbesserung möglicher Schwachstellen von TechClubs von großer Bedeutung. Nur wenn die Qualität der Richtlinien durch die Qualität (hohe Leistungsfähigkeit) der TechClubs-Sitzungen und deren Ergebnisse sichergestellt werden können, werden die Richtlinien den Anforderungen an diese entsprechen. Eine weitere Schwäche drückt sich in der mangelnden Vernetzung der TechClubs untereinander wie auch mit den anderen Linienfunktionen aus. Bis auf die individuellen Intranet-Seiten der einzelnen TechClubs, auf denen die Agenda und Besprechungsthemen dieser vermerkt sind, findet eine Vernetzung hauptsächlich durch die Mitglieder des Koordinationsteams statt (zu dem auch das KM-Mandat zählt), die Mitglieder in verschiedenen TechClubs sind und daher auf Redundanzen und Synergien hinweisen können. Durch die personelle Verkleinerung des KM-Mandats und die damit verbundenen Zeitrestriktionen für die Teilnahme an Sitzungen besteht nicht mehr die Möglichkeit, Mitglied in mehreren TechClubs zu sein. Die Chancen einer personellen Vernetzung verkleinern sich damit. Gerade für die Entwicklung und Verabschiedung von qualitativ hochwertigen Richtlinien ist eine Vernetzung zur Linie von großer Bedeutung, da diese die verabschiedeten Richtlinien befolgen muss.

4.3 Fallstudie ComputerCorp: Wissensnetzwerke im Support-Bereich

ComputerCorp GmbH wurde 1938 gegründet. Sein erstes Hauptquartier befand sich in einer kleinen Garage in Palo Alto, Kalifornien, was sie zu den Gründern des heutigen Silicon Valley macht. Seit dieser Zeit machte ComputerCorp sich immer wieder einen Namen durch seine innovativen Produkte und Managementansätze wie das „Management by walking around“ oder dadurch, dass es das erste Unternehmen war, das flexible Arbeitszeiten einführte. Heute zählt ComputerCorp über 88.500 Personen zu seinen Mitarbeitern, diese arbeiten in 540 Verkaufs- und Servicebüros in 120 Ländern weltweit. Das Hauptquartier ist noch in Palo Alto (ComputerCorp_Geschäftsbericht, 2001).

4.3.1 Methodik und Datensammlung

Um ein vollständiges Bild auf das Wissensnetzwerk-Konzept in ComputerCorp zu erhalten, wurden über einen Zeitraum von sechs Monaten (März bis September 2002), mit dem Einverständnis der Wissensmanagement-Verantwortlichen für den Supportbereich von ComputerCorp, Daten für die vorliegende Fallstudie aus verschiedenen Datenquellen gesammelt.

Da sich die Zusammenarbeit mit ComputerCorp aber bereits über einen Zeitraum von vier Jahren ausdehnte, wurden auch die Daten früherer Forschungsprojekten mit einbezogen, sofern sie für die Erfassung des Wissensnetzwerk-Konzepts von Bedeutung waren.

Mit Hilfe des Managers des Knowledge-Management-Programms für den Support auf EMEA-Ebene (für Europa, Mittlerer Osten und Asien), welcher die strategische Verantwortung für die Wissensnetzwerke im Supportbereich hat, sowie dem Programm-Manager und Facilitator der weltweiten Teams, welcher die operationale Verantwortung für das Konzept innehat, wurden repräsentative Interviewpartner ausgewählt und acht durchschnittlich 70-Min.-Interviews mit allen Mitarbeitern, die mit dem Aufbau, der Pflege oder dem operationalen Geschäft der Wissensnetzwerke zu tun haben, sowie 10 Interviews (durchschnittlich 30 Min.) mit Netzwerkmitgliedern durchgeführt. Für die Interviews wurden angepasste Interviewleitfäden (bzgl. der jeweiligen Funktion innerhalb des Konzepts) erstellt, wobei die Fragen an die bereits gewonnenen Erkenntnisse aus der Dokumentenanalyse, den teilnehmenden Beobachtungen und den Erkenntnissen aus der langjährigen Zusammenarbeit angepasst wurden. Die Datensammlung umfasste 6 Unternehmensbesuche, welche als direkte Beobachtung (zitiert als Besuch 1-6) zusätzlich wichtige Einblicke in die interne Organisation der Wissensnetzwerke im Supportbereich gaben.

Ergänzt werden die Erkenntnisse mit den Daten aus drei, durchschnittlich drei Monate umfassenden, gemeinsamen Projekten über einen Zeitraum von drei Jahren (2000-2003) mit ComputerCorp. In den drei Projekten wurden zusätzliche Interviews (ca. 10-15 pro Projekt) und Unternehmensbesuche (ca. 2-3 pro Projekt) durchgeführt, die aber primär auf die Verbesserung vorhandener oder den Aufbau neuer, spezialisierter Wissensnetzwerke abzielten. Die Projekte hatten lediglich unterstützenden Einfluss auf das bereits vorher vorhandene Wissensnetzwerk-Konzept; ihre Erkenntnisse können jedoch eine zusätzliche und breitere Datenbasis für die vorliegende Fallstudie liefern.

Des Weiteren wurden neben öffentlich zugänglicher Literatur (Geschäftberichte und publizierte Artikel, zitiert nach Autor), vertrauliche interne Dokumente (Präsentationen, Projektberichte, Auszüge aus dem Intranet und Aufbaudokumentationen) zur Verfügung gestellt und von der Autorin analysiert. Alle Dokumente, Transkripte und Protokolle sind jeweils zitiert und finden sich im Literaturverzeichnis wieder.

4.3.2 Historie und Umfeld

1938 stellte ComputerCorp sein erstes Produkt, einen Radiooziliator, der Öffentlichkeit vor. Walt Disney orderte gleich acht davon zur Produktion seines Films Fantasia. Ein Jahr später gründeten die beiden Erfinder und Stanfort Studenten die Firma ComputerCorp. Ihr erster Hauptsitz war in einer Garage in Palo Alto, Kalifornien (USA), womit sie den Grundstein für Silicon Valley legten. Seit dieser Zeit hat sich ComputerCorp immer wieder durch die Entwicklung und Verbreitung neuer Technologien und Produkte hervorgetan, was ihnen eine bis heute bestehende Spitzenposition als einer der führenden und innovativen Konzerne sichert. Neben vielen bahnbrechenden Technologien entwickelte das Unternehmen einen Hochgeschwindigkeits-Frequenzzähler in den 50er-Jahren, den weltweit ersten wissenschaftlichen Desktop-Rechner in den 60er-Jahren und in den 70er-Jahren den weltweit ersten und wohl berühmtesten wissenschaftlichen Taschenrechner (Packard, 1996).

Neben der Spitzenposition im Technologiefeld und durch innovative Produkte machten vor allem ComputerCorps Fähigkeiten, sich als moderne Organisation immer wieder selbst zu erfinden, von sich reden. Dies gelingt dem Unternehmen durch die Entwicklung und Einführung von innovativen Management-Methoden während der letzten 60 Jahre. Das von einem der Gründer entwickelte Konzept des „Management by walking around“ oder die „Open Door Policy“ in den 40er-Jahren sowie die Einführung von flexibler Arbeitszeit in den 60er-Jahren, als eines der ersten Unternehmen weltweit (Packard, 1996, S. 138 ff.), waren wegweisend für eine moderne Unternehmensführung.
Heute beschäftigt ComputerCorp mehr als 88.500 Mitarbeiter in 540 Verkaufs- und Servicestellen in 120 Ländern weltweit. ComputerCorps Hauptsitz ist immer noch in Palo Alto, seine Produktpalette geht jedoch weit über die des Anfangs hinaus. Heute umfasst sie PCs, Workstations, mobile Produkte, Drucker und Equipment für die digitale Bildverarbeitung, aber auch Speicherhardware, Server und Software für firmeneigene Produkte. Diese breite Palette soll ComputerCorp auch weiterhin eine führende Position in der Informationsverarbeitung sichern. ComputerCorp ist der zweitgrößte Computerhersteller weltweit und erwirtschaftete einen Umsatz von mehr 48.8 Milliarden Dollar im Jahr 2000. Fast 85% des Umsatzes wird mit dem Verkauf von Computern, Peripheriegeräten und Computer-Dienstleistungen erzielt, was die Bedeutung dieses Bereichs für ComputerCorp hervorhebt (ComputerCorp_Geschäftsbericht, 2001).

ComputerCorp ist bekannt für seine entspannte und offene Unternehmenskultur. So arbeiten alle Mitarbeiter, inklusive dem CEO, in offenen Büro-Würfeln. Viele der Mitarbeiter sind technologieorientierte Ingenieure, welche gerade das Lernen und den Wissenstransfer sehr schätzen (Interview_C_1, 2002, S. 2). Das Unternehmen ist auch für seine dezentral organisierte Struktur und Arbeitsweise bekannt. ComputerCorps Manager benennen den starken Geschäftsbereich-spezifischen Fokus, der mit der Dezentralisierung einhergeht, als einen der entscheidenden

Faktoren für den Unternehmenserfolg. Jedoch führt dieser auch dazu, dass bei aller Offenheit gegenüber der Wissensteilung nur wenige Geschäftsbereiche dazu bereit sind, Zeit und Geld in Arbeiten zu investieren, die keinen offensichtlichen oder unmittelbaren Nutzen für den eigenen Geschäftsbereich haben (Interview_Kow, 2002, S. 3).

Das Unternehmen ComputerCorp unterteilt sein Wissensmanagement in drei Bereiche: Hilfsmittel (Tools), Menschen (People) und Prozesse. Bei allen Wissensmanagement-Aktivitäten müssen diese drei Bereiche aufeinander und auf den zu unterstützenden Geschäftsprozess abgestimmt sein, was sich auch in der folgenden Aussage niederschlägt: „Wissensmanagement dient bei uns dazu, zeitkritische, business-relevante Aufgaben zu lösen." (Interview_Lan, 2002, S. 1).

4.3.3 Makro-Perspektive: Gestaltungselemente des Konzepts

4.3.3.1 Strategieverankerung und Umsetzung der Wissensnetzwerkinitiative

Gerade im letzten Jahr hat sich das Interesse des Managements an den Wissensnetzwerken geändert. ComputerCorp hat seine strategische Ausrichtung von einem Hardware-Unternehmen zu einem Dienstleistungsunternehmen gewandelt. Daher versucht das Management u.a. das Online-Geschäft (die über das Internet abzurufenden Dienstleistungen) zu entwickeln, die Wissensnetzwerke im Supportbereich werden vom Management als Instrument für diesen kulturellen Wandel gesehen (Interview_Ho, 2002, S. 2).

Die offene und Wissensaustausch-freundliche Unternehmenskultur innerhalb der Geschäftsbereiche und die weniger Unterstützung erfahrenden geschäftsbereichübergreifenden Initiativen bilden das Spannungsfeld, in dem der Supportbereich, zuständig für den Hard- und Softwaresupport von ComputerCorp-Produkten, ein Wissensnetzwerkkonzept aufgebaut hat. Hierbei handelt es sich um ein nur auf den Supportbereich fokussiertes Konzept, das jedoch länderübergreifend ist. Die starke Orientierung von ComputerCorp an den Geschäftsprozessen spiegelt sich auch in ihrem Wissensnetzwerkkonzept wider.

So sollen die seit 1998 existierenden Wissensnetzwerke primär den Kundensupport unterstützen, d.h. in seiner Effizienz steigern wie auch Kosten reduzieren helfen (Interview_Kow, 2002, S. 1). Zum besseren Verständnis wird der Supportprozess kurz beschrieben. Die Initiative wurde durch das 1998 gestartete SKIPPER-Projekt („Structured Knowledge and Information Creation Process Project for the Enterprise Response Center", mehr dazu weiter unten) im Support-Zentrum in Ratingen (Düsseldorf) ins Leben gerufen, umfasst mittlerweile jedoch den Kundensupport für ganz Europa und darüber hinaus den Mittleren Osten und Asien. Die anderen Länder verfügen über eigene Supportbereiche, greifen aber mittlerweile auf Teilergebnisse (überwiegend Dokumente und Best Practices) aus Europa zurück (Interview_C_1, 2002, S. 1 und Köhne et al., 1999).

Umsetzung des Wissensnetzwerk-Konzepts. ComputerCorps Endkunden in Europa (Enterprise Customers, also ganze Unternehmen) haben zwei Möglichkeiten, im Falle eines Hard- oder Softwareproblems an den Support heranzutreten: durch einen direkten Telefonanruf oder über das elektronische Support-Zentrum (ITRC). Beim Telefonanruf wird die Anfrage von einem Support-Koordinator entgegengenommen, grob vorklassifiziert und anschließend an das zuständige Support-Team weitergeleitetet. Je nachdem, wie komplex das Problem des Kunden ist, wird es an den Firstline-Support (bei einfach zu lösenden oder häufig auftretenden Problemen), den Secondline-Support (mit erfahreneren Mitarbeitern) oder an den Backline-Support (spezielle Produktteams aus Ingenieuren, die oftmals an der Entwicklung des Produkts beteiligt waren) weitergeleitet. Zur Problemlösung wird dabei zunächst auf eine Wissensdatenbank namens InterView zurückgegriffen, die eine nach Fragen und Antworten gegliederte Baumstruktur (Knowledge-Trees) aufweist. Durch die jeweiligen Antworten auf die vom Support-Mitarbeiter gestellten Fragen verzweigt man sich zu immer detaillierteren Problembereichen, bis schließlich das genaue Problem identifiziert werden kann und ein Lösungsdokument zur Verfügung gestellt wird. Wenn das Firstline-Team das Problem nicht in einer angemessenen Zeit lösen kann, wird es an das nächsthöher qualifizierte Team weitergeleitet, wobei alle vorqualifizierten Informationen mitgeliefert werden. Sollte das Problem bis zum Backline-Support gelangen und nicht gelöst werden, wird es an das weltweit zuständige WTEC-Team weitergeleitet (Interview_C_1, 2002, S. 2) .

Die zweite Möglichkeit für den Kunden besteht im Zugriff auf das elektronische Support-Zentrum (ITRC), wo er sein Problem direkt, also ohne Vorqualifizierung, dem Backline-Support weiterleiten oder selbst via Internet auf die Wissensdatenbank InterView zugreifen kann, um in Selbsthilfe sein Problem zu lösen. Sollte dem Kunden das Lösen des Problems durch Suche in den Knowledge-Trees nicht gelingen, kann er sich an den Backline-Support wenden, die bisher durchgeführte Navigation wird dokumentiert und an diesen weitergeleitet. Diese zweite Möglichkeit der Problemlösung setzt einen besonderen Vertrag des Kunden mit dem IT-Response Center (ITRC) voraus und dient maßgeblich IT-Experten bzw. sehr erfahrenen Kunden dazu, schneller zu einer Lösung zu kommen, da sie ihr Problem besser eingrenzen können (Interview_C_1, 2002, S. 3). Die folgende Abbildung verdeutlicht den bisherigen Wissenstransfer zwischen den einzelnen Supportstufen und die Weiterleitung von Anrufen des Kunden, wenn keine Lösung gefunden werden kann.

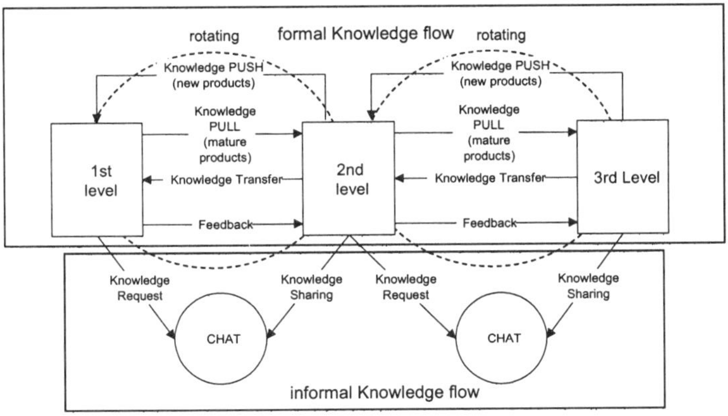

Abb. 39: Wissensfluss zwischen den einzelnen Support-Levels von ComputerCorp (Quelle: ComputerCorp_Präsentation_C_2, 2000, S. 12)

Wie bereits oben erwähnt, wurde das SKIPPER-Projekt im August 1998 im deutschen Support-Zentrum von ComputerCorp als Wissensmanagement-Projekt gestartet. Das Projekt verfolgte dabei die Ziele: *Kostenreduktion*, maßgeblich die Reduzierung der Personal- und Telefonkosten, die mit dem Telefonsupport einhergehen, durch Unterstützung der Selbstlösung durch Kunden statt den Support-Mitarbeitern, *Effizienzsteigerung* des Wissenstransfers zwischen den einzelnen Support-Teams und die *Wissensaufbereitung und -pflege* der Dokumente, welche die Grundlage für die Wissensdatenbank im Support bilden und so deren Aktuellhaltung und Qualität des Telefon- wie auch des elektronischen Supports unterstützen sollen. Das strategische Ziel war die Erhöhung des Return on Investment (ROI) durch eine Verlagerung der Supportprozesse vom Unternehmen in Richtung Kunde durch das Zurverfügungstellen des Supportwissens Interview_Kow, 2002, S. 3-4). Für die Erreichung dieses strategischen Ziels spielen die Wissensdokumente in InterView eine entscheidende Rolle. Zur Entwicklung und Pflege dieser Dokumente wurden mittlerweile ca. 10 Wissensnetzwerke im Supportbereich eingeführt, welche den Kern des Wissensnetzwerk-Konzepts von ComputerCorp bilden. Der übergeordnete Facilitator für die Pflege der Wissensnetzwerke formuliert zusammenfassend als operative Umsetzung des strategischen Ziels: „Weltweit einen shared body of knowledge aufbauen und pflegen, das Wissen wird in einer Wissensdatenbank festgehalten und dem Support und den Ingenieuren zur Verfügung gestellt. Die Inhalte werden durch die Experten des Netzwerks nach Produktgruppen gepflegt." (Interview_G, 2002, S. 1).

Die vorhandenen lokalen (welche im Support-Standort in Ratingen positioniert sind) und internationalen (deren Mitglieder über ganz Europa verteilt sind) Wissensnetzwerke verfolgen dabei leicht unterschiedliche Ansätze. Die in Deutschland (im Folgenden als lokale Wissensnetzwerke bezeichnet) beheimateten Ingenieure treffen sich regelmäßig persönlich und werden durch ihren räumlich engen Kontakt mit dem Support (oder ihre Mitarbeit im Support) über gestellte Fragen der Kunden und Antworten des Supports informiert. Sie entwickeln daraufhin neue Wissensdokumente und integrieren diese in die InterView-Datenbank.

Dagegen verfolgen die internationalen Wissensnetzwerke, deren Mitglieder räumlich voneinander getrennt sind, eine andere Arbeitsweise. Sie treffen sich selten persönlich (nur zur Einführung von neuen Produkten in „Hands-on"-Trainingskursen), kennen sich jedoch meistens durch frühere Kooperationen (Interview_Lan, 2002, S. 2). Sie werden durch ihren Koordinator über eine Maildatenbank über die *häufigsten* Fragen und Antworten informiert. Er erstellt dabei eine Statistik, welche die Häufigkeit und damit die Notwendigkeit, ein entsprechendes Wissensdokument zu erstellen, darstellt. Die entsprechende Liste wird dann überwiegend virtuell abgearbeitet, d.h. man diskutiert eventuelle Unklarheiten in wöchentlichen Video- und Telefonkonferenzen und der Verantwortliche erstellt das entsprechende Dokument allein (Interview_C_1, 2002, S. 2).

4.3.3.2 Kernkomponenten und ihre Ausprägungen

Nutzen und Ziele der Wissensnetzwerke. Zusammenfassend haben die Support-Wissensnetzwerke, genannt Advanced Technical Support (ATS)-Netzwerke, in ComputerCorp folgende Aufgabe zu lösen: „Wie kann man Wissen reproduzieren, um Kundenanfragen effizient und effektiv zu beantworten?" (Interview_Lan, 2002, S. 1). Dazu soll das Wissen, das in der Produktentwicklung und im Support entwickelt wird, genutzt werden, um Kundenanfragen schneller zu beantworten. Dies kann durch eine Verbesserung der Wissensdokumente in der InterView-Datenbank erreicht werden, auf die zum einen der Telefon-Support, zum anderen aber auch der Kunde selbst zugreift. Das endgültige Ziel liegt dabei nicht in der Erhöhung der „Call-Rate", also der schnelleren Abarbeitung der Kundenprobleme, die per Telefon eingehen, sondern in der Erhöhung der „Self-Solve-Rate", also dem eigenständigen Lösen der Probleme durch den Kunden durch Zugriff auf die InterView-Datenbank (ComputerCorp_Präsentation_C_1, 2000, S. 6-7). Abbildung 40 verdeutlicht dieses Ziel.

Bei den zu lösenden Problemen handelt es sich meist um Probleme, die nicht Industriestandard sind, d.h. individuelle Lösungen für Firmenkunden (Interview_Lan, 2002, S. 2). Der Fokus liegt dabei zum einen auf dem Entwickeln und Formulieren von Lösungen zu Problemen, zu denen es noch kein Dokument gibt, zum anderen auf dem Trainieren von anderen Support-Mitarbeitern mit Hilfe des Wissens, das in der Gruppe erarbeitet wurde (Interview_Hi, 2002, S. 1).

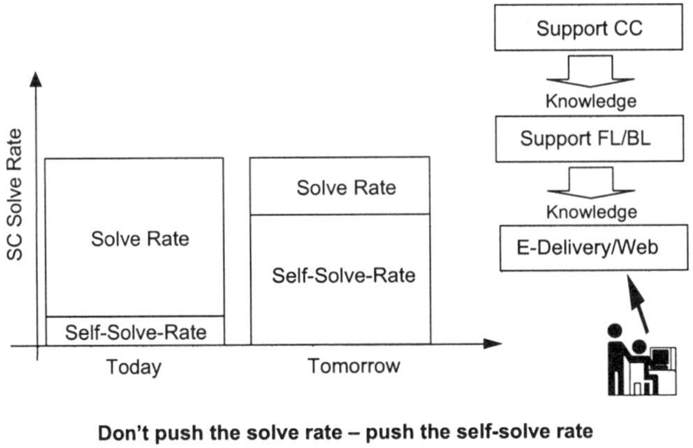

Abb. 40: Das Ziel der Wissensnetzwerke liegt in der Erhöhung der Self-Solve-Rate durch den Kunden (Quelle: ComputerCorp_Präsentation_C_1, 2000, S. 7)

Aufbaumethodik. Der Aufbau der lokalen und internationalen Wissensnetzwerke ist wenig formalisiert (d.h. ohne explizite Aufbaumethodik) und entspricht im Wesentlichen dem Aufbau von Projektteams, wie sie ComputerCorp verfolgt (Interview_Hi, 2002, S. 1). Dazu werden die Mitglieder identifiziert, die Arbeitsweise, bezogen auf die Abarbeitung der Anfragen nach neuen Dokumenten oder der Aktualisierung vorhandener, festgelegt und die benötigten Werkzeuge zur Verfügung gestellt (Zugriff auf die InterView-Datenbank, Aufschalten eines E-Mail-Accounts für das Wissensnetzwerk, an den die Anfragen gesandt werden können und entsprechende Video- bzw. Telefonkonferenz-Werkzeuge). Die individuelle Abstimmung der Arbeitsweise, Termine für Treffen etc. legt das Wissensnetzwerk mit Hilfe des Facilitators fest (Interview_Lan, 2002, S. 3). Die Aufbauzeit beträgt dabei ca. 2 Monate, bis das Team stabil und konstruktiv arbeitet, vergeht ca. ein halbes Jahr. Der Facilitator benötigt im ersten Monat zum Etablieren eines neuen Teams etwa 3-4 Tage pro Woche. Nach der Aufbauphase werden die Wissensnetzwerke nicht mehr aktiv unterstützt (z.B. durch Schulungsmaßnahmen etc.) (Interview_G, 2002, S. 1).

Die Auswahl der Mitglieder der internationalen Netzwerke erfolgt durch die Personalabteilung oder das Management, die Mitglieder müssen dabei neben dem Expertenwissen auch über soziale Fähigkeiten verfügen. Dies führt zu einer hohen Motivation und einem reibungslosen Wissensaustausch in den Gruppen (Interview_C_1, 2002, S. 3). Die Auswahl der Mitglieder der lokalen Netzwerke erfolgt über deren Expertenstatus, der innerhalb des Support-Centers in Ratingen bekannt ist. Diese Auswahl für die internationalen wie auch für die lokalen Netzwerke ist vergleichsweise einfach, da durch frühere Kooperationen sowohl der Expertenstatus wie auch die jeweilige Kommunikationsfähigkeit bekannt sind. Die Netzwerke umfassen jeweils ca. 10

Personen und sind nach Produktbereichen wie z.B. Inc-Technologien und Laserjets-Technologien etc. aufgeteilt. Neben 2-3 ComputerCorp-Experten sind auch Mitglieder aus 12 Partnerfirmen, die im jeweiligen Produktbereich tätig sind, beteiligt (Interview_Lan, 2002, S. 2).

Arbeitsweise. Bei den Mitgliedern der internationalen Netzwerke handelt es sich um Produktexperten von ComputerCorp oder von Partnerfirmen, die sich darauf spezialisiert haben, Call (Telefon) Support anzubieten. Die Geschäftssprache ist englisch. Obwohl die Mitglieder der Netzwerke aus verschiedenen Unternehmen stammen, gibt es kaum kulturelle Unterschiede, so einer der europäischen Koordinatoren (Interview_ Lan, 2002, S. 2). Der Koordinator der internationalen Netzwerke führt dies darauf zurück, dass es sich bei allen Mitgliedern um anerkannte technische Experten handelt, die über ein gemeinsames „Mindset" und eine gemeinsame (technische) Sprache verfügen, eventuelle Unterschiede sind eher individueller Art (Interview_Lan, 2002, S. 2). Die Netzwerke existieren seit 2-3 Jahren, der statistische Ansatz bei der Identifizierung der zu erstellenden Wissensdokumente (siehe Absatz Nutzen und Ziele der Wissensnetzwerke), welcher die Arbeitsweise der Netzwerke definiert, wurde erst vor einem Jahr eingeführt (Interview_Lan, 2002, S. 2).

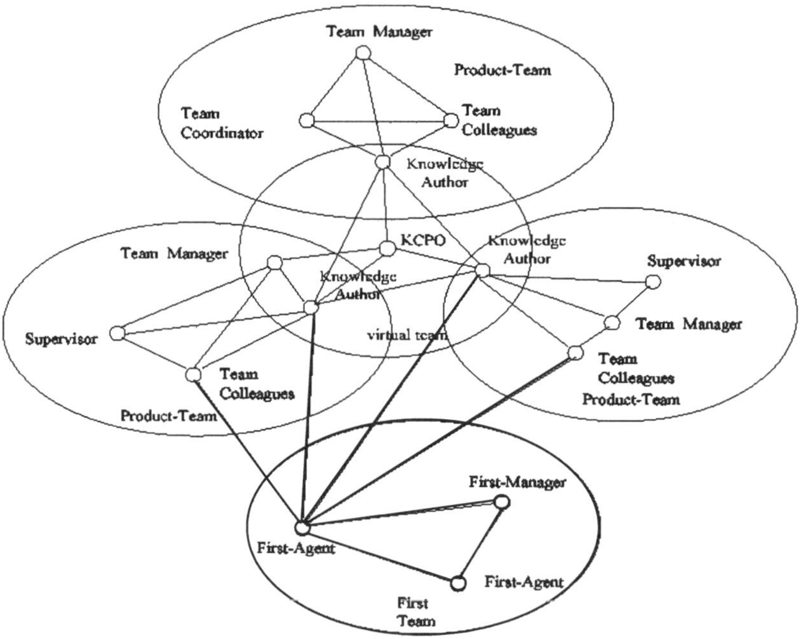

Abb. 41: Aufbau der Wissensnetzwerke im Supportbereich (Quelle: ComputerCorp_Präsentation_C_2, 2000, S. 6)

Im Wesentlichen ist der Arbeitsprozess der internationalen Netzwerke durch die Liste mit den abzuarbeitenden häufigsten Kundenfragen strukturiert. Dieser statistische Ansatz der abzuarbeitenden Themengebiete ist noch nicht bei allen internationalen Teams implementiert. Notwendig wurde dieser neue Ansatz, da die Teams vorher häufig die Schwierigkeit hatten, sich nicht darauf einigen zu können, welches die wichtigsten oder dringlichsten Probleme sind. Der neutrale statistische Ansatz löst diese Schwierigkeiten und bietet darüber hinaus eine Möglichkeit der Leistungskontrolle durch den Grad der Abarbeitung, der in einem bestimmten Zeitraum erzielt wird (Interview_Lan, 2002, S. 5).

Die Wissensnetzwerke im Support-Bereich in Ratingen sind durch ihre geografische Nähe und ihre Mitglieder-Zugehörigkeit zum Support etwas anders strukturiert, verfolgen jedoch die gleichen Ziele.

Abbildung 41 stellt die Struktur und Arbeitsweise der einzelnen Netzwerke im Supportbereich dar. Das lokale Wissensnetzwerk selbst ist dabei durch den Kreis in der Mitte dargestellt. Seine Mitglieder stammen aus unterschiedlichen Produktteams (die Kreise rechts, links und oben) und stehen in Verbindung mit dem Firstlevel-Support-Team, welches zusätzliches Feedback bezogen auf das Fehlen von Wissensdokumenten oder deren Qualität gibt.

Die Mitgliedschaft in den internationalen wie lokalen Netzwerken kann als Karrieresprung angesehen werden: „je mehr Expertenwissen in Kombination mit Kommunikationsfähigkeit und Interesse vorhanden ist dieses Wissen weiterzuentwickeln und weiterzugeben, desto größer ist die Möglichkeit, in ein Netzwerk berufen zu werden“ (Interview_Lan, 2002, S. 4). Die Motivation der Mitglieder zur Mitarbeit in den Wissensnetzwerken ist jedoch maßgeblich intrinsisch geprägt, so der Koordinator der internationalen Netzwerke. “E.g. there are 50 documents for one error, but only one or two are needed, the rest are confusing or not well written. The teams tell the coordinator which ones are good and which documents should be removed from the database. Improving the database directly, and therefore helping the customer, is their main motivation.” (Interview_Ho, 2002, S. 2). Es handelt sich um eine Kombination aus Freude an der Wissensweitergabe, Verbesserung der eigenen Arbeitssituation durch eine Reduzierung der telefonischen Anfragen und der Anerkennung als Experte durch die Mitgliedschaft im Netzwerk (Interview_Lan, 2002, S. 5).

Generell gibt es keine Schwierigkeiten, das Management zu überzeugen, denn der finanzielle Aufwand und die Ressourcenallokation sind relativ gering im Vergleich zu der hohen Effizienz der Netzwerke (Interview_Lan, 2002, S. 6). Dies wird bei den internationalen Netzwerken sowohl innerhalb von ComputerCorp wie auch bei den beteiligten Fremdfirmen gesehen (Interview_Lan, 2002, S. 6). Dazu ein Koordinator der internationalen Netzwerke: „Management gets to know the team's work through online chat rooms (not traditional meetings). Management provides resources and feedback, this might be their way of saying "it's OK". Feedback about the team's work is also sent to the management but it's up to them what they do with the feedback." (Interview_Ho, 2002, S. 2).

Rollen in der Wissensnetzwerk-Struktur. ComputerCorp hat trotz seiner informellen Kultur ein eng umgrenztes Funktions- und Rollenverständnis für die Wissensnetzwerke im Supportbereich entwickelt. Der technische Kontext zeigt sich auch an den Funktionsbezeichnungen der einzelnen Rollen (Interview_C_2, 2002, S. 2-3):

- Die Mitglieder des Kernteams, oder *Knowledge Authors*, sind erfahrene Experten bzw. Produktspezialisten (in der Regel aus dem Backline-Support). Sie erstellen die Inhalte für die einzelnen Wissensbereiche (Wissensdomänen) und halten diese aktuell. Eine Bearbeitung oder eine Neuerstellung von Dokumenten wird aufgrund des Feedbacks der Nutzer durchgeführt.

- Der *Domain Architect oder Owner* (DAR) ist der operative Netzwerkleiter, da er für die einzelnen Wissensdomänen verantwortlich ist, die Inhaltsgenerierung der Knowledge Authors überwacht und diese koordiniert.

- Der *Domain Assistant* (DA) unterstützt den Domain Architect (DAR) bei seiner Arbeit.

- Der *Knowledge Creation Process Owner* (KCPO) überwacht den gesamten Wissensgenerierungs- und Transferprozess der Wissensnetzwerke. Er identifiziert Probleme und deren Lösungen hinsichtlich den Werkzeugen, dem Prozess, der Kommunikation oder den Ressourcen. Er ist Supervisor für die Knowledge Authors.

- Der *Nutzer* der Wissensbasis, z.B. der Kunde, Support-Partner oder Support-Mitarbeiter, greift auf die Wissensdatenbank InterView zurück, um direkt Probleme zu lösen oder anderen bei der Problemlösung zu helfen. Die Nutzer sind insofern Mitglieder der Wissensnetzwerke, als sie durch ihr Feedback die Qualität des in InterView gespeicherten Wissens beurteilen oder die Entwicklung neuer Dokumente zur Problemlösung anregen.

- Der *Facilitator* managed die Telefonkonferenzen der internationalen Netzwerke und ist deren operativer Leiter. Facilitators sind Experten für einen Produktbereich, die eine zusätzliche Moderatorenausbildung erhalten, um die virtuellen Meetings zu unterstützen, jedoch nicht über Personalverantwortung für die restlichen Mitglieder verfügen. Facilitators sind auch für die Organisation und Durchführung der Trainings für Support-Mitarbeiter zuständig, welche nicht Teil des Netzwerks sind. Sie organisieren und strukturieren die Gruppenaktivitäten, kennen auch die Unternehmensziele der Partnerunternehmen, die Kundenzufriedenheits-Statistiken, etc. Sie haben die Verantwortung für ihren Produktbereich, d.h. sie arbeiten mit den Trainingsabteilungen zusammen, bilden neue Experten aus, stellen Testprodukte zur Verfügung und führen neue Produkte ein (Interview_Lan, 2002, S. 4).

- *Koordinatoren der weltweiten oder lokalen Wissensnetzwerke* sind verantwortlich für die Produktion und Qualität der Inhalte eines ganzen Bereichs (Knowledge-Tree) in der Datenbank InterView. Sie koordinieren dazu mehrere Wissensnetzwerke, sind die Ansprechpartner für die operativen Netzwerkleiter und geben Feedback zu den IKT-Werkzeugen und Dokumenten. Die Netzwerke helfen dem Koordinator, die Dokumente auszuwählen, die veraltet sind oder erweitert werden sollen (Interview_Ho, 2002, S. 1).

Die internationalen Netzwerke verfügen nicht über die genannte Rollenvielfalt wie DAR, KCPO, Knowledge Authors oder DA, sondern nur über die Rollen Nutzer (wie oben), Facilitator, Koordinator und Produktgruppen-Experten als Mitglieder.

Unterstützung der Wissensnetzwerke und Öffentlichkeitsarbeit. Eine wesentliche Unterstützung hat das Wissensnetzwerk-Konzept in ComputerCorp durch zwei bilaterale Projekte mit dem KnowledgeSource-Team erhalten. Das erste Projekt, initiiert im Jahre 1999, hatte zum Ziel, die „weichen" Einflussfaktoren im Umfeld der Support-Prozesse und der dort arbeitenden Teams zu analysieren, damit diese stärker in den Wissenstransfer-Prozess mit einbezogen werden konnten (siehe Köhne et al., 1999). Das zweite bilaterale Projekt (2000) zielte darauf ab, eines der Wissensnetzwerke im Supportbereich (welches eine geringere Leistung aufzeigte als die anderen) zu analysieren und Verbesserungspotenziale aufzuzeigen und auch einen ersten Entwurf einer Scorecard für dieses zu entwickeln (siehe Köhne et al., 2000).

4.3.3.3 Leistungsmessungen bei Wissensnetzwerken

Es gibt bisher keine standardisierte Leistungsmessung für lokale wie auch für internationale Wissensnetzwerke. (Interview_Hi, 2002, S. 3). Eine der wichtigsten Herausforderungen, die in diesem Jahr angegangen werden sollen, ist die Entwicklung eines einheitlichen Messsystems mit internen und externen Leistungsindikatoren (siehe Abschnitt Aktuelle und zukünftige Herausforderungen). Die einzelnen Wissensnetzwerke haben allerdings individuelle Ansätze entwickelt, die im Folgenden kurz beschrieben werden.

Interne Leistungsmessungen. Die am häufigsten verwendete Messgröße ist dabei die Quantität der Dokumente bzw. Abarbeitung der Anforderungen, welche der Koordinator kontrolliert. Die Quantität wird mit der vom Netzwerk benötigten Zeit in Verbindung gesetzt, um die Effektivität eines Teams aufzuzeigen (Interview_C_1, 2002, S. 2).
Die Qualität der Dokumente lässt sich entweder direkt über das gegebene Feedback der Firstlevel-Support-Mitarbeiter oder durch direktes Kundenfeedback oder indirekt über den Kundenzufriedenheitsindex (CSI), der anzeigt, welche Produktgruppen erfolgreich sind, feststellen. Da die Netzwerke jeweils für bestimmte Produktgruppen verantwortlich sind, können hier indirekte Rückschlüsse auf die Qualität der von ihnen erstellten Dokumente gezogen werden. Die Aussagekraft des Kundenzufriedenheitsindex in diesem Zusammenhang ist nicht besonders groß, da ein schlechtes Abschneiden einer Produktgruppe auch mit der Qualität oder Komplexität des Produktes als solches zusammenhängt (Interview_Lan, 2002, S. 4).

Daneben haben einige Netzwerke auch individuelle Leistungsindikatoren definiert wie beispielsweise ihre Sichtbarkeit, also ihren Bekanntheitsgrad innerhalb von ComputerCorp. Indikatoren für diese Sichtbarkeit sind z.B. in Anfragen nach aktiver Projektmitarbeit, der Mitarbeit in unternehmensweiten Programmen zu ihrer jeweiligen Produktgruppe oder der Zusammenarbeit mit Ingenieuren in den Entwicklungslaboratorien an besonders komplexen Problemen zu finden. Diese Sichtbarkeit sowie das Verdeutlichen der Qualität der Arbeit des Netzwerks wird auch durch die Publikation von Artikeln, durch Präsentationen auf Konferenzen und die Mitarbeit in Chat-Diskussionen erzielt, was die Anerkennung der Netzwerke und ihrer Mitglieder erhöht (Interview_Ho, 2002, S. 4).

Externe Leistungsindikatoren. Wenn der Kunde die gesuchte Information findet, ohne das Call-Center (den Telefonsupport) in Anspruch nehmen zu müssen, stellt dies die höchste Anerkennung für die Arbeit eines Netzwerks und den Beweis für dessen Wert für das Unternehmen dar. Jedoch ist diese Zufriedenheit schlecht zu messen, da der Kunde nur selten Feedback über die Qualität des zur Verfügung gestellte Wissen gibt (Interview_Ho, 2002, S. 4). Diese übergeordneten Leistungsmessungskennzahlen, genannt Self-Solve-Rate (die Anzahl der Probleme, die vom Kunden selbst, ohne Telefonunterstützung, gelöst werden können), versucht man für den gesamten elektronischen Supportbereich durch die aktive Befragung der Kunden und auch durch die Kontrolle des Zugriffs auf die InterView-Datenbank zu ermitteln. Die Erhöhung dieser Rate lässt auf die Qualität der Dokumente und die Transparenz der Baumstruktur, und damit, mit den oben genannten Einschränkungen, auf die Leistung der Wissensnetzwerke, schliessen (Interview_C_1, 2002, S. 3).

4.3.3.4 Veränderungen/Entwicklungen des Wissensnetzwerk-Konzepts

Vom Projekt zum Tagesgeschäft. Die durch das SKIPPER-Projekt 1999 initiierten, zunächst lokalen Wissensnetzwerke wurden bis 2001 auf die gesamte Support-Organisation (Europa) ausgeweitet. Das KM-Team verbesserte und erweiterte vor allem die Kommunikation zwischen den einzelnen Wissensnetzwerken, den Netzwerken und dem restlichen Supportbereich wie auch zum Management. Eine unterstützende Maßnahme war der elektronische Newsletter, der über „Success Stories" des ComputerCorp-Support-Zentrums berichtete (Interview_C_1, 2002, S. 3). Insgesamt haben sich die Wissensmanagement-Prozesse in Verbindung mit den Netzwerken standardisiert, obwohl noch an einer weiteren Standardisierung der IKT-Werkzeuge, der Gestaltung der Prozesse und der organisatorischen Maßnahmen gearbeitet wird (Interview_Kow, 2002, S. 4).

Bewegung in der Wissensnetzwerk-Landschaft. Neben der oben beschriebenen Ausweitung des Wissensnetzwerk-Konzepts auf den gesamten Supportbereich hat die Weiterentwicklung des IKT-Werkzeugs InterView, unter Berücksichtigung der bisherigen Erfahrungen, zu einer Etablierung des Konzepts geführt (Interview_Kow, 2002, S. 4).
Bewegung in die Wissensnetzwerk-Landschaft, wie auch in das gesamte Unternehmen, hat der 2002 angekündigte Merger mit einem weiteren großen IT-Unternehmen gebracht. Der öffentlich ausgetragene Streit des Top-Managements mit den Anteilseignern und die damit einhergehende Diskussion um den Erfolg oder Misserfolg eines Zusammenschlusses hat innerhalb des gesamten Unternehmens zu Unsicherheiten geführt. Diese resultierten in einem Stoppen der Wissensmanagement- und Wissensnetzwerk-Aktivitäten. Nachdem der Zusammenschluss entschieden war und damit die öffentliche Debatte aufhörte, wurden diese Aktivitäten (zunächst zögerlich) wieder aufgenommen (Interview_Kow, 2002, S. 3). Eine weitere Störung in der Weiterentwicklung der Wissensnetzwerk-Konzeption hat sich durch die auf den Merger folgende Umstrukturierung des Unternehmens, von der auch das KM-Team und der Supportbereich betroffen waren, ergeben. Mit dem Ende der Umstrukturierung und der Re-Etablierung der Prozesse Ende 2002 wurden die Aktivitäten wieder in vollem Umfang aufgenommen (Interview_C_3, 2003, S. 1).

Aktuelle und zukünftige Herausforderungen. Eine entscheidende Herausforderung des Wissensnetzwerk-Konzepts stellt, wie schon oben erwähnt, die Suche nach geeigneten Instrumenten zur Leistungsmessung dar. Im Jahr 2003 sollen hierzu einzelne Projekte gestartet werden, die z.B. die auf der Basis des Balanced Scorecard-Ansatzes evaluierten Messgrößen in einem verständlichen und nachvollziehbaren (im Sinne von klarem Ursache-und-Wirkung-Zusammenhang) Messsystem zusammenfassen. Dabei liegt dem KM-Team vor allem an einer Reduzierung vorhandener Messaktivitäten (Interview_C_3, 2003, S. 1).

Eine weitere große Herausforderung stellt das Extrahieren bzw. Nutzen von Wissen aus den vorhandenen Kunden-Foren dar. Dabei handelt es sich um Online-Foren, in denen Kunden sich über Probleme austauschen können. Sie werden zwar von ComputerCorp aufgebaut und betreut, basieren jedoch auf dem informellen Wissensaustausch von Praktikern (hier handelt es sich eher um virtuelle Communities of Practice als um Wissensnetzwerke) über das Internet (Interview_C_2, 2002, S. 1). Die Kundenforen gehören als Zusatzservice innerhalb von ComputerCorp zur E-Delivery-Strategie (Online-Dienstleistungen, wie auch die InterView-Datenbank) und unterstützen den Kulturwandel vom Hardware-Unternehmen zum Dienstleistungsunternehmen (Interview_C_2, 2002, S. 2, mehr zu den Kundenforen im Absatz Unterschiede).

4.3.4 *Mikro-Perspektive: Gestaltungsalternativen der Wissensnetzwerke bei ComputerCorp*

4.3.4.1 *Aufgaben, Organisationsstruktur und Ausrichtung der Wissensnetzwerke*

Es bestehen zwar Unterschiede im Aufbau und der Ausrichtung der verschiedenen Netzwerke, jedoch sind diese, wie bereits oben beschrieben, auf die geografische Entfernung der Mitglieder (regelmäßige persönliche oder virtuelle Treffen bedingen eine unterschiedliche Struktur) und auf die Freiheiten der Netzwerke in ihrer Gestaltung zurückzuführen (vgl. Interview_C_2, 2002, S. 3-5).

4.3.4.2 *Einflussfaktoren auf den Erfolg oder Misserfolg eines Wissensnetzwerks*

Im Rahmen des ersten bilateralen Projekts mit ComputerCorp konnten die folgenden Faktoren als erfolgskritisch identifiziert werden (Köhne et al., 2000, S. 35-45):

- *Aufgabenorientierung/Rollen:* Der Wissenstransfer im organisatorischen Rahmen der Wissensnetzwerke wird von den Mitgliedern nur teilweise als explizit definierte Aufgabe aufgefasst. Insgesamt wird der Transfer von Wissen innerhalb des Supportbereichs eher als Pull- denn als Push-Aufgabe verstanden, die vom Wissensanbieter aktiven Einsatz erfordert. Die im Rahmen der Wissensnetzwerk-Konzeption vergebenen wissensbezogenen Rollen werden von den Mitgliedern des KM-Bereichs zwar kommuniziert, jedoch teilweise nicht ausreichend von den Beteiligten verinnerlicht.

- *Beziehungen:* Insgesamt begünstigen die positiven sozialen Beziehungen der Netzwerkmitglieder, die durch persönliche Wertschätzung als Experten gekennzeichnet sind, den Wissensaustausch innerhalb der Wissensnetzwerke.

- *Kommunikation/Hilfsmittel/Medienvielfalt:* Der in den verschiedenen Wissensnetzwerken vorhandene, ähnlich informelle Kommunikationsstil begünstigt die Leistungsfähigkeit der Wissensnetzwerke und wirkt sich positiv (bestätigend) auf die Unternehmenskultur aus.

- *Gemeinsame Normen/Werte/Sprache:* Die im Netzwerk vorhandenen, wiederum durch die Unternehmenskultur geförderten, gemeinsamen Werte, z.B. Offenheit und Kooperationsbereitschaft, wirken sich positiv auf die Arbeit im Wissensnetzwerk aus. Jedoch stellt sich häufiger das Problem, dass die Mitglieder der Wissensnetzwerke durch die von ihnen verwendete „Expertensprache" in den Wissensdokumenten eine Verständnisbarriere aufbauen. Kunden oder Firstlevel-Support-Mitarbeiter können diese nur schwer verstehen, was die Qualität und den Nutzen der Dokumente verringert.

- *Zielkonflikte:* Zwar wird die Aufgabe im Wissensnetzwerk grundsätzlich als sinnvoll erachtet, aber es existieren Zielvorgaben für die einzelnen Support-Mitarbeiter, eine möglichst gute Call-Statistik (Anrufrate und schnelle Beantwortung) vorzuweisen. Dieses Ziel steht prinzipiell im Konflikt mit der Hauptaufgabe des Netzwerks, Wissensdokumente in der InterView-Datenbank zur Verfügung zu stellen, die eine Selbsthilfe des Kunden ermöglichen und damit die Anzahl der Calls verringern. Die Ziele des Wissensnetzwerks, welche aus den strategischen Ziele des Unternehmens abgeleitet sind, müssen daher auch in den persönlichen Zielvereinbarungen der Mitarbeiter des Supportbereichs verankert und ein leistungsbezogenes Beurteilungssystem für diese gefunden werden.

- *Management-Unterstützung:* Prinzipiell unterstützt das Management die Aufgaben der Wissensnetzwerke, jedoch kann diese Unterstützung im täglichen Geschäft nicht immer umgesetzt werden. Insbesondere fehlt es an einer expliziten Anerkennung der Leistungen der Wissensnetzwerke im Zusammenhang mit der Erreichung der strategischen Ziele. Die Priorität des Managements ist zunächst das tägliche Geschäft, und nicht alle Manager im Supportbereich sehen den Nutzen der Wissensnetzwerke zur Erreichung der ihnen und ihren Bereichen gesetzten Ziele (Interview_Kow, 2002, S. 2).

- *Motivation/Anreize:* Die Bereitschaft, Kundenprobleme gemeinsam zu lösen sowie eine damit verbundene Motivation zum Wissensaustausch existiert in allen Wissensnetzwerken und beeinflusst deren Leistungsfähigkeit positiv. Die insgesamt hohe Bereitschaft unter den Mitgliedern, zu lernen, wirkt sich ebenfalls positiv auf das Klima und die Motivation zur Zusammenarbeit aus. Die Anerkennung als Experte bei der Berufung zum Mitglied in ein Wissensnetzwerk wirkt ebenfalls motivationsfördernd. Hemmend wirken sich vor allem die Zielkonflikte sowie die mangelnde Anerkennung bzw. entsprechende Beurteilung der Leistung der Mitglieder im Wissensnetzwerk durch das Management aus.

- *Zeit/Ressource:* Die Priorisierung des durch die Kundenanfragen vorgegebenen Tagesgeschäfts sowie aktueller Themen, die durch das Management oder die einzelnen Teams vorgegeben werden, dominieren die Zurverfügungstellung von personellen Ressourcen (die Zeit der Mitglieder). Lediglich die Domain Architects und die Mitglieder des KM-Teams erhalten eine gewisse Freistellung für die wissensbezogenen Aktivitäten in und um die Wissensnetzwerke. Häufig wird die reservierte Zeit jedoch für das Tagesgeschäft benötigt, denn „der Kunde hat immer Vorrang" auch vor den Wissensmanagement-Aktivitäten. Der erforderliche Zeit- und Ressourceneinsatz für zeitaufwändige Aufgaben (z.B. die Strukturierung der Baumstruktur in InterView, welche für das leichte Auffinden der Wissensdokumente vorhanden ist) ist aufgrund des beträchtlich schwankenden Arbeitsaufkommens durch Kundenanfragen schwer planbar.

4.3.4.3 Unterschiede zu den Kundenforen von ComputerCorp

Wie schon kurz bei den aktuellen und zukünftigen Herausforderungen erwähnt, stellen die Kundenforen in ComputerCorps Strategie ein entscheidendes Element dar und sollen die Wissensnetzwerk-Konzeption komplettieren. Die Online-Foren, die den Kunden als Praktikergemeinschaft zum Wissensaustausch über Probleme und deren Lösungen dienen, werden von ComputerCorp gezielt aufgebaut und gepflegt. Dazu werden die entsprechenden elektronischen Hilfsmittel (die Website mit den unterstützenden Dienstleistungen) wie auch eine administrative Unterstützung (z.B. Werten und Honorieren der Kundenantworten, Löschen von „nicht angebrachten" Kommentaren (z.B. politischer Art) und Beantworten von Fragen, die nicht von den Kunden selbst beantwortet werden können) eingesetzt (Interview_C_2, 2002, S. 2). Die Foren dienen ComputerCorp als Customer-Relationship-Instrument (zur Verbesserung der Kundenbeziehung) sowie zur Ausbildung von firmeneigenen Experten und als Marketingplattform für andere Dienstleistungen und neue Produkte. Langfristiges Ziel ist es jedoch, das in den Foren ausgetauschte und entwickelte Kundenwissen für die Entwicklung neuer Dienstleistungen und Produkte zu verwenden (Interview_Si, 2002, S. 1). Dies wird allerdings durch die Arbeitsweise und die Art des Wissensaustausches erschwert, der im Folgenden kurz erläutert werden soll.

Der Aufbau eines Kundenforums (Online Community Growth), so die Verantwortliche für die europäischen Bedürfnisse dieser Foren innerhalb von ComputerCorp, beginnt mit der Festlegung eines neuen Schwerpunktes (Produktes), der öffentlichen Ankündigung dessen und dem Zurverfügungstellen der Diskussionsplattform durch ComputerCorp (Interview_C_2, 2002, S. 1-5). Zu Beginn sind nur wenige Fragen, welche die Kunden auf die Diskussionsplattform stellen und auf Antwort hoffen, vorhanden, da die Kunden sich kritisch bzw. zurückhaltend dem neuen Service gegenüber verhalten. ComputerCorp übernimmt in dieser Startphase einen aktiveren Part, indem ComputerCorps Experten die Fragen beantworten und interessante Informationen über das Produkt verbreiten. Die zweite Phase im Aufbau eines Kundenforums ist dadurch gekennzeichnet, dass die Teilnahme der Kunden steigt. Es werden mehr Fragen gestellt und durch Kunden beantwortet, die passive Teilnahme verringert sich. Die Kunden übernehmen immer mehr die Rolle des Helfers, beantworten jedoch noch nicht alle Fragen. In dieser Phase ist die richtige Balance zwischen Antworten, welche die ComputerCorp Experten geben und dem Warten auf evtl. Kundenantworten, um diese nicht zu unterdrücken und den Kunden zu einer aktiveren Rolle zu motivieren, wichtig. Die dritte Phase ist durch kurze Antwortzeiten (bis zu 15 Sek.) durch die Kunden auf Fragen anderer Kunden charakterisiert. In dieser Phase identifizieren sich die Kunden mit den Foren, geben Verbesserungsvorschläge zu deren Betrieb und fühlen sich auch für den Erfolg der Community verantwortlich, d.h. sie schreiben eine Etikette, wie sich die Mitglieder in „ihrem" Forum verhalten sollten. Mit der Zeit wird die Community immer dynamischer, größer und eigenverantwortlicher. Sie erwarten und erhalten von ComputerCorp mehr Entscheidungsmöglichkeiten und stellen entsprechende Forderungen. Das Management der Foren wird durch spezielle Moderatoren von ComputerCorp durchgeführt und basiert auf den 12 Prinzipien für die Führung virtueller Teams (siehe Mongoose_Technology, 2002). Die ComputerCorp-Moderatoren halten die Kommunikation in den Foren am Laufen und bereinigen diese (von Werbung für Fremdprodukte oder unflätigen Kommentaren). Mittlerweile gibt es ca. 100 Foren für die verschiedenen Produktbereiche und 50 Moderatoren aus dem IT-Ressource Center (wobei die Moderatoren je nach Expertise für verschiedene Foren zu verschiedenen Produktbereichen zuständig sind). Als Erfolgsfaktoren für die Foren werden die Schnelligkeit der Antworten auf gestellte Fragen, deren Qualität, die sich durch die Expertise der Mitglieder ergibt, sowie die inhärenten Lernmöglichkeiten und die Wahrnehmung als Experte angegeben (Interview_C_3, 2003, S. 2).

Insgesamt werden die Kundenforen von ComputerCorp als sehr erfolgreich eingestuft (gemessen wird der Erfolg anhand der Anzahl der aktiven Kunden, Anzahl, Geschwindigkeit und Qualität der Kundenantworten (Bewertung durch Kunden) und Zufriedenheit der Kunden in Einzelinterviews), obwohl man diese Dienstleistung bisher noch kostenlos anbietet. Es werden vor allem Potenziale bezogen auf das Extrahieren und Verwenden des dort ausgetauschten Kundenwissens gesehen, wie auch ein enger Zusammenhang zu dem vorhandenen Wissensnetzwerk-Konzept (Interview_C_3, 2003, S. 3).

4.3.5 Stärken und Schwächen der Wissensnetzwerke im Supportbereich

Eine Stärke des Wissensnetzwerk-Konzepts von ComputerCorp besteht in der Orientierung des Konzepts an der Unternehmensstruktur und -kultur. So wurde die starke informelle Unternehmenskultur, welche eine hohe Bereitschaft zur Wissensteilung aufweist, durch ein wenig formalisiertes, aber sehr fokussiertes (auf den Supportbereich beschränktes) Netzwerk-Konzept. Das Wissensnetzwerk-Konzept ist dabei eng an einen Geschäftsprozess angegliedert, den Support-Prozess, was der Geschäftsprozess- und Kundenorientierung innerhalb von ComputerCorp entspricht. Nur da, wo Aufgaben wirklich durch einen (wenn auch wenig) formalisierten Wissenstransfer besser erfüllt werden können, als dies durch die vorhandenen Unternehmensstrukturen der Fall ist, werden Wissensnetzwerke eingesetzt. Im Fall des Supportbereichs werden Ingenieure zum Zwecke der Kodifizierung ihres Wissens in Wissensnetzwerken zusammengeschlossen. Die weltweiten Experten für die Produktbereiche sind nicht durch ihre Funktion oder die hierarchischen Strukturen des Unternehmens miteinander verbunden, daher benötigt ein Ziel wie die Kodifizierung des impliziten Wissens in Form von Wissensdokumenten für den Kundensupport einer neuen Organisationsform und einem formalisierten Wissenstransfer. Bisher werden innerhalb von ComputerCorp keine anderen Ziele identifiziert, die eine gesonderte Organisationsform benötigen, was den geringen Durchdringungsgrad innerhalb des Unternehmens und die geringe Anzahl der Netzwerke erklärt. Dieses fokussierte Vorgehen beim Einsatz von Wissensnetzwerken wie auch deren Anpassung an die informelle Unternehmenskultur (die Netzwerke besitzen viele Freiheiten und organisieren sich überwiegend selbst) beeinflussen die Akzeptanz des Konzepts bei den Mitarbeitern positiv.

Als Stärke und Schwäche kann die Dezentralität des Wissensmanagement-Teams angesehen werden. Zwar kann das Team durch seine Verankerung im Geschäftsbereich, in welchem das Wissensnetzwerk-Konzept aufgebaut werden soll, eine große Akzeptanz erzielen und das Konzept auf die Erfordernisse des Supportbereichs anpassen jedoch beschränkt sich die „Zuständigkeit" des Wissensmanagement-Teams auf den eigenen Supportbereich. Potenziale, die durch eine Ausbreitung des Konzepts auf andere Bereiche erzielt werden könnten. Hier kann auch die Unternehmenskultur, in welcher Wissensmanagement-Initiativen dann als sinnvoll und unterstützenswert erachtet werden, wenn der Nutzen für den eigenen Geschäftsbereich gesehen wird, contraproduktiv sein, denn viele Aktivitäten zeigen nicht unmittelbar ihren Nutzen. Das Thema

Leistungsmessung zur Nutzendarstellung bei Wissensnetzwerken wird bei ComputerCorp nur unzureichend angegangen. So gilt zwar einheitlich für die Wissensnetzwerke im Supportbereich, dass diese die angeforderten Dokumente (durch die gemeinsame Mailbox oder aus einer Liste generiert) erstellen sollen und an diesen gemessen werden, jedoch wird die Leistungsmessung jedes Netzwerks individuell durch dessen Betreuer oder Organisator durchgeführt. Dies ergibt eine einheitliche und transparente Leistungsmessung, die auch andere Mitarbeiter den Nutzen der Organisationsform Wissensnetzwerk oder weiterer Potenziale für dessen Einsatz entdecken lässt. Diese Potenziale werden bisher innerhalb von ComputerCorp von wenigen „Evangelisten" gesehen, dem Wissensmanagement-Team, das jedoch nicht die Kompetenzen besitzt, diese in anderen Bereichen einzusetzen. Bisher herrscht die Einstellung vor, dass die den informellen Wissenstransfer stark unterstützende Kultur eventuelle Schwächen der Unternehmensstruktur und -organisation ausgleicht. Verändert sich diese, wie dies beispielsweise durch den kürzlich getätigten Merger und der im Moment durchgeführten Reorganisierung der Fall ist, könnte dies tiefgreifende Auswirkungen auf die Fähigkeiten von ComputerCorp haben, Wissen schnell zu verteilen und intern zu entwickeln.

4.4 Fallstudie ConsumerCorp: Das Community of Practice-Konzept

ConsumerCorp ist ein englisch-holländisches Unternehmen, welches im Bereich der Verbrauchsgüter (Fast Moving Consumer Goods) operiert. ConsumerCorp ist eines der größten Unternehmen weltweit, mit einem Umsatz von über 48 Milliarden US Dollar (1997), fast 270.000 Mitarbeitern und einem Verkauf von mehr als 100 Marken durch 300 angeschlossene Unternehmen in 88 Ländern weltweit. Eine der Kernkompetenzen des Unternehmens ist seine jahrelange Erfahrung mit Wissensmanagement und dem Einsatz von Communities of Practice (die mit den in dieser Arbeit beschriebenen Wissensnetzwerken identisch sind) (ConsumerCorp_Geschäftsbericht, 2001).

4.4.1 Methodik und Datensammlung

Um ein vollständiges Bild auf das Community-Konzept, also die Wissensnetzwerke in ConsumerCorp, zu erhalten, wurden über einen Zeitraum von drei Monaten (August bis Oktober 2002) mit dem Einverständnis der Knowledge Management Group ConsumerCorp Daten für die vorliegende Fallstudie aus verschiedenen Datenquellen gesammelt.

Mit Hilfe des Leiters der Knowledge Management Group, welcher verantwortlich für den Aufbau und die Pflege des Community-Konzepts ist, wurden repräsentative Interviewpartner ausgewählt und zehn durchschnittlich 50-Min.-Interviews mit allen aktuellen und ausgewählten ehemaligen Mitgliedern der Knowledge Management Group (KMG) durchgeführt. Für die Interviews wurden angepasste Interviewleitfäden (bzgl. der jeweiligen Spezialisierung innerhalb der KMG) erstellt, wobei die Fragen an die bereits gewonnenen Erkenntnisse aus der Dokumentenanalyse und den teilnehmenden Beobachtungen an den Sprachgebrauch der ConsumerCorp angepasst wurden. Ergänzt werden die Interviewergebnisse durch die Ergebnisse einer aktuellen internen Untersuchung aller Communities sowie durch 4 Unternehmensbesuche, welche als direkte Beobachtung zusätzlich wichtige Einblicke in die interne Organisation der Communities geben.

Des Weiteren wurden neben öffentlich zugänglicher Literatur (Geschäftberichte und publizierte Artikel, zitiert nach Autor) vertrauliche interne Dokumente (Präsentationen, Mitarbeiterzeitung, Auszüge aus dem Intranet und die Schulungs- und Aufbaudokumentationen) zur Verfügung gestellt und von der Autorin analysiert. Alle Dokumente, Transkripte und Protokolle sind jeweils zitiert und finden sich im Literaturverzeichnis wieder.

4.4.2 Historie und Umfeld

ConsumerCorp ist mit seinen mehr als 500 Tochtergesellschaften in 90 Ländern weltweit zu den größten Unternehmen in der Branche der „Fast Moving Consumer Goods" (FMCG) zu zählen. ConsumerCorp produziert und verkauft Produkte, die für die Endverbraucher bestimmt, also zum Beispiel in Supermärkten erhältlich sind. Bedeutende Marken sind unter anderem Bertolli, Knorr, Iglo, Ola (Langnese), Lipton, Becel, Cif, Omo, Rexona, Dove, Slim Fast und die Parfumserie von Calvin Klein. ConsumerCorp ist Weltmarktführer in den Bereichen Eiscreme, Margarine und Getränke auf Teebasis (ConsumerCorp_Geschäftsbericht, 2001).

Das Unternehmen ConsumerCorp entstand im Jahre 1930, als die holländische Margarinefabrik Margarine Unie mit dem britischen Seifenhersteller Lever Brothers fusionierte. Beide Unternehmen konkurrierten um die gleichen Rohstoffe, waren beide beschäftigt mit der Vermarktung von Haushaltsprodukten in großem Umfang und verwendeten ähnliche Distributionskanäle. Margarine Unie war während der 20er-Jahre durch Zusammenschlüsse mit anderen Margarinefabrikanten gewachsen. Das Unternehmen Lever Brothers wurde 1885 von William Hesketh gegründet. Er baute sein Schicksal auf der Idee auf, Waschseife zu verpacken, ihr einen Namen zu geben – Sunlight – und damit ein Image, eine Marke zu kreieren. Im Weiteren gründete er Lever Seifenfabriken in der ganzen Welt.

Nach der Fusion führte ConsumerCorp verbesserte Technologien im Unternehmen ein. Das Geschäft wuchs und man lancierte neue Geschäftsfelder in Lateinamerika. Das Unternehmen entwickelte sich erfolgreich, jedoch sah man sich zunehmend einem starken internationalen

Wettbewerb ausgesetzt, wobei die Konkurrenz über effizientere globale Mechanismen verfügte. Für ConsumerCorp stellte sich in dieser Phase die Frage, ob eine weitere internationale Expansion des Unternehmens angebracht sei. Als Antwort auf diese Tendenzen besann sich ConsumerCorp in den 90er-Jahren zurück auf ihre Kerngeschäfte. Man reduzierte die Anzahl der Marken von 1600 auf 400, wobei nur noch solche Artikel bestehen blieben, die in ihrem jeweiligen Markt auf Position eins oder zwei lagen. Zudem führte ConsumerCorp in den 80er- und 90er-Jahren eine große Anzahl von Akquisitionen durch. Im August 2000 kündigte ConsumerCorp eine Veränderung in seiner Top-Management-Struktur an, wonach zwei globale Divisionen gebildet wurden – „Foods“ und „Home & Personal Care“ (HPC). Auf regionaler Basis sind diese Divisionen in Geschäftsbereichs-Gruppen organisiert. Auf der Produktebene erarbeiten Kategoriedirektoren Strategien für die unternehmensweite Implementierung von Neuerungen und arbeiten eng mit den Geschäftsbereichs-Gruppen zusammen, um regionale Strategien zu entwickeln. Die Kategoriedirektoren sind auch verantwortlich für die Koordination der Verteilung der gemeinsamen Ressourcen für Forschung und Entwicklung (Rumyantseva et al., 2004, S. 81 ff.).

ConsumerCorp. bezeichnet sich selbst als "multinational mit multi-lokaler Ausrichtung", weil versucht wird, das Marketing so gut wie möglich an die unterschiedlichen Märkte anzupassen. Ein Unternehmensziel ist: "... to meet the everyday needs of people everywhere to anticipate the aspirations of our consumers and customers and to respond creatively and competitively with branded products and services which raise the quality of life." (Website ConsumerCorp.), also den alltäglichen Bedürfnissen der Menschen überall auf der Welt zu entsprechen, die Sehnsüchte der Konsumenten und Kunden vorherzusehen und darauf kreativ und wettbewerbsfähig mit Markenprodukten und Services zu reagieren, welche die Lebensqualität erhöhen.

Ein Eckstein der Unternehmensvision ist der "Path to Growth", ein strategisches Traktandum, das die Richtlinien für die Unternehmenspolitik enthält, mit denen die ConsumerCorp ihr Ziel des nachhaltigen, profitablen Wachstums erreichen soll. Das Herzstück der Agenda sind die „12 strategischen Anstöße“, von denen die folgenden sechs als primärer Fokus angesehen werden können (Rumyantseva et al., 2004, S. 74):

- Konzentration auf das Markenportfolio
- Vereinfachung des Geschäfts
- Aufbau einer Unternehmenskultur
- Vorreiterrolle bei der Nutzung neuer Kanäle

- Weltweite Vertriebskette
- Wiederherstellung der Bindung an den Kunden

Der Erfolg der ConsumerCorp durch die Konzentration auf das Kerngeschäft führte zu einer Überschätzung der Wachstumsstrategie und einem Fehlen eines strengen Fokus auf Innovation. FitzGerald, Chairman von ConsumerCorp PLC, England, sagt, dass der einzige Bereich, der eine radikale Vereinfachung benötigte, der Umgang mit Wissen innerhalb der Firma war. „The one unique asset of ConsumerCorp is its knowledge. Yet we haven't a way to encapsulate it in an integrated way and to disseminate through the business rapidly. The moment has come when we must simplify the way we access our knowledge." (Webpage ConsumerCorp, Dezember 2002).

Einige Kennzahlen für 2000 (ConsumerCorp_Geschäftsbericht, 2001):

- Die weltweiten Verkäufe erreichten € 45.5 Mrd.
- 295.000 Mitarbeiter, 90% der Manager werden lokal rekrutiert und ausgebildet
- Investitionen von rund € 1.2 Mrd. in Technologie und Innovation – ca. 2.5% des Umsatzes
- Ausgaben von € 5.5 Mrd. für das Brand-Marketing
- Die Produkte aus den Bereichen Haushalts- und Körperpflege und Lebensmittel werden in 150 Ländern verkauft
- Täglich wählen 150 Millionen Menschen Markenprodukte von ConsumerCorp, um ihre Familien zu ernähren und ihre Häuser zu reinigen

4.4.3 Makro-Perspektive: Gestaltungselemente des Community-Konzepts

4.4.3.1 Strategieverankerung und Umsetzung der Wissensnetzwerkinitiative

Die Organisationsstruktur bei ConsumerCorp ist eine Produktgruppen-Organisation, die aus Geschäftsfeldergruppen und Kategorien besteht, welche wiederum in Produktgruppen und Regionen unterteilt sind. Es gibt zwei globale Divisionen: „Foods and Beverages" und „Home and Personal Care" (HPC). ConsumerCorp verfügt zusätzlich über ein Corporate Center, das die Abteilung Forschung beinhaltet.

An der Spitze der Organisation steht das Executive Committee (ExCo), das von 2 Vorsitzenden des Unternehmens geleitet wird. Die anderen Mitglieder sind die Direktoren der Globalen Divisionen Bestfoods, Home und Personal Care, der Direktor für Unternehmensentwicklung, der Direktor für Finanzen und der Direktor für Personal. Das Executive Committee definiert die Strategie und die Geschäftsziele der Unternehmung.

Die Geschäftstätigkeit der ConsumerCorp ist in zwölf Geschäftsfeldergruppen (BGs) unterteilt, die jeweils einen regionalen Fokus haben (siehe Abbildung 43). Die BGs erarbeiten ihre eigenen regionalen Strategien und sind voll verantwortlich für ihre Profitabilität. Im Mai 2002 wurde Diversey Lever an Johnson Wax Professional verkauft, was die Anzahl der BGs auf elf reduzierte.

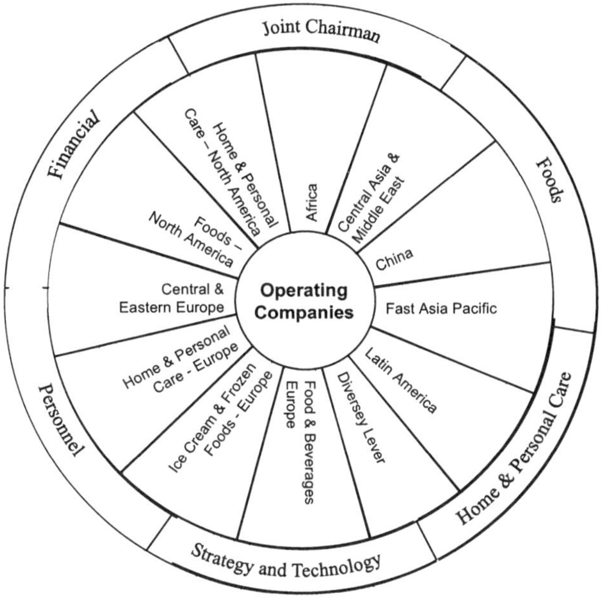

Abb. 42: Organisationsstruktur der ConsumerCorp (Quelle: ConsumerCorp_Präsentation_WS, 2002, S. 3)

Im Kern der Organisation befinden sich die Betriebsgesellschaften, die an die BGs Bericht erstatten. Diese Gesellschaften operieren auf ihren eigenen Märkten, welche durch die Region und die Art des Produkts definiert sind. Um eine gute Kommunikation zwischen den einzelnen Produktgruppen (und damit zwischen den einzelnen Betriebsgesellschaften) sicherzustellen, gibt es ein internationales Kategorie-Netzwerk. Die Produkte sind in vierzehn Kategorien unterteilt. Das Kategorie-Netzwerk überschreitet die Grenzen der BGs und macht ConsumerCorp zu einer Produktgruppen-Organisation (ConsumerCorp_Präsentation_WS, 2002, S. 3).

Die Restrukturierung, die mit der Vereinigung mit Bestfoods einherging, führte zu flacheren Hierarchien und einer Umstrukturierung in die oben beschriebenen Geschäftsgruppen. Dies führte jedoch auch dazu, dass bestimmte Experten, die in der früheren Matrixorganisation miteinander verbunden waren, sich jetzt in unterschiedlichen Geschäftsgruppen befinden. Das Community-of-Practice-Konzept versucht, diese Experten innerhalb von ConsumerCorp über die hierarchischen und funktionalen Grenzen hinweg wieder miteinander zu verbinden (Interview_Po_1, 2002, S. 2). Damit erfüllt es einen entscheidenden Zweck zur Erreichung der Unternehmensziele und zur Entwicklung zu einem vernetzten, lernenden Unternehmen. Dazu der Leiter der Knowledge Management Group: "When times get rough companies tend to stop those (Knowledge Management and Community) initiatives, but not at ConsumerCorp. Here it is the other way around. It is a sign of the company's maturity: here CoPs are not a toy produced by the CIO without strategic embedding or technology support." (Interview_M, 2002, S. 1).

Umsetzung des Wissensnetzwerk-Konzepts. Um dem Unternehmen zu ermöglichen, diejenigen sozialen Aspekte in der Unternehmenskultur und in den Systemen und Prozessen zu unterstützen, die dazu beitragen würden, ein lernendes, vernetztes Unternehmen zu werden, wurde die „Knowledge Management Group" ins Leben gerufen. Ihr Ziel ist es, eine interne Beratungsfunktion für Wissensmanagement zu erfüllen. Die Gruppe beschäftigt sich mit der Entwicklung, Anpassung und Umsetzung von Methoden und Instrumenten, mit denen Wissen erhalten, geteilt und entwickelt werden kann. Als Beispiele für die angebotenen Wissensmanagement-Lösungen sind der Aufbau und die Pflege von Communities of Practice (Praktikergemeinschaften) und die Workshops zu Lokalisierung, Erhaltung und Teilung von Wissen zu nennen (von Krogh et al., 2001, S. 422f.).

Innerhalb des Unternehmens gibt es ein hohes Bewusstsein für die Bedeutung von Wissensmanagement (Interview_Po_1, 2002, S. 1). Der Chairman der ConsumerCorp sagt dazu: "Within ConsumerCorp there is high awareness of the importance of knowledge management. Translating our understanding of the needs of consumers into innovative, branded solutions is at the heart of ConsumerCorp. Our long-term success requires a total commitment to exceptional standards of performance and productivity, to working together effectively and to a willingness to embrace new ideas and learn continuously. By bringing our people together in focused, entrepreneurial teams, we create new knowledge and apply the best to deliver the value to our consumers, our partners and our stakeholders." (ConsumerCorp_Präsentation_WS, 2002, S. 7).

Ein Großteil des expliziten Wissens innerhalb von ConsumerCorp ist in Intranets und anderen IT-Instrumenten strukturiert. Diese Instrumente sind zwar sehr nützlich, haben aber einige Einschränkungen. Technologie kann Erfahrung (also implizites Wissen) weder erfassen noch entwickeln. Deswegen konzentriert sich ConsumerCorp darauf, die Menschen zu verbinden, wobei die Technologie eine wichtige Unterstützung für die Wissensteilung darstellt. Dazu erklärte der Direktor für Marketing: "To achieve our 'must-wins' requires improved ways of sharing. Management of our knowledge is fundamental to the creation of a high-performance, networked learning organisation." (ConsumerCorp_Präsentation_WS, 2002, S. 7). Um auch nach der Reorganisation (flachere Hierarchien und Aufteilung in Produktkategorien) eine leistungsstarke, vernetzte und lernende Organisation zu erhalten, setzte ConsumerCorp die zentrale Knowledge Management Gruppe ein, um das Entstehen von Wissensinseln in den Produktkategorien zu verhindern. Diese sollte durch den Aufbau eines zusätzlichen Organisationsnetzwerk die durch Communities of Practice entstandenen Wissensinseln verbinden und so die explizite Wachstumsstrategie unterstützen (Interview_Po_1, 2002, S. 2).

Die Knowledge Management Gruppe (KMG) ist ein interner Dienstleister für Wissensmanagement bei ConsumerCorp, mit Sitz im Forschungs- und Entwicklungszentrum in Vlaardingen, Niederlande. Die hauptsächliche Aufgabe der KMG ist es, den Geschäftsfeldergruppen dabei zu helfen, das Wissen zu identifizieren, zu erfassen und zu teilen, das sie benötigen, um ihre „Path to Growth"-Ziele zu erreichen, was auch die Schaffung zusätzlichen Wissens mit einbezieht (von Krogh et al., 2001, S. 433 ff). Dies kann entweder auf Projektbasis, auf Basis einer Geschäftseinheit, eines Unternehmens oder auf einer das ganze Unternehmen durchquerenden Basis geschehen.

Die KMG führt dafür hauptsächlich 2 Arten von Aktivitäten durch: auf der einen Seite organisiert sie *Wissens-Workshops*, in denen ein Schulungsleiter unter Verwendung bewährter Techniken systematisch versucht, herauszufinden, welche Erfahrungen die Teilnehmer in Bezug auf das jeweilige Ziel haben, welche Lücken gefüllt werden müssen und wie die vereinigte Fachkompetenz der Gruppe instrumentalisiert werden kann, um das angestrebte Ergebnis zu erreichen (Interview_Po_1, 2002, S. 3). Auf der anderen Seite hilft sie den Geschäftsbereichen *Communities of Practice* aufzubauen, Gruppen von Experten, die als Vertreter über ein klar abgegrenztes Gebiet, das wichtig für die Realisierung der Unternehmensstrategie ist, wie zum Beispiel die Innovationsprojekte in einem Produktbereich, wachen. Wie diese kurze Definition schon zeigt, sind die von ConsumerCorp eingesetzten Gruppen keine Praktikergemeinschaften im Sinne der Theorie (siehe Kapitel 2.3.6), sondern es handelt sich um Wissensnetzwerke, die intern als Communities of Practice bezeichnet werden (Interview_Po_1, 2002, S. 4). Man hat sich aus psychologischen Gründen für diese Namensgebung entschieden, weil der Begriff „Gemeinschaft" sozialer wirkt als der eher technische Begriff „Netzwerk" (Interview_Po_1, 2002, S. 4). In der vorliegenden Fallstudie wird der von ConsumerCorp verwendete Begriff Communities of Practice verwendet.

ConsumerCorp bezeichnet sich selbst als eine vernetzte Unternehmung. Diese Vernetzung wird durch das Management angeregt und zeigt sich zum Beispiel in den HR-Trainingsprogrammen. Junge Manager werden angehalten, ihr eigenes Netzwerk aufzubauen. Diese Netzwerke sind zwar persönlich und sozial motiviert, sind aber auch eng mit den Jobs und Karrieren verbunden. Daneben gibt es viele Netzwerke, die sich auf gemeinsame Themen oder Inhalte stützen und als Teil einer speziellen Tätigkeit entstehen, jedoch über die Jahre auch wieder verschwinden (ConsumerCorp_Präsentation_Th, 2002, S. 3). „KMG's success factors are the consistency of our program, we don't make it rocket science, we have guidelines, our training programs. One way of doing it (one way of building up all kinds of CoP), focused on results, and not only on sharing knowledge, makes people enthusiastic because they become empowered, deliveries, getting a job done with a CoP in a cost-effective way.", so der Leiter der KMG über die Erfolgsfaktoren des Community-Konzepts bei ConsumerCorp (Interview_M, 2002, S. 1).

Da innerhalb der ConsumerCorp eine genaue Definition von Communities of Practice vorliegt, wird der Name nur für die von der Knowledge Management Group aufgebauten Wissensnetzwerke verwendet. Dieser Definition entsprechen zur Zeit ungefähr zwanzig aktive Communities im gesamten Unternehmen (Interview_Po_1, 2002, S. 1). Die gemeinsamen Merkmale dieser Communities of Practice sind:

- Zugehörigkeit zu den Produkt-(Sub)Kategorien
- Arbeitsweise der Gruppe
- Einbettung in die Beschaffungskette
- Verständnis für den Kunden (Nutznießer der Community)
- Konstruktion und Pflege der Community (ConsumerCorp_Präsentation_Th, 2002, S. 4)

4.4.3.2 Kernkomponenten und ihre Ausprägungen

Nutzen und Ziele der Wissensnetzwerke. ConsumerCorp arbeitet seit nunmehr 5 Jahren mit CoP als einer offiziellen Organisationsform zur Wissensteilung und zur Entwicklung neuen Wissens (Interview_Po_1, 2002, S. 1). Die Hauptziele des Community-Konzepts sind das Teilen von Praxiserfahrungen und die Entwicklung von Vorzugslösungen. „The purpose of the community is to ensure that the professional collaborate across plants, geographical boundaries, and sometimes also functional boundaries." (von Krogh et al., 2001, S. 423). Zusätzlich werden individuelle Ziele für die Communities durch das Management, im Speziellen durch die Chairperson, vorgegeben. Entsprechende Aufgaben, durch diese Ziele bestimmt, definiert die

Community selbst. Generelle Aufgaben sind zum Beispiel das Erstellen von Richtlinien für bestimmte Wissensbereiche, das Entwickeln neuer Technologien, das Restrukturieren von Prozessen oder das Ausrollen neuer Technologien (Interview_Po_1, 2002, S. 1).

In den ersten ein bis zwei Jahren des Konzepts wurden diverse CoP errichtet und betriebsfähig gemacht. Nach diesem Zeitraum wurden die Erfahrungen aller Beteiligten mit den CoP geteilt und evaluiert. Anhand dieser Lernerfahrungen stellten die Senior-Manager und KM-Spezialisten folgende Definitionen und Richtlinien für die zukünftigen CoP auf. Zuallererst muss jede CoP folgenden Vorgaben und Randbedingungen folgen:

- Das Ziel der CoP muss mit der ConsumerCorp-Strategie verbunden sein.
- Das Ergebnis der Aktivitäten einer CoP muss einen Beitrag zum Erfolg der Unternehmung leisten.
- Die Mitglieder einer CoP sind aktive Verwalter eines Wissensbereichs, der von strategischer Relevanz für die ConsumerCorp ist (ConsumerCorp_Mitschrift_Th, 2002, S. 3).

Als kritischen Erfolgsfaktor für das Community-Konzept bezeichnet der Leiter der KMG die starke Verankerung der Communities in den strategischen Zielen des Unternehmens: "We speak the language of business, as well as having consistent simple messages, not changing your framework every year, linking to business objectives, direct visible results, rewarding the people with self-motivation." (Interview_M, 2002, S. 2). Das Community-Konzept der ConsumerCorp hat seinen Nutzen bereits in einigen Bereichen bewiesen. So konnten eine Verbesserung von Investitionsentscheidungen, das Verbreiten von Vorzugslösungen und gemeinsamen Innovationen über Fabriken- und Firmengrenzen hinweg erzielt werden (von Krogh et al., 2001, S. 423).

Aufbaumethodik. Der Aufbau der Communities erfolgt mittlerweile nach einer expliziten Methodik, auf die Schulungsunterlagen und Unterstützungsinstrumente wie Webseiten, Präsentationen und Dokumentationen abgestimmt sind. Die Mitglieder der KMG folgen dabei einem detaillierten Aufbau, der als Kernelemente die Vorbereitung der Community (Vorbereitungsphase, manchmal erweitert durch eine Initialisierungsphase), den Kick-off-Workshop und die weitere Unterstützung (Start der Produktivitätsphase) beinhaltet.

In der *Vorbereitungsphase* werden durch das Management (der spätere „Champion" der Community, siehe Kapitel Rollen in der Wissensnetzwerk-Struktur) mit Hilfe eines Wissensmanagers aus der KMG die späteren Mitglieder und der Netzwerkleiter ausgewählt (Interview_M, 2002, S. 2). Der Champion hat dazu zunächst eine Wissensdomäne zu identifizieren, in der er es für notwendig hält, ein Wissensnetzwerk zur Unterstützung des Wissenstransfers und der Entwicklung neuen Wissens einzusetzen. Die Mitglieder und der spätere Netzwerkleiter werden aufgrund ihres Wissens und Expertisen ausgewählt (Interview_M, 2002, S. 2). In diesem Auswahlprozess werden oftmals auch die Vorgesetzten der ausgewählten Mitglieder einbezogen, was zur Identifizierung der richtigen Experten, aber auch zur Sicherung der Management-Unterstützung dient (Interview_Po_1, 2002, S. 1 f.). Die Community startet mit dem Kick-off-Workshop, einem ersten persönlichen Treffen der Mitglieder, welcher in der Regel drei bis fünf Tage in Anspruch nimmt und neben der Präsentation des Konzepts viele interaktive Teile enthält, in denen sich die Struktur der Community festigt und Aufgaben und Ziele ihrer Arbeiten definiert werden (siehe ConsumerCorp_COP_Guidelines_V2, 2002, S. 15-33). Es ist auch möglich, dass die späteren Mitglieder selbst in einem Bottom-Up-Ansatz den Start einer Community initiieren, da sie Mitarbeiter aus dem selben Wissensgebiet im Unternehmen identifiziert haben, mit denen sie sich regelmäßig austauschen möchten. Ein entscheidender Unterschied zum oben beschriebenen Top-Down-Ansatz ist die Überzeugung des Managements, welche die Community-Mitglieder jetzt leisten müssen, damit ein Sponsor gefunden werden kann. Eine solche *Initiierungsphase* schließt dann an die oben beschriebene Vorbereitungsphase an, die wieder gleich verläuft (Interview_Th_1, 2002, S. 3).

Mit dem Kick-off-Workshop endet die Vorbereitungsphase der Community und die *Produktivitätsphase* beginnt (Interview_Th_1, 2002, S. 3). Die Struktur des *Kick-off-Workshops*, erfolgt nach einem festen Schema: zunächst werden die grundlegenden Konzepte erläutert, z.B. was Communities sind und wozu sie innerhalb der ConsumerCorp dienen, welches Wissensgebiet gerade für diese Community von großem Interesse wäre und welchen Nutzen hier eine Community schaffen könnte. Danach folgt eine Diskussion des Wissensbereichs und der Verantwortlichkeiten der CoP. Ein Wissensmarktplatz, also eine Darstellung des vorhandenen Wissens der Teilnehmer und des benötigten Wissens für ihren jeweiligen Arbeitsbereich, stellt ein wichtiges Element zur Identifizierung des persönlichen Nutzens zur Mitarbeit und damit zur Motivation des Einzelnen dar. Der Wissensmarktplatz hilft aber auch, eventuell vorhandene Wissenslücken, die von keinem Teilnehmer abgedeckt werden können, zu identifizieren. Es folgt eine Diskussion und Festlegung der individuellen Arbeitsweise der Community, ihrer Ziele und Aufgaben sowie der benötigten Hilfsmittel. Die oben aufgeführten Punkte sind die Grundlage jeder Community. Wenn diese Punkte definiert sind, können die Mitglieder beginnen, ihre eigene Community im Detail zu gestalten. „From the kick-off meeting of the community it is self-designed." (Interview_M, 2002, S. 2). Das Ende des Workshops bildet eine Abarbeitung erster Aufgaben, um so bereits erste Ergebnisse an den eigenen Arbeitsplatz mitnehmen zu können, was ebenfalls motivationsfördernde Effekte hat (ConsumerCorp_COP_Guidelines_V2, 2002, Appendix S. 16 ff).

Die weiterführende *Pflege der Community* wird überwiegend in die Hände des Netzwerkleiters gelegt. Um ihn für diese anspruchsvolle Aufgabe zu befähigen, bietet die KMG einen 2-Tageskurs an, in welchem Hintergrundinformationen über den Lebenszyklus einer Gemeinschaft, Werte und Ziele, aber auch Aufbauinformationen und Erfolgsfaktoren (z.B. Kommunikationsrichtlinien, Rollendefinition und Verantwortlichkeiten) vermittelt werden. Ein Schwerpunkt des Workshops liegt auch in der Leistungsmessung der Communities (siehe Kapitel Leistungsmessung) (siehe ConsumerCorp_COP_Guidelines_V2, 2002).

Kann die Community die vereinbarten Ziele nicht erreichen oder verändern sich die strategischen Ziele des Unternehmens so, dass eine Community überflüssig wird, wird diese aufgelöst (Endphase) (Interview_Th_1, 2002, S. 3).

Arbeitsweise. Die Kerngruppe einer Community of Practice in der ConsumerCorp besteht normalerweise aus 10-15 Mitgliedern aus verschiedenen Ländern und Kulturen (Interview_Po_1, 2002, S. 2). Wie bereits erwähnt, wird dem Kick-Off-Workshop eine große Bedeutung beigemessen, da dort die Community offiziell startet und alle Regeln und Ziele der Zusammenarbeit festgelegt werden. Im Kick-Off-Workshop wird der Wissensbereich festgelegt, zu welchem die Mitglieder der Praktikergemeinschaft einen Beitrag leisten wollen (siehe auch das Kapitel Unterstützung der Wissensnetzwerke und Öffentlichkeitsarbeit). Ein Beispiel für einen solchen Wissensbereich (in ConsumerCorp-Sprache Knowledge Domain genannt) könnte die weltweite Produktion von Saucen sein. Ein Wissensbereich besteht aus relevanten Daten, Informationen, bereits artikuliertem Wissen wie Handbücher, Gebrauchsanweisungen oder Präsentationen und einer Liste von Schlüsselpersonen und -gruppen, welche über implizites Wissen, basierend auf einer langfristigen Arbeitserfahrung, verfügen. Communities of Practice handeln dabei als Hüter eines Wissensbereichs, indem sie die Wissensteilung und die Entwicklung von Vorgehensweisen und Wissen, welches grundlegend für die Erreichung der Unternehmensziels und der persönlichen Ziele ist, unterstützen (von Krogh et al., 2001, S. 422-423).
Der Wissens- und Arbeitsbereich von Communities innerhalb der ConsumerCorp wird durch die Wichtigkeit der Wissensteilung für die Effektivität der Geschäftstätigkeit bestimmt wie auch dadurch, ob das benötigte Wissen überwiegend in impliziter Form, also gebunden in Köpfen von Schlüsselexperten, vorliegt. „For example, in sauce manufacturing the calibration of equitment, the layout of a production process, the reduction of professionals operating locally" (von Krogh

et al., 2001, S. 423) sind Beispiele für die Arbeitsbereiche und Einsatzgebiete von Communities of Practice.

Rollen in der Wissensnetzwerk-Struktur. Ein Kernpunkt des Community-Konzepts bildet die Definition von Rollen und Verantwortlichkeiten in und um CoP. Jede Rolle hat ihre eigenen spezifischen Verantwortlichkeiten. Diese Rollen und Verantwortlichkeiten sind klar definiert und für jeden Akteur verständlich (Interview_Th_2, 2002, S. 3).

- Der *Champion* ist ein Senior Manager, der hauptsächlich mit der Festlegung der Vorgaben und der Richtung beschäftigt ist. Jede Community wird von einem Champion geführt. Er ist der Anker für die CoP in der ConsumerCorp-Organisation.
- Der *Aktivist* oder *Facilitator* ist der Unterstützer oder der operationale Leiter der CoP. Er hat am häufigsten Kontakt zum Champion und ist der Motor der Community.
- Das *Mitglied der Knowledge Management Group oder Knowledge Consultant* hilft dem Management oder den Mitarbeitern, die Community ins Leben zu rufen und diese zu unterstützen.
- Daneben gibt es die *Mitglieder* der CoP. Für ConsumerCorp ist typisch, dass sie oftmals aus verschiedenen Ländern, Kontinenten und Kulturen stammen.

Diese Mitglieder sind Experten für ihren Fachbereich. Die Qualifikation für eine Mitgliedschaft bezieht sich dabei nicht nur darauf, ob man über das größte Wissen und die meiste Erfahrung in einem bestimmten Wissensbereich verfügt, sondern auch ob man gute Fähigkeiten in Bezug auf Kommunikation und Teamwork besitzt. Von den Mitgliedern wird erwartet, dass sie ungefähr 10% ihrer Zeit für die CoP arbeiten. Der Aktivist verwendet durchschnittlich 20% seiner Zeit dafür. Von jeder CoP wird zudem erwartet, dass sie über organisatorische und funktionelle Grenzen hinweg arbeitet (ConsumerCorp_Präsentation_Th, 2002, S. 3). Neben den aktiven Mitgliedern des Kernteams kann eine Community 100 und mehr passive Mitglieder umfassen, welche auf die Dokumente und Informationen der Community zurückgreifen. Weitere untergeordnete Rollen ergeben sich aus den Zielen und Aufgaben einer Community (Interview_Po_1, 2002, S. 2).

Scheiden Mitglieder aus der Community aus oder müssen aus anderen Gründen ersetzt werden, können die Nachfolger entweder vom Champion oder von den Mitgliedern der Community vorgeschlagen werden (Interview_Po_1, 2002, S. 2). Die Arbeitsfähigkeit und der Erfolg einer Community innerhalb der ConsumerCorp hängt maßgeblich von der Motivation der Mitglieder und des Managements ab. Die Auswahl eines Mitarbeiters zum Mitglied einer Community ist dabei bereits sehr motivierend, da der Mitarbeiter sich als Experte wahrgenommen und sich geehrt fühlt, in dieser Rolle Mitglied einer Expertengemeinschaft zu werden. Dies wird durch den Umstand verstärkt, dass mehr Mitarbeiter sich für eine Mitgliedschaft in den Gemeinschaften bewerben, als aufgenommen werden können (Interview_Po_1, 2002, S. 2).

4.4.3.3 Unterstützung der Wissensnetzwerke und Öffentlichkeitsarbeit der KMG

Für das Design und die Tätigkeiten der CoP benutzt die KMG ein Rahmenmodell, das sie die vier Säulen der ConsumerCorp-CoP nennen. Diese sind *Menschen* (People), *Abläufe* (Operation), *Ergebnisse* (Deliverables) und *Hebel* (Leverage). Das gesamte Material und die Kurse zum Aufbau und Unterstützung der CoP bei ConsumerCorp basieren auf diesen vier Säulen. Jedoch ist dieses Rahmenmodell nicht unveränderbar. Man kann unbeschränkt andere oder zusätzliche Säulen einfügen, wenn sie der Erfüllung des spezifischen Ziels der Community dienen und solange die wichtigsten Aspekte von CoP im Modell beachtet werden. Eine Reihe von Unterlagen zur Unterstützung der Wissensnetzwerke wurden für CoP-Leiter und -Mitglieder von der Knowledge Management Group entwickelt. Die wichtigsten davon sind:

CoP Guidelines: die aktuellen Richtlinien beinhalten 100 Seiten mit Hintergrundinformationen, praktischen Hinweisen, Beispielen von anderen Unternehmen und von der ConsumerCorp. Im Anhang finden sich wiederverwendbare Materialien wie Präsentationen, Checklisten, Dokumentvorlagen, Agenden für Workshops und Vorschläge für Events. Im November 2000 wurde Version 1.1 und erst kürzlich Version 2.0 publiziert (siehe ConsumerCorp_COP_Guidelines_V1, 2000 und ConsumerCorp_COP_Guidelines_V2, 2002).

Kurs "Aufbau und Pflege von CoP": basierend auf den CoP Guidelines hat die KMG einen 2-Tageskurs zum Thema Aufbau und Pflege der CoP für Community-Leiter entwickelt (siehe ConsumerCorp_Kursmaterial, 2002). Dieser Kurs wird seit seiner Entwicklung regelmäßig durchgeführt (bis jetzt in der vierten Durchführung) und hat über vierzig derzeitigen und zukünftigen Netzwerkführern Hilfestellung geleistet (ConsumerCorp_Präsentation_Th, 2002, S. 9).

CoP-Kurs für Leiter mit Erfahrung: zur Zeit wird ein Kurs für die Menschen erarbeitet, die Erfahrung in der Führung einer CoP haben. In fast jeder CoP gibt es Situationen, in denen eine Reihe von Optionen für eine Handlung zur Wahl stehen. Der Kurs beschäftigt sich damit, wie Netzwerkleiter am besten mit solchen Situationen umgehen können. Der Austausch von eigenen Erfahrungen, also des impliziten Wissens über das Leiten einer Community, ist ein wichtiger Treiber für diesen Kurs (ConsumerCorp_Präsentation_Th, 2002, S. 10).

Anlaufstelle für aktive und zukünftige CoP: Die KMG ist die zentrale Anlaufstelle für CoP-Leiter. Anfragen oder Bitten von CoP können direkt an die KMG gerichtet werden. Von Zeit zu Zeit kontaktiert die KMG auch die Leiter der einzelnen Communities, um einen Überblick über den Nutzen und evtl. Probleme der einzelnen Netzwerke zu erhalten. Zu diesem Zweck wurde eine Befragung aller Community-Leiter über den aktuellen Status der Netzwerke im Februar 2002 durchgeführt. Das wichtigste Ergebnis der Befragung war, dass die Leiter ihre Communities als überwiegend gesund und produktiv bezeichnet haben. Denjenigen Communities, die weniger produktiv oder inaktiv sind, wird Hilfe mit zusätzlichen Beratungsangeboten offeriert (ConsumerCorp_Statusbericht, 2002).

Informationstechnisch greifen die Communities überwiegend auf E-Mail zurück, einige Communities nutzen auch das von der KMG empfohlene LiveLink, eine Applikation, welche die virtuelle Zusammenarbeit durch Chatrooms, Datenbanken und Diskussionsplattformen unterstützt und eine Website zur Präsentation der Community auf dem firmeneigenen Intranet zur Verfügung stellt.

Neben diesen unterstützenden Maßnahmen soll die *Öffentlichkeitsarbeit* der KMG das Community-Konzept innerhalb der Unternehmens wie auch über die Unternehmensgrenzen hinaus weiter verbreiten. Dies geschieht vor allem durch das Veröffentlichen von Erfolgsgeschichten von Wissensnetzwerken auf dem Intranet (siehe beispielhaft die Erfolgsgeschichte der Culinary CoP Agronomy and Hot Sauces, ConsumerCorp_Stories, 2002) und durch die Zusammenarbeit mit Universitäten wie der Universität Maastrich und der Universität St. Gallen (als Beispiel einer Publikation aus einer Zusammenarbeit siehe von Krogh et al., 2001 oder die vorliegende Arbeit). Diese Zusammenarbeiten zielen zum einen auf die Analyse und Verbesserung einzelner Komponenten und zum anderen, bei Netzwerkaufbauprojekten, auf der Entwicklung neuer spezialisierter Konzepte ab (siehe Rumyantseva et al., 2004).

4.4.3.4 Leistungsmessungen bei Wissensnetzwerken

Die Leistungsmessung von Wissensnetzwerken soll zum einen dazu dienen, den Status dieser zu erfassen und gegebenenfalls einschreiten zu können, und zum anderen dazu dem Management den Nutzen der entsprechenden Community für die Erreichung von Bereichs- und Unternehmenszielen darzustellen.

Eine durchgängige Leistungsmessung der Communities wird durch die Knowledge Management Group nicht betrieben, da diese nach dem Aufsetzen eines Netzwerks nur noch wenig involviert ist. Die Verantwortung für die Überprüfung der Ziel- und Aufgabenerreichung obliegt dem Management der Community, welches durch die Chairperson repräsentiert wird und direkten

Einblick in die Arbeit der Community hat (Interview_Po_1, 2002, S. 3). Der im Folgenden beschriebene Health Check stellt eine von der ConsumerCorp favorisierte Möglichkeit dar, den Status in der Community zu überprüfen und positiv zu beeinflussen.

Internes Messinstrument: Health Check und SPEC-Model. Neben diesen individuellen Ansätzen hat die KMG einen so genannten „Health Check" entwickelt, der die Gesundheit der Community aus einer internen Perspektive darstellt. Dazu werden in den CoP Guidelines (ConsumerCorp_COP_Guidelines_V2, 2002, S. 44-58) Erfolgsfaktoren für Aktivisten (Netzwerk-Leiter) genannt, die dabei helfen sollen, die Community gesund zu halten. Dazu gehören Empfehlungen wie die regelmäßige Kommunikation mit allen wichtigen Parteien, Höhen und Tiefen in der Community-Arbeit auszugleichen und neue Mitglieder in effektiver Art und Weise in die Community einzubinden (ConsumerCorp_COP_Guidelines_V2, 2002, S. 44). Der eigentliche Health Check besteht aus dem so genannten „SPEC-Model", welches zunächst dazu dient, die Spezifika der jeweiligen Community aufgrund der Faktoren „Sponsorship" (wie zufrieden ist das Management und wie überzeugt vom Nutzen der Community), „Process" (wie effektiv und effizient sind die Prozesse bezogen auf das Erreichen der Resultate), „Energy" (wie enthusiastisch und motiviert sind die Mitglieder) und „Content" (wie strategisch relevant ist die Community für die ConsumerCorp und hat sie das Potenzial, Nutzen zu erzeugen) zu erfassen.

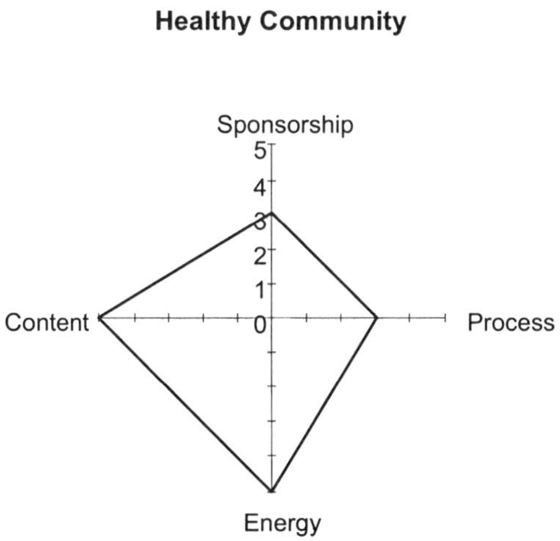

Abb. 43: Spezifika einer gesunden Community (Quelle: ConsumerCorp_COP_Guidelines_V2, 2002, S. 44)

Dies wird durch Fragen an die Community erreicht, die auf die genannten Faktoren bezogen sind und eine Analyse ermöglichen. Aus diesen Punkten kann ein Netzdiagramm einer gesunden Community visualisiert werden, das die Idealausprägung auf den genannten vier Achsen zeigt (siehe Abbildung 43).

Im Folgenden werden dann die Netzdiagramm-Charakteristiken von ungesunden Communities gezeigt, die auf einigen Achsen extrem ausgeprägt, auf anderen unterentwickelt sind. So kann z.B. eine zu starke Ausprägung im Faktor Sponsorship und eine Unterentwicklung der anderen Faktoren anzeigen, dass die Community eher ein „Leader's Toy", als ein funktionierendes Wissensnetzwerk ist (siehe Abbildung 44).

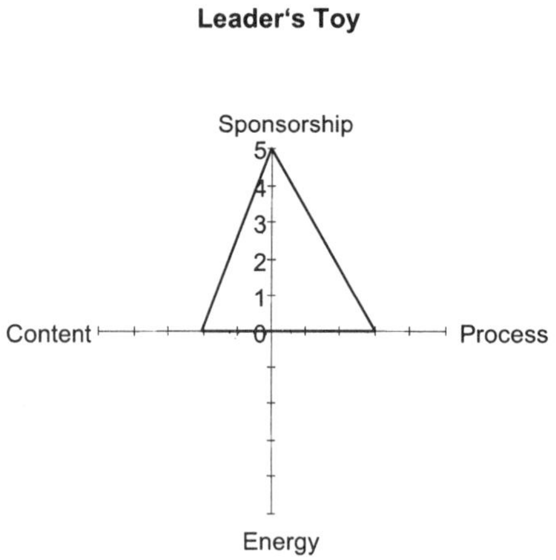

Abb. 44: Beispiel einer ungesunden Community nach dem SPEC-Model (Quelle: ConsumerCorp_COP_Guidelines_V2, 2002, S. 45)

Neben ausgewählten Extremformen werden in den Guidelines aber auch Hilfestellung zum Ausgleich dieser extremen Ausprägungen gegeben (ConsumerCorp_COP_Guidelines_V2, 2002, S. 49 ff.).

Externe Messinstrumente. Als erfolgreiche Netzwerke werden von der KMG diejenigen bezeichnet, die ihren Wert für die ConsumerCorp beweisen können. Ein Erfolgsfaktor dafür ist die Effektivität, mit der die Mitglieder der Community zusammenarbeiten. Es gibt jedoch kein einheitliches System, anhand dessen die Communities ihren Nutzen darstellen können, aber einige Wissensnetzwerke verwenden eine Balanced Scorecard, um ihren Nutzen zu visualisieren. Es gibt jedoch keine Vorlage oder generelle Methode, lediglich individuelle Ansätze (Interview_Po_1, 2002, S 3). Die Schwierigkeit einer einheitlichen Leistungsmessung ergibt sich auch aus den uneinheitlichen Zielen der Communities. Die strategischen Ziele des Unternehmens werden nicht einheitlich in operative Ziele für die Communities übersetzt, was eine einheitliche Messung der Leistung erschwert (siehe dazu Kapitel 5).

Weitere Messinstrumente. Ein beliebtes Instrument für die Darstellung des Werts einer Community sind die schon oben erwähnten Erfolgsgeschichten. Sie dienen zwar nicht der Leistungsüberprüfung der Community-Arbeit, jedoch eignen sie sich gut für die Öffentlichkeitsarbeit und um die Werte aufzuzeigen, die das Community-Konzept beinhalten kann. Dabei werden einzelne Aktivitäten einer Community und deren Nutzen für die ConsumerCorp hervorgehoben. Die Erfolgsgeschichten sollen nicht mehr als eine Seite umfassen und das Geschäftsfeld, das Erreichte, den Nutzen dieses Erreichten und Empfehlungen, wie dieser Erfolg von anderen repliziert werden kann, beinhalten. Die Erfolgsgeschichte endet mit einer kurzen Darstellung, warum dieser Erfolg gerade durch die Organisationsform Community ermöglicht wurde. Eine entsprechende Vorlage für solche Erfolgsgeschichten steht in den CoP Guidelines zur Verfügung (ConsumerCorp_COP_Guidelines_V2, 2002; Appendix S. 36). Die Erfolgsgeschichten werden im Intranet allen Mitarbeitern zur Verfügung gestellt (beispielsweise die Erfolgsgeschichte der Culinary CoP Agronomy und Hot Sauces, siehe ConsumerCorp_Stories, 2002).

4.4.3.5 Veränderungen/Entwicklungen des Wissensnetzwerk-Konzepts

Die größte Veränderung, die von der KMG als große Chance bezeichnet wird, hat sich durch die Umwandlung der KMG von einer Abteilung in ein sich selbst tragendes Profitcenter im Jahr 2001 ergeben. Im Rahmen der Restrukturierungsmaßnahmen (siehe das Kapitel Strategieverankerung und Umsetzung der Wissensnetzwerkinitiative) im Unternehmen wurde auch die KMG personell verkleinert und neu ausgerichtet. Der neue Fokus zielt darauf ab, als interne Wissensmanagementberatung mit dem Schwerpunkt auf Wissensworkshops und den Aufbau von Communities of Practice einen Beitrag zu leisten und dafür Beratungssätze in Rechnung zu stellen. Der Vorteil wird vom Leiter der KMG vor allem im gesteigerten Bewusstsein für die Leistung seiner Gruppe gesehen, der Nachteil besteht jedoch darin, nur Communities helfen zu können, die über das entsprechende Budget verfügen (Interview_M, 2002, S. 3).

Eine weitere Auswirkung der Neuausrichtung der Gruppe kann in den Professionalisierungsbestrebungen gesehen werden, die die angebotenen Dienstleistungen perfektionieren (siehe die neueren Versionen der Schulungsunterlagen und Kursmaterialien), und damit die neuesten

Bestrebungen fördern, diese Dienstleistungen auch anderen Unternehmen, die nicht unmittelbar zur ConsumerCorp gehören, anzubieten (in Jahr 2002 wurde bereits ein Kurs für Community-Leiter für andere Firmen angeboten, die KMG erwartet hier jedoch Wachstum (Interview_Po_2, 2002, S. 1).

Bewegung in der Community-Landschaft. Eine interne Untersuchung aller Communities im Februar 2002 hat ergeben, dass ca. die Hälfte zur Zeit nicht aktiv sind bzw. bereits beendet wurden (ConsumerCorp_Statusbericht, 2002, S. 1-3). Da die KMG selbst nicht in die ständige Betreuung der Communities eingebunden ist, erfolgte die Datenerhebung über das Anschreiben der Aktivisten (Netzwerk-Leiter) der entsprechenden Community mit der Bitte um die Einschätzung des aktuellen Status. Schwierigkeiten in der Datenerhebung ergaben sich vor allem durch einen Wechsel der Personen in andere Unternehmen, was die Suche nach deren Nachfolger erschwerte. Der Statusreport der Communities diente vor allem dazu, dass die KMG Unterstützungspotenziale identifizieren konnte, um so neue Geschäftsfelder für die internen Wissensmanagementberatung zu erschließen. Solche Felder sind u.a. das Aufzeigen von finanziellen Ergebnissen der Communities, Leistungsmessung im Allgemeinen und individuelle Beratung der Aktivisten bei Konflikten in ihren Communities (ConsumerCorp_Statusbericht, 2002, S. 1-3 und Interview_CF, 2002, S. 4).

Die Untersuchung hat den generellen Trend nach Unterstützung auch während der aktiven Phase der Communities aufgezeigt. Dem Bedarf nach individueller Community-Beratung und Hilfe wird zur Zeit durch einen der KMG nicht zugehörigen, aber angeschlossenen Knowledge-Management-Spezialisten (ein Berater für zwei globale Communities im Bereich Supply Chain) nachgekommen (Interview_CF, 2002 und Interview_CF_2, 2002). Er hat diese Communities nicht nur aufgesetzt, sondern unterstützt sie als Organisator und Moderator in den Community-Sitzungen, implementiert neue Technologien wie spezielle Datenbanken zur Unterstützung der virtuellen Arbeit neben den Sitzungen und berät den Aktivisten der Community wie auch den Champion (Interview_CF, 2002, S. 1). Eine solche individuelle Beratung von Communities ist bisher innerhalb der ConsumerCorp die Ausnahme, zeigt jedoch, wie auf das durch die letzte Status-Untersuchung vom Februar 2002 deutlich gewordene Bedürfnis nach mehr individueller Unterstützung reagiert werden könnte. Die bereits beschriebene neue Profitcenter-Organisation der KMG setzt allerdings eine finanzielle Vergütung der individuellen Beratung voraus, die nicht alle Communities, die der Hilfe bedürfen, aufbringen können (Interview_Th_2, 2002, S. 2).

Aktuelle und zukünftige Herausforderungen. Neben den bereits beschriebenen Trends zur Individualisierung der Hilfe für existierende Communities und der Ausweitung der internen Dienstleistungen auf externe Unternehmen wird das Community-Konzept der ConsumerCorp zukünftig auch speziell ausgerichtete Communities umfassen. Ein im September 2002 gestartetes und durch die Universität St. Gallen unterstütztes Projekt zum Aufbau eines Innovationsnetzwerks, also einer Community, die speziell auf die Verbesserung des unternehmensweiten Innovationsprozesses ausgerichtet ist, zeigt diesen Trend (Rumyantseva et al., 2004). Dieses Innovationsnetzwerk wurde im Rahmen der Zusammenarbeit mit dem Forschungszentrum KnowledgeSource der Universität St. Gallen unterstützt, welches sich mit Wissensnetzwerken speziell zum Unternehmenswachstum beschäftigt. ConsumerCorp's explizite Wachstumsstrategie (siehe dazu Kapitel 4.4.2 Historie und Umfeld) soll so auch durch das Community-Konzept unterstützt werden. Ein weiteres Projekt der KMG zur Integration von Lieferanten in einer Community zur gemeinsamen Entwicklung von Geschmacksstoffen ist für 2003 geplant (ConsumerCorp_Besuch_3, 2002, S. 2).

4.4.4 Mikro-Perspektive: Gestaltungsalternativen von Communities in der ConsumerCorp

4.4.4.1 Aufgaben/Ausrichtung der Communities

Das Ziel der Communities wird durch die Strategie des Unternehmens, die Einsparungspotenziale oder langfristige Ziele bestimmt. Das Hauptziel einer Community beinhaltet immer die Verbesserung der Leistung eines Geschäftsbereichs durch die Entwicklung individueller Kompetenzen oder die Verbesserung von Geschäftsprozessen. Dies wird zumeist durch Aufgaben wie Benchmarking, die Integration von Experten, das Identifizieren von Lessons Learned durch Fehleranalyse, globale Koordination und Wissensteilung erreicht (Interview_CF, 2002, S. 1). Es soll dabei ein „Body of good Practices" für das entsprechende Wissensgebiet entstehen (Interview_Po_1, 2002, S. 1).

Die individuellen Ergebnisse einer Community werden mit dem entsprechenden Champion (dem Management) abgestimmt, denn er hat mit dem Start der Community bereits bestimmte Nutzenerwartungen. Die Aufgaben der jeweiligen Community variieren aufgrund des angestrebten Nutzens. Generelle Aufgaben sind dabei das Erstellen von Richtlinien, das Entwickeln neuer Technologien, das Re-Design von Prozessen oder das Verbreiten von Technologien (Interview_Po_1, 2002, S. 1).

4.4.4.2 Unterschiedliche Organisationsstruktur

Jede Community enthält die oben beschriebenen Elemente und wird nach dem gleichen Schema aufgebaut, jedoch beeinflusst das konkrete Ziel die davon abgeleiteten Aufgaben und die Auswahl der Mitglieder der Community, deren detaillierte Struktur (Interview_Po_1, 2002, S. 2). Unterschiede ergeben sich besonders in der Organisationsstruktur (der Arbeitsweise) der Community (z.B. der Frequenz ihrer Sitzungen, dem Aufbau und den Ergebnissen der Sitzungen), in ihren Aufgaben, Rollen und Funktionen, der Einbeziehung der Mitglieder in den Aufbauprozess und der Wahl der Ziele, Aufgaben und Organisationsstruktur. Auch die Auswahl der Mitglieder und des Leiters der Community (Aktivist) sowie deren Ausscheiden ist individuell unterschiedlich. Die Produktivität der Kommunikation zwischen den Mitgliedern hängt dabei mehr mit den Individuen in der Community und den Fähigkeiten ihres Leiters zusammen, als mit ihrem Ziel und den damit verbundenen Aufgaben (Interview_Th_1, 2002, S. 1).

4.4.4.3 Einflussfaktoren auf den Erfolg oder Misserfolg einer Community

Die Arbeitskultur einer jeden Community ist unterschiedlich. Interne Untersuchungen haben ergeben, dass die Arbeitskultur maßgeblich von den Faktoren Respekt der Mitglieder untereinander, Freundlichkeit und Vertrauen im Umgang miteinander, Motivation der Einzelnen, Offenheit und Fairness der Kommunikation wie auch Akzeptieren von Fehlern bestimmt ist (Interview_Th_1, 2002, S. 1-2). Der Aktivist, also Community-Leader, spielt hierbei eine entscheidende Rolle. Auf die Frage nach den Erfolgsfaktoren für Communities äußert der Leiter der KMG: „Good activist (CoP leader), someone who really believes in it (could be a rotating role, but isn't in practice), typically the community has one member sitting in the corporate center and this person is going to play the role of the activist (can be more easily assigned and taken away from operational responsibility and they tend to have a global view)." (Interview_M, 2002, S. 4).

Neben der Arbeitskultur wird der individuelle Erfolg oder Misserfolg einer Community auch durch deren Verknüpfung mit der Unternehmensstrategie, der Konzentration auf einen definierten Wissensbereich und durch ihren individuellen Beitrag zu den Unternehmenszielen bestimmt. Diese Faktoren haben Einfluss auf die Top-Management-Unterstützung sowie auf die Motivation der Mitglieder, was wiederum Erfolg oder Misserfolg entscheidend beeinflusst (Interview_Th_1, 2002, S. 2).

Neben diesen internen Erfolgsfaktoren werden weitere genannt, die sich auf die Verbindung einer Community zur Außenwelt, also zum restlichen Unternehmen, beziehen. Hierzu gehören vor allem sorgfältig gepflegte Beziehungen zum Top-Management, zu Stakeholdern und Sponsoren wie auch zu anderen Communities in benachbarten Gebieten. Die Beachtung oder auch der Kontakt zur akademischen Welt im gewählten Wissensgebiet kann für eine Community ebenfalls wertvoll sein und neue Einflüsse beinhalten. Gut gepflegte Beziehungen zu den Linienmanagern der Community-Mitglieder können helfen, dem Management Erfolge zu kommunizieren und sich deren Unterstützung zu sichern (Interview_Th_1, 2002, S. 2).

4.4.5 *Stärken und Schwächen des Community-Konzepts*

Eine der Stärken des Community-Konzepts von ConsumerCorp besteht in dem zentralen Wissensmanagement-Team (KMG genannt), dessen Zentralität die Voraussetzung für die Umsetzung eines unternehmensweiten Konzepts bildet. Eine weitere Stärke des Konzepts besteht in der Verankerung von Wissensmanagement in der Unternehmensstrategie. Wissensmanagement wird vom Top-Management als entscheidend zur Schaffung von Wettbewerbsvorteilen angesehen, was die Grundlage für ein zentrales Wissensmanagement-Team bildet. Der Aufbau der einzelnen Communities, genauer gesagt deren Verankerung in den einzelnen Geschäftsfeldern und der hohe Freiheitsgrad bei der Gestaltung und Umsetzung der passenden Struktur entspricht dabei der Unternehmensstruktur, welche den einzelnen Geschäftsbereichen eine hohe Eigenständigkeit, verbunden mit einer Gewinn- und Kostenverantwortlichkeit, zuweist. Da die Hauptaktivität der KMG im Aufbau der Communities besteht, wurde eine umfangreiche Unterstützung erarbeitet. Diese besteht aus Kursen und Kursmaterialien, Workshops und Hilfsmittel zur Steuerung und Unterstützung der Community-Arbeit. Diese Unterstützung stellt eine Stärke des Community-Konzepts dar, welche mittlerweile auch von anderen Unternehmen in Anspruch genommen wird.

Vor allem der hohe Freiheitsgrad bei der Definition der operativen Ziele der Communities macht eine einheitliche Leistungsmessung schwierig. Zwar gibt es Instrumente, die den Communities selbst ermöglichen, ihre Verbesserungspotenziale aufzudecken (das SPEC-Modell), jedoch wird der Nutzen der einzelnen Communities für den Geschäftsbereich nur wenig visualisiert (die Erfolgsgeschichten stellen einen Ansatz dar). Der nur wenig visualisierte Nutzen stellt eine Schwäche des Konzepts dar, da die KMG, die kürzlich in ein Profitcenter (also mit eigener Gewinn- und Kostenverantwortlichkeit) umgewandelt wurde, auf Projektangebote zum Aufbau von Communities in den Geschäftsfeldergruppen angewiesen ist. Da die Geschäftsbereiche ebenfalls gewinn- und kostenverantwortlich sind, müssen diese darauf achten, dass kostenpflichtige Aktivitäten (wie ein Projekt mit der KMG) wie auch die Kosten, welche durch das Einbinden ihrer Experten in ein Wissensnetzwerk entstehen, einen nachweisbaren Nutzen erzielen. Da keine einheitliche Nutzenerfassung vorliegt (bedingt durch die individuell verschiedenen operativen Ziele der Communities), beeinflusst die mangelnde Visualisierung des Nutzens zum einen die Unterstützung der vorhandenen Wissensnetzwerke wie auch zum anderen die Beauftragung für den Aufbau neuer. Die mangelnde Nutzenvisualisierung führt auch zu der geringen Entscheidungsbefugnis der einzelnen Netzwerke. Sie erfüllen nicht wirklich eine ordnungspolitische Funktion innerhalb von ConsumerCorp. Die Umwandlung der KMG hat auch dazu geführt, dass nur die Communities bei Problemen individuell beraten werden können, deren Management zusätzliches Geld zur Betreuung dieser zur Verfügung stellt. Zwischen den einzelnen Netzwerken besteht keine formale Vernetzung, was zu Redundanzen bzw. ungenutzten Synergien führen kann. Insgesamt stellt das mangelnde Betreuungskonzept eine Schwäche des Community-Systems dar. Außerdem führen die Schwächen des Konzepts dazu, dass – obwohl es sich um ein unternehmensweites Konzept handelt – dieses nur eine geringe Anzahl von Netzwerken enthält.

4.5 Fallstudie CompConsult: System der Knowledge Center und Knowledge Networks

Seit 1994 hat die CompConsult Beratungsgruppe das Intellectual Capital Management (ICM) Program als Teil ihrer Unternehmensentwicklung aufgenommen. Die Idee des ICM-Programs ist es, Wissensmanagement in allen Bereichen CompConsults, also den Global Services und Global Industries zu institutionalisieren und zu formalisieren. Das Programm versucht praxisorientiert das Akquirieren, Entwickeln, Teilen und Transferieren von Wissen zu unterstützen, Wissen kontinuierlich weiter zu entwickeln und zu vergrößern sowie es an die wechselnden Umweltbedingungen anzupassen. Ein wichtiges Hilfsmittel dieses Programms sind die CompConsult-Wissensnetzwerke, welche Experten weltweit kontextorientiert miteinander verbinden (CompConsult_Geschäftsbericht, 2001).

4.5.1 Methodik und Datensammlung

Um ein vollständiges Bild auf das Wissensnetzwerk-Konzept in CompConsult zu erhalten, wurden über einen Zeitraum von drei Monaten (August bis Oktober 2002), mit dem Einverständnis der ICM Verantwortlichen, Daten für die vorliegende Fallstudie aus verschiedenen Datenquellen gesammelt.

Mit Hilfe des Leiters der Knowledge Centers (lokale Netzwerke in den Niederlanden) und des Leiters des EMEA IGS Knowledge Management & Intellectual Property Protection (Verantwortlich für die Pflege und den Aufbau von globalen Knowledge Networks), wurden repräsentative Interviewpartner ausgewählt und acht durchschnittlich 50-Min.-Interviews mit derzeitigen Mitgliedern des ICM-Programms durchgeführt. Für die Interviews wurden angepasste Interviewleitfäden (bzgl. der jeweiligen Spezialisierung innerhalb des ICM-Programms) erstellt, wobei die Fragen durch die bereits gewonnenen Erkenntnisse aus der Dokumentenanalyse und den teilnehmenden Beobachtungen an den Sprachgebrauch von CompConsult angepasst wurden. Ergänzt werden die Interviewergebnisse durch die Ergebnisse einer aktuellen internen Untersuchung aller Knowledge Centers (Wiendtje, 2001) und die Erkenntnisse aus direkten Beobachtungen, welche zusätzliche wichtige Einblicke in die interne Organisation der Wissensnetzwerke geben.

Des Weiteren wurden neben öffentlich zugänglicher Literatur (Geschäftberichte und publizierte Artikel, zitiert nach Autor) vertrauliche interne Dokumente (Präsentationen, Mitarbeiterzeitung, Auszüge aus dem Intranet und Aufbaudokumentationen) zur Verfügung gestellt und von der Autorin analysiert. Alle Dokumente, Transkripte und Protokolle sind jeweils zitiert und finden sich im Literaturverzeichnis wieder.

4.5.2 Historie und Umfeld

CompConsult Global Services ist ein Geschäftsbereich von CompConsult, welcher das Dienstleistungsgeschäft wie Beratung, Systemintegration, Outsourcing, Produktsupport, E-Business und Weiterbildungs-Dienstleistungen beinhaltet. Mitte 1990 startete dieser Bereich die Integration von Wissensmanagement mit einem solchen Erfolg, dass er auf mehr als 40 Personen weltweit ausgeweitet wurde, welche für die Verbesserung des Wissensmanagements verantwortlich sind und von allen anderen Geschäftsbereichen angefordert werden (Enkel et al., 2000, S. 18).

Für ein wissensintensives Unternehmen wie CompConsult stellt Wissensmanagement einen Kernprozess im Geschäftsleben dar. Um CompConsults Spitzenposition zu halten, ist es notwendig, beweglicher, innovativer und verantwortlicher bzgl. der Bedürfnisse der Kunden als seine Konkurrenten zu sein. Lou Gerstner bemerkt dazu „We have to win through brilliant execution that can only be done with teamwork." (zitiert aus Huang, 1997, S. 149). Er beschreibt damit die Grundlagen für CompConsults Wissensmanagement: Gewinn, Ausführung und Teamwork. Die CompConsult Beratungsgruppe hat seit 1994 das Intellectual Capital Management (ICM), also das Wissensmanagement, im Zuge des unternehmensweiten Restrukturierungsprogramms übernommen. Die Idee von ICM ist die Institutionalisierung und das Formalisieren von Wissensmanagement durch CompConsults weltweiten Dienstleistungsbereich, genannt Global Services und Global Industries. Ziel ist es, aktives Wissen zu akquirieren, zu entwickeln, zu teilen und zu transferieren, wie auch dieses Wissen konstant weiter zu entwickeln und wachsen zu lassen, unter Berücksichtigung von und Anpassung an die wechselnden Bedingungen des Marktes (Huang, 1997, S. 149). Das als Projekt gestartete ICM-Programm hat die Wissensteilung und die Wiederverwendung von Wissen in CompConsult als konsistenten Ansatz für Wissensmanagement etabliert.

Formulierte Ziele dieses Ansatzes, so der frühere leitende Direktor des Global Intellectual Capital Management, sind (Huang, 1997, S. 149):

- Verbindung von intellektuellem Kapital und der Unternehmensstrategie
- Aufbau einer Infrastruktur und von Prozessen für die Entwicklung und das Teilen von Wissen
- Bildung eines wissensbasierten Unternehmens und Kultur
- Entwicklung von Technologien für die weltweite Zusammenarbeit und Wissensteilung
- Messung der Effektivität und des Werts der Wissensteilung

4.5.3 Makro-Perspektive: Gestaltungselemente des Wissensnetzwerk-Konzepts

4.5.3.1 Strategieverankerung und Umsetzung der Wissensnetzwerke

Der Bedarf an der Erfassung von Lessons Learned und an weltweiter Optimierung und Vereinheitlichung hat bei CompConsult zur Bildung von über 65 globalen Wissensnetzwerken geführt (Schütt, 2001). Diese Ziele sollen durch die Implementierung der Knowledge Networks, auch Competency Networks genannt, erreicht werden, indem dort gemeinsame Prozesse, Werkzeuge und weitere Treiber unterstützt werden, welche es CompConsult-Mitarbeitern erlauben, Wissen zu entwickeln, zu identifizieren, zu speichern und effektiv zu nutzen. Dazu wurde das „Asset Web" entwickelt, eine Webplattform, welche den Knowledge Networks die entsprechenden Werkzeuge zur Kommunikation und Zusammenarbeit wie auch zum Speichern von Wissen zur Verfügung stellt, damit dieses von CompConsult-Beratern von überall auf der Welt über das Internet abgerufen werden kann. Huang (1997, S. 150) fasst als Hauptaufgabe des Wissensnetzwerk-Konzepts zusammen, Wissen zu strukturieren, um dessen Wiederverwendung zu ermöglichen: „*structured to enable sharing for reuse*".

Das wieder zu verwendende Wissen muss dabei folgenden Kriterien entsprechen:

- Wiederverwendbar in einer Vielzahl von Kontexten
- Beispiel für ein einzigartiges, innovatives Konzept oder eine Lösung, angepasst auf eine Situation beim Kunden
- Entwicklung oder Erweiterung einer Methodologie, Technik oder Architektur

- Zurverfügungstellung von einzigartigen und effektiven visuellen Präsentation oder Grafiken von Konzepten, Prozessen etc.
- Präsentation einer umfassenden und aktuellen Zusammenfassung von Informationen

Beispiele für solches Wissen sind Best Practices, Teilbereiche von Software-Codes oder Vorlagen für Prozesse und Modelle, Architekturen, Technologien und Geschäftsmodelle, Projektbeschreibungen (z.B. erste Entwürfe, Arbeitspläne, Berichte, Besprechungsagenden, Präsentationen, Instruktionsmaterialien etc.) sowie Werkzeuge, die zur Implementierung von Prozessen verwendet werden könne,n wie Checklisten, Fragebögen, Vorlagen oder Modelle.

Umsetzung des Wissensnetzwerk-Konzepts. Die Umsetzung des ICM-Programms erfolgt durch das umfangreiche Wissensnetzwerk-Konzept von CompConsult, welches die ca. 65 globalen Knowledge Networks, aber auch deren 40 lokalen Duplikate, Knowledge Centers genannt, umfasst. Der Aufbau der lokalen Wissensnetzwerke wird am Beispiel der Knowledge Centers der niederländischen Niederlassung von CompConsult vorgestellt.
Wie oben dargestellt, gliedert sich das Wissensnetzwerk-Konzept von CompConsult in zwei sich ergänzende, jedoch leicht unterschiedliche Teilkonzepte: die *globalen Knowledge Networks* und die *lokalen Knowledge Centers.* Während die globalen Knowledge Networks aus internationalen virtuellen Gruppen von Experten zu zahlreichen Produkten oder Produktgruppen von CompConsult bestehen und auf die Restrukturierung, Aktualisierung und Zurverfügungstellung vorhandener Wissensdokumente spezialisiert sind, ergänzen die lokalen Knowledge Centers dies durch die Unterstützung des Teilens von implizitem Wissen durch regelmäßige Treffen und einen lokaleren Fokus der Themen (Interview_J_1, 2002, S. 1).

Die *globalen Knowledge Networks* können dabei auf unterschiedliche Industrien wie Automotive, Technologien und SAP, auf Geschäftsfelder wie E-Business oder Marketing oder auf einen einzelnen Prozess wie beispielsweise Projektmanagement fokussieren. "At CompConsult Global Services, these networks are logical gatekeepers for specialized knowledge" (Enkel et al., 2000, S. 18). Die Netzwerke sind dabei verantwortlich für die Beantwortung aller Fragen, die ihr Feld betreffen, wie auch für die Aktualisierung und das Zurverfügungstellen von Dokumenten, Patenten, Prozessen etc. zu dem jeweiligen Feld.

Die aktive Teilnahme an den weltweiten Knowledge Networks gestaltet sich jedoch schwierig, da zum einen die Mitgliedschaft schwierig zu erreichen ist und zum anderen die Antwortzeiten auf Anfragen, basierend auf der großen Expertise der Mitglieder eines Network und die entsprechend große Anzahl von Anfragen, sehr lang sind. Diese Faktoren wirken demotivierend auf die lokalen Berater, die schnell entsprechende Informationen benötigen, die noch nicht in expliziter Form in der Datenbank vorliegen, oder die ihr Wissen aktiv teilen wollen (Interview_J_O, 2003, S. 2). Da jedoch in CompConsult der Glaube an den Wert des Mitarbeiter-Wissens vorherrscht, entwickelte sich bald die Idee von einer lokalen Kopie zur Ergänzung der globalen Knowledge Networks mit geringeren Eintrittsbarrieren. Zusätzlich sollten Mitglieder dieser lokalen Wissensnetzwerke die Möglichkeit erhalten, sich von Zeit zu Zeit zu treffen, wobei sich die globalen Knowledge Networks, bedingt durch die weltweite Verteilung der Experten, auf die virtuelle Zusammenarbeit, unterstützt durch Telefonkonferenzen, und maximal einem Expertentreffen jährlich reduzieren (Interview_J_O, 2003, S. 2).

Die *lokalen Knowledge Centers* der niederländischen Vertretung von CompConsult wurden im Januar 2000 ins Leben gerufen. Ihre Notwendigkeit ergab sich aus der Struktur CompConsults, die die Wissensteilung unter den einzelnen lokalen Geschäftsbereichen nicht strukturell unterstützte. Die Berater trafen sich nur selten, konnten keine „War stories", Lessons Learned oder anderes wichtiges Wissen austauschen. "We needed something that connects the right people once in a while.", so der Leiter und Gründer der Knowledge Centers Niederlande (Interview_J_O, 2003, S. 2). Die ursprüngliche Idee, neben den globalen Wissensnetzwerken lokale Knowledge Centers als Ergänzung zum Wissensaustausch aufzubauen, kam von einem Manager in der holländischen Niederlassung, der in seiner vorherigen Firma positive Erfahrungen mit Skill Groups (Gruppen zum Lernen voneinander) zum Wissensaustausch gemacht hatte. Dieser Manager beauftragte den jetzigen Leiter, das globale Knowledge-Network-Konzept auf lokale Gegebenheiten und Bedürfnisse anzupassen. Ziel sollte es sein, die Berater, welche überwiegend beim Kunden vor Ort und nicht im Hauptsitz des Unternehmens sind, miteinander zu verbinden und deren Wissensaustausch gezielt zu unterstützen (CompConsult_Präsentation, 2002, S. 3-4). Das Teilen von Wissen in den Wissensnetzwerken wird Werte für das Unternehmen bringen, die kritisch für das Überleben sind und nicht explizit gemessen werden müssen, so die Grundannahme des Managements (Interview_J_O, 2003, S. 2). Ein anderer Grund für das Verfolgen des Knowledge-Center-Ansatzes kann auch die Tatsache gewesen sein, dass zu diesem Zeitpunkt unterschiedliche Netzwerk- und Community-Ansätze im Unternehmen vorhanden waren, wie Skill Groups, Centers of Excellence etc., jeweils übernommen von Unternehmen, die durch einen Merger oder eine Akquisition mit CompConsult verbunden wurden. Innerhalb von CompConsult gibt es immer noch verschiedene Arten von Communities und Netzwerken, jedoch gab der Knowledge-Center-Ansatz diesen die Möglichkeit, sich in ein einheitliches Konzept, welches über entsprechende Ressourcen verfügte, zu integrieren, wenn sie dies wünschten (Interview_J_O, 2003, S. 2-3). So beinhaltet das

Knowledge-Center-Konzept neben neu aufgebauten Netzwerken auch Gemeinschaften, welche bereits vorher existierten und ihre Struktur und Arbeitsweise dem Konzept angepasst haben.

4.5.3.2 Kernkomponenten und ihre Ausprägungen

Nutzen und Ziele der Wissensnetzwerke. Die Ziele des Wissensnetzwerk-Konzepts von CompConsult enthalten neben allgemeinen Wissensmanagement-Zielen (siehe oben) auch spezielle Ziele für die lokalen und globalen Wissensnetzwerke.

So sind die *lokalen Wissensnetzwerke* auf das Verbinden von Beratern ausgelegt, die sich ansonsten nicht persönlich treffen würden, und auf die Unterstützung der Wissensteilung des impliziten Wissens dieser. Eine interne Präsentation zur Kommunikation des Nutzens, der durch die Wissensteilung erzielt werden kann, zeigt die folgende Abbildung (Abbildung 45).

Die *globalen Wissensnetzwerke* sind, wie bereits erwähnt, auf das Sammeln, Restrukturieren und Aktualisieren von explizitem Wissen ausgerichtet. Dieses explizite Wissen, gebunden in Dokumenten, Projektbeschreibungen und Software-Codes, soll dann in einer Web-basierten Datenbank anderen Beratern zur Verfügung gestellt werden. Als Geschäftsziel wird die Effizienzsteigerung durch die Wiederverwendung bereits entwickelten Wissens angegeben (Interview_Pö, 2002, S. 5).

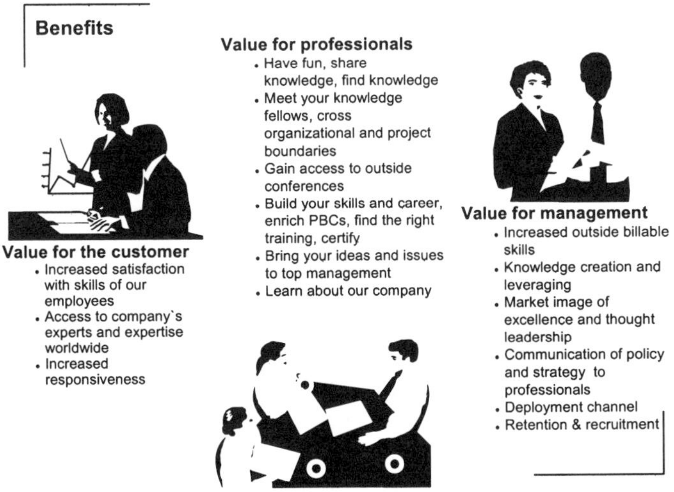

Abb. 45: Nutzen der Knowledge Center für Kunden, Beteiligte und das Management (Quelle: CompConsult_Präsentation, 2002, S. 13)

Aufbaumethodik. Die einzelnen globalen Knowledge Networks werden vom entsprechenden Geschäftbereich gesponsert, der das jeweilige Geschäftsfeld beinhaltet. Ist der Sponsor gefunden, helfen die Wissensmanagement-Verantwortlichen des ICM-Programms beim Aufbau und der Definition der Arbeitsweise. Ein ICM-Mitglied ist dabei in einem ersten Schritt für die Definition des zu unterstützenden Geschäftsziels und der Strategie zuständig. Als Nächstes definieren die Initiatoren die Mitglieder des Kernteams. Der globale Fokus und damit die weltweite Sichtbarkeit eines Netzwerks hilft dabei die „best of the best" anzuziehen, deren Expertise für ein erfolgreiches Arbeiten benötigt wird. Danach wird mit Hilfe des Mitglieds des ICM-Teams der Wissensbereich definiert, für den das Netzwerk verantwortlich ist, wie auch die Diskussion der notwendigen Hilfsmittel, Prozesse und Ressourcen, die zur Unterstützung des Netzwerks notwendig sind. Das Mitglied des ICM-Teams (auch Relationship-Manager genannt) führt die Mitglieder in alle wichtigen Prozesse des Wissensmanagements ein, mit besonderer Berücksichtigung der Unterstützungspotenziale für die Geschäftsprozesse (Enkel et al., 2000, S. 18).

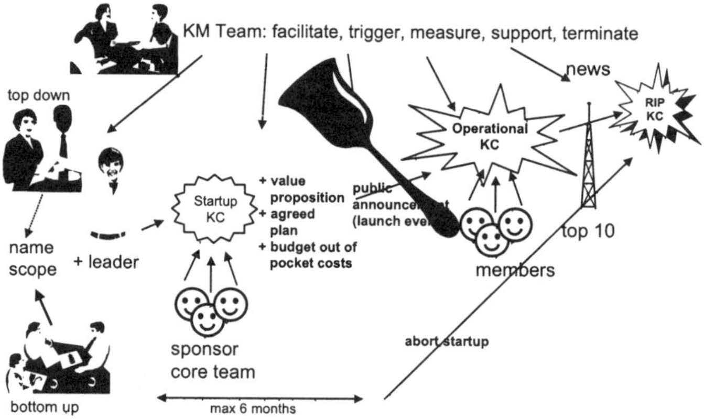

Abb. 46: Aufbaumethodik der Knowledge Centers (Quelle: CompConsult_Präsentation, 2002, S. 6)

Es folgt die Definition von Richtlinien für die Arbeit im Wissensnetzwerk, die Formulierung eines Projektplans zur Erreichung der gestellten Ziele und der Zuweisung von Rollen und Verantwortlichkeiten. Den Start der aktiven Phase des Netzwerks bildet die Suche nach vorhandenem Wissen im Unternehmen. Die Grundannahme ist dabei, dass wertvolles Wissen bereits vorhanden ist und lediglich gefunden und in strukturierter Form zur Verfügung gestellt werden muss. Erst wenn die entsprechende Datenbank des Netzwerks über eine genügende Anzahl von Wissensdokumenten verfügt, wird sie publiziert, d.h. öffentlich zugänglich gemacht, um so das erste Interesse der Mitarbeiter zu deren Aktivierung (das aktive Zusenden von Dokumenten etc.) zu nutzen. Die Motivation zur aktiven Teilnahme steigt mit der Qualität des expliziten Wissens in der Datenbank, da dadurch auch das weltweite Interesse und die Wahrnehmung der Autoren steigt (Interview_Pö, 2002, S. 2-3).

Der Aufbau der *lokalen Knowledge Centers* unterscheidet sich vom oben dargestellten Aufbau der globalen Knowledge Networks, bedingt durch die unterschiedliche Zielsetzung der Netzwerke. Der Schwerpunkt beim Aufbau der Knowledge Centers ist weniger fokussiert auf das Sammeln von explizitem Wissen und mehr auf das Auffinden, Motivieren und Verbinden von Experten mit wertvollem implizitem Wissen. Die obige Abbildung 46 stellt eine Zusammenfassung der Aufbauschritte der Knowledge Centers dar, die im Folgenden näher erläutert werden.

Das Aufsetzen eines *Knowledge Center* kann sowohl einem Bottom-Up-, wie auch einem Top-Down-Ansatz folgen, d.h. sowohl einzelne Mitarbeiter wie auch das Management können die Initiative für den Aufbau eines neuen Wissensnetzwerks geben (Interview_J_1, 2002, S. 1). Der Top-Down-Ansatz geht dabei von einem Manager aus, der später Sponsor des Wissensnetzwerks wird und der den Bedarf an der formalen Unterstützung der Wissensteilung in seinem Geschäftsbereich sieht. Der Bottom-Up-Ansatz geht von einzelnen Mitarbeitern aus, die den persönlichen Wert der Teilung impliziten Wissens in ihrem Arbeitsfeld sehen und eine oftmals bereits existierende, informelle Gruppe von Beratern formalisieren, d.h. mit den formalen Strukturen und den Ressourcen eines Knowledge Center ausstatten wollen. Der nächste Schritt für die Mitarbeiter ist das Suchen und Überzeugen eines Sponsors für ihr neues Knowledge Center. Dieser stellt das Budget für die regelmäßigen Treffen und die Nutzung der Infrastruktur zur Verfügung. Das Wissensmanagement-Team der Knowledge Centers unterstützt diesen Vorgang durch Vorlagen und Prozessbeschreibungen. Nachdem der Sponsor gefunden ist, stellt das Wissensmanagement-Team die benötigten Werkzeuge, im Wesentlichen eine Website auf dem Intranet zur Präsentation des Wissensnetzwerks, Unterstützung der Administration seiner Mitglieder und Hilfsmittel zur Gestaltung von persönlichen Treffen, zur Verfügung und hilft bei der Identifizierung der Mitglieder. Das Knowledge Center (der Sponsor und das Kernteam) muss nun seinen Wissensbereich definieren, seine Ziele und Nutzen für das Unternehmen identifizieren und einen „Business Plan" mit Kosten-Nutzen-Gegenüberstellung, Leistungsindikatoren und Verantwortlichkeiten formulieren. Dies alles geschieht in den ersten sechs Monaten. Mit der Veröffentlichung des Knowledge Center endet die Vorbereitungsphase und die operative Phase beginnt. Jetzt können sich zusätzliche Mitglieder dem Wissensnetzwerk anschließen, die Website wird für alle Mitarbeiter freigeschaltet, und es werden erste Erfolgsgeschichten aus der Arbeit des Knowledge Center publiziert (Interview_J_O, 2003, S. 4-5).

Ein weiterer wesentlicher Unterschied zwischen dem Aufbau und der Struktur der Knowledge Centers gegenüber den globalen Knowledge Networks besteht, außer im Unterstützen des impliziten Wissensaustauschs, in der weniger formalen Struktur, was durch die persönlichen Treffen gefördert wird. Gerade in der Rollenverteilung und Arbeitsweise finden sich bei den globalen Knowledge Networks starre Regeln, wo die Knowledge Centers Freiraum für eigene Wege haben. Diese Entwicklung hat sich jedoch erst in den ersten zwei Jahren des Konzepts ergeben, als deutlich wurde, dass der implizite Wissensaustausch besser in Gemeinschaften funktioniert, die statt formaler Strukturen ihren Wissensaustausch eigenverantwortlicher gestalten konnten. Daraufhin hat das Wissensmanagement-Team die Methodik entsprechend angepasst (Interview_J_O, 2003, S. 5, siehe auch den Absatz Veränderungen/Entwicklungen des Wissensnetzwerk-Konzepts).

Arbeitsweise. Ein Mitglied des Kernteams in einem Knowledge Network wird aufgrund seiner weltweiten Expertise berufen. Die Mitgliedschaft gilt dabei als Karrieresprungbrett, da die weltweite Sichtbarkeit der Mitgliedschaft einer Anerkennung als einer der 10 bis 15 weltweit besten Experten des Gebietes innerhalb von CompConsult gleichkommt und sich als karrierefördernd auswirkt (Interview_Pö, 2002, S. 4).
Jedes Netzwerk hat einen Leiter und ein Kernteam, bestehend aus acht bis zehn Personen, welche ca. 10% ihrer Zeit für die Arbeit im Wissensnetzwerk freigestellt sind. Die Arbeit besteht im Wesentlichen darin, die Wissensdokumente, welche dem Netzwerk von Mitarbeitern der CompConsult zugesandt werden, nach der Qualitätskontrolle unter Berücksichtigung der Frage "Wie kann dieses Wissen so präsentiert werden, dass die Informationen am nützlichsten für die Wiederverwendung sind?“ zu bearbeiten. Dazu können diese restrukturiert, verkürzt oder erweitert werden, bevor sie auf die über das Internet verfügbare Datenbank gestellt werden, auf die jeder Berater von CompConsult, der in diesem Feld arbeitet, zugreifen kann. Die Motivation der Mitarbeiter, Dokumente zur Verfügung zu stellen, wird dadurch gesteigert, dass alle Dokumente mit dem Namen des ursprünglichen Autors versehen sind, was zur Anerkennung ihrer Arbeit und ihres Expertenstatus beiträgt (Interview_Pö, 2002, S. 3-4). Ein weiterer Vorteil der Verwendung von Kontaktadressen zu jedem Dokument besteht in der Möglichkeit, dadurch zusätzlich Informationen beim Autor anfordern zu können, was den Umfang der Dokumente auf das Wesentliche reduziert.

Die Mitglieder der globalen Knowledge Networks sind für die Qualität der Web-Datenbank (im Wesentlichen die Qualität, Aktualität und Richtigkeit der Dokumente) verantwortlich wie auch dafür, dass das Netzwerk durch neue, interessante Beiträge am Leben gehalten wird. Der Zugriff auf die Datenbank kann dabei überprüft werden. Zusätzlich hat das Netzwerk einen Chat-Room, in dem Mitarbeiter von CompConsult Fragen an die Experten stellen können oder diese

Mitarbeiter anregen können, über neue Ergebnisse zu schreiben. Um die Qualität der Dokumente in der Datenbank sicherzustellen, hat das Team zum einen „Service Level Agreements" (Qualitätskriterien und Kriterien wie Alter eines Dokuments) formuliert, zum anderen helfen auch die formulierten Rollen dabei, dass ein Dokument erst verschiedene Qualitätsprüfungen bestehen muss, ehe es an das Netzwerk gesendet werden kann (Interview_Pö, 2002, S. 5).

Die Arbeitsweise der *lokalen Knowledge Centers* ist weniger formalisiert als die der globalen Knowledge Networks. Die Mitglieder eines operativen Knowledge Center treffen sich in regelmäßigen Abständen und diskutieren Themen aus dem jeweiligen Wissensgebiet, identifizieren Best Practices und sammeln oder entwickeln Vorlagen, Prozessbeschreibungen und Dokumente zu diesem Wissensgebiet in der zugehörigen Datenbank. Andere Mitarbeiter können auf der Datenbank zugreifen, über Teamrooms und Diskussionsplattformen Fragen an die Mitglieder des Knowledge Center stellen oder dem Netzwerk, wie beim Knowledge Network, Informationen zur Veröffentlichung zusenden, was allerdings eher selten passiert. Der Netzwerkleiter, einer der Experten in dem ausgewählten Wissensgebiet, ist dafür verantwortlich, die Mitglieder zur Mitarbeit zu motivieren, Spielregeln für effiziente Treffen zu entwickeln und den Wissensaustausch insgesamt zu strukturieren und bezogen auf die gesetzten Ziele zu managen. In der Regel treffen sich die Netzwerkmitglieder zweimal im Monat, um über neue Entwicklungen in ihrem Feld zu sprechen, Vorträge von Gastrednern zu hören, Konferenz-zusammenfassungen zu geben oder über Probleme und Feedback von Mitarbeitern zu sprechen (Interview_J_1, 2002, S. 1-2).

Der Erfolg eines Knowledge Center hängt dabei weniger mit der internationalen Sichtbarkeit und damit Reputation der Mitglieder zusammen, als vielmehr mit dem Erzielen eines persönlichen Nutzens durch den Austausch mit anderen Experten im gleichen Gebiet, dem gemeinsamen Entwickeln von Vorlagen oder dem Erstellen einer Datenbank als Sammlung aller wichtigen Dokumente für den eigenen Gebrauch. Die Mitgliedschaft in einem Netzwerk hat dann Einfluss auf die Anerkennung als Experte, wenn neben den persönlichen Zielen auch bestimmte Geschäftsprozesse unterstützt werden, z.B. durch die Entwicklung eines effektiveren Projekt-managements für das Unternehmen oder eines Vorbereitungskurs für die Zertifizierung bestimmter Software (Interview_J_O, 2003, S. 6-7).

Rollen in der Wissensnetzwerk-Struktur. Die Rollenvielfalt der globalen Knowledge Networks ist größer als die der lokalen Knowledge Centers, was sich durch die unterschiedliche Arbeitsweise erklärt. Dadurch dass die Knowledge Networks auf die Restrukturierung und Zurverfügungstellung vorhandenen expliziten Wissens fokussieren, enthalten sie einige Rollen, die sich speziell mit dem Weiterleiten und Restrukturieren von explizitem Wissen beschäftigen. Die Rollen in den Knowledge Networks sind:

- Neben den *Mitgliedern des Kernteams* (alles namhafte Experten in ihrem Wissensgebiet) und dem *Leiter des Netzwerks*, spielt der *Management-Sponsor* eine bedeutende Rolle, da er das Netzwerk finanziell unterstützt, aber auch eine regelmäßige Berichterstattung über den Status und die erreichten Ziele erwartet.

- Daneben gibt es zahlreiche Rollen, die sich mit dem Weiterleiten und Restrukturieren des Wissens beschäftigen, wie ein Team von *Knowledge Workers*, welches die Mitarbeiter beim Eingeben ihrer Beiträge unterstützt, *Router,* welche die Beiträge weiterleiten, *National Language Assistants* helfen bei Sprachproblemen oder Übersetzungen und *Subject Matter Experts* sind Experten für bestimmte Unterpunkte und werden vom Core-Team bei Bedarf hinzugezogen.

- Mit dem Fokus auf Wissensmanagement helfen *Fokus Area Leader* den Mitarbeitern pro Region, mit dem Knowledge Network umzugehen und beantworten Fragen usw. und der *Relationship oder Knowledge Manager* als übergeordnete Stelle, der die Netzwerke am Leben erhalten und neue Netzwerke aufbauen soll.

- Als aktive Mitglieder eines Netzwerks werden auch die Mitarbeiter angesehen, die neue Wissensdokumente einsenden oder die vorhandenen Dokumente für ihre Arbeit nutzen. Diese als „Interested Community Member" bezeichneten Mitglieder werden regelmäßig durch einen Newsletter über Neuerungen bzgl. des Netzwerks informiert wie auch auf evtl. Veranstaltungen eingeladen.

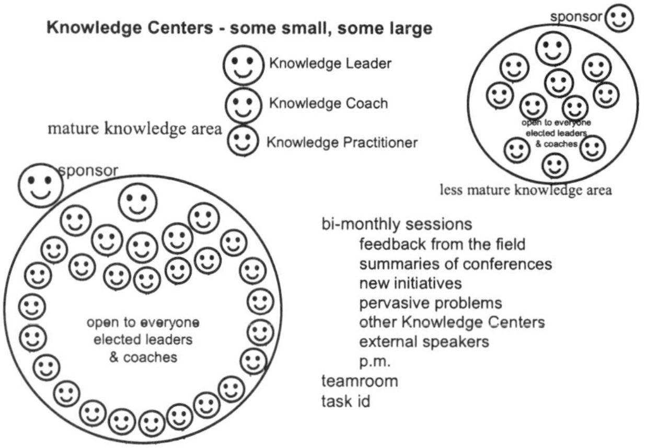

Abb. 47: Rollen und Aufgaben der Knowledge Centers (Quelle: CompConsult_Präsentation, 2002, S. 14)

Die *Knowledge Centers* haben lediglich die Rollen Knowledge Leader (Leiter des Netzwerks), Knowledge Coach (Mitglied des ICM-Programms) und Knowledge Practitioner (Mitglied des Wissensnetzwerks und Experte im entsprechenden Wissensgebiet). Die Grafik unten zeigt an, dass in der Struktur lediglich zwischen großen und kleinen Wissensnetzwerken unterschieden wird.

4.5.3.3 Unterstützung der Wissensnetzwerke und Öffentlichkeitsarbeit

Die Unterstützung des Wissensmanagement-Teams für den Aufbau und die Unterstützung der globalen Knowledge Networks wie auch der lokalen Knowledge Centers ist sehr ähnlich, da voneinander abgeleitet und oftmals personell identisch (so ist der Gründer und Hauptinitiator der lokalen Wissensnetzwerke gleichzeitig Mitglied des Wissensmanagement-Teams für die globalen Knowledge Networks). Ihre Hauptaufgabe besteht im Aufbau von Netzwerken und im Zurverfügungstellen der IKT-Infrastruktur, um sicherzustellen, dass diese Netzwerke ihre jeweiligen Aufgaben erfüllen können. Darüber hinaus werden auf der Website des Wissensmanagement-Teams zusätzliche Checklisten, Erfolgsgeschichten, Leitlinien, wie man einen Sponsor finden kann, sowie Tipps und Tricks für potenzielle und aktive Netzwerk-Leiter zur Verfügung gestellt (CompConsult_Präsentation, 2002, S. 6). Die Gründung der Community of Practice der Knowledge-Center-Leiter ist jedoch eine lokale Unterstützungsmaßnahme neben der individuellen Beratung in Konfliktsituationen, die das Wissensmanagement-Team leistet. Diese zusätzlichen lokalen Maßnahmen sind notwendig, da die Karriereanreize zur Mitarbeit in den lokalen Netzwerken geringer sind und das System sich noch nicht vollständig etabliert hat (Interview_J_O, 2003, S. 5).

Weitere Unterschiede in der Unterstützung oder Vorgehensweise der lokalen Wissensmanagement-Teams sind vor allem die Anpassung der Methodologie von einer sehr präzisen und prozessorientierten Vorgehensweise an eher informellere Strukturen, die, wie bereits erwähnt, bei der Teilung impliziten Wissens notwendig scheinen (Interview_J_O, 2003, S. 6).

4.5.3.4 Leistungsmessung der Wissensnetzwerke

Interne Leistungsmessungsinstrumente. Zur Überprüfung der Qualität der Dokumente in den Datenbanken der Knowledge Centers wird regelmäßig eine Liste mit den zehn am häufigsten herunter geladenen Dokumenten veröffentlicht (Interview_Pö, 2002, S. 5).

Das weltweite Wissensmanagement-System von CompConsult enthält zahlreiche Metriken zur Leistungsmessung der Netzwerke. So wird beispielsweise die Zahl der Nutzer, die Nutzeraktivität, die Menge der Dokumente, die in der Datenbank enthalten sind oder die dem

Netzwerke zugesandt werden etc. gemessen. Jedoch existieren keine Messgrößen, welche den Wert eines Netzwerks für das Unternehmen darstellen. Das Wissensmanagement-Team der Knowledge Centers ist gerade dabei, hierfür neue Ansätze zu entwickeln. Jedoch wird es schwierig sein, z.B. einen Projektmanager schätzen zu lassen, wieviel das Dokument oder die Prozessbeschreibung wert war, die er aus der Datenbank des Netzwerks entnehmen konnte, falls er überhaupt sagen kann, wann er welches Wissen angewandt hat (Interview_J_O, 2003, S. 5).

Das Messen von „tangible assets“, also fassbaren Werten, ist einfacher, so der Chef des Wissensmanagement-Teams der Knowledge Centers, da Teile von Programm-Codes oder verwendete Vorlagen leichter identifiziert werden können. Oftmals werden diese auch lizenziert, was die Rückverfolgung nochmals vereinfacht (Interview_J_O, 2003, S. 5).

Es wurden auch Versuche gestartet, ein Belohnungs-System für die Wiederverwendung von Wissen aus den Knowledge-Network-Datenbanken zu etablieren, was jedoch scheiterte, da es diejenigen, die noch nicht vom Wert des Wissensmanagements überzeugt waren, nicht umstimmen konnte (siehe Vassiliadis et al., 1999a). Die Aufmerksamkeit die durch die Belohnung der Wiederverwendung von Wissen durch das Management gezeigt wird, hatte trotzdem positive Aspekte, wie auch die Wiederverwendung der Erfolgsgeschichten, die im Rahmen des Programms gesammelt werden konnten (Interview_J_O, 2003, S. 5).

Die lokalen Knowledge Centers verfügen über kein Belohnungs-System, jedoch können sich im gesamten Unternehmen erfolgreiche Individuen und Gruppen für einen Wissens-Award bewerben, wenn sie nachweisen können, dass sie Wissen zum Wohle des Unternehmens wiederverwendet haben (Interview_J_O, 2003, S. 6).

Die Rolle der Mitglieder des Kernteams hat sich innerhalb der globalen Knowledge Networks über die Jahre verändert, vor allem, was die Bezahlung ihrer investierten Zeit angeht. Die Finanzierung der Zeit der Berater bzw. das „in Rechnung stellen“ von Arbeitszeit hat eine lange Kultur in der Beratungsindustrie. Ein Berater wurde schon immer daran gemessen, wie viel Zeit er Kunden in Rechnung stellen konnte, da dies auch seine Arbeitsleistung bzgl. geleisteten Arbeitsstunden und Anforderung eines bestimmten Berater durch den Kunden anzeigt. Zu Beginn wurden die Experten aus einem zentralen Budget der ICM-Programms bezahlt (sie konnten ihre geleisteten Stunden für die Arbeit im Wissensnetzwerk dort in Rechnung stellen), um zu verhindern, dass deren Arbeit negative Auswirkungen auf das Budget ihrer Abteilungen oder ihre eigene finanzielle Zielerreichung hat. Seit 1997 wird durch ein weltweit eingeführtes Bonus-System die Mitgliedschaft im Kernteam von Wissensnetzwerken honoriert. Zusätzlich wurde ein Gesundheits-Check für die einzelnen Wissensnetzwerke eingeführt, der die Team-Leistung aufgrund von Kriterien, ähnlich den lokalen Knowledge Centers, wie Qualität und

Anzahl der Dokumente in der Datenbank, Anzahl der zugesandten Dokumente, Wiederverwendung dieser in Projekten etc., misst (Enkel et al., 2000, S. 19).

Daneben verfügen alle Mitarbeiter von CompConsult über Wissensziele, formuliert in ihren jährlichen Zielvereinbarungen. Eines dieser Ziele ist die Mitarbeit in Wissensnetzwerken, neben der mündlichen und schriftlichen Weitergabe von Wissen aus Projekten, wie auch das Wiederverwenden von vorhandenem Wissen. Die explizite Formulierung der Ziele zeigt jedoch mehr den Willen des Managements, ein solches Verhalten zu belohnen, als dass die Erfüllung dieser Forderung wirklich nachgeprüft oder durch Kennzahlen festgelegt wird (Interview_Pö, 2002, S. 4).

Externe Leistungsmessungsinstrumente. Generell gibt es weder eine Leistungsmessung für Wissensnetzwerke, welche deren Kosten und Ersparnisse gegenüberstellt, noch eine Balanced Scorecard, die speziell auf die Wissensziele abgestimmt ist. Das Management, so eine Projektverantwortliche für ICM, möchte dadurch zum einen den Druck auf die Wissensnetzwerke verringern und zum anderen zum Ausdruck bringen, dass es auch ohne Kosten-Nutzen-Gegenüberstellung vom Wert des Wissensmanagements überzeugt ist. Insgesamt investiert CompConsult ca. 2% seines Jahresumsatzes in den Aufbau und Betrieb der Knowledge Networks. (Interview_Pö, 2002, S. 4). Eine Erklärung für das nicht Vorhandensein einer einheitlichen Leistungsmessung der Knowledge Centers könnte – wie schon bei ConsumerCorp – in der uneinheitlichen Zielstellung für die einzelnen Center liegen. Während die strategischen Ziele in operative Ziel für die Knowledge Networks heruntergebrochen werden, wird keine klare und einheitliche Formulierung operativer Ziel für die Knowledge Centers vorgenommen (siehe zur Analyse auch Kapitel 5).

4.5.3.5 Veränderungen/Entwicklungen des Wissensnetzwerk-Konzepts

Die Knowledge-Center-Initiative wurde im Januar 2000 als Ergänzung der globalen Wissensnetzwerke gestartet. Dazu wurde im April 2000 ein Kick-off-Treffen mit potenziellen Netzwerkleitern durchgeführt, welche der Idee sehr positiv gegenüberstanden. Die Intranet-Plattform wie auch die restliche Infrastruktur zum Aufbau und Betrieb von Wissensnetzwerken wurde zum Juni des selben Jahres zur Verfügung gestellt. Kurz darauf startete das erste Knowledge Center. Die anfängliche Größe der Wissensmanagement-Teams, zuständig für den Aufbau und die Unterstützung der Knowledge Centers, wurde seit dem Start der Initiative reduziert. Die zunächst zwei bis drei Vollzeit-Kräfte, die für die Konzeption des Konzepts zuständig waren, wurden nach dem Kick-off-Treffen auf vier Vollzeit-Kräfte erweitert, welche für den Aufbau des Konzepts und speziell die Gestaltung der entsprechenden IT-Infrastruktur zuständig waren. Bis

Ende 2002, mit dem Übergang vom Projektstatus in den Tagesbetrieb, wurde das Team jedoch auf eine Vollzeit- und eine Halbtagsstelle reduziert. Die folgende Abb. 48 zeigt die Verringerung der Kosten für den Aufbau und die Pflege des Konzepts, maßgeblich verursacht durch die Reduzierung der Personalkosten des Wissensmanagement-Teams und die Nutzung der erstellten Infrastruktur (Interview_J_2, 2003, S. 2).

Die Abbildung 47 zeigt auch die Aufgaben des Wissensmanagement-Teams zum Aufbau des Knowledge-Center-Konzepts (Kasten links). Dazu lag der Schwerpunkt im zweiten Quartal 2000 bis zum letzten Quartal 2001 überwiegend auf der Unterstützung vorhandener Knowledge Centers, z.B. durch das Reduzieren der Formalisierung, die eigentlich durch das Knowledge-Network-Konzept vorgegeben ist, und das Entwickeln von Leistungsmessungen wie auch die Strukturierung des Wissensmanagement-Teams. Als Nächstes fokussierte man sich auf die Verbesserung der Kommunikation innerhalb des Unternehmens, da das Management von CompConsult begann, nach dem Nutzen des ergänzenden Konzepts zu fragen. Die letzte Phase des Aufbaus des Konzepts bestand in der Koordination der Netzwerkleiter durch das Gründen einer Community of Practice zum gegenseitigen Erfahrungsaustausch und als notwendige Voraussetzung zur Reduzierung der Wissensmanagement-Teams (CompConsult_Präsentation, 2002, S. 18).

2000 Q1	talking to stakeholders creating concept
2000 Q2	setting up infrastructure preparing kick off
2000 Q3	supporting the first KCs...
2000 Q4	... refining the concept ...
2001 Q1	... developing measurements ...
2001 Q2	... structuring the back office
2001 Q3	facilitating focus on communication
2001 Q4	coordination leaders help leaders

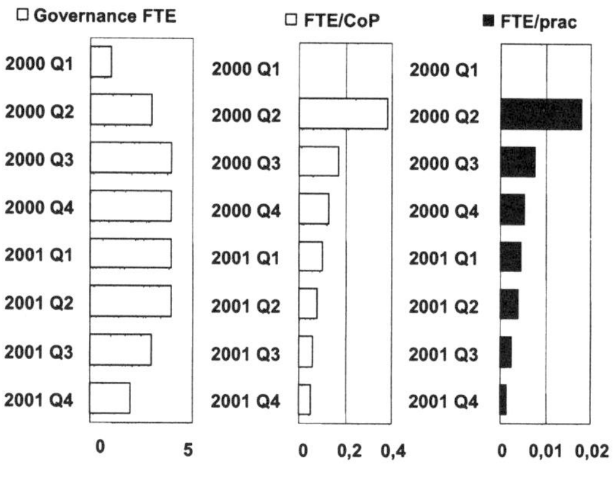

Abb. 48: Die Verringerung der Kosten pro Knowledge Center über zwei Jahre (Quelle: CompConsult_Präsentation, 2002, S. 18)

Bewegungen in der Wissensnetzwerk-Landschaft. Während bis zum letzten Quartal 2001 die Anzahl der Mitglieder in den Knowledge Center ständig stieg (siehe Abb. 49), verringerte sich die Anzahl der neuen und existierenden Knowledge Centers bis Ende 2002 stetig, was sich bereits an den zurückgehenden Zahlen für potenzielle Wissensnetzwerke im letzten Quartal 2001 abzeichnete (siehe Abb. 50). Trotz der Gründung der Community of Practice für die Netzwerkleiter hat sich für einige Netzwerke die Weiterarbeit als schwierig herausgestellt. So haben einige Netzwerke ihren Fokus verändert oder ihre Arbeit ganz eingestellt. Eine intensive Unterstützung kann durch die Reduzierung des Wissensmanagement-Teams nicht mehr gegeben werden. Es kann sich hier, so der operative Leiter des Wissensmanagement-Teams, zum einen um ein typisches Phänomen im Lebenszyklus eines solchen Konzepts handeln oder durch die schwierige wirtschaftliche Lage, was die Mitarbeiter in Unsicherheit versetzt hat und sie sich auf ihre Beratungstätigkeit und die Sicherung ihres Wissens konzentrieren lässt, bedingt sein. Bezüglich des Lebenszyklus des Wissensnetzwerk-Konzepts kann der Rückgang der Anzahl der Wissensnetzwerke durch ein Nachlassen der „Euphorie der ersten Stunde“ bedingt sein. Das Aufbauen eines Wissensnetzwerks ist wesentlich aufregender als das Betreiben dieses. So lebt das Konzept im Moment vom Halten des Status quo (Interview_J_2, 2003, S. 2-3). Eine andere Erklärung für den Rückgang der Knowledge Centers könnte im unklaren oder wenig visualisierten Nutzen dieser liegen und in den geringen Anreizen für die Mitarbeit (siehe zur Leistungsmessung Kapitel 4.5.3.5 und Kapitel 5 zur Analyse).

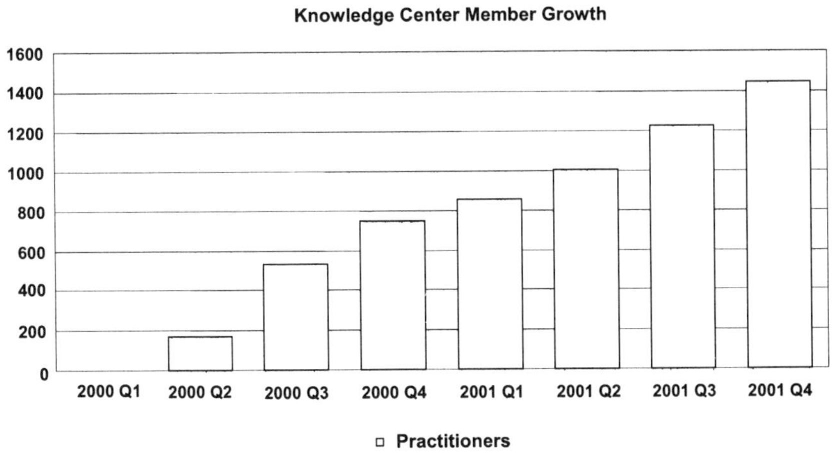

Abb. 49: Wachstum der Knowledge Centers Niederlande (Quelle: CompConsult_Präsentation, 2002, S. 8)

Ein ähnliches Bild (die Verringerung der aktiven Wissensnetzwerke) zeigt sich auch bei den *globalen Knowledge Networks*. Die abwartende Haltung wird u.a. durch die gerade durchgeführte Fusion des Beratungsbereichs von CompConsult mit einem der größten Beratungsunternehmen ausgelöst. Die Angst vor dem Arbeitsplatzverlust, da bekannt ist, dass die Anzahl der Berater in CompConsult drastisch verringert werden soll, ist ein demotivierender Faktor für die Wissensteilung in Wissensnetzwerken. Ein Mitarbeiter des ICM-Programms, zuständig für die Knowledge Networks, dazu: "People have other worries than knowledge sharing, and they fear they will be easier to replace by sharing you're their knowledge." (Interview_J_O, 2002, S. 8). Dabei betont der Leiter der lokalen Knowledge Centers, dass die Reduzierung nichts mit dem fehlenden Bedarf für die Knowledge Centers zu tun hat, sondern dass das Management insgesamt andere Schwerpunkte hat als die Unterstützung der Knowledge Centers (Interview_J_O, 2002, S. 8): „If you have to cut down you don't have the money to support those centers. Management's facilitation and attention have decreased and this is why people are not interested in setting up new KCs. For management a KC is not a short-term solution, for them it's a long-term solution and they need to save this quarter and will be happy to be here next year. You don't restructure your house while it is on fire."

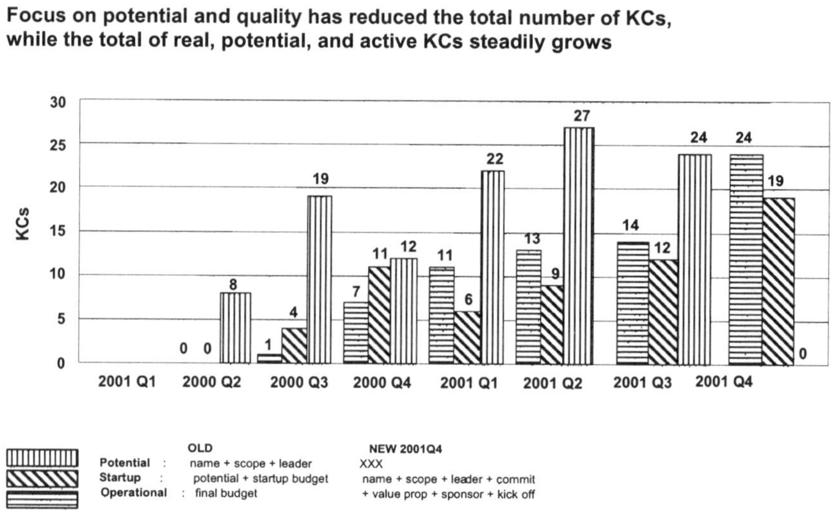

Abb. 50: Anzahl der Knowledge Centers ist im Rahmen der Fokussierung gesunken (Quelle: CompConsult_Präsentation, 2002; S. 19)

Aktuelle und zukünftige Herausforderungen. Die Akquisition des Beratungsunternehmen wird einen großen Einfluss auf das Wissensmanagement in CompConsult im Allgemeinen und das Wissensnetzwerk-Konzept im Speziellen haben. Für Berater ist Wissensmanagement überlebenswichtig, um wettbewerbsfähig zu bleiben, eine Ausweitung des Beratungsgeschäfts, die hinter der Akquisition steckt, wird das Bedürfnis nach effektivem Wissenstransfer durch das gesamte Wissensnetzwerk-Konzept noch verstärken. Jedoch ist davon im Moment noch nichts

zu spüren, da die Integration beider Unternehmen gerade erst begonnen hat und noch nicht klar ist, welche Bereiche verkleinert werden müssen (Interview_J_O, 2002, S. 9).
Daneben gibt es das Bedürfnis bei den lokalen Knowledge Centers, die Verbindung zum Geschäftsbereich und/oder dem zu unterstützenden Geschäftsprozess expliziter zu machen. Dies soll durch ein neues externe Messsystem, das zur Zeit entwickelt wird, unterstützt werden. Durch das Aufzeigen des Nutzens einzelner Wissensnetzwerke für den lokalen Geschäftsbereich soll die Attraktivität der Teilnahme an den Knowledge Centers gesteigert werden und dadurch weitere namhafte Experten als Mitglieder und neue Sponsoren angeworben werden. Neben dem neuen Messsystem steht vor allem die Verbesserung der Datenbanken, Teamrooms und der Webseiten auf dem Programm der Wissensmanagement-Teams. Dazu soll an einer neuen integrierten Datenbank gearbeitet werden (Interview_J_O, 2002, S. 9).

4.5.4 *Mikro-Perspektive: Gestaltungsalternativen der Wissensnetzwerke*

4.5.4.1 *Aufgaben und Ausrichtung der Wissensnetzwerke*

Wie bereits oben erwähnt, besteht das Wissensnetzwerk-Konzept von CompConsult im Wesentlichen aus zwei verschiedenen und sich ergänzenden Arten von Wissensnetzwerken, die sich aufgrund ihrer unterschiedlichen Ziele in ihrer Ausrichtung und Arbeitsweise unterscheiden.

Während die *globalen Knowledge Networks* auf das Sammeln, Restrukturieren, Aktualisieren und Zurverfügungstellen von explizitem Wissen in Form von Projektberichten, Best Practices, Checklisten, Vorlagen, Programm-Codes etc. ausgerichtet sind, sind die *lokalen Knowledge Centers* auf das Teilen von implizitem Wissen durch regelmäßige Treffen und die Kodifizierung dessen in Dokumenten etc. fokussiert.

4.5.4.2 *Unterschiedliche Organisationsstruktur*

Die unterschiedliche Organisationsstruktur der *globalen Knowledge Networks* und der *lokalen Knowledge Centers* ist ebenfalls durch diese unterschiedlichen Ziele bedingt. Während die *globalen Knowledge Networks* als virtuelle Netzwerke zusammenarbeiten, d.h. ihre Mitglieder kommunizieren überwiegend über Telefonkonferenzen oder Chat-Rooms des Intranets, treffen sich die Berater der *lokalen Knowledge Centers* regelmäßig persönlich.

Diese unterschiedliche Organisationsstruktur setzt auch unterschiedliche Bedürfnisse an die benötigten Hilfsmittel wie an die Unterstützung durch das Wissensmanagement-Team. So sind die Hilfsmittel der *Knowledge Networks* auf die Sammlung, Speicherung und Zurverfügungstellung von Dokumenten etc. ausgerichtet, wohingegen die Hilfsmittel der *Knowledge Centers* primär auf deren Repräsentation auf dem Intranet und die Unterstützung der Effizienz der Treffen ausgerichtet sind.

4.5.4.3 *Einflussfaktoren auf den Erfolg oder Misserfolg eines Wissensnetzwerks*

Als Erfolgsfaktoren für die *lokalen Knowledge Centers* wurden die folgenden genannt (Interview_J_O, 2002, S. 6 und CompConsult_Präsentation, 2002, S. 12):

- Die konsequente Verfolgung der formulierten (persönlichen wie unternehmensweiten) *Ziele* und die richtige Balance dieser.
- Die Persönlichkeit und die sozialen Fähigkeiten des *Netzwerkleiters*.
- Die *persönlichen Werte*, die erzielt werden sollen, sollten mit dem Nutzen, den das Netzwerk generieren kann, übereinstimmen.
- Die *Top-Management-Unterstützung* des gesamten Konzepts (finanziell, durch Aufmerksamkeit wie auch durch aktive Kommunikation, dass sie dieses Konzept unterstützen).
- Eine *gute Kommunikation* des Nutzens der Wissensnetzwerke, um zum einen die Aufmerksamkeit und die Unterstützung des Managements und zum anderen auch die Motivation der Mitglieder und die Unterstützung der restlichen Mitarbeiter zu erhalten.
- *Nicht zu viele Mitglieder* im Kernteam zu haben, da dies die Administration sowie die regelmäßigen Treffen und den Wissensaustausch erschwert.

Als wichtigste Erfolgsfaktoren für die globalen Knowledge Networks wurden genannt (Interview_Pö, 2002, S. 1-2):

- Die beteiligten Personen müssen motiviert sein, ihre Aufgaben im Wissensnetzwerk wahrzunehmen.
- Es müssen Anreize für diese (z.B. Karriere-Anreize, Reputation etc.) vorhanden sein.
- Die Wissens-Datenbank darf zu Beginn des Netzwerks (öffentliche Ankündigung und Freischaltung der Datenbank für die Mitarbeiter) nie leer, also ohne erste interessante Inhalte, publiziert werden, so dass von Beginn an das Arbeiten mit der Datenbank möglich ist. Eine leere Datenbank verringert die anfängliche Motivation der Mitarbeiter wieder auf der Datenbank nach wertvollen Informationen zu suchen.

- Neben dem virtuellen Arbeiten sollten sich die Kernteam-Mitglieder regelmäßig persönlich treffen, da sich gegenseitiges Vertrauen und die Anerkennung der einzelnen Mitglieder untereinander positiv auf die Zusammenarbeit auswirkt.

4.5.5 Stärken und Schwächen des Wissensnetzwerk-Konzepts bei CompConsult

Das Wissensnetzwerk-Konzept von CompConsult besteht aus zwei sich ergänzenden Komponenten: den globalen Knowledge Networks, die überwiegend virtuell arbeiten und den weltweiten Beratern eine qualitativ hochwertige und aktuelle Wissensdatenbank zur Verfügung stellen sollen, und den lokalen Knowledge Centers, welche dem impliziten Wissenstransfer für die lokalen Berater dienen sollen. Beide Teilbereiche des Konzepts weisen unterschiedliche Stärken und Schwächen auf. Die Stärke der Knowledge Networks besteht in ihrer klaren und expliziten strategischen und operativen Zielformulierung, gepaart mit speziellen Anreizen für die Mitarbeit (stark karrierefördernd). Dabei berücksichtig dieser Teil des Konzepts die Beratungskultur des Unternehmens, die der Wissensteilung eigentlich kontraproduktiv gegenübersteht, durch die Karriereanreize bei Mitgliedschaft im Kernteam eines Knowledge Network. Gleichzeitig ist der Nutzen der Wissensnetzwerke für jeden einzelnen Berater und das Management klar zu erkennen, da diese per Intranet auf das qualitativ hochwertige Wissen zurückgreifen können und so Beratungsprojekte schneller und erfolgreicher durchgeführt werden können. Dies erklärt die große Akzeptanz der Knowledge Networks im Unternehmen. Eine weitere Stärke des Systems besteht in dessen klaren Struktur (pro Produkt oder Produktgruppe ein Wissensnetzwerk) mit systematischem Aufbau und Hilfsmitteln zur Unterstützung der Arbeit der Knowledge Networks. Das globale Konzept wird konsequenterweise durch ein zentrales und global verteiltes Wissensmanagement-Team umgesetzt.

Eine große Schwäche der Knowledge Networks besteht denn auch in deren „Beliebtheit". Die virtuellen Teams sind mit individuellen Anfragen oder der Teilung von implizitem Wissen durch Gespräche untereinander und mit anderen Beratern überfordert. Ihre Zeit reicht nicht aus, diesen Teil der geforderten Ziele umzusetzen, was Bedürfnisse von Mitarbeitern unerfüllt lässt. Die mangelnde Nähe zu den lokalen Beratern (und damit auch der mangelnde Wissensaustausch über lokale Gegebenheiten und Kunden) und das nicht erfüllte Bedürfnis nach implizitem Wissensaustausch führte zur Entwicklung des ergänzenden Konzepts der lokalen Knowledge Centers.

Die Stärke der Knowledge Centers liegt in ihrer lokalen Ausrichtung, welche die Berater, die sich selten persönlich treffen, zum impliziten Wissensaustausch zusammenführt, wie auch deren lokale Ausrichtung auf Themen, die für die Region und deren Berater von besonderer Bedeutung ist. Auch das lokale Wissensmanagement-Team stellt eine Stärke dieses Teils des Konzepts dar, da die lokalen Wissensmanagement-Berater besser über die Bedürfnisse ihrer Kollegen informiert sind und diese im Konzept umsetzen können.

Eine Schwäche der Knowledge Centers besteht in der mangelnden einheitlichen Zielformulierung für diese. Die Knowledge Centers wählen sich ihre Ziele selbst, was eine einheitliche Zielformulierung und Leistungsmessung erschwert. Es gibt keine expliziten Anreize für die Teilnahme an den Knowledge Centers, gepaart mit der mangelnden Nutzenvisualisierung entsprechen nicht der Beratungskultur von CompConsult. Während die Knowledge Networks einen großen Einfluss durch ihre hohe Akzeptanz bei den Mitarbeitern haben, verfügen die Knowledge Centers nur über eine geringe Machtbefugnis. Dies führt zu einer mangelnden Akzeptanz der Knowledge Centers und dem Rückgang ihrer Anzahl. Die mangelnde Unterstützung der Knowledge Centers durch das Wissensmanagement-Team verstärkt diese Schwäche noch. Zusätzlich erschwert wird die Situation durch den Merger mit einem großen Beratungsunternehmen, was zu Unsicherheit und Arbeitsplatzängsten führt. Dies wirkt sich negativ auf das Arbeitsklima und den Wissenstransfer aus, damit auch auf die Arbeit der Wissensnetzwerke.

5 Identifizierung von Kernkomponenten für Wissensnetzwerk-Konzepte

Die Analyse der Einzelfallstudien des vorangegangenen Kapitels hat aufgezeigt, wie die Wissensnetzwerk-Konzepte von vier Unternehmen gestaltet sind. Durch diese konnten bereits Komponenten einzelner Wissensnetzwerk-Konzepte identifiziert sowie Stärken und Schwächen für die einzelnen Konzepte aufgezeigt werden. Im folgenden Fallstudienvergleich sollen durch einen Vergleich der Fallstudien anhand neuer Kriterien generelle Komponenten von Wissensnetzwerk-Konzepten identifiziert werden. Der Begriff *Kernkomponenten* beschreibt dabei die gestaltungsgebenden Elemente, die bei jedem Wissensnetzwerk-Konzept vorhanden sein müssen. Dazu werden die Fallstudien in verschiedenen Dimensionen und Kategorien anhand von Kriterien miteinander verglichen, dies führt zu neuen und zusätzlichen Erkenntnissen, die durch die nochmalige Anwendung des Analyserasters nicht möglich wären. Eisenhardt (1989, S. 540 f.) schlägt dieses Vorgehen für den Fallstudienvergleich vor, um den Verlust wertvoller Informationen durch einen einseitigen Datenvergleich zu verringern und/oder falsche Schlussfolgerungen zu verhindern. Die Vergleichskriterien können dabei unterschiedliche Dimensionen, wie die Betrachtungsebene in dieser Arbeit (die Mikro- und Makro-Perspektive des Wissensnetzwerk-Konzepts) oder die Identifizierung von Unterschieden und Gleichheiten aufgrund eines ausgewählten Faktors (etwas des strategischen Ziels) haben. Dieses Vorgehen ermöglicht es, die Komponenten herauszufinden, die bei allen Konzepten gleich sind und daher generell in Wissensnetzwerk-Konzepten vorhanden sein müssen. Eisenhardt (1989, S. 541) formuliert dazu: „Overall, the idea behind these cross-case searching tactics is to force investigators to go beyond initial impressions, especially trough the use of structured and diverse lenses on the data." Im folgenden Kapitel (5.1) werden zunächst die verschiedenen Wissensnetzwerk-Konzepte aufgrund der bereits durch die Einzelfallstudien-Analyse identifizierten Unterschiede miteinander verglichen. Diese Unterschiede sind:

- Die *strategischen Ziele* des Unternehmens, die das Konzept verfolgen soll
- Die *operativen Ziele* des Konzepts, abgeleitet von der Unternehmensstrategie
- Die *Wissensziele*, welche die operativen Ziele einer Wissensmanagement-Perspektive formulieren
- Die *Unternehmenskultur*, bezogen auf den Umgang mit dem Konzept oder Wissen im Allgemeinen
- Die *Unternehmensstruktur*, bezogen auf die Umsetzung des Konzepts
- Die *Positionierung des Wissensmanagement-Teams*, das verantwortlich ist für den Aufbau und die Pflege des Konzepts

- Die *Anzahl der Netzwerke* sowie der *Durchdringungsgrad* des Konzepts innerhalb des Unternehmens

Grafisch dargestellt ergibt sich das folgende Bild:

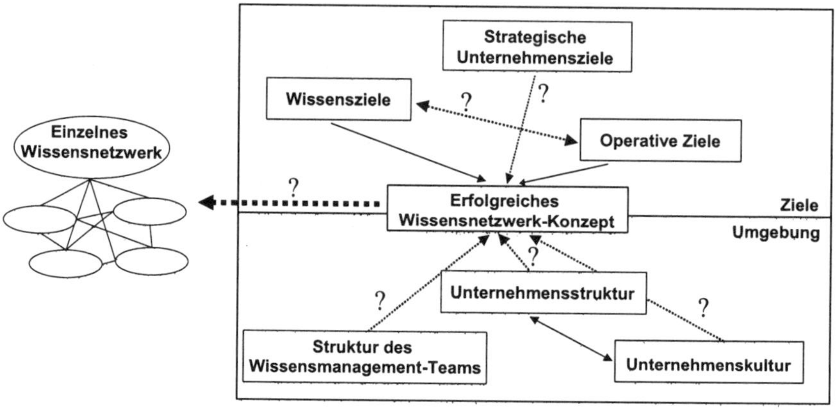

Abb. 51: Identifizierte Einflussfaktoren für die Steuerung von Wissensnetzwerken

Im oben dargestellten Modell symbolisieren die weissen Kästchen die bisher (durch die Einzelfallstudien) identifizierten Unterschiede bzw. gestaltungsgebenden Elemente für Wissensnetzwerk-Konzepte. Die gestrichelten und mit Fragezeichen versehenen Verbindungspfeile zeigen dabei bisher unklare Beziehungen und Zusammenhänge auf, die im folgenden Fallstudienvergleich näher beleutet werden sollen.

Die Betrachtung der Daten durch verschiedene „Linsen" dient dabei zunächst der Identifizierung von Annahmen über generelle Komponenten für Wissensnetzwerk-Konzepte und deren Zusammenhänge (z.B. dem Zusammenhang von strategischen Zielen und der Struktur des Wissensnetzwerk-Konzepts, siehe Kapitel 5.2). Diese Annahmen werden durch die bereits in Kapitel 2 und 3 diskutierten Wissensmanagement-, Organisations- und Netzwerktheorien verifiziert und aufgrund der Einzelfallstudiendaten validiert (Kapitel 5.3). Nur wenn eine Annahme durch die Daten aller vier Fallstudien bestätigt werden kann, kann daraus eine Hypothese gebildet werden, die eine generelle Kernkomponente für alle Wissensnetzwerk-Konzepte beschreibt. „Overall, shaping hypotheses in theory-building research involves measuring constructs and verifying relationship." (Eisenhardt, 1989, S. 543). Alle Hypothesen zusammengefasst sollen im Kapitel 5.4 die generelle Gestalt von Wissensnetzwerken und deren Konzepte in Unternehmen beschreiben. Den Abschluss des Kapitels bildet die Darstellung von zusätzlichen Ergebnissen des vorliegenden Forschungsprojekts wie auch die Diskussion der Limitationen der Forschungsergebnisse und die Identifizierung des weiteren Forschungsbedarfs.

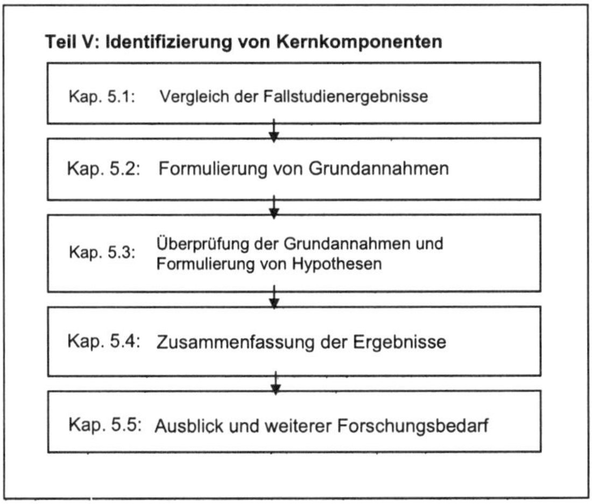

Abb. 52: Struktur und Inhalt des Kapitels zur Identifizierung von Kernkomponenten für Wissensnetzwerk-Konzepte

5.1 Vier Unternehmen und deren Wissensnetzwerk-Konzepte: Vergleich der Fallstudienergebnisse

Vergleicht man die vier untersuchten Unternehmen, so wird deutlich, dass deren Wissensnetzwerk-Konzepte sehr unterschiedlich sind, obwohl es sich immer um den Einsatz der Organisationsform Wissensnetzwerk zur Unterstützung des Wissenstransfers (expliziten oder impliziten Wissens) handelt. Unterschiede gibt es sowohl in der *Größe* (Anzahl der Wissensnetzwerke) und im *Durchdringungsgrad der Konzepte* (Positionierung in eng begrenzten Geschäftsbereichen oder Durchdringung im ganzen Unternehmen), in den verfolgten *Wissens-Zielen* (Restrukturierung und Aktualisierung expliziten Wissens, Teilung von implizitem Wissen oder Kodifizierung von implizitem in explizites Wissen) als auch in den *strategischen Zielen* (Effizienzsteigerung in der Beratung, Kostenreduktion im Supportbereich, Risikominimierung in der Fahrzeugentwicklung oder Verringerung der Redundanzen und Nutzung von Synergien zwischen Regionalvertretungen und unabhängigen Divisionen), eingebettet in unterschiedlichen *Unternehmenskulturen* (von sehr hierarchisch bis offen und wissensfreundlich) und *-strukturen* (von großer Unabhängigkeit und Eigenverantwortung der einzelnen Geschäftsbereiche und Regionen bis zu zentraler Verwaltung und Lenkung). Die Unterschiede der einzelnen Fallstudienkonzepte werden im Folgenden anhand der oben beschriebenen Kernkomponenten herausgearbeitet.

5.1.1 Autocorps TechClub-Konzept: Die Erstellung einer einheitlichen gemeinsamen Wissensbasis in der gesamten PKW-Entwicklung

Betrachtet man die Fallstudie **Autocorp**, so wird deutlich, dass es sich hier um die Verfolgung des *strategischen Ziels* der Effizienzsteigerung und der Risikominimierung handelt. Ingenieure der Fahrzeugentwicklung werden miteinander verbunden, um das Risiko von Redundanzen in der Entwicklung zu verhindern und durch die Bildung von Synergien zur Effizienzsteigerung und Qualitätsverbesserung von Produkten beizutragen. Ein weiteres bedeutendes strategisches Ziel des Unternehmens wird sogar erst durch die Etablierung des Wissensnetzwerk-Konzepts möglich: Kostenreduktion durch Gleichteileentwicklung. Solange die einzelnen Entwicklungsbereiche unabhängig voneinander und selbstverantwortlich Komponenten für ihren Bereich entwickelt haben, war eine Abstimmung der Entwicklung bezogen auf gemeinsame Standards nicht möglich. Die durch die Verwendung gleicher Teile in verschiedenen Fahrzeugtypen erzielte Kostenreduktion bei gleichzeitiger Formulierung von gemeinsamen Standards und optimierten Prozessen zur Qualitätssteigerung wird dem Unternehmen einen entscheidenden Wettbewerbsvorteil bringen. Notwendig für die Umsetzung dieser Ziele war die Einführung eines *großflächigen* (in der gesamten PKW-Entwicklung) und *einheitlichen Konzepts* (alle Bereiche sind gleichermaßen durch Netzwerke verknüpft), was die Umsetzung durch eine *zentrale Stelle* mit entsprechender *Machtbefugnis* voraussetzte (das KM-Mandat von Autocorp war direkt beim Entwicklungsdirektor angegliedert). Da es sich bei Autocorp um ein eher hierarchisch strukturiertes Unternehmen handelt, wurde eine Lenkungsstruktur der Wissensnetzwerke geschaffen, die in diesem formalisierten Ausmaß in keinem der anderen Fallstudienunternehmen gefunden werden konnte. Dies schließt die expliziten Verantwortlichkeiten der einzelnen Netzwerke (EngTC und ExTC) ein, aber auch deren Führung durch den Lenkungskreis und die Bereichsleitersitzung. Diese hierarchische Struktur hat es den Mitarbeitern des Entwicklungsbereichs vereinfacht, das neue Konzept zu akzeptieren und sich damit zu identifizieren, da sie das Arbeiten in einem hierarchischen Umfeld (Unternehmenskultur) gewohnt sind. Notwendig zur Umsetzung der oben genannten strategischen Ziele war auch eine *einheitliche und formale Struktur der Wissensnetzwerke* bezogen auf deren Wissensziele und Aufgaben. Eine Optimierung der Prozesse und eine Formulierung von Standards ist nur dann möglich, wenn zunächst eine gemeinsame Wissensbasis durch das Kodifizieren von implizitem Wissen im EBOK geschaffen wird, um neue Standards zu formulieren, die alle auf eine einheitliche Gestaltung von Komponenten abzielt. Die *Fokussierung des Konzepts* auf den PKW-Entwicklungsbereich ist sinnvoll und entspricht der Struktur des Unternehmens, da sich die formulierten Ziele nur auf die PKW-Entwicklung beziehen, was die gewählte Anzahl der Wissensnetzwerke (ca. 100) notwendig macht und den geringen Durchdringungsgrad (nur im Entwicklungsbereich) sowie das mangelnde Wachstum des

Konzepts erklärt. Eine intensive Unterstützung durch das *zentrale KM-Mandat* (durch Schulungen, Reviews, Betreuung von einzelnen Sitzungen, Entwicklung der Web-basierten Datenbank für den Zugriff etc.) sowie einer *effizienten Leistungsmessung* (siehe die vielfältigen Leistungsmessungsmaßnahmen sowie das Bestreben nach der Entwicklung von neuen Instrumenten), die zur Sicherstellung der Nachhaltigkeit der Wissensnetzwerke dienen, bilden die Grundlage für einen lang anhaltenden Erfolg des Konzepts.

5.1.2 ComputerCorps Wissensnetzwerk-Konzept: Die Erstellung und Befüllung einer Datenbank für den Kunden-Support

In der Fallstudie **ComputerCorp** zeigt sich, was die Formalisierung des Konzepts und die Anzahl der Wissensnetzwerke betrifft, fast eine gegenteilige Tendenz. Zwar wird auch hier ein *fokussiertes Konzept* bezogen auf einen Geschäftsprozess (den Kunden-Support) angewandt, doch sind die Wissensnetzwerke nur *minimal formalisiert*, was sich durch die spezifische *Unternehmenskultur* (sehr informell und wissensfreundlich) erklärt und durch den hohen Freiheitsgrad und die mangelnde Lenkungsstruktur der einzelnen Netzwerke verdeutlicht wird (in der dezentralen Unternehmensstruktur von ComputerCorp haben die einzelnen Regionalzentren und Bereiche eine große Eigenverantwortung und Macht). Das *strategische Ziel* Kostenreduktion und Effizienzsteigerung im Supportbereich soll durch die Aufgaben der Wissensnetzwerke, Wissensdokumente für die Support-Datenbank InterView zu erstellen bzw. zu verbessern, verfolgt werden. Eine verbesserte Support-Datenbank ermöglicht zum einen eine Effizienzsteigerung des Telefonsupports, da Dokumente zur Fehlerbehebung leichter gefunden und einfacher verstanden werden können, zum anderen eine Selbst-Hilfe des Kunden, indem er selbst auf die InterView-Datenbank zugreifen kann und seine Fehler leichter selber lösen kann, ohne dass ComputerCorp Telefon- oder Personalkosten entstehen. Da es sich beim Support-Prozess um einen globalen Prozess handelt, der zwar ein Zentrum (das IT Resource Center in Ratingen), aber auch weltweit Zweigstellen hat, macht es Sinn, ein Wissensnetzwerk-Konzept aufzubauen, das *neben globalen Netzwerken auch lokale Netzwerke* in diesem Zentrum enthält und sich so der *dezentralen Unternehmensstruktur* anpasst. Der leicht unterschiedliche Aufbau bei Verfolgung gleicher Ziele erklärt sich durch die räumliche Nähe bzw. geografische Entfernung der Mitglieder, die ein persönliches oder ein eher virtuelles Zusammenarbeiten bedingt. Durch ComputerCorp's spezielle Unternehmensstruktur und -kultur wird das sehr auf die Unterstützung eines einzelnen Geschäftsprozesses fokussierte Wissensnetzwerk-Konzept erklärt (die Geschäftsprozess-Fokussierung wird als ein Faktor für den Unternehmenserfolg verstanden) wie auch dessen wenig formale Struktur und *dezentrale Unterstützung* durch die Wissensmanagement-Verantwortlichen (kein zentrales KM-Team, sondern regionale Vertreter in den einzelnen Geschäftsbereichen, die unabhängig entscheiden dürfen und daher auch leicht unterschiedliche Ansätze verfolgen). Die informelle Struktur und Dezentralität der Betreuung führt jedoch auch dazu, dass keine formale und einheitliche *Leistungsmessung* existiert. Da das Wissensnetzwerk-Konzept einen globalen Unternehmensprozess unterstützen soll, integriert diese globale neben lokalen Netzwerken, was jedoch keinen höheren *Durchdringungsgrad* des Konzepts in anderen Bereichen des Unternehmens beinhaltet. Es handelt sich um eine geringe Anzahl von Netzwerken, die sehr spezialisiert auf den Supportbereich ausgerichtet sind, was sinnvoll erscheint, da die strategischen Ziele der Kostenreduzierung und Effizienzsteigerung nur für diesen Bereich formuliert sind und die Entwickler des Konzepts sich nur für diesen Geschäftsbereich verantwortlich fühlen (die Mitarbeiter und das Management von ComputerCorp zeichnen sich durch eine hohe Identifizierung und Fokussierung auf den eigenen Geschäftsbereich aus).

5.1.3 ConsumerCorps Community-Konzept: Wissensteilung durch Communities, wo hierarchische oder funktionale Verbindungen fehlen

Obwohl **ConsumerCorp** nur geringfügig flachere Hierarchien als Autocorp besitzt und über keine starke informelle Wissenskultur wie ComputerCorp verfügt, ist ihr Wissensnetzwerk-Konzept aus Communities of Practice wenig formalisiert. Das zu verfolgende *strategische Ziel* der Verringerung von Redundanzen und Nutzung von Synergien soll durch das Verbinden von Wissensträgern aus den verschiedensten Geschäftsbereichen und Regionen mit ähnlicher „Praxis" erreicht werden, was aufgrund der Restrukturierung des Unternehmens notwendig wurde. Das Community-Konzept umfasst wenig formalisierte (die Mitglieder bestimmen ihre Struktur und Arbeitsweise selbst im Kick-off-Workshop), globale (Mitglieder aus den unterschiedlichsten Regionen) Communities, die von einem *zentralen* (unternehmensweit für Wissensmanagement verantwortliches) *Wissensmanagement-Team* (genannt KMG) aufgebaut werden. Obwohl Wissensmanagement innerhalb von ConsumerCorp insgesamt als kritisch für den Geschäftserfolg angesehen wird, verfolgen die Netzwerke kein einheitliches und operationalisiertes strategisches Ziel, wie es bei Autocorp oder ComputerCorp formuliert ist. Obwohl der *Durchdringungsgrad* der Netzwerke, also deren Vorhandensein in allen oder verschiedenen Geschäftsbereichen höher ist als bei Autocorp oder ComputerCorp, um das oben formulierte Unternehmensziel zu erreichen, umfasst das Konzept nur eine geringe Anzahl (ca. 20) von Netzwerken. Die Communities sollen dem Teilen von implizitem Wissen als *Wissensziel* dienen, es ist den Mitgliedern und deren Managern jedoch freigestellt, inwieweit eventuell Gelerntes oder gar Entwickeltes im eigenen Bereich angewandt wird (geringe „Machtbefugnis" der Communities), was der in ConsumerCorp vorhandenen *Unternehmenskultur* der Autonomie und Selbständigkeit entspricht. Die mangelnde Operationalisierbarkeit und damit Überprüfbarkeit der Ziele des Konzepts führt auch dazu, dass die Netzwerke unterschiedliche Methoden der Leistungsmessung anwenden bzw. ihren Erfolg durch einzelne Erfolgsgeschichten kommunizieren müssen. Spezifische geschäftsbezogene Ziele der einzelnen Netzwerke müssen von den Mitgliedern selbst gewählt und mit einem Sponsor abgestimmt werden. Die *Unternehmensstruktur* mit einem hohen Freiheitsgrad und Verantwortlichkeit der einzelnen Geschäftsbereiche bis hin zu einem Konkurrenzverhalten untereinander erklärt das Wissensnetzwerk-Konzept, das keine operationalisierten Unternehmensziele verfolgt, sondern den beteiligten Mitgliedern aus verschiedenen Geschäftsbereichen die Freiheit lässt, den Wissensaustausch in den Communities für sich zu nutzen oder nicht. Einheitlich im Konzept ist der Aufbau der einzelnen Communities sowie deren Hilfsmittel (nach einer detaillierten Prozessbeschreibung) durch die Knowledge Management Group. Besonders an der Betreuung des Konzepts durch die *zentrale Gruppe* ist, dass sich die Unterstützung nur auf den Aufbau, nicht aber auf die Betreuung und Pflege laufender Netzwerke bezieht.

5.1.4 CompConsult Knowledge Networks/Knowledge-Center-Konzept: Effizienzsteigerung in der Kundenberatung

Das *strategische Ziel* von **CompConsult** ist im Gegensatz zu ConsumerCorp einheitlich und operationalisierbar. Eine Effizienzsteigerung der Kundenberatung soll durch eine verbesserte Datenbank und den erleichterten Zugriff auf diese über das Intranet erzielt werden. Das dem *strategischen Ziel* von ComputerCorp so ähnliche Ziel soll jedoch durch die Verfolgung eines unterschiedlichen Wissensziels, der Restrukturierung und Aktualisierung vorhandenem explizitem Wissens, erreicht werden. Dazu wurden globale Wissensnetzwerke, genannt Knowledge Networks, aufgebaut, die jeweils auf einen Produktbereich bzw. ein spezielles Produkt ausgerichtet sind und alles Wissen zu diesem Produktbereich sammeln, strukturieren, aktualisieren und auf einer Datenbank allen Beratern dieses Bereichs zur Verfügung stellen. Das Konzept wird insofern der globalen *Organisationsstruktur* des Beratungsbereichs und der weltweit positionierten Experten gerecht, als dass auf die Datenbank von überall auf der Welt zugegriffen werden kann, und auch dadurch, dass die Netzwerke überwiegend virtuell arbeiten, was es erlaubt, Experten von überall auf der Welt als Mitglieder zu integrieren. Die *Formalität des Konzepts* (genaue Zielsetzung, definierte Arbeitsweise, klare festgelegte Rollen und Verantwortlichkeiten etc.) macht es zum einen möglich, das gesetzte globale Ziel zu erreichen, zum anderen eine einheitliche Leistungsmessung (Anzahl der Dokumente in der Datenbank des Wissensnetzwerks, Anzahl zugesandter Dokumente, Anzahl der Zugriffe und Downloads, Qualität der Dokumente etc.) zu verfolgen. Die *Unternehmenskultur* von CompConsult, in welcher der einzelne Berater aufgrund seines Wissens vom Kunden angefordert wird und seine Leistung aufgrund der bei

Kunden geleisteten Stunden gemessen wird (eine Verkürzung dieser Zeit durch die Wiederverwendung von Wissen also eigentlich negativ ist), steht den Zielen des Wissensnetzwerk-Konzepts nicht unterstützend gegenüber. Eine Motivation zur Mitarbeit wird durch ein gleichwertiges *Anreizsystem* geboten, welches stark karrierefördernd ist, indem die Sichtbarkeit der Mitglieder und damit Anerkennung dieser als die weltweit führenden Experten gefördert wird, wie auch die Sichtbarkeit der Autoren der Wissensdokumente, da eine Autorenschaft von qualitativ herausragenden Dokumenten die Voraussetzung für die Berufung in das Kernteam eines globalen Knowledge Network darstellt. Zwar sind die Mitglieder der globalen Netzwerke über eine Diskussionsplattform und eine Mail-Box für die Mitarbeiter zu erreichen, jedoch haben die Experten oftmals nicht die Zeit, die hier gestellten Fragen zu beantworten oder einen impliziten Wissensaustausch zu betreiben. Daher haben sich seit dem Jahr 2000 in verschiedenen Ländern ergänzende Wissensnetzwerk-Konzepte herausgebildet, in der niederländischen Niederlassung heißen diese z.B. Knowledge Centers, die gerade den lokalen impliziten Wissensaustausch zwischen Beratern fördern sollen. Diese lokale Variante der Wissensnetzwerke, die auch bei ComputerCorp gefunden werden kann, unterscheidet sich aufgrund des unterschiedlichen Wissensziels und des lokalen Vorhandenseins der Mitglieder. Die veränderte Struktur der lokalen Wissensnetzwerke ergibt sich durch die unterschiedlichen Ziele dieser, die mehr auf die Unterstützung persönlicher Treffen und den impliziten Wissensaustausch durch Best Practices oder Lösung von Problemen ausgerichtet ist als auf das Befüllen einer Datenbank.

5.1.5 Die Unterschiede im Überblick

Die folgende Tabelle 7 fasst die Unterschiede der Konzepte bzgl. ihrer Ziele (strategischen, operationalen und Wissensziele) und Umsetzung dieser Ziele im Konzept zusammen.

Unternehmen	Strategische Ziele	Operationale Ziele	Wissensziele	Wissensnetzwerk-Konzept
Autocorp	Effizienzsteigerung und Risikominimierung in der PKW-Entwicklung	Gemeinsame Wissensbasis für die gesamte PKW-Entwicklung schaffen	Implizites Wissen der Ingenieure in explizites Wissen (EBOK) umwandeln	Großflächig in PKW-Entwicklung Sehr formalisiert
Computer-Corp	Kostenreduktion und Effizienzsteigerung im Supportbereich	Elektronisch verfügbare Support-Datenbank schaffen, um Selbst-Hilfe des Kunden zu ermöglichen	Implizites Wissen der Ingenieure in explizites Wissen für Datenbank InterView umwandeln	Fokussiert auf den Supportbereich Wenig formalisiert

Consumer-Corp	Verringerung von Redundanzen und Nutzung von Synergien im ganzen Unternehmen	Unterschiedlich pro Community	Implizites Wissens austauschen	Globales Konzept für ganzes Unternehmen Wenig formalisiert
Comp-Consult	Effizienzsteigerung der Kundenberatung im ganzen Unternehmen	a) Elektronisch weltweit verfügbare Datenbank erstellen b) unterschiedlich pro Knowledge Center	Explizites Wissen sammeln und restrukturieren Implizites Wissen austauschen	Globales Konzept plus lokale Varianten Globales Konzept sehr, lokales wenig formalisiert

Tabelle 7: Unterschiedliche Ziele führen zu unterschiedlichen Konzepten

Tabelle 8 fasst die unterschiedliche Ausprägung des Konzepts bzgl. Anzahl und Durchdringungsgrad der Netzwerke, Positionierung des verantwortlichen Wissensmanagement (WM)-Teams, der Unternehmenskultur und -struktur zusammen.

Unternehmen	**Anzahl**	**Durchdringungsgrad**	**WM-Team**	**Unternehmenskultur**	**Unternehmensstruktur**
Autocorp	ca. 100	Nur PKW-Entwicklung	Zentral in der PKW-Entwicklung	Bürokratisch und hierarchisch	Hierarchisch und zentral
Computer-Corp	ca. 10	Nur Supportbereich	Dezentral im Supportbereich	Informell und wissensfreundlich	Dezentral und geschäfts-orientiert
Consumer-Corp	ca. 20	Ganzes Unternehmen	Zentral	Hoher Freiheitsgrad und Selbständigkeit	Autonom und selbständig
Comp-Consult	ca. 60 +40	Ganzes Unternehmen	Zentral	Konkurrenzgetrieben	Hierarchisch und zentral

Tabelle 8: Unterschiede der Konzepte bzgl. Anzahl, Durchdringungsgrad, WM-Teams, Unternehmenskultur und -struktur

5.2 Formulierung von Grundannahmen zur Entwicklung einer Theorie für Wissensnetzwerk-Konzepte

Im folgenden Kapitel werden die Einzelfallstudien aufgrund von Annahmen auf einer detaillierteren Basis miteinander verglichen. Die Annahmen ergeben sich dabei aus den bereits in Kapitel 2 und 3 zur Entwicklung des Analyserasters diskutierten Theorien. Eine nochmalige Ableitung aus der Theorie ist notwendig, da es sich beim Analyseraster um das Analyseinstrument für die Einzellfallanalyse handelt, welches nicht für die Analyse des Fallstudienvergleichs verwendet werden kann. Um die vorhandenen Daten unabhängig von den in den Einzelfallstudien durchgeführten Analysen zu vergleichen und so neue, zusätzliche Erkenntnisse zu gewinnen (siehe Eisenhardt, 1989, S. 541), werden für die neue Analyse Kriterien in Form von Annahmen aus der Theorie heraus formuliert.

5.2.1 Was bestimmt den Erfolg eines Wissensnetzwerk-Konzepts?

Wie in Kapitel 2.1.1 diskutiert beschreibt die *wissensbasierte Theorie des Unternehmens* die Bedeutung von Wissen und Wissensmanagement-Aktivitäten für die Erreichung von Wettbewerbsvorteilen (siehe Grant, 1996b; Grant & Almeida, 1997; Spender, 1996a, 1996b). Wissensmanagement-Aktivitäten, und damit auch Wissensnetzwerk-Konzepte, verfolgen und unterstützen strategische Ziele, um diese Wettbewerbsvorteile zu erreichen und müssen daher an diesen Zielen für das Unternehmen gemessen werden. Von Krogh et al. (2002, S. 19 f.) heben hervor, dass im besonderen die Ziele Risikominimierung, Effizienzsteigerung und Innovationsförderung als strategische Ziele durch Wissensmanagement-Aktivitäten unterstützt werden können. Überträgt man diese Forderung nach der Verfolgung strategischer Ziele auf die Wissensnetzwerk-Konzepte, so muss als erste Annahme formuliert werden:

> **Annahme 1.1:** *Wissensnetzwerk-Konzepte dienen der Verfolgung der strategischen Ziele des Unternehmens.*

Die *Institutionsökonomie* (siehe Kapitel 2.2.2.2) besagt, dass die Umgebung das Handeln der einzelnen Akteure beeinflusst und dieses auf Effizienz ausgerichtet ist. Der Austausch von Wissen durch Wissensnetzwerke erfolgt dann, wenn die Kosten dieser Form geringer sind, als die anderer Organisationsformen mit vergleichbaren Zielen (siehe Kapitel 2.3.5.5), der Nutzen für das Unternehmen durch die Unterstützung der strategischen Ziele gegeben ist und der Austausch Nutzen für die einzelnen Akteure aufweist. Der Nutzen für das Unternehmen besteht in der Verfolgung der strategischen Ziele, welche für das Wissensnetzwerk-Konzept und die einzelnen Wissensnetzwerke in operative und Wissensziele umgewandelt werden müssen, um diese Ziele operationalisierbar zu machen (siehe Kapitel 2.1.3.4). Denn erst die Transformation von Wissen durch Transformationsprozesse führt zu nachhaltigen Wettbewerbsvorteilen für das Unternehmen (siehe Kapitel 2.1.3.3). Für diese Transformationsprozesse muss ein Raum („Ba“, vgl. Kapitel 2.1.3.4) geschaffen werden, der diese optimal unterstützt und hilft, individuelles implizites Wissen in kollektives implizites oder explizites Wissen umzuwandeln (siehe Kapitel 2.1.3.2). Eine weitere Forderung nach der gezielten Gestaltung des Raums für erfolgreiche Austauschprozesse resultiert aus der *Austauschtheorie* (siehe Kapitel 2.2.1.2), welche effektive Interaktionen als in einen Kontext eingebettet und als Bestandteil einer längeren sozialen

Beziehung definieren. Aus der Diskussion dieser Theorien ergeben sich mehrere Annahmen für die Gestalt (siehe nächster Abschnitt) und für die Definition des Erfolgs von Wissensnetzwerk-Konzepten:

Annahme 1.2: *Das strategische Ziel des Unternehmens bestimmt die Art (Gestalt) des Wissensnetzwerk-Konzepts.*

Kombiniert man die oben genannte Forderung der *wissensbasierten Theorie des Unternehmens* mit der *Transaktionskostentheorie* (siehe Coase, 1991 und Williamson, 1989, Kapitel 2.2.2.2), so ergibt sich, dass Wissensnetzwerke und somit ihre Konzepte dann eingesetzt werden sollten, wenn die Zielerreichung unter niedrigeren Kosten bzw. mit größerem Erfolg durch den Aufbau von Netzwerken statt durch vorhandene interne Prozesse des Unternehmens erfolgen kann. Durch die vorliegenden Daten kann nicht überprüft werden, ob die für die Konzepte formulierten strategischen Ziele besser durch andere Organisationsformen oder Prozesse innerhalb des Unternehmens erreicht werden können, jedoch formulieren die genannten Theorien die Daseinsberechtigung für Wissensnetzwerk-Konzepte: Diese müssen in erster Linie der Erreichung der formulierten strategischen Ziele des Unternehmens dienen. Der Erfolg eines Wissensnetzwerk-Konzepts kann daher durch dessen Erreichung des strategischen Ziels bestimmt werden.

Annahme 1.3: *Der Erfolg eines Wissensnetzwerk-Konzepts kann durch die Erreichung des strategischen Ziels gemessen werden.*

Dabei kann die *Gestalt des Konzepts*, und somit die *Ausgestaltung der einzelnen Wissensnetzwerke*, die Erreichung des strategischen Ziels sowie die dafür notwendigen Interaktionen positiv oder negativ beeinflussen.

5.2.2 *Was bestimmt die Gestalt eines Wissensnetzwerk-Konzepts?*

Wie im vorangegangenen Absatz bereits dargestellt, formulieren verschiedene Theorien Forderungen für die Gestalt von Wissensnetzwerken, um einen effektiven und effizienten Wissensaustausch durch die Interaktion von Akteuren zu unterstützen und so zur Erreichung der von den strategischen Zielen abgeleiteten operativen und Wissenszielen beizutragen. Zusätzlich wird die Gestalt, so der institutionsökonomische Ansatz (siehe Kapitel 2.2.2.2), durch den Unternehmenskontext beeinflusst. Wissensnetzwerk-Konzepte sowie die einzelnen Wissensnetzwerke werden durch die umgebende Unternehmensstruktur und -kultur beeinflusst, wie auch sie diese langfristig selbst beeinflussen (siehe der situative Ansatz in Kapitel 2.2.2.1). Erst eine Anpassung der Wissensnetzwerk-Konzepte auf den Unternehmenskontext führt zu einem effektiven Austausch von Wissen.

Fasst man die Forderungen der diskutierten Organisations- und Interaktionstheorien zur Förderung des Wissenstransfers durch die Gestaltung von Wissensnetzwerk-Konzepten und Wissensnetzwerken zusammen und fügt die Ergebnisse des ersten Vergleichs der Konzepte (siehe Kapitel 5.1) hinzu, so ergeben sich die folgenden gestaltungsgebenden Elemente:

- Die *strategischen Ziele* des Unternehmens, die das Konzept verfolgen soll
- Die *operativen Ziele* des Konzepts, abgeleitet von der Unternehmensstrategie
- Die *Wissensziele*, welche die operativen Ziele aus der Sicht einer Wissensmanagement-Perspektive formulieren
- Die *Unternehmenskultur*, bezogen auf den Umgang mit dem Konzept oder Wissen im Allgemeinen
- Die *Unternehmensstruktur*, bezogen auf die Umsetzung des Konzepts
- Die *Anzahl der Netzwerke* sowie der *Durchdringungsgrad* des Konzepts innerhalb des Unternehmens
- Die *Positionierung des Wissensmanagement-Teams*, das verantwortlich ist für den Aufbau und die Pflege des Konzepts

Diese gestaltungsbestimmenden Elemente müssen berücksichtigt werden, damit ein Konzept erfolgreich die gewählten strategischen Unternehmensziele unterstützen kann. Der Erfolg oder Misserfolg eines Konzepts, gemessen an der Zielerreichung, wird von dem Zusammenspiel der oben genannten Merkmale beeinflusst. Wird ein Wissensnetzwerk-Konzept durch die Abhängigkeit dieser Merkmale voneinander bestimmt, lassen sich die folgenden Annahmen über diese Abhängigkeiten formulieren:

Annahme 2.1: Der *Durchdringungsgrad und die Anzahl der Netzwerke muss dem strategischen Ziel entsprechen.*

Annahme 2.2: *Die Globalität und Zentralität des Konzepts wird durch das gewählte strategische Ziel beeinflusst.*

Annahme 2.3: *Die Zentralität des Wissensnetzwerk-Teams beeinflusst die Wahl des strategischen Ziels und damit eines globalen oder lokalen Konzepts.*

Annahme 2.4: *Die Gestalt des Konzepts wird durch die Unternehmensstruktur und -kultur bestimmt.*

Da ein Wissensnetzwerk-Konzept aus einer Anzahl einzelner Wissensnetzwerke besteht, dehnt sich die Forderung an die Verfolgung der strategischen Ziele auch auf die einzelnen Wissensnetzwerke des Konzepts aus. Dabei müssen die Netzwerke auf die Verfolgung der von den strategischen Zielen abgeleiteten operativen (und damit operationalen) Zielen und Wissenszielen angepasst werden. Dies bedeutet z.B., dass die Förderung des impliziten Wissensaustausches als

Wissensziel eine andere Gestaltung für Wissensnetzwerke bedingt als die Förderung der Kodifizierung (der Umwandlung impliziten in explizites Wissen). Die operativen und Wissensziele sollen das gesetzte strategische Ziel durch die einzelnen Wissensnetzwerke umsetzen. Daher muss auch der Zusammenhang zwischen den strategischen Zielen, den operativen und Wissenszielen sowie dem Aufbau der einzelnen Wissensnetzwerke betrachtet werden. Der Zusammenhang kann in zwei Annahmen formuliert werden:

Annahme 3.1: *Das strategische Ziel des Konzepts bestimmt die operativen und Wissensziele der einzelnen Wissensnetzwerke im Konzept.*

Annahme 3.2: *Die einzelnen Ausprägungen der Komponenten von Wissensnetzwerken müssen auf das zu verfolgende operative Ziel angepasst sein.*

Im Folgenden werden die Annahmen aufgrund der gesammelten Daten der Einzelfallstudien überprüft und bei einer Validierung aus diesen Hypothesen abgeleitet.

5.3 Überprüfung der Annahmen und Formulierung von Hypothesen

5.3.1 Zusammenhang zwischen der Gestalt des Wissensnetzwerk-Konzepts und den strategischen Zielen

Da bisher, wie in Kapitel 2.1.1 zur wissensbasierten Sicht auf das Unternehmen dargestellt, zwar die Forderung nach einer Unterstützung von strategischen Zielen durch Wissensmanagement-Aktivitäten existiert, die Verbindung zwischen den strategischen Zielen und einzelnen Maßnahmen, im Speziellen Wissensnetzwerken, jedoch noch nicht klar aufgezeigt werden konnte, lautet die erste Annahme:

Annahme 1.1: *Wissensnetzwerk-Konzepte verfolgen strategische Ziele des Unternehmens.*

Dies wird durch die analysierten Daten insofern bestätigt, als dass die untersuchten Wissensnetzwerk-Konzepte, laut Aussage der Wissensmanagement-Verantwortlichen (siehe jeweils das Kapitel Strategieverankerung der Konzepte in den Einzelfallstudien in Kapitel 4), explizite strategische Unternehmensziele unterstützen sollen. Stellt man die zu verfolgenden strategischen Ziele den Wissensnetzwerk-Konzepten gegenüber (siehe Tabelle 9), so wird deutlich, dass bestimmte Elemente des Konzepts speziell aufgrund der Unterstützung dieser Ziele gestaltet sind.

Unternehmen	Strategische Ziele	Wissensnetzwerk-Konzept
Autocorp	- Effizienzsteigerung und Risikominimierung in der PKW-Entwicklung	- Großflächig in PKW-Entwicklung - Sehr formalisiert
ComputerCorp	- Kostenreduktion und Effizienzsteigerung im Supportbereich	- Fokussiert auf den Supportbereich - Wenig formalisiert
ConsumerCorp	- Verringerung von Redundanzen und Nutzung von Synergien im ganzen Unternehmen	- Globales Konzept für ganzes Unternehmen - Wenig formalisiert
Comp-Consult	- Effizienzsteigerung der Kundenberatung im ganzen Unternehmen	- Globales Konzept plus lokale Varianten - Globales Konzept sehr, lokales wenig formalisiert

Tabelle 9: Zusammenhang zwischen strategischen Zielen und Wissensnetzwerk-Konzepten

Die Annahme:

> **Annahme 1.2:** *Das strategische Ziel des Unternehmens bestimmt die Art (Gestalt) des Wissensnetzwerk-Konzepts.*

kann aufgrund der vorliegenden Daten nur zum Teil bestätigt werden. Alle Unternehmen heben, mehr oder weniger explizit, Effizienzsteigerung als strategisches Kernziel (neben anderen Zielen) hervor, trotzdem unterscheiden sich die Konzepte erheblich voneinander. Man erkennt jedoch, wie Tabelle 9 aufzeigt, dass die Konzepte bezüglich der gewählten strategischen Ziele angepasst werden bzw. eine Gestalt haben, welche das formulierte Ziel unterstützen sollen. So werden globale Ziele (wie sie bei ConsumerCorp und für CompConsults globale Netzwerke gewählt wurden) durch ein globales Konzept, also im gesamten Unternehmen eingesetzte Wissensnetzwerke, unterstützt, wogegen eher auf einzelne Geschäftsbereiche fokussierte Ziele (wie bei ComputerCorp und Autocorp) durch fokussierte Konzepte umgesetzt werden. Wie die Daten verdeutlichen, wird die Gestalt des Wissensnetzwerk-Konzepts, wie bereits aus der Diskussion der Interaktionstheorie vermutet, nicht alleine von den gewählten strategischen Zielen beeinflusst, daher ist es notwendig die anderen Gestaltungselemente, wie beispielsweise die Abhängigkeit der Anzahl der Netzwerke zum gewählten globalen oder lokalen strategischen Ziel, mit einzubeziehen. Überprüft werden muss die Annahme:

Annahme 2.1: *Der Durchdringungsgrad und die Anzahl der Netzwerke muss dem strategischen Ziel entsprechen.*

Ist das strategische Ziel auf einen Bereich oder einen Geschäftsprozess fokussiert, wie bei Autocorp oder ComputerCorp, so umfasst das Wissensnetzwerk-Konzept nur diesen Bereich und weist einen geringen Durchdringungsgrad auf. Die Anzahl der Netzwerke hängt dementsprechend direkt mit der Größe des Bereichs bzw. der Anzahl der zu verbindenden Experten zusammen. Die folgende Abbildung verdeutlicht dieses Argument.

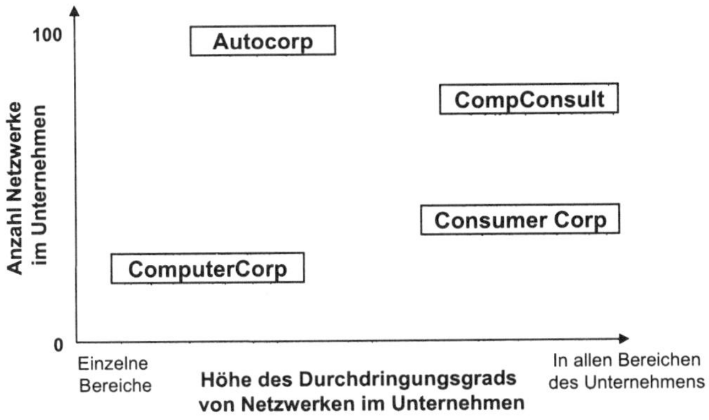

Abb. 53: Durchdringungsgrad und Anzahl der Netzwerke

Ist das strategische Ziel dagegen global, also umfasst das gesamte Unternehmen, wie bei ConsumerCorp und CompConsult, sind auch die Konzepte global und die Netzwerke in verschiedenen Unternehmensbereichen vertreten, also der Durchdringungsgrad hoch. Damit wird die folgende Annahme bestätigt:

Annahme 2.2: *Die Globalität und Zentralität des Konzepts wird durch das gewählte strategische Ziel beeinflusst.*

Die Anzahl der Netzwerke zeigt dabei jedoch keine Verbindung zur Globalität oder Zentralität der Konzepte auf, da zwar CompConsult über eine (erwartet) hohe Anzahl von Netzwerken (60 globale) verfügt, ConsumerCorp jedoch über eine vergleichsweise niedrige für ein globales Ziel, das verfolgt werden soll (was ein Schwachpunkt ihres Konzepts darzustellen scheint). Die Anzahl der Netzwerke kann jedoch noch nicht alleine mit einem Erfolg oder Misserfolg des Konzepts in Verbindung gebracht werden. Es besteht keine Relation zwischen Erfolg und Anzahl der Wissensnetzwerke in einem Konzept. Vielmehr muss die Anzahl der Netzwerke mit dem gewählten strategischen Ziel (vor allem dessen globalen oder lokalen Fokus) in Verbindung gebracht werden, da die Menge der Netzwerke, also die Anzahl der Wissensträger, die verbunden werden müssen, um das strategische Ziel zu erreichen, entscheidend ist (siehe Kapitel 5.2.1 Was bestimmt den Erfolg eines Wissensnetzwerk-Konzepts?).

Die folgende Tabelle fasst die diskutierten Zusammenhänge zusammen:

Unternehmen	**Strategische Ziele**	**Anzahl**	**Durchdringungsgrad**	**Wissensnetzwerk-Konzept**
Autocorp	Effizienzsteigerung und Risikominimierung **in der PKW-Entwicklung**	ca. 100	**Nur PKW-Entwicklung**	Großflächig **in PKW-Entwicklung** Sehr formalisiert
ComputerCorp	Kostenreduktion und Effizienzsteigerung **im Supportbereich**	ca. 10	**Nur Support-bereich**	Fokussiert **auf den Support-bereich** Wenig formalisiert
ConsumerCorp	Verringerung von Redundanzen und Nutzung von Synergien **im ganzen Unternehmen**	ca. 20	**Ganzes Unternehmen**	**Globales Konzept** für ganzes Unternehmen Wenig formalisiert
Comp-Consult	Effizienzsteigerung der Kundenberatung **im ganzen Unternehmen**	ca. 60 +40	**Ganzes Unternehmen**	**Globales Konzept** plus lokale Varianten Globales Konzept sehr, lokales wenig formalisiert

Tabelle 10: Globale vs. lokale Wissensnetzwerk-Konzepte

Die bestätigten Annahmen können daher in den folgenden Hypothesen zusammengefasst werden:

Hypothese 1: *Das strategische Ziel des Wissensnetzwerk-Konzepts bestimmt dessen Durchdringungsgrad und die Anzahl der Netzwerke. Wurde ein globales strategisches Ziel gewählt, müssen die Wissensnetzwerke im ganzen Unternehmen die entscheidenden Wissensträger zu diesem Gebiet verbinden. Die Anzahl der Netzwerke muss dazu ausreichend sein. Wurde ein lokales strategisches Ziel für das Wissensnetzwerk-Konzept gewählt, ist der Durchdringungsgrad auf diesen Bereich im Unternehmen beschränkt. Die Anzahl der Wissensnetzwerke muss dabei so gewählt werden, dass alle notwendigen Wissensträger in diesem Bereich miteinander verbunden werden können.*

Hypothese 2: *Anzahl und Durchdringungsgrad alleine geben noch keine Auskunft über den Erfolg des Konzepts, da beides auf die Reichweite (global oder lokal) des strategischen Ziels* *angepasst sein muss. Sind Durchdringungsgrad und Anzahl der Netzwerke jedoch nicht an das strategische Ziel angepasst, kann dieses nicht in vollem Umfang erreicht werden.*

Als *erfolgreich* kann ein Konzept dann beurteilt werden, wenn mit diesem die formulierten strategischen Ziele erreicht werden können (siehe Kapitel 5.2.1 Was bestimmt den Erfolg eines Wissensnetzwerk-Konzepts?). Der Erfolg eines Konzepts muss, da in keinem der untersuchten Unternehmen eine Leistungsmessung bezogen auf das formulierte strategische Ziel vorliegt, aufgrund der Zielerreichung der einzelnen Netzwerke beurteilt werden, da deren operative Ziele und Aufgaben von den strategischen Zielen abgeleitet werden. Voraussetzung ist, dass die operativen und Wissensziele der einzelnen Wissensnetzwerke von den strategischen Zielen des Konzepts abgeleitet sind. Formuliert ist dieser Zusammenhang in der Annahme:

Annahme 3.1: *Das strategische Ziel des Konzepts bestimmt die operativen und Wissensziele der einzelnen Wissensnetzwerke im Konzept.*

Unternehmen	Strategische Ziele	Operationale Ziele	Wissensziele
Autocorp	Effizienzsteigerung und Risikominimierung in der PKW-Entwicklung	Gemeinsame Wissensbasis für die gesamte PKW-Entwicklung schaffen	Implizites Wissen der Ingenieure in explizites Wissen (EBOK) umwandeln
ComputerCorp	Kostenreduktion und Effizienzsteigerung im Supportbereich	Elektronisch verfügbare Support-Datenbank schaffen, um Selbst-Hilfe des Kunden zu ermöglichen	Implizites Wissen der Ingenieure in explizites Wissen für Datenbank InterView umwandeln
ConsumerCorp	Verringerung von Redundanzen und Nutzung von Synergien im ganzen Unternehmen	Unterschiedlich pro Community	Implizites Wissens austauschen
Comp-Consult	Effizienzsteigerung der Kundenberatung im ganzen Unternehmen	a) Elektronisch weltweit verfügbare Datenbank erstellen b) unterschiedlich pro Knowledge Center	Explizites Wissen sammeln und restrukturieren Implizites Wissen austauschen

Tabelle 11: Zusammenhang zwischen dem Vorhandensein klarer operationaler Ziele und der Art der Wissensziele

Betrachtet man den Zusammenhang zwischen den strategischen Zielen, den davon abgeleiteten operationalen und Wissenszielen, so wird deutlich, dass ConsumerCorp und die lokalen Netzwerke von CompConsult über keine klar definierten operationalen Ziele verfügen, was als Schwachpunkt der Konzepte angesehen werden kann. Die Netzwerke dieser Konzepte bestimmen ihre operativen Ziele überwiegend selbst, was auch eine einheitliche Erfolgsmessung der Wissensnetzwerke sehr schwierig macht. Dagegen verfügen Autocorp und ComputerCorp (sowie die globalen Netzwerke von CompConsult) über klare operationale Ziele, die von allen Netzwerken verfolgt werden sollen. Betrachtet man bei diesen beiden Gruppen die Wissensziele, wird eine weitere Gemeinsamkeit deutlich: während ConsumerCorp und die lokalen Netzwerke von CompConsult beide die Teilung impliziten Wissens verfolgen, sollen bei Autocorp und ComputerCorp (sowie die globalen Netzwerke von CompConsult) Dokumente für eine Datenbank erstellt oder restrukturiert werden. Die folgende Tabelle zeigt nochmals diese Zusammenhänge.

Beurteilt man die untersuchten Konzepte nach der Erfüllung der operativen Ziele und schließt darauf, dass dadurch die gewählten strategischen Ziele unterstützt werden, erkennt man, dass die Konzepte von Autocorp und ComputerCorp ihre strategischen Ziele und die davon abgeleiteten operationalen Ziele erfüllen und daher als *erfolgreich* bezeichnet werden können. ConsumerCorp verfügt über keine einheitlichen operationalen Ziele der Communities, was das Konzept, nach der oben genannten Definition, als *nicht erfolgreich* klassifiziert. Auch die zu geringe Anzahl der Netzwerke für ein globales Konzept muss hier in den Zusammenhang mit der Nichterreichung des gesetzten strategischen Ziels gebracht werden. CompConsult verfügt zwar für die globalen Netzwerke über klar formulierte operationale Ziele, die jedoch nur zum Teil erreicht werden, da das Konzept eigentlich auch die Möglichkeit des impliziten Wissensaustauschs über Diskussionsplattformen wie auch die Beantwortung spezifischer Fragen beinhalten sollte, jedoch so nicht realisiert werden konnte. Durch diesen Mangel wurde es nötig, ein zusätzliches, ergänzendes Wissensnetzwerk-System aufzusetzen, die lokalen Knowledge Centers von CompConsult, die über keine klaren operationalen Ziele verfügen.

> **Hypothese 3**: *Die strategischen Ziele, die das Wissensnetzwerk-Konzept verfolgen soll, müssen in operative und Wissensziele für die einzelnen Netzwerke des Konzepts heruntergebrochen werden. Nur wenn eine direkte Verbindung zwischen den verschiedenen Zielen besteht, kann das Konzept erfolgreich das strategische Ziel erreichen. Damit stellen die operativen und Wissensziele für die einzelnen Netzwerke die Verbindung zwischen dem operativen Handeln und der Strategie des Unternehmens dar.*

Bezogen auf die Erfolgsmessung der Konzepte kann noch eine weitere Hypothese ausgesprochen werden:

> **Hypothese 4:** *Nur wenn eine direkte Ableitung zwischen den strategischen Zielen des Wissensnetzwerk-Konzepts und den operativen und Wissenszielen der einzelnen Netzwerke*

besteht, kann der Erfolg des Konzepts durch das Erreichen der operativen und Wissensziele der einzelnen Wissensnetzwerke gemessen werden.

5.3.2 Zusammenhang zwischen der Unternehmkultur und -struktur und dem Wissensnetzwerk-Konzept

Wie durch die vorliegenden Daten bereits bestätigt, wird die Gestalt des Wissensnetzwerk-Konzepts zwar durch die gewählten strategischen Ziele beeinflusst, jedoch bestimmen auch andere Einflussfaktoren dessen Gestalt. Die zu überprüfende Annahme lautet:

> **Annahme 2.4:** *Die Gestalt des Konzepts wird durch die Unternehmensstruktur und -kultur bestimmt.*

Betrachtet man den Zusammenhang zwischen den Wissensnetzwerk-Konzepten und der Unternehmenskultur und -struktur, so fällt auf, dass die Konzepte auf die jeweilige Unternehmensumgebung mehr oder weniger angepasst sind. So haben Autocorp und CompConsult (in seinen globalen Knowledge Networks) ein sehr formalisiertes Konzept gewählt, welches auf die eher hierarchisch und zentral ausgerichtete Unternehmensstruktur passt wie auch auf die jeweilige Kultur der Unternehmen. So wird CompConsult seiner konkurrenzgetriebenen Beratungskultur durch ein starkes Karriereanreizsystem, verbunden mit der Mitgliedschaft in den Wissensnetzwerken, gerecht. Autocorp wird seiner eher bürokratisch und hierarchisch geprägten Unternehmenskultur durch die Implementierung eines ausgeprägten Lenkungssystems, eine hierarchische und funktionale Matrixorganisation für Wissensnetzwerke, gerecht.

Unternehmen	Unternehmenskultur	Unternehmensstruktur	Wissensnetzwerk-Konzept
Autocorp	Bürokratisch und hierarchisch	Hierarchisch und zentral	Großflächig in PKW-Entwicklung Sehr formalisiert
Computer-Corp	Informell und wissens-freundlich	Dezentral und geschäft-prozess-orientiert	Fokussiert auf den Support-bereich Wenig formalisiert
Consumer-Corp	Hoher Freiheitsgrad und Selbständigkeit	Autonom und selbständig	Globales Konzept für ganzes Unternehmen Wenig formalisiert
Comp-Consult	Konkurrenz-getrieben	Hierarchisch und zentral	Globales Konzept plus lokale Varianten Globales Konzept sehr, lokales wenig formalisiert

Tabelle 12: Zusammenhang zwischen der Unternehmenskultur, -struktur und der Gestalt des Wissensnetzwerk-Konzepts

ComputerCorp und ConsumerCorp, welche beide über eine dezentrale Organisationsstruktur verfügen, in der die einzelnen Geschäftsbereiche und Regionen einen hohen Grad an Freiheit und Eigenverantwortung haben, spiegeln diese Struktur in einem weniger formalisierten Konzept wider, mit hoher Eigenverantwortlichkeit für die einzelnen Wissensnetzwerke bzw. deren Koordinatoren. Nur die lokalen Netzwerke von CompConsult passen nicht in dieses Bild, da der hohe Freiheitsgrad und die Selbstverantwortlichkeit der lokalen Knowledge Centers nicht der Unternehmensstruktur und -kultur entspricht, was einen Schwachpunkt des Konzepts darstellt und darauf hindeutet, dass das lokale Netzwerk-Konzept von CompConsult nicht optimal angepasst ist. Die obige Tabelle 12 fasst diese Aussagen übersichtlich zusammen.

Damit wird die Annahme, dass die Gestalt des Wissensnetzwerk-Konzepts auf die Unternehmenskultur und -struktur angepasst sein muss, zum Teil bestätigt, da, wie bereits diskutiert, die gewählten Ziele ebenfalls Einfluss auf die Gestaltung haben. Zusammenfassend lassen sich aus der obigen Diskussion die folgenden voneinander abhängigen Hypothesen formulieren, die durch die Daten der Einzelfallstudien bestätigt wurden:

Hypothese 5: *Das Wissensnetzwerk-Konzept muss auf die Unternehmenskultur, in der es existiert und handeln soll, angepasst werden, um den Wissensaustausch durch Interaktion der Akteure zu fördern. Eine bürokratische und hierarchische Unternehmenskultur muss durch ein ebensolches Konzept, eine Kultur geprägt von einem hohem Freiheitsgrad der einzelnen Bereiche und geringer Formalisierung der Wissensinteraktionen muss durch eine entsprechend wenig formalisiertes und mit viel Freiheit zur Selbstbestimmung gestaltet Konzept umgesetzt werden.*

Hypothese 6: *Die Unternehmensstruktur muss sich in der Gestalt des Wissensnetzwerk-Konzepts widerspiegeln. Eine Geschäftsprozessorientierung oder Karriereorientierung, Zentralität oder Dezentralität oder stark hierarchische oder flache und flexible Strukturen des Unternehmens oder Geschäftsbereichs, in dem die Wissensnetzwerke integriert werden, müssen sich in einem diesen Strukturen entsprechenden Konzept wiederfinden.*

5.3.3 Zusammenhang zwischen der Zentralität des Wissensmanagement-Teams und den strategischen Zielen sowie der Struktur der einzelnen Netzwerke

Auf einer detaillierteren Ebene ist der Einfluss des Wissensmanagement-Teams wie auch der Aufbau der einzelnen Wissensnetzwerke von Bedeutung. Daher wird im Folgenden die Vermutung überprüft:

Annahme 2.3: *Die Zentralität des Wissensnetzwerk-Teams beeinflusst die Wahl des strategischen Ziels und damit eines globalen oder lokalen Konzepts.*

Die betrachteten Wissensnetzwerk-Konzepte verfügen über zentrale wie dezentrale Wissensmanagement-Teams zu deren Aufbau und Betreuung. Ist ein zentrales Team die Vorraussetzung für ein globales Konzept und ein dezentrales für ein fokussiertes Konzept? Die Fallstudiendaten zeigen hier ein einheitliches Bild: die globalen Konzepte von ConsumerCorp und CompConsult verfügen jeweils über ein unternehmensweites Wissensmanagement-Team, die fokussierten Konzepte von Autocorp und ComputerCorp dagegen über Wissensmanagement-Teams, die direkt im entsprechenden Bereich angesiedelt sind und eine große Nähe zum entsprechenden Geschäftsprozess aufweisen. Siehe dazu Tabelle 13.

Unternehmen	Strategische Ziele	Wissensnetzwerk-Konzept	Durchdringungsgrad	WM-Team
Autocorp	Effizienzsteigerung und Risikominimierung in der PKW-Entwicklung	Großflächig in PKW-Entwicklung Sehr formalisiert	Nur PKW-Entwicklung	Zentral in der PKW-Entwicklung
ComputerCorp	Kostenreduktion und Effizienzsteigerung im Supportbereich	Fokussiert auf den Supportbereich Wenig formalisiert	Nur Supportbereich	Dezentral im Supportbereich
ConsumerCorp	Verringerung von Redundanzen und Nutzung von Synergien im ganzen Unternehmen	Globales Konzept für ganzes Unternehmen Wenig formalisiert	Ganzes Unternehmen	Zentral
Comp-Consult	Effizienzsteigerung der Kundenberatung im ganzen Unternehmen	Globales Konzept plus lokale Varianten Globales Konzept sehr, lokales wenig formalisiert	Ganzes Unternehmen	Zentral

Tabelle 13: Zusammenhang zwischen dem Wissensnetzwerk-Konzept und der Zentralität bzw. Dezentralität des Wissensmanagement-Teams

Dass ein globales Team notwendig ist, um einen globalen Prozess oder eine globale Organisationsstruktur einzuführen und zu pflegen, scheint sinnvoll zu sein, da nur ein globales Team mit den entsprechenden Verantwortlichkeiten und Vollmachten betraut ist, aber auch über die entsprechende Akzeptanz bei den Mitarbeitern verfügen sollte. Entsprechendes gilt für ein lokal angesiedeltes Wissensmanagement-Team: lokale Teams verfügen über das entsprechende Wissen über den Geschäftsprozess und die Akzeptanz der Mitarbeiter durch ihre Arbeit in diesem Gebiet, daher ist es einfacher für ein lokales Team, fokussierte Wissensnetzwerk-Konzepte zu implementieren und zu pflegen. So kann formuliert werden, dass die Zentralität bzw. Dezentralität des Wissensmanagement-Teams ein Erfolgsfaktor für das entsprechende Wissensnetzwerk-Konzept darstellt.

Die Art der Unterstützung, die das Wissensmanagement-Team den einzelnen Wissensnetzwerken und dem gesamten Konzept offeriert, sollte dabei auf das Konzept bzw. die Formalität dessen (was wiederum durch die Unternehmenskultur und -struktur bedingt ist) angepasst sein. So bietet beispielsweise ComputerCorp, bedingt durch eher offenes Konzept, eine wenig formalisierte Unterstützung in der Pflege der Netzwerke. Eine hohe Eigenverantwortlichkeit und ein Wissen um die Bedeutung von Wissensteilung wird vorausgesetzt. Lediglich unterstützende Werkzeuge wie Datenbanken, Web-Seiten und eine gemeinsame Mailbox werden angeboten. Vergleicht man dies mit den vielfältigen Hilfsmitteln und Werkzeugen, die Autocorp für den Aufbau und die Pflege seines Wissensnetzwerk-Konzepts entwickelt hat und einsetzt (und auch darauf besteht, dass diese verwendet werden), so lässt sich dies durch das wesentlich formalere Konzept erklären. Ähnlich verhält es sich bei CompConsults globalen Knowledge Networks. Das formale Konzept bedingt eine Unterstützung durch detaillierte Rollen, eine strikte Aufbaumethodik und Festlegung der Arbeitsweise wie auch genau definierte Kennzahlen zur Kontrolle. ConsumerCorps weniger formalisiertes Konzept wie auch CompConsults lokale Knowledge Centers bedingen eine auf den Aufbau, weniger auf die Pflege der Wissensnetzwerke, orientierte Unterstützung. So kann aufgrund der vorliegenden Daten formuliert werden, dass die Art der Unterstützung der Formalität bzw. Informalität des Konzepts angepasst werden muss. Formale Konzepte bedingen eine Unterstützung mit vielfältigen Hilfsmitteln, Prozessbeschreibungen etc., informellere Konzepte benötigen Freiheiten und Selbstverantwortlichkeit im Wählen oder Entwickeln der benötigten Unterstützung. Die Art und Weise der Unterstützung hängt dabei auch von den Ressourcen des Wissensmanagement-Teams ab, da zentrale Teams über andere Ressourcen verfügen als dezentrale.

Zusammenfassend lässt sich aufgrund der vorliegenden Daten sagen, dass zentrale Konzepte von zentralen Wissensmanagement-Teams betreut werden, wogegen dezentrale Konzepte durch dezentrale (also lokal in den einzelnen Geschäftsbereichen verankerten) Teams betreut werden. Es liegen keine Daten darüber vor, ob die gewählten lokalen oder globalen Ziele aufgrund der Zentralität oder Dezentralität der Wissensmanagement-Teams gewählt wurden. Jedoch wird durch die Analyse der Daten auch deutlich, dass die Betreuung der Wissensnetzwerk-Konzepte in hohem Maße von der jeweiligen Unternehmenskultur und -struktur abhängig ist.

Als Hypothese kann daher formuliert werden:

Hypothese 7: *Globale strategische Ziele für Wissensnetzwerk-Konzepte können besser durch ein zentrales, lokale strategische Ziele dagegen besser durch ein lokales Wissensmanagement-Team umgesetzt werden. Die Art der Betreuung des Konzepts (Auswahl und Zurverfügungstellung von Hilfsmitteln etc.) ist nicht einheitlich für alle Unternehmen, sondern muss auf die Unternehmenskultur und die Ressourcen des Wissensmanagement-Teams angepasst werden.*

Bleibt die Frage zu stellen, ob die Gestalt der *einzelnen Wissensnetzwerke* eher aufgrund der Unternehmenskultur und -struktur oder aufgrund der gewählten operativen und Wissensziele unterschieden werden kann. Sind alle Wissensnetzwerke eines Konzepts gleich aufgebaut und kann man daher ein Idealmodell eines Wissensnetzwerks für ein Konzept definieren?

Die zugrunde liegende Annahme lautet:

Annahme 3.2: *Die einzelnen Ausprägungen der Komponenten von Wissensnetzwerken müssen auf das zu verfolgende operative Ziel angepasst sein.*

Vergleicht man die Daten der Einzelfallstudien bzgl. des Aufbaus der einzelnen Wissensnetzwerke in den unterschiedlichen Konzepten, so wird deutlich, dass alle Wissensnetzwerke aus den gleichen Komponenten bestehen (siehe den Abschnitt Mikro-Perspektive in den Einzelfallstudien des Kapitels 4), die Ausprägung dieser Komponenten ist jedoch in den einzelnen Konzepten sehr unterschiedlich. Alle Netzwerke verfügten über eine *Top-Management-Unterstützung*, verfolgten *explizite Ziele*, berücksichtigten Faktoren zur *Motivation ihrer Mitglieder*, unterstützten den Aufbau von *Beziehungen unter den Netzwerkmitgliedern und* hatten mehr oder weniger ausgefeilte *Leistungsmessungs-Instrumente* implementiert. Auch werden alle Wissensnetzwerke in ihrer Arbeit durch *technische und organisatorische Hilfsmittel* (wie regelmäßige Treffen oder Informations- und Kommunikationstechnologien) unterstützt. Alle Einzelfallstudiendaten bestätigen diese Komponenten. Jedoch sind die vorgefundenen Ausprägungen der Komponenten unterschiedlich, z.B. können sehr detaillierte Rollenbeschreibungen vorliegen, wie auch nur oberflächlich definierte. So stellt sich die Frage, ob sich die Netzwerke unterschiedlicher Konzepte aufgrund ihrer Wissensziele und operativen Ziele (abgeleitet von den strategischen Zielen) voneinander unterscheiden. Dazu werden in der folgenden Tabelle verschiedene Komponenten wie *Hilfsmittel* (z.B. Informations- und Kommunikationstechnologien), *Rollen* und *Verantwortlichkeiten* (verschiedene Rollen laut Aufgaben und operativen Zielen) und *Kommunikation* (virtuelle oder persönliche Treffen) verglichen.

Betrachtet man den Aufbau der einzelnen Netzwerke nach diesen Komponenten, so ergibt sich das folgende Bild:

Unternehmen	Strategische Ziele	Operationale Ziele	Hilfsmittel	Rollen und Verantwortlichkeiten	Kommunikation
Autocorp	Effizienzsteigerung und Risikominimierung in der PKW-Entwicklung	Gemeinsame Wissensbasis für die gesamte PKW-Entwicklung schaffen	Wissensdatenbank EBOK, zahlreiche Unterstützungen wie Schulungen, Aufbaumethodik etc.	Stark strukturierte Rollendefinition, formale Festlegung von Verantwortlichkeiten	Regelmäßige persönliche Treffen
Computer-Corp	Kostenreduktion und Effizienzsteigerung im Supportbereich	Elektronisch verfügbare Support-Datenbank schaffen, um Selbst-Hilfe des Kunden zu ermöglichen	InterView-Datenbank, gemeinsame Mailbox, wenig strukturierte Aufbaumethodik	Rollendefinition vorhanden, einzelnes Netzwerk hat aber Freiheit diese anzupassen	Regelmäßige persönliche oder virtuelle Treffen, je nachdem, ob lokale oder globale Netzwerke
Consumer-Corp	Verringerung von Redundanzen und Nutzung von Synergien im ganzen Unternehmen	Unterschiedlich pro Community	Stark strukturierter Kick-off-Workshop zur Selbstorganisation der weiteren Arbeit	Grobe Rollendefinition und Verantwortlichkeiten vorhanden	Regelmäßige persönliche Treffen
Comp-Consult	Effizienzsteigerung der Kundenberatung im ganzen Unternehmen	a) Elektronisch weltweit verfügbare Datenbank erstellen b) unterschiedlich pro Knowledge Center	Datenbank zur Sammlung expliziten Wissens, stark strukturierter Aufbau der globalen Netzwerke, mehr Freiheiten bei den lokalen Netzwerken	Stark strukturierte Rollendefinition, formale Festlegung von Verantwortlichkeiten	Regelmäßige persönliche oder virtuelle Treffen, je nachdem, ob lokale oder globale Netzwerke

Tabelle 14: Zusammenhang zwischen den Komponenten der Wissensnetzwerke und den Zielen des Konzepts

Aus der obigen Tabelle, wie auch aus den detaillierteren Darstellungen der Mikro-Perspektive in den Fallstudienbeschreibungen, ergibt sich, dass die Struktur der Wissensnetzwerke stark auf die zu verfolgenden Ziele (strategischen Ziele des Konzepts, umgesetzt in die operativen und Wissensziele der einzelnen Netzwerke) angepasst ist (siehe dazu auch Kapitel 5.3.1), aber bezüglich der Hilfsmittel und Unterstützungsmaßnahmen, der Kommunikation innerhalb der Wissensnetzwerke wie auch der Rollen und Verantwortlichkeiten trotz gleicher Ziele unterschiedlich sind. Dies weist darauf hin, dass diese Strukturelemente von der Unternehmenskultur und -struktur beeinflusst werden.

Zusammenfassend lässt sich sagen, dass alle untersuchten Wissensnetzwerke aus den gleichen Komponenten bestehen, jedoch in unterschiedlichen Ausprägungen. Diese Ausprägungen sind zum einen aufgrund der gesetzten Ziele gestaltet, zum anderen aufgrund der Unternehmenskultur und -struktur. Damit entsprechen die gestaltungsgebenden Aspekte für einzelne Wissensnetzwerke denen von Wissensnetzwerk-Konzepten, und es können die Hypothesen formuliert werden:

Hypothese 8: *Alle Wissensnetzwerke bestehen aus den gleichen Komponenten, jedoch liegen diese in unterschiedlichen Ausprägungen vor. Die Ausprägungen richten sich nach der optimalen Unterstützung der Arbeit der Netzwerkmitglieder zur Erreichung des gesetzten Ziels des Netzwerks wie auch nach der Unternehmensstruktur und -kultur.*

Hypothese 9: *Um die Gestalt einzelner Wissensnetzwerke eines Konzepts optimal auf die Ausrichtung der für das Konzept formulierten strategischen Ziele auszurichten, ist es notwendig, die strategischen Ziele in operative und Wissensziele für die einzelnen Wissensnetzwerke umzuwandeln.*

Hypothese 10: *Der Erfolg eines Wissensnetzwerks kann durch die Erreichung seiner operativen und Wissensziele gemessen werden, die miteinander in enger Beziehung stehen.*

Die hier formulierten Hypothesen gelten für alle Wissensnetzwerke von Wissensnetzwerk-Konzepten. Zusammenfassend lässt sich sagen, dass die formulierten Hypothesen über Wissensnetzwerk-Konzepte und einzelnen Wissensnetzwerke generalisierte Erkenntnisse identifizieren, die in einem nächsten forscherischen Schritt, der nicht mehr Bestandteil dieses Forschungsprojekts ist, auf einer breiteren Datenbasis getestet werden müssen. Das nächste Kapitel fasst alle Erkenntnisse des Forschungsprojekts nochmals kurz zusammen und diskutiert die Limitationen der Arbeit.

5.4 Zusammenfassung der Ergebnisse

5.4.1 Struktur der Arbeit

Zur Untersuchung der einzelnen Netzwerk-Konzepte wurde, aus der Theorie abgeleitet, ein Rahmengerüst zur Datensammlung und -analyse, genannt Analyseraster, entwickelt. Dazu wurden aus der Diskussion vorhandener Literatur Komponenten identifiziert, die als maßgeblich für Wissensnetzwerk-Konzepte gelten und bei einer empirischen Studie beachtet werden müssen, um das Untersuchungsobjekt vollständig beschreiben und analysieren zu können. Da bisher keine Literatur speziell zu Wissensnetzwerk-Konzepten existiert, wurde auf die Analyse von ausgewählten Organisations- und Netzwerktheorien, die Zusammenhänge von wissensbasierten Organisationsformen (wie Wissensnetzwerke) aufzeigen, zurückgegriffen. Dabei waren aus den Organisationstheorien besonders die Interaktion und der gegenseitige Einfluss von einzelnen Organisationsformen auf das restliche Unternehmen von Bedeutung. Die Analyse der Netzwerktheorien ermöglichte die Identifizierung der Charakteristiken und Struktur einzelner netzartiger Organisationsformen und führte zur Abgrenzung von Wissensnetzwerken zu anderen wissensbasierten Organisationsformen, deren Konzepte in der Literatur bisher nicht einheitlich verwendet oder voneinander differenziert wurden (siehe Kapitel 2). Aus der darauf folgenden detaillierten Diskussion vorhandener Theorien zu einzelnen Wissensnetzwerken und aufbauend auf den bereits identifizierten Gestaltungsanforderungen wurde das Analyseraster zur Erfassung von Wissensnetzwerk-Konzepten entwickelt. Die analysierten Gestaltungsanforderungen führten zu einem tieferen Verständnis der Organisationsform Wissensnetzwerk und der Identifizierung von Kernkomponenten, die für die Beschreibung und Analyse von Wissensnetzwerk-Konzepten von Bedeutung sein könnten. Alle Überlegungen wurden in einem Analyseraster für Wissensnetzwerk-Konzepte zusammengefasst, welches die Grundlage zur fokussierten Datensammlung und -analyse der Einzelfallstudien bildete (siehe Kapitel 3). Neben der Identifizierung von Gestaltungsempfehlungen für Wissensnetzwerk-Konzepte aus der Theorie und der Formulierung von Analysekriterien aus diesen, kann auch die erstmalige Differenzierung von Wissensnetzwerken gegenüber anderen wissensbasierten Organisationsformen hervorgehoben werden.

Die so fokussierte Datensammlung machte es erstmals möglich, die Wissensnetzwerk-Konzepte von vier international operierenden Unternehmen einzeln zu analysieren (siehe Kapitel 4) und in Form von Fallstudien klar strukturiert darzustellen. Es wurde dabei auf die Spezifika jedes einzelnen Konzepts eingegangen sowie kurz deren individuellen Stärken und Schwächen diskutiert. Um aus den Einzelfallstudien generalisierte Erkenntnisse für Wissensnetzwerk-Konzepte gewinnen zu können, war es notwendig, diese anhand von Kriterien miteinander zu vergleichen.

Das Vorgehen beim Fallstudien-Vergleich (siehe Kapitel 5) richtete sich dabei nach der von Eisenhardt (1989) vorgeschlagenen Methode für theoriebildende Fallstudienforschung. Die Konstrukte zum Vergleich wurden durch die Ergebnisse der Analyse der Einzelfallstudien gewonnen, da bereits hier maßgebliche Unterschiede in den Konzepten deutlich werden. Aus den Konstrukten konnten Annahmen über die Gestalt der Konzepte und Abhängigkeiten von Kernelementen formuliert werden, die dann durch die Daten jeder Einzelfallstudie überprüft werden mussten. Konnte eine Annahme bestätigt werden, so wurde daraus eine Hypothese formuliert. Dieses Vorgehen ermöglichte eine Generalisierung der gewonnenen Erkenntnisse über die Kernelemente von Wissensnetzwerk-Konzepten.

5.4.2 Kernkomponenten für Wissensnetzwerk-Konzepte

Zurückblickend auf die anfangs formulierte Forschungsfrage:

> **Wie kann ein Wissensnetzwerk im Unternehmen gestaltet sein und in eine Konzeption eingebunden werden?**

konnte die vorliegende Untersuchung zahlreiche Erkenntnisse beisteuern. Das aus der Theorie heraus entwickelte Analyseraster erwies sich als ausreichend für die Datensammlung der Einzelfallstudien wie auch als wertvoll für die Datenanalyse.

MAKRO-PERSPEKTIVE AUF DIE WISSENSNETZWERK-KONZEPTE

Strategieverankerung und Umsetzung der Wissensnetzwerkinitiative
- Umsetzung des Wissensnetzwerk-Konzepts
- Lenkungsstruktur der Wissensnetzwerke

Kernkomponenten und ihre Ausprägungen
- Nutzen und Ziele der Wissensnetzwerke
- Aufbaumethodik
- Arbeitsweise
- Rollen in der Wissensnetzwerk-Struktur

Unterstützung der Wissensnetzwerke und Öffentlichkeitsarbeit

Leistungsmessungen bei Wissensnetzwerken
- Interne Leistungsmessungen
- Externe Leistungsindikatoren
- Weitere Messinstrumente

Veränderungen/Entwicklungen des Wissensnetzwerk-Konzepts
- Vom Projekt zum Tagesgeschäft
- Bewegung in der Wissensnetzwerk-Landschaft
- Maßnahmen zu Gewährleistung der Nachhaltigkeit
- Aktuelle und zukünftige Herausforderungen

MIKRO-PERSPEKTIVE AUF DIE WISSENSNETZWERK-KONZEPTE

Gestaltungsalternativen von Wissensnetzwerken
- Aufgaben/Ausrichtung der Wissensnetzwerke
- Unterschiedliche Organisationsstruktur
- Einflussfaktoren auf den Erfolg oder Misserfolg

Durch die Analyse der Einzelfallstudien mit Hilfe des oben dargestellten Analyserasters konnten die wichtigsten Unterschiede zwischen den einzelnen Konzepten, sowie ihre Stärken und Schwächen, identifiziert werden. Während die Einzelfallstudien-Analyse die Diskussion der einzelnen Konzepte in ihrem Unternehmenskontext erlaubt, kann erst durch einen Fallstudienvergleich auf generelle Erkenntnisse für alle Wissensnetzwerk-Konzepte geschlossen werden.

Dazu wurden zunächst die wichtigsten Unterschiede zwischen den Konzepten identifiziert und die Elemente, die diese Unterschiede ausmachen. Diese werden als gestaltungsgebende Elemente bezeichnet und charakterisieren die Gestalt eines Wissensnetzwerk-Konzepts. Diese gestaltungsgebende Elemente für alle Wissensnetzwerk-Konzepte lauten:

- Die *strategischen Ziele* des Unternehmens, die das Konzept verfolgen soll
- Die *operativen Ziele* des Konzepts, abgeleitet von der Unternehmensstrategie
- Die *Wissensziele*, welche die operativen Ziele aus der Sicht einer Wissensmanagement-Perspektive formulieren
- Die *Unternehmenskultur*, bezogen auf den Umgang mit dem Konzept oder Wissen im Allgemeinen
- Die *Unternehmensstruktur*, bezogen auf die Umsetzung des Konzepts
- Die *Anzahl der Netzwerke* sowie der *Durchdringungsgrad* des Konzepts innerhalb des Unternehmens.
- Die *Positionierung des Wissensmanagement-Teams*, das verantwortlich ist für den Aufbau und die Pflege des Konzepts

Modellhaft ergab sich das folgende Bild der Einflussfaktoren zur Steuerung und Gestaltung von Wissensnetzwerk-Konzepten:

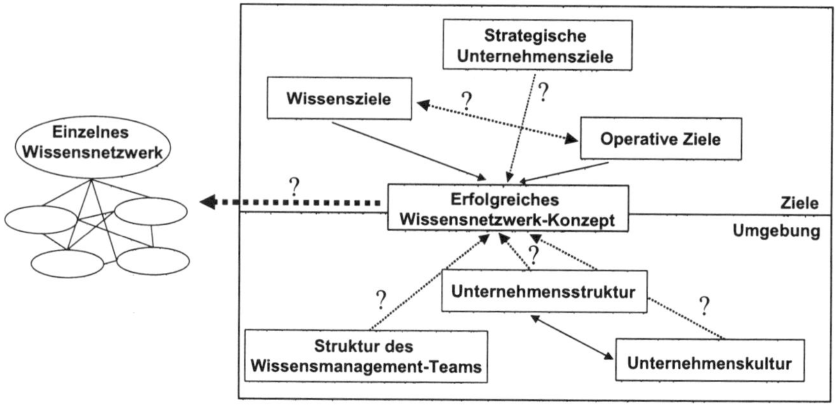

Abb. 54: Einflussfaktoren zur Steuerung von Wissensnetzwerken ohne Klärung der Abhängigkeiten und Verbindungen

Um zu generellen Aussagen über Wissensnetzwerk-Konzepte zu gelangen, wurden die durch die Einzelfallstudien identifizierten gestaltungsgebenden Elemente in Form von Annahmen miteinander in Verbindung gebracht, um deren Abhängigkeiten voneinander zu formulieren. Diese Annahmen wurden anhand der gesammelten Daten der Einzelfallstudien überprüft. Aus den bestätigten Annahmen konnten die Erkenntnisse der vergleichenden Fallstudienanalyse als generalisierte Hypothesen für alle Wissensnetzwerkwerk-Konzepte in Unternehmen formuliert werden.

So lässt sich bzgl. der Anpassung der Gestalt des Wissensnetzwerk-Konzept auf das strategische Ziel des Unternehmens sagen:

Hypothese 1: *Das strategische Ziel des Wissensnetzwerk-Konzepts bestimmt dessen Durchdringungsgrad und die Anzahl der Netzwerke. Wurde ein globales strategisches Ziel gewählt, müssen die Wissensnetzwerke im ganzen Unternehmen die entscheidenden Wissensträger zu diesem Gebiet verbinden. Die Anzahl der Netzwerke muss dazu ausreichend sein. Wurde ein lokales strategisches Ziel für das Wissensnetzwerk-Konzept gewählt, ist der Durchdringungsgrad auf diesen Bereich im Unternehmen beschränkt. Die Anzahl der Wissensnetzwerke muss dabei so gewählt werden, dass alle notwendigen Wissensträger in diesem Bereich miteinander verbunden werden können.*

Hypothese 2: *Anzahl und Durchdringungsgrad alleine geben noch keine Auskunft über den Erfolg des Konzepts, da beides auf die Reichweite (global oder lokal) des strategischen Ziels angepasst sein muss. Sind Durchdringungsgrad und Anzahl der Netzwerke jedoch nicht an das strategische Ziel angepasst, kann dieses nicht in vollem Umfang erreicht werden.*

Für die Verbindung zwischen den strategischen Zielen des Unternehmens und dem Wissensnetzwerk-Konzept kann formuliert werden:

Hypothese 3: *Die strategischen Ziele, die das Wissensnetzwerk-Konzept verfolgen soll, müssen in operative und Wissensziele für die einzelnen Netzwerke des Konzepts heruntergebrochen werden. Nur wenn eine direkte Verbindung zwischen den verschiedenen Zielen besteht, kann das Konzept erfolgreich das strategische Ziel erreichen. Damit stellen die operativen und Wissensziele für die einzelnen Netzwerke die Verbindung zwischen dem operativen Handeln und der Strategie des Unternehmens dar.*

Hypothese 4: *Nur wenn eine direkte Ableitung zwischen den strategischen Zielen des Wissensnetzwerk-Konzepts und den operativen und Wissenszielen der einzelnen Netzwerke besteht, kann der Erfolg des Konzepts durch das Erreichen der operativen und Wissensziele der einzelnen Wissensnetzwerke gemessen werden.*

Neben der Anpassung an das strategische Ziel muss das Wissensnetzwerk-Konzept an die Unternehmenskultur und -struktur angepasst werden, um Wissensinteraktion zu fördern:

Hypothese 5: *Das Wissensnetzwerk-Konzept muss auf die Unternehmenskultur, in der es existiert und handeln soll, angepasst werden, um den Wissensaustausch durch Interaktion der Akteure zu fördern. Eine bürokratische und hierarchische Unternehmenskultur muss durch ein ebensolches Konzept, eine Kultur geprägt durch hohem Freiheitsgrad der einzelnen Bereiche und geringer Formalisierung der Wissensinteraktionen muss durch ein entsprechend wenig formalisiertes und mit viel Freiheit zur Selbstbestimmung gestaltet Konzept umgesetzt werden.*

Hypothese 6: *Die Unternehmensstruktur muss sich in der Gestalt des Wissensnetzwerk-Konzepts widerspiegeln. Eine Geschäftsprozessorientierung oder Karriereorientiertung, Zentralität oder Dezentralität oder stark hierarchische oder flache und flexible Strukturen des Unternehmens oder Geschäftsbereichs, in dem die Wissensnetzwerke integriert werden, müssen sich in einem diesen Strukturen entsprechenden Konzept wiederfinden.*

Die Unterstützung des Wissensmanagement-Teams stellt einen Erfolgsfaktor für den Aufbau und die Nachhaltigkeit des Konzepts dar. Jedoch limitiert die existierende Anordnung des Teams im Unternehmen die Wahl der strategischen Zielen und dessen Umsetzung.

Hypothese 7: *Globale strategische Ziele für Wissensnetzwerk-Konzepte können besser durch ein zentrales, lokale strategische Ziele dagegen besser durch ein lokales Wissensmanagement-Team umgesetzt werden. Die Art der Betreuung des Konzepts (Auswahl und Zurverfügungstellung von Hilfsmitteln etc.) ist nicht einheitlich für alle Unternehmen, sondern muss auf die Unternehmenskultur und die Ressourcen des Wissensmanagement-Teams angepasst werden.*

Die Gestalt der einzelnen Wissensnetzwerke des Konzepts ist zwar in ihren Kernkomponenten gleich, jedoch in ihren Ausprägungen verschieden. Solche Unterschiede lassen sich eher auf die differenzierten operativen und Wissensziele zurückführen als auf den unterschiedlichen Unternehmenskontext der vier Unternehmen. Bei einer direkten Ableitung der strategischen Ziele in operative und Wissensziele kann am Erfolg der einzelnen Wissensnetzwerke der Erfolg des ganzen Konzepts gemessen werden.

Hypothese 8: *Alle Wissensnetzwerke bestehen aus den gleichen Komponenten, jedoch liegen diese in unterschiedlichen Ausprägungen vor. Die Ausprägungen richten sich nach der optimalen Unterstützung der Arbeit der Netzwerkmitglieder zur Erreichung des gesetzten Ziels des Netzwerks wie auch nach der Unternehmensstruktur und -kultur.*

Hypothese 9: *Um die Gestalt einzelner Wissensnetzwerke eines Konzepts optimal auf die Ausrichtung der für das Konzept formulierten strategischen Ziele auszurichten, ist es notwendig, die strategischen Ziele in operative und Wissensziele für die einzelnen Wissensnetzwerke umzuwandeln.*

Hypothese 10: *Der Erfolg eines Wissensnetzwerks kann durch die Erreichung seiner operativen und Wissensziele gemessen werden, die miteinander in enger Beziehung stehen.*

Als Modell gestaltest kann man zwei grosse Blöck an Einflussfaktoren zur Koordination von Wissensnetzwerken erkennen: die voneinander abhängigen Ziele und die unternehmensspezifischen Umgebungsbedignungen. In einem Modell grafisch dargestellt ergibt sich das folgende Bild:

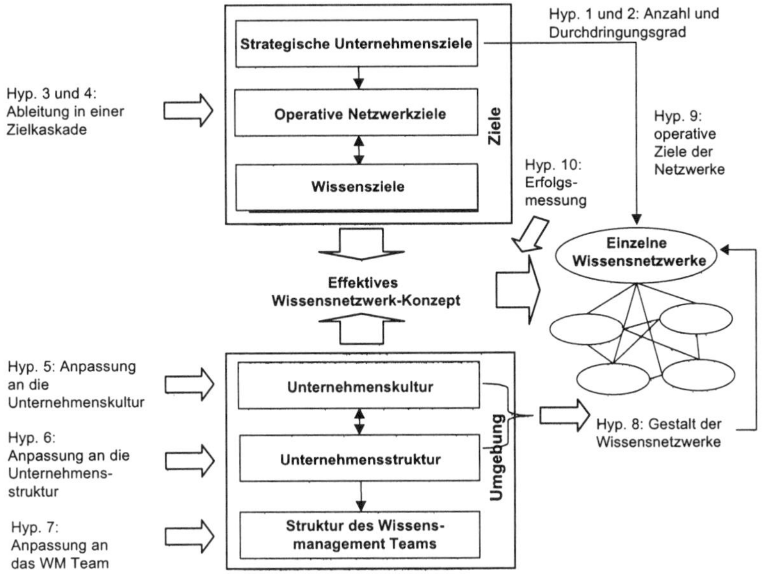

Abb. 55: Einflussfaktoren für die Koordination von Wissensnetzwerken

Der Anspruch, sowohl Akademikern wie auch Praktikern ein klares Bild von Aufbau und Struktur von Wissensnetzwerk-Konzepten zu vermitteln, konnte mit Hilfe der dargestellten Fallstudien und des anschließenden Fallstudienvergleiches erfüllt werden. Darüber hinaus können die identifizierten Kernelemente dazu dienen, erfolgreiche Wissensnetzwerk-Konzepte aufzubauen oder existierende weiterzuentwickeln. Obwohl die identifizierte Abhängigkeit von unternehmensspezifischen Faktoren es unmöglich macht, eine detaillierte Einheitslösung zu entwickeln, so konnte die Analyse der Fallstudiendaten doch zumindest verdeutlichen, wie die Anpassung der Konzepte und einzelnen Wissensnetzwerken in Unternehmen erfolgen soll. Die durch die Daten bestätigte Unterstützung von strategischen Unternehmenszielen zeigt darüber hinaus erstmals auf, wie groß der Beitrag von Wissensnetzwerken zur Verfolgung dieser Ziele bei richtiger Gestaltung des Konzepts sein kann. Übertragen auf die heutigen pädagogischen Herausforderungen, tragen die Ergebnisse zu einer Fokussierung neuer pädagogischer Konzepte auf die Förderung der Interaktion in sozialen Netzwerken wie auch der Entwicklung der individuellen Fähigkeiten von Mitarbeitern zum Wissenstransfer und zur Wissensentwicklung bei.

5.4.3 Limitationen der Untersuchungsergebnisse

Wie jede wissenschaftliche Untersuchung besitzt auch die vorliegende ihre Limitationen, auf die hingewiesen werden muss. So besteht eine der größten Limitationen in dem nicht Vorhandensein von externen unabhängigen Variablen, welche den Erfolg der einzelnen Wissensnetzwerk-Konzepte im Hinblick auf deren Unterstützung der strategischen Ziele messen.

Insgesamt wurde in allen Unternehmen gerade im Hinblick auf die Leistungsmessung von Wissensnetzwerk-Aktivitäten ein großer Bedarf festgestellt, was dazu geführt hat, dass mit Hilfe der durch die vorliegende Untersuchung gewonnenen Erkenntnisse ein neues Leistungsmessungssystem für Wissensnetzwerk-Konzepte entwickelt wurde.

Weitere Limitationen umfassen vor allem die Ressourcenallokation für eine umfangreiche Untersuchung wie die vorliegende. Alleine die Datensammlung für die vorliegende Untersuchung betrug über 12 Monate und wurde noch durch positive Faktoren wie ein bereits etablierter persönlicher Kontakt zu zwei der vier Fallstudienunternehmen beeinflusst. Die Datensammlungsphase wurde durch ein Forschungsstipendium der Universität St. Gallen (Schweiz) unterstützt, welches die Forscherin durch eine 70%-Stelle für 10 Monate finanzierte und so einen erheblichen Beitrag zu Qualität und Datenvielfalt des vorliegenden Projekts geleistet hat. Die Ressourcenallokation führte jedoch dazu, dass lediglich vier Fallstudienunternehmen für die vorliegende Studie untersucht werden konnten. Eine breitere Datenbasis bezüglich mehr Fallstudien könnte weitere Erkenntnisse bezogen auf Branchenspezifika oder Unternehmensstrukturen etc. zu Tage fördern, die durch die vorliegende Untersuchung nicht identifiziert werden konnten. Auch könnte eine Hypothesen-testende Fragebogenuntersuchung die aufgestellten Hypothesen durch eine breitere Datenbasis bestätigen.

Eine weitere Limitation der vorliegenden Untersuchung kann darin gesehen werden, dass keine Einheitslösung für die Entwicklung eines Wissensnetzwerk-Konzepts aufgestellt werden konnte. Obwohl der Anspruch der Arbeit, sowohl Akademikern wie auch Praktikern ein klareres Bild von den Potenzialen und der Struktur von Wissensnetzwerk-Konzepten zu vermitteln, erreicht werden konnte, könnte das identifizierte Grundgerüst (die Kernkomponenten und deren Abhängigkeiten) doch durch die starke Abhängigkeit von unternehmensspezifischen Faktoren als unbefriedigend empfunden werden. Dem versucht die vorliegende Arbeit durch die detaillierte Beschreibung der unternehmens- und zielspezifischen Anpassungen in den einzelnen Fallstudien zu begegnen.

5.5 Ausblick und weiterer Forschungsbedarf

Die Limitationen der vorliegenden Untersuchung führen zur Definition des weiteren Forschungsbedarfs im Gebiet der Wissensnetzwerk-Konzepte und der einzelnen Wissensnetzwerken. Die vorliegende Untersuchung konnte zwar die Verfolgung der strategischen Ziele Risikominimierung und Effizienzsteigerung nachweisen, jedoch bisher nicht die Unterstützung der Innovationssteigerung durch Wissensnetzwerk-Konzepte. Die Verbindung zwischen Wissensnetzwerken und Innovationssteigerung könnte durch eine Erweiterung des Datensample auf weitere Unternehmen nachgewiesen werden, was durch ein zukünftiges Forschungsprojekt der Autorin erfolgen soll.

Das aktuelle Kompetenzzentrum der KnowledgeSource untersucht zur Zeit den Zusammenhang zwischen einzelnen Wissensnetzwerken und der Unterstützung des Unternehmenswachstums in den Gebieten Merger und Akquisitionen, Innovationen und Kundenwissen-Integration. Ein interessantes Forschungsfeld kann in der Verbindung von einzelnen Netzwerken in diesen Gebieten und Wissensnetzwerk-Konzepten gesehen werden, aber auch in der Erforschung der Potenziale von ganzen Wissensnetzwerk-Konzepten zur Förderung des Unternehmenswachstums.

Wie bereits durch den Literaturüberblick zu Wissensnetzwerken (in Kapitel 3) dargestellt, besteht auch noch ein erheblicher Forschungsbedarf auf der Mikroebene der Wissensnetzwerke. So konnte die vorliegende Arbeit zwar einen Beitrag zur Strategieverankerung von Wissensnetzwerken und zur Gestaltung von Wissensnetzwerk-Konzepten, wie auch deren Abhängigkeit zur Unternehmensstruktur und –kultur, verdeutlichen, doch sind gerade auf den Gebieten Leistungsmessung und Werkzeugunterstützung noch erhebliche Lücken vorhanden, die nicht im Fokus der vorliegenden Untersuchung waren und daher zukünftigen Forschungsbedarf verdeutlichen.

6 Appendix

Interviewleitfaden Netzwerkmitglieder

Interviewleitfaden für Netzwerkmitglieder (Mitglieder Koordinationsteam TechClubs)

<u>Begrüßung/Ablauf</u>

1. **Begrüßung und kurze Einführung**
   - Ich danke Ihnen sehr für die Unterstützung bei dieser Studie. Dieses Interview wird mir wertvolle Einblicke in Ihre Arbeit und Ihre Vorgehensweise bei dem Aufbau von Communities/Netzwerken geben. Die Erkenntnisse werden einerseits zum Fortschritt auf diesem Forschungsgebiet beitragen und andererseits Managern und Akademikern ein besseres Verständnis der Prozesse ermöglichen.
   - Ich bin Forscherin an der Universität St. Gallen in der Schweiz und arbeite seit 1999 auf dem Forschungsgebiet Knowledge Management speziell durch Communities und Netzwerken. Dieses Interview ist ein Teil einer empirischen Studie über den erfolgreichen Aufbau von Communities/Netzwerken, an der sich vier bedeutende internationale Unternehmen beteiligen.

2. **Der Zweck dieses Interviews**
   - Wir erforschen aufgabenorientierte Communities, um herauszufinden, welches die maßgeblichen Komponenten sind, die abhängig von der jeweiligen Hauptaufgabe der Community/des Netzwerks verändert werden müssen.
   - Forschungsschwerpunkt sind Communities/Netzwerke, die geplant, d.h. gezielt aufgebaut wurden (Top-Down-Ansatz), also Ihren Tech Clubs entsprechen.
   - Ich werde Ihnen zu den Themen „Was sind die wichtigsten Elemente in Ihrem Tech Club", „Welche unterstützenden/hemmenden Faktoren konnten Sie identifizieren", „Wie hat sich Ihr TC seit Beginn entwickelt?", „Wie messen Sie den Erfolg Ihres TC" Fragen stellen.

3. **Diskretion**
   - Ihre Antworten bleiben vertraulich
   - Ich möchte ein Tonbandgerät benutzen, um eventuell einzelne Punkte, die ich während des Interviews akustisch nicht genau verstanden habe, zu bestätigen. Es geht mir dabei nicht um ein Protokoll, das Ihre Antworten Wort für Wort wiedergibt.
   - Um die Ergebnisse des Interviews zu validieren, werde ich Ihnen im Laufe der nächsten Tage eine zweiseitige Zusammenfassung des Interviews zuschicken und bitte Sie, es mit Ihren Änderungen innerhalb einer Woche zurückzuschicken. Sollte ich diesbezüglich nichts von Ihnen hören, werte ich das als Bestätigung der Ergebnisse.

Allgemeine Fragen

G1: Name:

G2: Unternehmen:

G3: Funktion:

G4: Ort des Interviews:

G5: Datum und Zeit:

G6: Erstes oder nachfolgendes Interview:

G7: Verwendung eines Tonbandgeräts?

G8: Kurzbiographie:

Bitte umschreiben Sie kurz Ihre Karriere, Ihre derzeitige Position und Ihren Verantwortlichkeitsbereich/Rolle in Bezug auf die TechClub– Aktivitäten:

Prozess des Netzwerk-Aufbaus

	Schlüsselfragen: *Weiterführende Fragen:*	**Bemerkungen und direkte Zitate**	**Verbindungen mit anderen Themen**
1.	**Allgemeine Fragen:** **Warum** benutzen Sie TechClubs in Ihrem Unternehmen? Welche Ziele/welchen Nutzen streben Sie generell an?		
2.	**In wie vielen** KNNs haben Sie mitgewirkt/kennen Sie? In welchem Zeitraum?		
3.	Welches sind die **Hauptkomponenten** Ihres TC (z.B. Größe, Grad der ICT-Unterstützung, Beschaffenheit, Personal, Aufgaben, Unterstützung welches Geschäftsprozesses, etc.)		
4.	Der Aufbau Ihres TC: Waren Sie am Aufbau beteiligt? Wenn ja: Wie vollzog sich die Aufbauphase Ihres TC?		
5.	*Welches sind die **Hauptelemente** beim Aufbau von KNNs? Welche Schritte sind nötig? In welcher Reihenfolge?*		
6.	Wie hat sich der TC mit der Zeit **verändert**? Können Sie **Phasen** erkennen und beschreiben? Was war entscheidend, um **von einer Phase in die nächste** zu gelangen?		
7.	Wie hat sich Ihre **Rolle** im TechClub über die Zeit/in den einzelnen Phasen **verändert**? Welche **Herausforderungen/Probleme** mussten Sie meistern? **Wie** haben Sie diese **gemeistert**?		
8.	Wie **unterstützen** Sie den TC bei der erfolgreichen Erfüllung der Aufgaben?		
9.	Wie **messen** Sie die Leistung bezüglich der Aufgabenerfüllung?		
10.	**Erfolgsfaktoren/Fallstricke** Was sind die Erfolgsfaktoren für Ihren TC? Was sind die Fallstricke?		
11.	**Aufwand/Nutzen/Ausmaß:**		

	Welchen **Aufwand** (Personal, Zeit, Ressourcen) erfordert die Pflege/Arbeit Ihres TC? Ist der Aufwand für Sie **gerechtfertigt**?		
12.	Wie würden Sie den **Nutzen des Netzwerks einschätzen?**		
13.	Benutzen Sie **Kennzahlen zur Beurteilung** der Leistung? Welche?		
14.	Gibt es **Unterschiede in der Leistung** der TCs, die Sie kennen? Wie äußern sich diese? **Warum** unterscheiden sie sich?		
15.	***Welches*** *der Netzwerke, die Sie kennen, würden Sie als* ***sehr erfolgreich*** *und welches als* ***weniger erfolgreich*** *bezeichnen?* *Bitte* ***umschreiben*** *Sie ein Beispiel von jedem Typ.* ***Warum*** *ordnen Sie diese gerade so ein?*		
16.	Andere Bemerkungen, die Sie noch hinzufügen möchten!		

Ich danke Ihnen sehr für Ihre Unterstützung. Sie ermöglichen mir eine sehr wertvolle Einsicht in Ihre Arbeit.
Ich möchte Sie daran erinnern, mir eventuelle Änderungen im Protokoll innerhalb einer Woche (vom Tag des Erhalts an) zurückzuschicken.

Beispielfragebogen zur Datensammlung

Fragebogen an die Netzwerkmitglieder

Aufbau des Fragebogens

Der beigefügte Fragebogen besteht aus offenen und geschlossenen Fragen. Der erste Teil besteht aus generellen Fragen über das Netzwerk, im zweiten Teil bitten ich Sie, ausgewählte Komponenten Ihres Netzwerks zu beschreiben und deren Relevanz für die erfolgreiche Arbeit des Netzwerks zu beurteilen. Der dritte Teil des Fragebogens beschäftigt sich mit dem Erfolg des Wissensnetzwerks, in dem sie zur Zeit arbeiten, Falls Sie nicht alle Fragen beantworten können, schicken Sie den Fragebogen bitte trotzdem zurück. Man benötigt etwa zehn bis zwanzig Minuten, um ihn auszufüllen.

Was sind Wissensnetzwerke?

Wie verwenden den Begriff „Wissensnetzwerk", um eine Gruppe von Personen aus verschiedenen Bereichen des Unternehmens, ihre Beziehungen und Ressourcen, zu beschreiben. Diese versammeln sich, um ihr Wissen auszutauschen und zu verwenden, durch Wissenstransfers und –entwicklung, zum Wohle des Unternehmens, indem gemeinsam Aufgaben gelöst werden, z.B. Services verbessern oder neue Produkte entwickeln.

Der Fragebogen ist anonym. Die Antworten werden vertraulich behandelt. **Ich danken Ihnen im Voraus für Ihre Mühe und bitten Sie, den ausgefüllten Fragebogen bis zum** 29. September 2002 **an die E-Mail-Adresse zurückzusenden. Falls Sie irgendwelche Fragen haben, zögern Sie bitte nicht, mich zu kontaktieren!**

Offene Eingangsfragen

Welche **konkreten Aufgaben** (und welchen Namen) hat das Netzwerk, dem Ssie angehören?	
Wie lange sind Sie **Mitglied** des Netzwerks?	**mehr als vier Jahre**
Wie lange existiert das **Netzwerk** schon?	**mehr als vier Jahre**
Was ist **Ihre Rolle/Aufgabe** in diesem Netzwerk?	
Wie viel **Zeit investieren** Sie im Monat in die Netzwerkarbeit?	**Weniger als ein Tag pro Monat**
Wann wurden Sie in den **Aufbau des Netzwerks** integriert? *andere:*	**als die Idee zu einem Netzwerk entstand**
War das der richtige Zeitpunkt? Warum?	
Hat sich das Netzwerk in der Zeit, seit Sie mitarbeiten, **weiterentwickelt**?	**ja, massiv**
Wenn ja: **Welche Entwicklungsschritte** sind zu erkennen (bitte beschreiben Sie diese kurz)?	

Relevanz der Komponenten eines Netzwerkes

Bitte beschreiben Sie die Ausgestaltung folgenden Komponenten Ihres Netzwerke **und beurteilen Sie deren** Relevanz für die Erfüllung **der Aufgabe** Ihres Netzwerkes.

Komponenten Ihres Netzwerks ***Beurteilen Sie die folgenden Aussagen bezüglich Ihres Netzwerks***	**Ausprägung der Komponenten in Ihrem Netzwerk** ***Stimme voll zu, stimme zu, weiss nicht, stimme eher nicht zu, stimme überhaupt nicht zu***	**Relevanz der Komponenten für die Aufgabenerfüllung Ihres Netzwerkes** ***Wie wichtig ist dieses Element für die Erfüllung der Aufgabe des Netzwerks?***
Wir haben eine klare **Wissensvision**/ Verankerung des Netzwerkes in der **Unternehmensstrategie**.	stimme voll zu	Sehr wichtig
Es werden **spezielle Maßnahmen zur Motivation/spez. Anreizsysteme** für Mitglieder des Netzwerks eingesetzte.	stimme voll zu	Sehr wichtig
Das **Einverständnis der Mitglieder** zu den Aufgaben des Netzwerks, ihren Rollen/Funktionen darin und der Arbeitsweise im Netzwerk wurde vorab eingeholt.	stimme voll zu	Sehr wichtig
Die Netzwerkmitglieder wählen die **Aufgaben und Ziele des Netzwerkes** selbst aus.	stimme voll zu	Sehr wichtig
Es werden spezielle Maßnahmen zu **Erfolgs-messungen** unseres Netzwerk eingesetzt.	stimme voll zu	Sehr wichtig
Das **Benennen** und die **Auswahl der Mitglieder** erfolgt nur aufgrund der Aufgaben des Netzwerks.	stimme voll zu	Sehr wichtig
Das Netzwerke wird durch ein **Management-board** stark unterstützt, dem regelmäßig über die Arbeit des Netzwerks Bericht erstattet wird.	stimme voll zu	Sehr wichtig
Es herrscht eine **intensive Kommunikation** innerhalb des Netzwerks durch **häufige regelmäßige persönliche Treffen** der Netzwerkmitglieder.	stimme voll zu	Sehr wichtig
Zwischen den persönlichen Treffen arbeiten wir auch **regelmäßig und intensiv virtuell** (durch Telefonkonferenzen oder spezielle elektronische Hilfsmittel) zusammen.	stimme voll zu	Sehr wichtig
In meinem Netzwerk herrschen **freundschaftliche/offene Beziehungen** zwischen den Netzwerkmitgliedern, die von Vertrauen und gegenseitiger Wertschätzung geprägt sind.	stimme voll zu	Sehr wichtig
Die Integration und **Koordination zu anderen Netzwerken/dem restlichen Unternehmen** wird erfolgreich über den Netzwerkleiter durchgeführt.	stimme voll zu	Sehr wichtig

Spezielle **organisatorische Hilfsmittel** wie z.B. häufige Treffen, ansprechender Ort, spezielle Anreizsysteme werden für unser Netzwerk bewusst eingesetzt und dienen der Unterstützung unserer Netzwerkarbeit.	stimme voll zu	Sehr wichtig
Es werden **spezielle Informations- und Kommunikationshilfsmittel** wie z.B. eigene Webseite, Videokonferenzen, Instant Messaging Systeme, Gruppendatenbank eingesetzt, um unsere Arbeit im Netzwerk zu unterstützen.	stimme voll zu	Sehr wichtig
Andere wichtige Komponenten, die mein Netzwerk charakterisieren, sind:		Sehr wichtig

Abschlussfragen: Verbesserungen/Erfolgsbeurteilung

Was könnte man **am Aufbau oder der Unterstützung** Ihres Netzwerks verbessern?	
Wie schätzen Sie den Erfolg Ihres Wissensnetzwerks ein?	Sehr erfolgreich
Bitte nennen Sie ein **Beispiel** warum Sie das Netzwerk so einschätzen.	
Was **funktioniert** nach Ihrer Erfahrung in der Arbeit des Netzwerks **sehr gut**?	
Was **funktioniert weniger gut** und könnten verbessert werden? Wie?	
Was sind die **Erfolgsfaktoren/Misserfolgsfaktoren** für Ihr Netzwerk?	

Vielen Dank für Ihre Hilfe!

Analyseinstrument Fragebögen

Individual Network Performance Survey (INPS)

Ausprägung: Stimme voll zu (1), stimme zu (2) weiss nicht (3) stimme eher nicht zu (4) stimme überhaupt nicht zu (5), unterschiedlich im Netzwerk (6)
Bedeutung: sehr wichtig (1), wichtig (2), durchschnittlich (3), eher unwichtig (4), unwichtig (5), weiss nicht (6)

Gesamtzahl 100 TC
Rücklauf: 25%

Komponenten / *TechClub*	EngTC X *Ausprägung*	*Bedeutung*	*Differenz*	EngTC Y *A*	*B*	*D*	EngC Z *A*	*B*	*D*	EngTC F *A*	*B*	*D*
Wissensvision/Strategieverankerung	4	1	3	1	1	0	1	1	0	1	1	0
Motivationsmaßnahmen/Anreizsysteme	4	3	1	4	4	0	4	2	2	2	2	0
Einverständnis Mitglieder	4	1	3	1	1	0	1	1	0	1	1	0
Aufgaben und Ziele	4	2	2	2	2	0	2	1	1	1	1	0
Erfolgsmessungen	4	1	3	4	4	0	2	2	0	1	1	2
Benennen und Auswahl Mitglieder	4	1	3	1	1	0	2	2	0	3	3	0
Managementboard-Unterstützung	2	1	1	1	1	0	1	1	0	2	2	0
intensive Komm./regelmäßige pers. Treffen	4	2	2	2	2	0	2	2	0	2	2	0
Regelmäßige und intensive virtuelle Treffen	5	4	1	4	4	0	4	4	0	2	2	0
Vertrauen/Wertschätzung	3	2	1	2	2	0	1	1	0	4	4	0
Vernetzung zu anderen KNN/restl. Unternehmen	4	1	3	1	1	0	2	1	1	2	2	0
Organisatorische Hilfsmittel	4	3	1	2	3	-1	2	3	-1	1	1	0
ICT	2	2	0	4	4	0	1	2	-1	2	2	0
andere Komponenten:			0			0			0	1	1	0
Zielrichtung mit Management abgestimmt	5	1	4			0			0			0
frühzeitige Einplanung Kapazitätsbedarf				?	1							
Gesamtdifferenz:			28			-1			2			2
Einschätzung Erfolg: von 1 (sehr erfolgreich) bis 5 (nicht erfolgreich)			3			1			1			

Abb. 56: INPS-Analyse

7 Glossar

Wissen Nonaka et al. (1997, S. 70) beschreiben Wissen als eine „mit Erklärung verbundene richtige Vorstellung". Sie begreifen Wissen als Konsequenz einer bestimmten Einstellung, Perspektive oder Absicht. Dadurch wird Wissen für sie zweckgerichtet, kontext- und beziehungsspezifisch (vgl. Nonaka et al., 1997, S. 70; Nonaka, 1994; Stehr, 1992). Eine Vorstellung kann als richtig angesehen werden, wenn sie durch wissenschaftliche Beweise oder Experimente begründet werden kann. Wenn diese Vorstellung als bewiesen angesehen werden kann, kann sie eine Handlung ermöglichen und diese Handlung wird gerechtfertigt sein. Aufgaben benötigen, um gelöst zu werden, die Annahmen eines möglichen Lösungswegs, der für richtig erachtet wird und zur Lösung der Aufgabe führt.

Implizites Wissen ist persönlich, inhaltsspezifisch und schwer zu formalisieren und zu kommunizieren. Es beinhaltet Erfahrungswissen, Wissen über das „here" und „now" und praktisches Wissen (Nonaka et al., 1997, S. 59-61). Explizites Wissen ist kodifiziert und bezieht sich auf Wissen, das in formale, systematische Sprache transferierbar ist. Es beinhaltet Vernunftwissen, sequenzielles Wissen („there" und „then") und theoretisches Wissen (Nonaka et al., 1997, S. 59-61).

Wissenstransfer in Unternehmen Wissenstransfer findet zwischen Personen, Gruppen/Communities, Abteilungen, Unternehmenseinheiten und Niederlassungen in den eigenen Unternehmensgrenzen statt. „Der Wissenstransfer kann dabei unterschiedlich umfassend sein und reicht von der Vermittlung von Wissen in persönlichen Gesprächen bis hin zu umfassenden unternehmensweiten Wissenstransferprojekten. (...) Der Wissenstransfer findet dann statt, wenn der Empfänger der Information ein prinzipiell ähnliches Verständnis vom Inhalt hat wie die Quelle des Wissens." (von Krogh & Köhne, 1998, S. 238-239). Wissenstransfer kann durch vielfältige Mechanismen wie Personalbewegungen, Trainingsmaßnahmen, Kommunikation, Technologietransfer, Beobachtungen, Replizierung von Routinen, Interaktionen mit Zulieferern und Kunden, Allianzen und anderen Formen der interorganisationalen Beziehungen vollzogen werden.

Wissensnetzwerke Der Begriff „Wissensnetzwerk" bezeichnet eine Anzahl von Personen (inklusive deren Ressourcen und deren Beziehungen zueinander), die sich treffen, um ihr Wissen auszutauschen und anzuwenden mit dem primären Ziel Wissenstransfer und Wissensentwicklung zu betreiben und so Werte für das Unternehmen zu schaffen (vgl. Seufert et al., 1999a, S. 12). Es existiert eine Vielzahl von wissensbasierten Organisationsformen, also spezielle zum Wissenstransfer und der Wissensentwicklung ausgerichtete Organisationsformen wie beispielsweise Communities of Practice (Praktikergemeinschaften), Communities of Interest (Interessengemeinschaften), Projektteams/Task Forces oder die in dieser Arbeit im Vordergrund stehenden Wissensnetzwerke. Obwohl die einzelnen Ansätze in Struktur, Formalisierungsgrad, Mitgliederauswahl und -motivation etc. unterschiedlich sind, haben sie doch gewisse Gemeinsamkeiten, die es ermöglichen, sie zunächst unter dem Begriff wissensbasierten Organisationsformen oder Ansätze zu subsumieren. Die Netzwerkstruktur der Wissensnetzwerke liegt über der Matrixstruktur des Unternehmens und erfüllt damit die Forderung, im Unternehmen angewendet werden zu können, ohne dass dessen Grundstruktur verändert werden muss. Die Netzwerkstruktur ermöglicht es, Wissensträger (z.B. Experten oder Praktiker) über hierarchische, funktionale und strategische Grenzen hinweg miteinander zu vernetzen und damit die einzelnen Wissensinseln, die im Unternehmen entstehen, zu verbinden (Probst et al., 1997, S. 257).

Wissensnetzwerk-Konzepte Der Begriff Wissensnetzwerk-Konzepte bezeichnet eine Anzahl von Wissensnetzwerken, die in einem Konzept zusammengeschlossen sind, um explizit formulierte, strategische Ziele zu verfolgen. Die Netzwerke innerhalb der Konzepte sind in ihrer Struktur und Ausrichtung ähnlich.

Komponenten von Wissensnetzwerken und deren Konzepte Als Komponenten eines Wissensnetzwerks und deren Konzepte werden diejenigen Teilbereiche bezeichnet, die beim Aufbau und Betrieb des Netzwerks oder Konzepts gezielt beachtet werden sollen, d.h. aufgebaut, eingesetzt oder unterstützt werden müssen. Bei Wissensnetzwerken sind dies beispielsweise deren operative Ziele und Aufgaben, die Top-Management-Unterstützung oder die Verwendung spezieller Informations- und Kommunikationstechnologien. Bei Wissensnetzwerk-Konzepten beziehen sich die Kernkomponenten z.B. auf deren Strategieverankerung und Unternehmensanpassung oder die Unterstützung und Pflege der Konzepte durch die Wissensmanagement-Verantwortlichen in den Unternehmen.

Erfolg von Wissensnetzwerk-Konzepten Der Erfolg eines Wissensnetzwerk-Konzepts kann durch die Leistung (Erreichung der operativen Ziele) der einzelnen Wissensnetzwerke, die das Konzept umfasst, wie auch durch die Erreichung der strategischen Ziele des Konzepts gemessen werden (z.B. durch eine Balanced Scorecard oder andere Leistungsmessungsinstrumente). Insgesamt ist die Leistungsmessung von Wissensnetzwerk-Konzepten ein Bereich, der bisher wenig erforscht ist, und es existieren nur wenige Messmethoden.

8 Literaturverzeichnis

- A -

Abel, J., Möller, R., & Treumann, K. P. 1998. Einführung in die Empirische Pädagogik. Einleitung. In J. Abel, R. Möller, & K. P. Treumann (Eds.), ***Einführung in die Empirische Pädagogik.***, Vol. Band 2: 9-12. Stuttgart, Berlin, Köln: Kohlhammer.

Alba, R. D. 1982. Taking Stock of Network Analysis: A Decade's Results. In S. B. Bachatach (Ed.), ***Research in the sociology of organizations***: 39-74. Greenwich: CT:JAI.

Alchian, A. A., & Demsetz, H. 1972. Production, Information Costs, and Economic Organization. ***American Economic Review***, 62(4): 777-795.

Allweyer, T. 1998. Modellbasiertes Wissensmanagement. ***Information Management***, 13(1): 37-45.

Amler, R. W. 1993. ***Analyse und Gestaltung strategischer Informationssysteme der Unternehmung***. Göttingen: Vanderhoek & Ruprecht.

Anderson, J. R. 1983. ***The Architecture of Cognition***. Cambridge (MA): Harvard University Press.

Arrow, K. J. 1974. ***The Limits of Organization*** (1st ed.). New York: Norton.

Arveson, P. 1999. The Balanced Scorecard and Knowledge Management: http://www.balancedscorecard.org/bscand/bsckm.html.

Ashby, W. R. 1958. Requisite Variety and its Implications for the Control of Complex Systems. ***Cybernetica***, 1: 83-93.

Autocorp_Besuch_1. 2002. Erster Besuch und Abstimmungsworkshop bei Autocorp: Autocorp AG, EP/QEM.

Autocorp_Besuch_2. 2002. Zweiter Besuch und Abstimmungsworkshop bei Autocorp: Autocorp AG, EP/QEM.

Autocorp_Besuch_3. 2002. Dritter Besuch und Abstimmungsworkshop bei Autocorp: Autocorp AG, EP/QEM.

Autocorp_Dok_1. 2000. Inhalte für die Regelkommunikation, ***1.1 Videoclip und Vorträge von der KM-Startveranstaltung, 1.2 Vorträge zu Projektinformationen***: Autocorp AG, EP/QEM.

Autocorp_Dok_2. 2000. Broschüre Basis-Projektinformationen und Erweiterte Projektinformation: Autocorp AG, EP/QEM.

Autocorp_Dok_3. 2000. KM-Artikel in Sternstunde (interne MA-Zeitung): Autocorp AG, EP/QEM.

Autocorp_Dok_4. 2000. Leitfaden für Technology Clubs und das Engineering Book of Knowledge: Autocorp AG, EP/QEM.

Autocorp_Dok_5. 2000. Beschreibung des Review-Prozesses bei der Kapitelerstellung. Autocorp AG, EP/QEM.

Autocorp_Dok_6. 2000-2002. Fünf KM-News von 2000 bis 2002, ***6.1-6.5***, Autocorp AG, EP/QEM ed.

Autocorp_Dok_7. 2001. 7.1 Beispiel einer MB-EBOK Newsmail Aug 2001, 7.2 Beispiel einer Chaiperson Newsmail Dez 2001. ***News-Mail von Autocorp AG, EP/QEM***.

Autocorp_Dok_8. 2002. Überblick Schulungen 2000-2002: Autocorp AG, EP/QEM.

Autocorp_Dok_9. 2001. Selbstlernhilfen: 9.1 für Autoren, 9.2 für Book Owner: Autocorp AG, EP/QEM.

Autocorp_Dok_10.1. 2001. Leifaden für das Review der TechClubs: Autocorp AG, EP/QEM.

Autocorp_Dok_10.2. 2001. Vorbereitungsbogen Review-Gespräch: Autocorp AG, EP/QEM.

Autocorp_Dok_10.5. 2001. Beispiel Reviewzusammenfassung der EngTCs von Passiv Safety: Autocorp AG, EP/QEM.

Autocorp_Dok_10.6. 2001. Zusammenfassung "Lessons Learned" und "Leading Practices": Autocorp AG, EP/QEM.

Autocorp_Dok_10.7. 2001. Gewichtung der Review-Themen: Autocorp AG, EP/QEM.

Autocorp_Dok_10.8. 2001. Auswertung Review: Was kann verbessert werden?: Autocorp AG, EP/QEM.

Autocorp_Dok_11. 2001. Qualitätskriterien guter EBOK-Kapitel: Autocorp AG, EP/QEM.

Autocorp_Dok_13. 2001. Navigation und Suche im MB-EBOK: Autocorp AG, EP/QEM.

Autocorp_Dok_14. 2002. Abteilungsinformationen 2002 (durchgeführt in 196 Abteilungen): Autocorp AG, EP/QEM.

Autocorp_Dok_14.1. 2002. Anschreiben Abteilung: Autocorp AG, EP/QEM.

Autocorp_Dok_14.2. 2002. Hinweise zur Online-Vorstellung: Autocorp AG, EP/QEM.

Autocorp_Dok_15. 2002. Kurz-Präsentation KM vom Juli 2002 mit Nutzenbeispielen: Autocorp AG, EP/QEM.

Autocorp_Dok_17.1. 2002. Reflexionsbogen: Autocorp AG, EP/QEM.

Autocorp_Dok_17.2. 2002. Nutzenerfassungs-Bogen: Autocorp AG, EP/QEM.

Autocorp_Dok_17.3. 2002. Status Reflexionsbogen 04/2002: Autocorp AG, EP/QEM.

Autocorp_Dok_17.4. 2002. Auswertung Reflexionsbogen 04/2002: Autocorp AG, EP/QEM.

Autocorp_Dok_17.5. 2002. Selbstbewertung der EngTCs 04/2002 - Qualitative Auswertung: Autocorp AG, EP/QEM.

Autocorp_Dok_18. 2002. Auswertung Nutzenstatistik MB-EBOK: Autocorp AG, EP/QEM.

Autocorp_Dok_19. 2001. TC-Veränderungen seit Projektende: Autocorp AG, EP/QEM.

Autocorp_Dok_20. 2002. Präsentation Aufgabengebiete Knowledge Management in GFP/E: Autocorp AG, EP/QEM.

Autocorp_Dok_21. 2002. Auszug aus EBOK KM zum Aufbau und Pflege von TechClubs: Autocorp AG, EP/QEM.

Autocorp_Dok_22. 2002. Intranet-Seite über den EngTC Wissensmanagement: Autocorp AG, EP/QEM.

Autocorp_Dok_23. 2002. Leitbild des KM-Mandats: Autocorp AG, EP/QEM.

Autocorp_Dok_24. 2002. Präsentation Strategien Knowledge Management Okt. 2002: Autocorp AG, EP/QEM.

Autocorp_Fragebogenauswertung. 2003. Auswertung von 10 Fragebögen, ausgefüllt von Mitgliedern des Koordinationsteams ausgew. TechClubs zur Überprüfung derer Leistungsfähigkeit und Identifizierung von Verbesserungspotenzialen: Autocorp AG, EP/QEM.

Autocorp_Geschäftsbericht. 2000. Geschäftsbericht Autocorp 2000: Autocorp AG.

- B -

Back, A., Krogh, G. v., Seufert, A., & Enkel, E. (Eds.). 2004. ***Getting Real About Knowledge Networks: Unlocking Corporate Knowledge Assets***. Palgrave.

Badaracco, J. L. Changing Forms of the Corporation. In J. M. Gustafson (Ed.), ***The U. S. Business Corporation – An Institution in Transition***: 67-91. Cambridge: Ballinger.

Baker, W. E. 1992. The Network Organisation in Theory and Practice. In N. Nohira, & R. G. Eccles (Eds.), ***Networks and Organisations: Structure, Form, and Action***: 397-429. Boston (MA): Harvard Business School Press.

Barnard, C. I. 1938. ***The Function of the Excecutive***. Cambridge (MA): Harvard University Press.

Barney, J. B. 1991. Firm Resources and Sustained Competitive Advantage. ***Journal of Management***, 17(1): 99-120.

Bartlett, C., & Ghoshal, S. 1989. ***Managing across Borders***. Boston: Harvard Business School Press.

Barton, A. H., & Lazarsfeld, P. F. 1979. Einige Funktionen von qualitativer Analyse in der Sozialforschung. In C. Hopf, & E. Weingarten (Eds.), ***Qualitative Sozialforschung***: 41-89. Stuttgart.

Beer, S. 1959. ***Cybernetics and Management***. London: Engl. University Press.

Bellmann, K., & Hippe, A. 1996. Kernthesen zur Konfiguration von Produktionsnetzwerken. In K. Bellmann, & A. Hippe (Eds.), ***Management von Unternehmensnetzwerken***: 55-85. Wiesbaden: Gabler.

Bellmann, K., & Mildenberger, U. 1996. Komplexität und Netzwerke. In K. Bellmann, & A. Hippe (Eds.), ***Management von Unternehmensnetzwerken: Interorganisationale Konzepte und praktische Umsetzung***: 121-156. Wiesbaden: Gabler.

Belohlav, J. 1996. The Evolving Competitive Paradigm. ***Business Horizons***: 11-19.

Belzer, V. 1993. ***Unternehmenskooperationen: Erfolgsstrategien und Risiken im industriellen Strukturwandel***. München: Hampp.

Berger, H. 1993. Understanding the Subcontrating Relationship: the Limitations of Transaction Cost Economics. In J. Child, M. Crozier, & R. Mayntz (Eds.), ***Societal Change between Market and Organisations***: 77-98. Aldershot et al.: Avebury.

Berger, P. L., & Luckmann, T. 1966. ***The Social Construction of Reality. A Treatise in the Sociology of Knowledge***. New York: MacMillan.

Biemans, W. G. 1996. Organizational Networks: Toward a Cross-fertilization between Practice and Theory. ***Journal of Business Research***, 35(1): 29-40.

Biesecker, A. 1996. Kooperation, Netzwerk, Selbstorganisation - Prinzipien für eine faire und versorgende Ökonomie. In A. Biesecker, & K. Grenzdörffer (Eds.), ***Kooperation, Netzwerk, Selbstorganisation - Elemente demokratischen Wirtschaftens***: 9-21. Pfaffenweiler: Centaurus.

Black, T. R. 1993. ***Evaluating Social Science Research***. London et al.: Routledge.

Blackler, F. 1993. Knowledge and the Theory of Organizations: Organizations as Activity Systems and the Refraiming of Management. ***Journal of Management Studies***, 30(6): 863-884.

Blackler, F. 1995. Knowledge, Knowledge Work and Organizations: An Overview and Interpretation. ***Organization Studies***, 16(6): 1021-1046.

Blau, P. M. 1954. ***Excange and Power in Social Life***. New York.

Blau, P. M., & Schoenherr, F. 1971. ***The Structure of Organizations***. New York.

Bleicher, K. 1992. ***Das Konzept Integriertes Management*** (2. Aufl.). Frankfurt am Main/New York: Campus.

Bleicher, K. 1993. Organisation. In F. X. Bea, E. Dichtl, & M. Schweizer (Eds.), ***Allgemeine Betriebswirtschaftslehre***, 6. Aufl., Bd. 2: 103-186. Stuttgart, Jena: Gustav Fischer.

Bleicher, K. 1996. ***Das Konzept Integriertes Management*** (4. Aufl.). Frankfurt a.M. etc.: Campus Verlag.

Bontis, N. 1998. Intellectual Capital: An Exploratory study that Develops Measures and Models. ***Management Decision***, 36 (2): 63-76.

Boos, F., Exner, A., & Heitger, B. 1992. Soziale Netzwerke sind anders. ***Organisationsentwicklung***, 1: 54-61.

Bourdieu, P. 2001. Wie die Kultur zum Bauern kommt: über Bildung, Schule und Politik. In M. Steinbrücke (Ed.), Schriften zu Politik & Kultur. Hamburg: VSA Verlag.

Bourgeois, L. J., & Eisenhardt, K. M. 1988. Strategic Decision Processes in High Velocity Environments: Four Cases in the Microcomputer Industry. ***Management Science***, 34(7): 816-835.

Brown, J., & Gray, E. S. 1995. The People are the Company. ***Fast Company***.

Brown, J. S., & Duguid, P. 1991. Organizational Learning and Communities of Practice: Toward a Unified View of Working, Learning and Innovation. ***Organization Science***, 2(1): 40-57.

Brown, J. S., & Duguid, P. 1998. Organizational Knowledge. ***California Management Review***, 40(3): 90-111.

Bryman, M. Z., & Burgess, R. G. 1994. ***Analyzing Qualitative Data***. London et al.: Routhledge.

Bühner, R. 1976. Umwelt, Organisationstruktur und Organisationsmitglieder. ***Das Wirtschaftsstudium***, 10 Jg.: 449-456.

Burmeister, K., & Canzlar, W. 1991. Einleitung: Zukunftsgestaltung durch Netzwerke. In K. Burmeister, W. Canzlar, & R. Kreibich (Eds.), ***Netzwerke: Vernetzungen und Zukunftsgestaltung***: 9-20. Weinheim: Belz.

Burns, T., & Stalker, G. M. 1961. ***The Management of Innovation***. London: Tavistock.

Burr, V. 1995. ***An Introduction to Social Constructionism***. London: Routledge, an imprint of Taylor & Francis Books Ltd.

Burt, R. 1979. A Structural Theory of Interlocking Corporate Directorates. ***Social Networks***, 2: 415-435.

- C -

Chrisholm, D. 1989. ***Coordination without Hierarchy: Informal Structures in Multiorganizational Systems***. Berkley, CA.

Cleveland, H. 1989. ***The Knowledge Executive Leadership in an Information Society***. New York: Truman Talley.

Coase. 1937. The Theory of the Firm. ***Economica***, 4: 386-405.

Coase, R. H. 1991. The Nature of the Firm. In O. E. Williamson, & S. G. Winter (Eds.), ***The Nature of the Firm: Origins, Evolution and Development***: 18-33. New York, Oxford: Oxford University Press.

Cohen, L., & Manion, L. 1989. ***Research Methods in Education***. New York et al.: Routhlege.

Collins, H. M. 1993. The Structure of Knowledge. ***Social Research***, 60(3): 95-116.

CompConsult_Geschäftsbericht. 2001. Geschäftsbericht CompConsult 2001: CompConsult AG.

CompConsult_Präsentation. 2002. Präsentation von J. über die Knowledge Center von CompConsult 2002: CompConsult AG.

ComputerCorp_Geschäftsbericht. 2001. Geschäftsbericht ComputerCorp 2001: ComputerCorp GmbH.

ComputerCorp_Präsentation_C_1. 2000. Präsentation des Ziele von E-Delivery im Supportbereich von ComputerCorp, ***Präsentation ComputerCorp***.

ComputerCorp_Präsentation_C_2. 2000. Präsentation des E-Delivery-Modells incl. Wissensflüsse im Supportbereich von ComputerCorp, ***Präsentation ComputerCorp***.

ConsumerCorp_Besuch_3. 2002. Dritter Unternehmensbesuch bei ConsumerCorp: ConsumerCorp N.V.

ConsumerCorp_COP_Guidelines_V1. 2000. COP Guidelines von ConsumerCorp 2000 Version 1: ConsumerCorp N.V.

ConsumerCorp_COP_Guidelines_V2. 2002. COP Guidelines von ConsumerCorp 2002 Version 2: ConsumerCorp N.V.

ConsumerCorp_Geschäftsbericht. 2001. Geschäftsbericht ConsumerCorp 2001: ConsumerCorp N.V.

ConsumerCorp_Kursmaterial. 2002. Kursmaterial V 1 für COP Leiter von ConsumerCorp 2002: ConsumerCorp N.V.

ConsumerCorp_Mitschrift_Th. 2002. Mitschrift der Präsentation der Kernelemente des Community-Konzepts von ConsumerCorp vom April 2001: ConsumerCorp N.V.

ConsumerCorp_Präsentation_Th. 2002. Präsentation der Kernelemente des Community-Konzepts von ConsumerCorp vom April 2001: ConsumerCorp N.V.

ConsumerCorp_Präsentation_WS. 2002. Organisational Structure of ConsumerCorp, ***Presentation at the Partner Meeting at Consoumer Corp Vlaardingen, held by M.A.***

ConsumerCorp_Statusbericht. 2002. Statusbericht der Communities von ConsumerCorp vom Frühjahr 2002: ConsumerCorp N.V.

ConsumerCorp_Stories. 2002. Success Stories der Culinary CoP Agronomy und Hot Sauces von ConsumerCorp: ConsumerCorp N.V.

Cook, K. S. 1977. Exchange and Power in Networks of Interorganizational Relations. ***Sociological Quaterly***, 18: 62-82.

Cook, K. S., & Emerson, R. M. 1984. Exchange Networks and the Analysis of Complex Organisations. In S. B. Bacharach, & E. J. Lawler (Eds.), ***Research in the Sociology of Organizations***, Vol. 3: 1-30. Greenwich: JAI-Press.

Cook, T. D., & Campbell, D. T. 1970. ***Quasi-Experimentation: Design and Analysis Issues for Field Settings***. Chicago.

Cothrel, J., & Williams, R. 1999. On-line Communities - Helping them Form and Grow. ***Journal of Knowledge Management***, 3(1): 54-60.

Cusmano, M. A., & Elenkov, D. 1994. Linking International Technology Transfer with Strategy and Management. A Literature Commentary. ***Research Policy***, 23(2): 195-215.

- D -

Davenport, T., De Long, D. W., & Beers, M. C. 1998. Successfull Knowledge Management Projects - Eigth Key Factors Can Help a Company Create, Share, and Use Knowledge Effecitvely. ***Sloan Management Review***, 39(2): 43-57.

Davenport, T., & Prusak, L. 1998. ***Working Knowledge: How Organizations Manage What They Know***. Boston (MA): Harvard Business School Press.

Davis, L. E., North, D. C., & Smorodin, C. 1971. ***Institutional Change and American Economic Growth***. Cambrigde: Cambridge University Press.

Davis, S., & Botkin, J. 1994. The Comming of Knowledge-based Business. ***Harvard Business Review***, 72: 165-170.

De Long, D. W. 1999. Building the Knowledge-based Organization: How Culture Drives Knowledge Behaviors: http://www.businessinnovation.ey.com./mko/newpdfs/cultdorg.pdf.

Denzin, N. K., & Lincoln, Y. S. 1994. ***Handbook of Qualitative R esearch***. London: Sage.

Dierkes, M. 2001. ***Handbook of Organizational Learning and Knowledge***. Oxford: Oxford University Press.

Dietl, H. 1993. ***Institutionen und Zeit***. Tübingen: Mohr.

Dous, M. 2001. ***Bewirtschaftung verteilter Wissensnetzwerke***.

Drucker, P. 1990. ***The New Realities***. London: Mandarin.

Drucker, P. 1993a. ***Post-Capitalist Society***. New York: Harper Business.

Drucker, P. 1993b. The Post-Capitalist Executive: An Interview with Peter F. Drucker. ***Harvard Business Review***, 71(May/June): 114-122.

Drucker, P. 1994. The Age of Social Transformation, ***The Atlantic Monthly***, Vol. 274: pp. 53-80.

Drucker, P. 2002. The Discipline of Innovation. ***Harvard Business Review***, 80(8): 95-101.

- E -

Ebers, M., & Gotsch, W. 1995. Institutionenökonomische Theorie der Organisation. In A. Kieser (Ed.), ***Organisationstheorien***, 2. Aufl.: 185-235. Stuttgart et al.: Kohlhammer.

Eck, C. D. 1997. Wissen - ein neues Paradigma des Managements. ***Die Unternehmung***, 3: 155-179.

Edvinsson, L., & Malone, M. S. 1997. ***Intellectual Capital Realizing Your Company's True Value by Finding its Hidden Brainpower***. New York: Harper Business.

Eisenhardt, K. M. 1989. Building Theories from Casestudy Research. ***Academy of Management Review***, 14(4): 532-550.

Enkel, E., & Back, A. 2002. Wissensnetzwerke: das neue Instrument für die Förderung von Wissensaustausch und Wissensentwicklung im Unternehmen. In K. Bleicher, & J. Berthel (Eds.), ***Auf dem Weg in die Wissensgesellschaft. Veränderte Strategien, Strukturen und Kulturen.***: 149-169. Frankfurt a.M.: Verlag Frankfurter Allgemeine Zeitung.

Enkel, E., Back, A., & von Krogh, G. 2004a. The Concept of Knowledge Networks for Growth. In E. Enkel, G. von Krogh, & A. Back (Eds.), ***Adapting Networks for Your Business Needs - Knowledge Networks for Growth***. St . Gallen, Switzerland: (forthcoming).

Enkel, E., Gurgul, G., & Rumyantseva, M. 2004b. A Methodology for Adapting Knowledge Networks for Growth. In E. Enkel, G. von Krogh, & A. Back (Eds.), ***Adapting Networks for Your Business Needs - Knowledge Networks for Growth***. St. Gallen, Switzerland: (forthcoming).

Enkel, E., Heinold, P., Hofer-Alfeis, J., & Wicki, Y. 2002. The Power of Communities. How to Build Knowledge Management on a Corporate Level Using the Bottom-up Approach. In T. Davenport, & G. Probst (Eds.), ***Knowledge Management Case Book***, 2nd ed.: 108-127. New York: John Wiley & Sons.

Enkel, E., Raimann, J., Vassiliadis, S., Wicki, Y., Seufert, A., Back, A., & von Krogh, G. 2000. ***MERLIN - Materializing, Experiencing, Refining and Learning in Knowledge Networks***. St.Gallen: BE HSG/IWI3 Nr.9.

Enkel, E., Rumyantseva, M., & Gurgul, G. 2004c. Integrated Performance Measurement System for Knowledge Networks for Growth. In E. Enkel, G. von Krogh, & A. Back (Eds.), ***Adapting Networks for Your Business Needs - Knowledge Networks for Growth***. 139-160. St. Gallen, Switzerland: (forthcoming).

Enkel, E., von Krogh, G., & Back, A. (Eds.). 2004. ***Adapting Networks for Your Business Needs - Knowledge Networks for Growth***. St. Gallen, Switzerland: (forthcoming).

Enkel, E., von Krogh, G., Back, A., & Seufert, A. 2004e. Methodology - Setting up Knowledge Networks. In G. von Krogh, A. Back, A. Seufert, & E. Enkel (Eds.), ***Putting Knowledge Networks into Action. A Methodology for Developing and Maintaining Knowledge Networks***: Springer Verlag (forthcoming).

Enkel, E., & Wicki, Y. 2002. Knowledge Networks in Practice: Findings from an International Survey. University of St. Gallen: KowledgeSource Working Paper.

Ernst & Young. 1997. Managing the Value Network.

- F -

Fischer, T. 1997. Koordination im Qualitätsmanagement - Analyse und Evaluation im Kontext der Transaktionskostentheorie, ***HHL-Arbeitspapier Nr. 12***: 1-30. Handelshochschule Leipzig.

Fleisch, E. 2000. ***Das Netzwerkunternehmen: Strategien und Prozesse zur Steigerung der Wettbewerbsfähigkeit in der Networked Economy***. Berlin et al.: Springer.

Foddy, W. 1993. ***Constructing Questions for Interviews and Questionnaires***. Cambridge: Cambridge University Press.

Forsgen, M. 1989. ***Managing the International Process***. London et al.: Routledge.

Foss, N. J., Knudsen, C., & Montgomery, C. A. 1995. An Exploration of Common Ground: Integrating Evolutionary and Strategic Theories of the Firm. In C. A. Montgomery (Ed.), ***Resource-Based and Evolutionary Theories of the Firm: Towards a Synthesis***: 1-42.

Franke, A. 1993. Agency-Theorie. In W. e. al. (Ed.), ***Handwörterbuch der Betriebswirtschaft (HWB)***, 5. Aufl.: 2564-2568. Stuttgart: Poeschel.

Fraunhofer Institut 1998. Benchmarking Wissensmanagement. Berlin: Fraunhofer Institut Produktionsanlagen und Konstruktionstechnik.

Freese, E. 1990. ***Organisationstheorie - Stand und Aussagen aus betriebswirtschaftlicher Sicht***. Wiesbaden: Gabler.

Friedrichs, J. 1990. ***Methoden empirischer Sozialforschung***. Opladen: Westdeutscher Verlag GmbH.

Fuest, U. 1998. ***Die Organisation von Kooperationen - Rahmen, Parameter und Modelle der Gestaltung von Interorganizational Relations***. Dissertation, Universität St. Gallen, St. Gallen.

- G -

Gergen, K. J., & Gergen, M. 1986. ***Social Psychology*** (Second edition). New York: Springer-Verlag.

Gibbert, M., Ruigrok, W., & Kaes, B. 2001. ***Preliminary Suggestions for Enhancing Validity in Case Study Research***. Paper presented at the 21st Annual International Conference, San Francisco, CA.

Giddens, A. 1991. Structuration theory: past, present and future. In D. E. Jary (Ed.), ***Gidden's theory of structuration. A critical appreciation***: 201-222. London, New York: Routhledge.

Girtler, R. 1984. ***Methoden der qualitativen Sozialforschung. Anleitung zur Feldarbeit***. Wien, Köln, Graz.

Glaser, B. G., & Strauss, A. L. 1967. ***The Discovery of Grounded Theory - Strategies for Qualitative Research***. Thousand Oaks et al.: Sage.

Granovetter, M. 1985. Economic Action and Social Structure: The Problem of Embeddedness. ***American Journal of Sociology***, 91: 481-501.

Grant, R. 1996a. Towards a Knowledge-Based Theory of the Firm. ***Strategic Management Journal***, 17: 109-122.

Grant, R. M. 1996b. Toward a Knowledge-based Theory of the Firm. ***Strategic Management Journal***, 17(Winter Special Issue): 109-122.

Grant, R. M., & Almeida, P. 1997. ***Cross-Border Knowledge Building among International Corporations in the Semiconductor Industry***. Paper presented at Carnegie-Bosch Institutskonferenz 'Knowledge in International Corporations', 6-8 Nov. 1997 in Rom.

Grossmann, S. J., & Hart, O. D. 1983. An Analysis of the Principal-Agent Problem. ***Econometrica***, 51: 7-45.

Gurgul, G., Enkel, E., Rumyantseva, M., & Ulrich, C. 2004a. The Customer - an Untapped Source of Innovations. Customer Integration through Knowledge Networks in HP. In E. Enkel, G. von Krogh, & A. Back (Eds.), ***Adapting Networks for Your Business Needs - Knowledge Networks for Growth***. St. Gallen, Switzerland: (forthcoming).

Gurgul, G., Enkel, E., Schulte, K., & Kruse, C.-H. 2004b. Knowledge integration after Mergers & Acquisitions in RWE. In E. Enkel, G. von Krogh, & A. Back (Eds.), ***Adapting Networks for Your Business Needs - Knowledge Networks for Growth***. St. Gallen, Switzerland: (forthcoming).

- H -

Hackmann, J. R. 1987. The design of work teams. In I. Lorsch, & J. William (Eds.), ***Handbook of Organizational Behavior***. London et al.: Prentice-Hall.

Haerem, T., von Krogh, G., & Roos, J. 1996. Knowledge-Bases Strategic Change. In G. von Krogh, & J. Roos (Eds.), ***Managing Knowledge. Perspectives on Cooperation and Competition***: 116-136. London, New Delhi: Thousand Oaks.

Håkansson, H. (Ed.). 1982. ***Industrial Marketing and Purchasing of Industrial Goods - an Interative Approach***. New York: Wiley.

Håkansson, H. 1987. Product Development in Networks. In H. E. Håkansson (Ed.), ***In: Understanding Business Markets, 2. Aufl.***: pp. 475-496. London: Harcourt Brace & Company.

Håkansson, H. 1989. ***Corporate Technological Development: Cooperation and Networks***. London.

Håkansson, H., & Johanson, J. 1988. Formal and Informal Cooperation Strategies in Industrial Networks. In F. J. Contractor, & P. Lorange (Eds.), ***Cooperative Strategies in International Business***: 369-379. Lexington: Lexington Books.

Håkansson, H., & Snehota, I. 1995. ***Developing Relationships in Business Networks***. London etc.: Routledge.

Hall, R. 1992. The Strategic Analysis of Intangible Resources. ***Strategic Management Journal***, 13: 135-144.

Hall, R. 1993. A Framework Linking Intangible Resources and Capabilities to Sustainable Competitive Advantage. ***Strategic Management Journal***, 14: 607-618.

Hall, R. 1994. Intangible Sources of Sustainable Competitive Advantage. In G. Hamel, & A. Heene (Eds.), ***Competence based competition***: 149-169. Chichester: Wiley.

Hamel, G. 1991. Competition for Competence and Inter-partner Learning within International Strategic Alliances. ***Strategic Management Journal***, 12: 83-104.

Hanley, S., & Dawson, C. 2000. Creating Knowledge-based Communities of Practice: Lessons Learned from AMS's Knowledge Management Initiatives. In Y. H. Malhotra (Ed.), ***Knowledge Management and Virtual Organizations***. Hershey: Idea Group Publishing.

Harris, K., Fleming, M., Hunter, R., & Rosser, B. 1999. The Knowledge Management Scenario: Trends and Directions for 1998-2003: Gartner Group Strategic Analysis Report.

Hartmann-Wendels, T. 1992. Agency-Theorie. In E. Frese (Ed.), ***HWO***, 3. Aufl.: 72-79. Stuttgart: Poeschel.

Hedberg, B., Dahlgren, G., Hansson, J., & Olve, N.-G. 1997. ***Virtual Organizations And Beyond: Discover Imaginary Systems***. Chichester: John Wiley & Sons.

Hedlund, G. 1994. A Model of Knowledge Management and the n-form Corporation. ***Strategic Management Journal***, 15(Summer special issue): 73-91.

Hedlund, G., & Nonaka, J. 1993. Models of Knowledge Management in the West and Japan. In P. Lorange, A. K. Chakrabari, & J. Roos (Eds.), ***Implementing Strategic Processes, Change, Learning, and cooperation***: 117-144. Oxfort: Blackwell Business.

Heilmann, H. 1999. Wissensmanagement - ein neues Paradigma? ***HMD - Theorie und Praxis der Wirtschaftsinformatik***, 36(208): 7-23.

Herzberg, F., Mausner, B., & Snyderman, B. B. 1959. ***The Motivation to Work*** (2nd edition). New York: John Wiley & Sons.

Hill, W. 1995. Betriebswirtschaftslehre als Managementlehre. In R. Wunderer (Ed.), ***Betriebswirtschaftslehre als Management- und Führungslehre***, 3. Aufl.: 122-140. Stuttgart: Schäffer-Poeschel.

Hilti. 1997. Hilti Team, Information für die Hilti Mitarbeiterinnen und Mitarbeiter: Nr. 5. Schaan: Hilti.

Hippe, A. 1996. Betrachtungsebenen und Erkenntnisziele in strategischen Unternehmensnetzwerken. In K. Bellmann, & A. Hippe (Eds.), ***Management von Unternehmensnetzwerken***: 21-53. Wiesbaden: Gabler.

Höfling, S., & Mandl, H. 1997. Lernen für die Zukunft. Lernen in der Zukunft. Wissensmanagement in der Bildung. Einleitung. In S. Höfling, & H. Mandl (Eds.), ***Lernen für die Zukunft. Lernen in der Zukunft. Wissensmanagement in der Bildung.***: 9-11: Heinz-Seidel-Stiftung eV.

Högberg, C., & Edvinson, L. 1998. Design for Futurizing Knowledge Networking. ***Journal of Knowledge Management***, 2(2): 81-92.

Holmström, B. R. 1979. Moral Hazard and Observability. ***Bell Journal of Economics***, 10: 74-91.

Homans, G. C. 1958. Social Behavior as Exchange. ***American Journal of Sociology***: 597-606.

Huang, K.-T. 1997. Capitalizing Collective Knowledge for Winning, Execution and Teamwork. ***Journal of Knowledge Management***, 1(2): 149-156.

Huber, G. P. 1991. Organizational Learning - The Contributing Processes and the Literatures. ***Organization Science***, 2(1): 88-115.

Human, S., & Provan, K. 1997. An Emergent Theory of Structure and Outcomes in Small-firm Strategic Networks. ***Academy of Management Journal***, 40: 368-403.

- I -

Inkpen, A. C. 1996. Creating Knowledge through Collaboration. ***California Management Review***, 39(1): 123-140.

Interview_Bi. 2002. Interview mit Bi., Mitglied des Koordinationsteams von Autocorp, ***Interviews Autocorp***.

Interview_Bo. 2002. Interview mit Bo., Mitglied des KM-Mandats von Autocorp, zuständig für ICT-Unterstützung, ***Interviews Autocorp***.

Interview_C_1. 2002. Interview mit C., Leiterin Wissensmanagement im Supportbereich und Programmverantwortliche Customer Foren EMEA von ComputerCorp, ***Interviews ComputerCorp***.

Interview_C_2. 2002. Zweites Interview mit C., Leiterin Wissensmanagement im Supportbereich und Programmverantwortliche Customer Foren EMEA von ComputerCorp, ***Interviews ComputerCorp***.

Interview_C_3. 2003. Drittes Interview mit C., Leiterin Wissensmanagement im Supportbereich und Programmverantwortliche Customer Foren EMEA von ComputerCorp, ***Interviews ComputerCorp***.

Interview_CF. 2002. Interview mit CF., Knowledge Management Consultant von ConsumerCorp England, ***Interviews ConsumerCorp***.

Interview_CF_2. 2002. Zweites Interview mit CF., Knowledge Management Consultant von ConsumerCorp England, ***Interviews ConsumerCorp***.

Interview_G. 2002. Interview mit G., Leiter Wissensmanagement im Supportbereich auf EMEA-Ebene von ComputerCorp, ***Interviews ComputerCorp***.

Interview_H. 2002. Interview mit H., Mitglied des KM-Mandats von Autocorp, Zuständig für Schulungen, Koordinator EngTC KM, ***Interviews Autocorp***.

Interview_Hi. 2002. Interview mit Hi., WW-Enterprise-Knowledge-Management-Verantwortlicher, zuständig als Facilitator für die world wide Teams von ComputerCorp, ***Interviews ComputerCorp***.

Interview_Ho. 2002. Interview mit Ho., WW-Enterprise-Knowledge-Management-Verantwortlicher, zuständig als weltweiter Koordinator für die world wide Teams von ComputerCorp, ***Interviews ComputerCorp***.

Interview_J_1. 2002. Interview mit J., Leiter EMEA IGS Knowledge Management & Intellectual Property Protection von CompConsult, ***Interviews CompConsult***.

Interview_J_2. 2003. Zweites Interview mit J., Leiter EMEA IGS Knowledge Management & Intellectual Property Protection von CompConsult, ***Interviews CompConsult***.

Interview_J_O. 2002. Workshoptag und Interviews mit J., Leiter EMEA IGS Knowledge Management & Intellectual Property Protection und O. Leiter der Knowledge Centers von CompConsult, ***Interviews CompConsult***.

Interview_J_O. 2003. Workshoptag und Interviews mit J., Leiter EMEA IGS Knowledge Management & Intellectual Property Protection und O. Leiter der Knowledge Centers von CompConsult, ***Interviews CompConsult***.

Interview_K_1. 2002. Erstes Interview mit K., Teamleiter KM-Mandat von Autocorp, ***Interviews Autocorp***.

Interview_K_2. 2002. Zweites Interview mit K., Teamleiter KM-Mandat von Autocorp, ***Interviews Autocorp***.

Interview_K_4. 2003. Viertes Interview mit K., Teamleiter KM-Mandat von Autocorp, Schwerpunkt war der Process Innovation TC, ***Interviews Autocorp***.

Interview_Ko. 2002. Interview mit Ko., Mitglied des Koordinationsteams von Autocorp, ***Interviews Autocorp***.

Interview_Kow. 2002. Interview mit Kow., Leiter Wissensmanagement im Supportbereich auf EMEA-Ebene von ComputerCorp, ***Interviews ComputerCorp***.

Interview_L. 2002. Interview mit L., Leiter Prozessmanagement (incl. KM-Mandat) von Autocorp, ***Interviews Autocorp***.

Interview_La. 2002. Interview mit La., Mitglied des Koordinationsteams von Autocorp und Chaiperson EngTC, ***Interviews Autocorp***.

Interview_Lan. 2002. Interview mit Lan., Verantwortlicher für KM im Supportbereich von ComputerCorp, ***Interviews ComputerCorp***.

Interview_M. 2002. Interview mit M., Leiter der KMG von ConsumerCorp, ***Interviews ConsumerCorp***.

Interview_Pö. 2002. Interview mit Pö., Projektverantwortliche für den Aufbau und die Umsetzung der Knowledge Networks von CompConsult, ***Interviews CompConsult***.

Interview_Po_1. 2002. Erstes Interview mit P., Knowledge-Management-Consultant der KMG von ConsumerCorp, ***Interviews ConsumerCorp***.

Interview_Po_2. 2002. Zweites Interview mit P., Knowledge-Management-Consultant der KMG von ConsumerCorp, ***Interviews ConsumerCorp***.

Interview_Si. 2002. Interview mit Si., WW-Enterprise-Knowledge-Management-Verantwortlicher, hat die Kundenforen von ComputerCorp entwickelt, ***Interviews ComputerCorp***.

Interview_Th_1. 2002. Erstes Interview mit Th., Knowledge-Management-Consultant der KMG von ConsumerCorp, ***Interviews ConsumerCorp***.

Interview_Th_2. 2002. Zweites Interview mit Th., Knowledge-Management-Consultant der KMG von ConsumerCorp, ***Interviews ConsumerCorp***.

- J -

Jarillo, J. C. 1988. On Strategic Networks. ***Strategic Management Journal***, 9(1): 31-41.

Jenseen, M. C., & Meckling, W. H. 1976. Theory of the Firm: Managerial Behavior, Agency Costs and Ownership Structure. ***Journal of Financial Economics***, 3: 305-360.

Johanson, J., & Mattsson, L.-G. 1989. Internationalisation in Industrial Systems - a Network Approach. In N. Hood, & J.-E. Vahlne (Eds.), ***Strategies in Global Competition***: 287-314. London et al.: Routledge.

- K -

Kanter, R. M. 1983. ***The Change Masters***. New York: Simon & Schuster.

Kaplan, R. S., & Norton, D. P. 1992. The Balanced Scorecard - Measures that Drive Perfomance. ***Harvard Business Review***, 70(1): 71-79.

Karlenzig, W. 1999. Chrysler's New Know-Mobiles. ***Knowledge Management Magazine***, Mai.

Kasper, H. 1991. Neuerungen durch selbstorganisierende Prozesse. In W. H. Staehle, & J. Sydow (Eds.), ***Managementforschung 1***: 1-74. Berlin, New York: Walter de Gruyter.

Kast, F. E., & Rosenzweig, J. E. 1985. ***Organization and Management. A System and Contigency Approach*** (4th ed.). New York: McGraw-Hill.

Katz, J. 1983. A Theory of Qualitative Methodology. The Social System of Analytical Fieldwork. In R. M. Emerson (Ed.), ***Contemporary Field Research***. Boston: Little Brown.

Katzenbach, J. R., & Smith, D. K. 1993. ***The Wisdom of Teams : Creating the High-Performance Organization***. Boston, MA: Harvard Business School Press.

Katzenbach, J. R., & Smith, D. K. 1994. ***The Wisdom of Teams***. New York: Harper Business.

Keil, M. 1999. ***Zu supranormalen Gewinnen mit Virtualität***. Dissertation, Universität St. Gallen, St. Gallen.

Keller, T. 1995. ***Anreize zur Informationsweitergabe. Entwicklung eines Anreizsystems zur Steigerung der Abgabebereitschaft von Informationen im Informationssystem der Unternehmung***. Hamburg: LIT Verlag.

Kerr, R. 1990. ***Knowledge-based Manufacturing Management Applications of Artificial Intelligence to the Effective Management of Manufacturing Companies***. Sydney et al.: Addison-Wesley.

Kieser, A. 1985. Quo vadis Organisationstheorien - mit der Organisationspraxis, ihr voraus oder hinterher oder ganz woanders hin? ***Zeitschrift für Organisation***, 6: 347-352.

Kieser, A. 1995a. Anleitung zum kritischen Umgang mit Organisationstheorien. In A. Kieser (Ed.), ***Organisationstheorien***, 2. Aufl. ed. Stuttgart, Berlin, Köln: Kohlhammer.

Kieser, A. 1995b. Der situative Ansatz. In A. Kieser (Ed.), ***Organisationstheorien***: 155-184. Stuttgart: Kohlhammer.

Kieser, A. 1995c. Evolutionstheoretische Ansätze. In A. Kieser (Ed.), ***Organisationstheorien***: 237-268. Stuttgart: Kohlhammer.

Kieser, A. (Ed.). 1995d. ***Organisationstheorien***. Stuttgart: Kohlhammer.

Kieser, A., & Kubicek, H. 1992. ***Organisation*** (3. Aufl.). Berlin: de Gruyter.

Kiss, G. 1990. ***Grundzüge und Entwicklung der Luhmannschen Systemtheorie*** (2. Aufl.). Stuttgart: Enke.

Klein, S. 1996. ***Interorganisationssysteme und Unternehmensnetzwerke. Wechselwirkung zwischen organisatorischer und informationstechnischer Entwicklung***. Wiesbaden: Deutscher Universitätsverlag.

Kleinhans, A. M. 1989. ***Wissensverarbeitung im Management - Möglichkeiten und Grenzen wissensbasierter Managementunterstützungs-, Planungs- und Simulationssysteme***. Frankfurt am Main et al.: Lang.

Kogut, B., & Zander, U. 1992. Knowledge of the Firm, Combinative Capabilities, and the Replication of Technology. ***Organization Science***, 3(3): 383-397.

Kogut, B., & Zander, U. 1995. Knowledge of the Firm and the Evolutionary Theory of the Multinational Corporation. ***Journal of International Business Studies***, 26(4): 625-644.

Köhne, M., Enkel, E., Seufert, A., Back, A., & von Krogh, G. 2000. ***Development Aspects and Supportive Factors in Knowledge Networks,*** St. Gallen: BE HSG/ IWI Nr. 18.

Köhne, M., Raimann, J., Seufert, A., von Krogh, G., & Back, A. 1999. The Influence of Human Networks and Human Value Systems on Knowledge Sharing/Transfer Projects, ***Working Paper, University of St. Gallen***: 1-50. St. Gallen.

Komito, L. 1998. The Net as a Foraging Society: Flexible Communities. ***The Information Society***, 14: 97-106.

Kriwet, C. K. 1997. ***Inter- and Intraorganizational Knowledge Transfer***.

Kromrey, H. 1991. ***Empirische Sozialforschung: Modelle und Methoden der Datenerhebung und Datenauswertung*** (5. Aufl.). Opladen: Lesker & Budrich.

Kromrey, H. 2002. ***Empirische Sozialforschung*** (10. Aufl.). Opladen: UTB. Verlag Leske & Budrich.

Kumar, N. 1994. ***Multinational Enterprises and Industrial Organisation***. London et al.: Sage.

- L -

Lamnek, S. 1995a. ***Qualitative Sozialforschung. Band 1. Methodologie*** (3., korrigierte Auflage). Weinheim: Beltz. Psychologie Verlags Union.

Lamnek, S. 1995b. ***Qualitative Sozialforschung. Band 2: Methoden und Techniken***. Weinheim: Beltz. Psychologie Verlags Union.

Larson, A. 1992. Networks Dyads in Enterpreneurial Settings: A Study of the Governance of Exchange. ***Administrative Science Quartely***, 27: 76 - 104.

Lave, J., & Wenger, E. 1991. ***Situate Learning: Legitimate Peripherial Participation***. Cambridge: Cambridge University Press.

Lawrence, P. R., & Lorsch, J. W. 1969. ***Organization and Environment***. Homewood (IL): Irwin.

Leonard, D., & Sensiper, S. 1998. The Role of Tacit Knowledge in Group Innovation, ***California Management Review***, Vol. 40: 112-132.

Leonard, D. A., & Swap, W. C. 1999. ***When Sparks Fly - Igniting Creativity in Groups***. Boston, MA: Harvard Business School Press.

Leonard-Barton, D. 1995. ***Wellsprings of Knowledge: Building and Sustaining the Source of Innovation***. Boston, Massachusetts: Harvard Business School Press.

Lincoln, J. R. 1982. Intra- (and Inter-) organizational Networks. In S. B. Bacharach (Ed.), ***Research in the Sociology of Organizations***: 255-294. Greenwich: CT: JAI.

Lincoln, Y. S., & Guba, E. G. 1985. But is it Rigorous) Trustworthiness and Authenticity in Naturalistic Evaluation. In D. D. Williams (Ed.), ***Naturalistic Evaluation***. San Franscico: Jossey-Bass.

Luhmann, N. 1984. ***Soziales Systeme. Grundriß einer allgemeinen Theorie***. Frankfurt am Main.

- M -

Malik, F. 1986. ***Strategie des Management komplexer Systeme*** (2. Aufl.). Bern: Haupt.

Malnight, T. W. 1996. The Transition from Decentralized to Network-based MNC Structures: An Evolutionary Perspective. ***Journal of International Business Studies***, 17(1): 43-65.

March, J. G., & Simon, H. A. 1958. ***Organizations***. New York et al.: John Wiley & Sons.

Marshall, L. 1997. Facilitating Knowledge Management and Knowledge Sharing: New Opportunities for Information Professionals. ***Online***, 21(5): 92-98.

Mattsson, L.-G. 1987. Management of Strategic Change in a Market-as-Networks Perspective. In A. M. Pettigrew (Ed.), ***The Management of Strategic Change***: 234-260. Oxfort: Basil Blackwell.

Mayring, P. 2000. ***Qualitative Inhaltsanalyse: Grundlagen und Techniken***. Weinheim & Basel: Beltz.

McAllister, D. J. 1995. Affect- and Cognition-based Trust as Foundations for Interpersonal Cooperation in Organizations. ***Academy of Management Journal***, 38(1): 24-59.

Miles, M. B., & Huberman, A. M. 1994. ***Qualitative Data Analysis : an Expanded Sourcebook*** (2nd ed.). Thousand Oaks: Sage Publications.

Miles, R., & Snow, C. 1986. Network Organizations: New Concepts for New Forms. ***California Management Review***, 28(3): 62-73.

Miles, R. E., & Snow, C. C. 1992. Causes of Failure in Network Organizations. ***California Management Review***, 34(4): 53-72.

Miles, R. E., & Snow, C. C. 1994. ***Fit, Failure and the Hall of Fame: How Companies Succeed or Fail***. New York,: Free Press.

Millarg, K. 1998. ***Virtuelle Fabrik: Gestaltungsansätze für eine neue Organisationsform in der produzierenden Industrie***. Regensburg: Transfer.

Mingers, J. 1995. ***Self-Producing Systems: Implications and Application of Autopoiesis***. New York: Plenum Press.

Mintzberg, H. 1979. An Emerging ^Strategy of "Direct" Research. ***Administrative Science Quartely***, 24: 580-589.

Mitchell, J. C. 1969. The Concept and Use of Social Networks. In J. C. Mitchell (Ed.), ***Social Networks in Urban Situations***: 1-12. Manchester: Manchester University Press.

Mongoose_Technology. 2002. The 12 Principles of Collaboration. Guidelines for Designing Interaction Management Services, Vol. 03.09.2002: www.mongoosetech.com/realcommunities/12prin.html.

Müller-Stewens, G. 1997. Grundzüge einer Virtualisierung. In G. Müller-Stewens (Ed.), ***Virtualisierung von Organisationen***, Vol. 16: 23-41. Zürich: Schäffer-Poeschel/NZZ.

Müller-Stewens, G., & Lechner, C. 2001. ***Strategisches Management - Wie strategische Initiativen zum Wandel führen***. Stuttgart: Schäffer-Poeschel.

Mynatt, E., Adler, A., Mizuko, I., & O'Day, V. 1999. Design for Network Communities, Xerox PARC: www.parc.xerox.com.

- N -

Nanda, A. 1996. Organisational Learning and Competitive Advantage. In B. Moingeon, & A. Edmondson (Eds.): 96-120. London: Sage.

Nelson, R. 1991. Why Do Firms Differ, and How Does it Matter? ***Strategic Management Journal***, 12(Winter Special Issue: Fundamental Research Issues in Strategy and Economics.): 61-74.

Nelson, R., & Winter, S. G. 1982. ***An Evolutionary Theory of Economic Change***. Cambridge, MA: Harvard University Press.

Newell, A., & Simon, H. A. 1972. ***Human Problem Solving.*** NJ: Englewood Cliffs.

Nohira, N., & Ghoshal, S. 1991. ***Distributed Innovation in the Differential Network***. INSEAD, Fontainebleau.

Nohria, N. 1992. Is a Network Perspective a Useful Way of Studying Organizations? In N. Nohria, & R. Eccles (Eds.), ***Networks and Organizations***: 1-23. Boston.

Nonaka, I. 1991. The Knowledge-Creating Company. ***Harvard Business Review***, 69(6): 96-104.

Nonaka, I. 1994. A Dynamic Theory of Organizational Knowledge Creation. ***Organization Science***, 5(1).

Nonaka, I. 2000. ***Knowledge Emergence Social, Technical, and Evolutionary Dimensions of Knowledge Creation***. Oxford: University Press.

Nonaka, I., & Konno, N. 1998. The Concept of "Ba": Building a Foundation for Knowledge Creation. ***California Management Review***, 40(3): 40-54.

Nonaka, I., Reinmoeller, P., & Senoo, D. 1998. The Art of Knowledge: Systems to Capitalize on Market Knowledge. ***European Management Journal***, 16(6): 673-684.

Nonaka, I., & Takeuchi, H. 1995. ***The Knowledge Creating Company: How Japanese Companies Create the Dynamics of Innovation***. New York / Oxford: Oxford University Press.

Nonaka, I., Takeuchi, H., & Mader, F. 1997. ***Die Organisation des Wissens - wie japanische Unternehmen eine brachliegende Ressource nutzbar machen***. Frankfurt/Main [etc.]: Campus-Verlag.

Nonaka, I., Toyama, R., & Nagata, A. 2000. A Firm as a Knowledge Creating Entity: A new Perspective on the Theory of the Firm. ***Industrial and Corporate Change***, 9(1): 1-17.

North, K. 1998. ***Wissensorientierte Unternehmensführung Wertschöpfung durch Wissen***. Wiesbaden: Gabler.

- O -

O'Dell, C. 1998. ***If only We Knew What We Know: The Transfer of Internal Knowledge and Best Practice.*** New York, NY: Free Press.

Orr, J. 1987. Talking about Machines: Social Aspects of Expertise. Palo Alto, CA.: Report for the Intelligent Systems Laboratory, Xerox Palo Alto Research Center.

Orr, J. 1990. ***Talking about Machines: An Ethnography of Modern Job.*** Unpublished Ph.D. Thesis, Cornell University.

Österle, H., Fleisch, E., & Alt, R. 2001. ***Business Networking: Shaping Collaboration Between Enterprises*** (2 ed.). Berlin et al.: Springer.

Osterloh, M. 1988. ***Organisationstheorie und Transaktionskostentheorie.*** Diskussionsbeitrag Nr. 40, Universität Erlangen-Nürnberg, Nürnberg.

Ouchi, W. G. 1980. Markets, Bureaucracies and Clans. ***Administrative Science Quarterly***, 25(3): 129-141.

- P -

Packard, D. 1996. ***Die "ComputerCorp" Story (Firmenname geändert).*** Frankfurt/M.: Campus Verlag.

Pascale, R. 1990. ***Managing on the Edge.*** New York: Simon & Schuster.

Penrose, E. T. 1959. ***The Theory of the Growth of the Firm.*** Oxford: Blackwell.

Peters, T. J. 1987. ***Thriving on Chaos.*** London: MacMillan.

Pettigrew, A. M. 1992. The Character and Significance of Strategy Process Research. ***Strategic Management Journal***, 13: 5-16.

Picot, A. 1982. Transaktionskostenansatz in der Organisationstheorie: Stand der Diskussion und Aussagewert. ***Die Betriebswirtschaft***, 42(2): 267-284.

Picot, A. 1990. ***Ökonomische Theorien der Organisation.Ein Überblick über neue Ansätze und deren betriebswirtschaftliches Anwendungspotential.*** Vortrag anlässlich der 52. Wissensschaftlichen Tagung des Verbandes der Hochschullehrer für Betriebswirtschaft, 5.-8. Juni 1990 in Frankfurt/M.

Picot, A. 1991. Ökonomische Theorien der Organisation - ein Überblick über neuere Ansätze und deren betriebswirtschaftliches Anwendungspotential. In D. Orderheide, B. Rudolph, & E. Büsselmann (Eds.), ***Betriebswirtschaftslehre und ökonomische Theorie***: 143-170. Stuttgart: Poeschel.

Picot, A., Reichwald, R., & Wigand, R. T. 1998. ***Die grenzenlose Unternehmung: Information, Organisation und Management. Lehrbuch zur Unternehmensführung im Informationszeitalter*** (3. Aufl.). Wiesbaden: Gabler.

Piore, M. E., & Sabel, C. F. 1989. ***Das Ende der Massenproduktion - Studie überdie Requalifizierung der Arbeit und die Rückkehr der Ökonomie in der Gesellschaft.*** Frankfurt: Fischer Taschenbuch Verlag.

Polanyi, M. 1966. ***The Tacit Dimension.*** New York: Routhledge & Kegan Paul.

Polanyi, M. 1967. ***The Tacit Dimension.*** Garden City, N.Y.: Anchor Books.

Polanyi, M. 2002. ***Personal Knowledge Towards a Post-critical Philosophy*** ([Reprint]). London: Routhledge.

Porter, M. 1980. ***Competitive Strategy: Techniques for Analyzing Industries and Competitors.*** New York: Free Press.

Porter, M. E. 1985. ***Competitive Advantage: Creating and Sustaining Superior Performance.*** New York: Campus.

Potter, R., Balthazard, P., & Cooke, R. 2000. Virtual Team Interaction: Assessment, Consequences, and Management. ***Team Performance Management: An International Journal,*** 6(7/8): 131-137.

Powell, W. 1998. Learning from Collaboration: Knowledge and Networks in the Biotechnology and Pharamaceutical Industries. ***California Management Review,*** 40(3): 228-241.

Powell, W. W. 1987. Hybrid Organization Arrangements: New Forms of Transnational Development. ***California Management Review,*** 30(1): 67-87.

Powell, W. W. 1990. Neither Market nor Hierarchy - Network Forms of Organization. ***Research in Organizational Behavior,*** 12: 295-336.

Prahalad, C. K., & Doz, Y. L. 1987. ***The Multinational Mission - Balancing Local Demands and Global Vision.*** New York: Free Press.

Prahalad, C. K., & Hamel, G. 1990. The Core Competence of the Corporation. ***Harvard Business Review,*** 68(3): 79-91.

Probst, G. J. B. 1987. ***Selbstorganisation. Ordnungsprozesse in sozialen Systemen aus ganzheitlicher Sicht.*** Berlin etc.: Parey.

Probst, G. J. B., Raub, S., & Romhardt, K. 1999. ***Wissen managen wie Unternehmen ihre wertvollste Ressource optimal nutzen*** (3. Aufl.). Frankfurt am Main: Frankfurter Allgemeine Zeitung für Deutschland.

Probst, G. J. B., Romhardt, K., & Raub, S. 1997. ***Wissen managen - Wie Unternehmen ihre wertvollste Ressource optimal nutzen***. Wiesbaden: Gabler.

Provan, K., & Milward, H. 1995. A Preliminary Theory of Interorganizational Network Effectivness: A Comparative Study of Four Community Mental Health Systems. ***Administrative Science Quartely***, 40: 1-33.

Prusak, L. 2002. Keynote Speech on the McMaster World Congress on Intellectual Capital. Hamilton (Kanada).

Pugh, D. S. 1968. Dimensions of Organization Structure. ***Administrative Science Quartely***, 13: 91-114.

Puppe, F. 1990. ***Problemlösungsmethoden in Expertensystemen***. Berlin, Heidelberg: TU Karlsruhe.

- Q -

Quinn, B. 1992. ***Intelligent Enterprise - A Knowledge and Service Based Paradigm for Industry***. New York: The Free Press.

- R -

Raimann, J. 2002. ***Unterstützung von Wissensnetzwerken mit I-Net-basierten Informations- und Kommunikationstechnologien Konzepte, Dienstemodell, Vorgehen***. St. Gallen: Universität.

Raimann, J., & Back, A. 2000. Software-Tools und Architekturmodell für das Wissensmanagement. ***ControllerNews: Die Zeitschrift für Controlling und Unternehmensführung***, 3: 69-72.

Raimann, J., & Koehne, M. 2004. Knowledge Networks - A Tools Perspective. In A. Back, G. von Krogh, A. Seufert, & E. Enkel (Eds.), ***Getting Real about Knowledge Networks. Unlock Corporate Knowledge Assets***: 141-149. London et al.: Palgrave (forthcoming).

Raimann, J., Koehne, M., Seufert, A., von Krogh, G., & Back, A. 2000. Performance Measurement of Communities of Practice, ***KnowledgeSource Working Paper***. St. Gallen.

Raven, A., & Prasser, S. G. 1998. IT Support for the Creation and Transfer of Tacit Knowledge in Organisations, Vol. 1998: Beitrag der University of Southern California and University of California.

Rehäuser, J., & Krcmar, H. 1996. Wissensmanagement in Unternehmen. In G. Schreyoegg, & P. Conrad (Eds.), ***Wissensmanagement, Managementforschung 6.***, Vol. 6: 1-40. Berlin: Springer.

Reinmann-Rothmeier, G., & Mandl, H. 1997. Wissensmanagement: eine Antwort auf Informationsflut und Wissensexplosion. In S. Höfling, & H. Mandl (Eds.), ***Lernen für die Zukunft. Lernen in der Zukunft. Wissensmanagement in der Bildung***: 12-23. München: Hanns-Seidel-Stiftung eV.

Reiß, M. 1996. Grenzen der grenzenlosen Unternehmung. ***Die Unternehmung***, 3: 195-206.

Reiß, M. 1998. Mythos Netzwerkorganisation. ***Zeitschrift für Organisation***, 4: 224-228.

Renz, T. 1998. ***Management in internationalen Unternehmensnetzwerken***. Wiesbaden.

Ring, P. S., & Van de Van, A. 1994. Structuring Cooperative Relationships between Organizations. ***Academy of Management Journal***, 19: 90-118.

Roethlisberger, F. J., & Dickson, W. J. 1939. ***Management and the Worker***. Boston (MA): Harvard University Press.

Roithmayr, F., & Fink, K. 1997. Know-how - Unternehmen. ***Wirtschaftsinformatik***, 39(5): 503-506.

Roos, G., & Roos, J. 1997. Measuring Your Company's Intellectual Performance. ***Journal of Long Range Planning***, 30(3): 413-426.

Roth, E. 1993. ***Sozialwissensschaftliche Methoden*** (3. Aufl.). München, Wien: Oldenbourg Verlag.

Ruigrok, W., Pettigrew, A. M., Peck, S., & Whittington, R. 1999. Corporate Restructuring and New Forms of Organizing: Evidende from Europe. ***Management International Review***, 39(2, Special Issue): 41-64.

Rumelt, R. P. 1984. Towards a Strategic Theory of the Firm. In R. Lamb (Ed.), ***Competitive Strategic Management***: 556-570. Englewood Cliffs (NJ): Prentice-Hall.

Rumyantseva, M., Enkel, E., & Pos, A. 2004. Supporting Innovation through Innovation Networks in Unilever. In E. Enkel, G. von Krogh, & A. Back (Eds.), ***Adapting Networks for Your Business Needs - Knowledge Networks for Growth***. St. Gallen, Switzerland: (forthcoming).

Rumyantseva, M., Gurgul, G., & Enkel, E. 2002. Perspectives for Our Partners Vol. 5: Knowledge Integration after Mergers and Acquisitions. St. Gallen: HSG.

Ryle, G. 1949. ***The Concept of Mind***. London: Hutcheson.

- S -

Sanderlands, L., & Stablein, R. 1987. The Concept of Organization Mind. In E. S. Bacharach, & N. DiTomaso (Eds.), ***Reserach in the Sociology of Organizations***: 135-161. Greenwich (CT): JAI Press.

Savage, C. M. 1990. ***5th Generation Management***. Bedfort (MA): Digital Press.

Scheff, J. 1999. ***Lernende Regionen: regionale Netzwerke als Antwort auf globale Herausforderungen***. Wien: Linde.

Scheidt, B. 1995. ***Die Einbindung junger Technologieunternehmen in Unternehmens- und Politiknetzwerken. Eine theoretische, empirische und strukturpolitische Analyse.*** Berlin: Duncker & Humblot.

Schnell, R., Hill, P. B., & Esser, E. 1999. ***Methoden der empirischen Sozialforschung*** (6., völlig überarbeitet und erweiterte Auflage). München, Wien: R. Oldenbourg Verlag.

Scholz, C. 1997. ***Strategische Organisationen: Prinzipien zur Virtualisierung und Vitalisierung.*** Landsberg/Lech: Moderne Industrie.

Schreyögg, G. 1978. ***Umwelt, Technologie und Organisationsstruktur. Eine Analyse des kontingenztheoretischen Ansatzes.*** Bern et al.: Haupt.

Schreyögg, G., & Conrad, P. 1996. ***Wissensmanagement.*** Berlin et al.: Walter de Gruyter.

Schubert, K. 1994. Netzwerke und Netzwerkansätze: Leistungen und Grenzen einer sozilwissenschaftlichen Konzepts. In M. Kleinaltenkamp, & K. Schubert (Eds.), ***Netzwerkansätze in Business-to-Business-Marketing.*** Wiesbaden: Gabler.

Schütt, P. 2001. Communities - die Zukunft der Internehmensorganisation?: Wissensmanagement online, http://www.wissensmanagement.net/online/archiv/2001/04_0501/community1.htm.

Senge, P. 1994. ***The Fifth Discipline: The Art and Practice of Learning Organization.*** New York, New York: Currency Doubleday.

Seufert, A. 1997. ***Groupware-enabled Data Warehouse. Mannagement Support für die professionelle Know-how Organisation.*** Dissertation, University of St. Gallen, St. Gallen.

Seufert, A. 2000. Proposal Competence Centre Knowledge Networks for Growth: 1-17. St. Gallen.

Seufert, A., Back, A., & von Krogh, G. 1999a. Towards a Reference Model for Knowledge Networks. ***Working Paper Research Center KnowledgeSource, University of St. Gallen,*** BE HSG/ IWI 3 Nr. 5/ IfB Nr. 34.

Seufert, A., Back, A., & von Krogh, G. 1999b. Towards Knowledge Networking. ***Journal of Knowledge Management,*** 3(3): 180-190.

Seufert, A., Back, A., von Krogh, G., & Enkel, E. 2004. Knowledge Networks Building Blocks. In G. von Krogh, A. Back, A. Seufert, & E. Enkel (Eds.), ***Putting Knowledge Networks into Action. A Methodology for Developing and Maintaining Knowledge Networks.*** Springer Verlag (forthcoming).

Seufert, A., & Seufert, S. 1998. Wissensgenerierung und -transfer in Knowledge Networks. Knowledge Networks als Basis für die Steigerung der Lernfähigkeit von Unternehmen. ***io Management,*** 67(10): 76-84.

Simon, H. A. 1976. ***Administrative Behaviour*** (3rd ed.). New York: MacMillan.

Skandia. 1994. Visualizing Intellectual Capital in Skandia. Supplement to Skandia's Annual Report.

Skandia. 2000. Visualizing Intellectual Capital in Skandia. Supplement to Skandia's Annual Report.

Smaling, A. 1992. Objectivity, Reliability and Validity. In J. N. Bruinsma, & M. A. Zwangenburg (Eds.), ***Methodology for Management Specialists: Trends and Methods***: 302-322. UP Working paper: University of Pretoria.

Smalley-Bowen, T., & Scannell, E. 1999. Making Knowledge Means Business. ***Info World***, 21(8): 69-70.

Snyder, W. 1997. Communities of Practice - Combining Orgnanizational Learning and Strategy Insights to Create a Bridge to the 21st Century, Vol. Zugriff am 2.10.2001: http://www.co-i-l.com/coil/knowledge-garden/cop/rreading.shtml.

Snyder, W. M. 1999. Organization and World Design: the Gaia's Hypothesis. Submitted to the Academy of Management, Vol. 26.05.00: www.co-i-l.com/coil/knowledge-garden/cop/gaia.shtml.

Spender, J. C. 1996a. Making Knowledge the Basis of a Dynamic Theory of the Firm. ***Strategic Management Journal***, Winter Special Issue(17): 45-62.

Spender, J. C. 1996b. Organizational Knowledge, Learning and Memory: Three concepts in Search of a Theory. ***Journal of Organizational Change Management***, 9: 63-78.

Spender, J. C., & Grant, R. 1996. Knowledge and the Firm: Overview. ***Strategic Management Journal***, 17(Winter Special Issue): 45-62.

Spremann, K. 1988. Reputation, Information, Garantie. ***Zeitschrift für Betriebswirtschaft***, 58 Jg.: 613-629.

Staehle, W. H. 1999. ***Management: Eine verhaltenswissenschaftliche Perspektive*** (8. Aufl.). München: Vahlen.

Stake, R. E. 1995. ***The Art of Case Study Research***. Thousand Oaks et al.: Sage.

Stehr, N. 1992. ***Practical Knowledge Applying the Social Sciences***. London et al.: Sage.

Steward, T. 1992. The Search for the Organization of Tomorrow. ***Fortune***, 18: 66-72.

Stewart, T. A. 1991. Brainpower: How Intellectual Capital is becoming America's Most Valuable Asset. ***Fortune***, 123(11): 42-60.

Strauss, A., & Corbin, J. 1994. ***Basic of Qualitative Research. Grounded theory Procedures and Techniques***. Newbury Park, CA: Sage.

Subramaniam, M., & Venkatraman, N. 2001. Determinants of Transnational New Product Development Capability: Testing the Influence of Transferring and Deploying Tacit Overseas Knowledge. ***Strategic Management Journal***, 22(4): 359-378.

Sullivan, P. H. 1998. ***Profiting from Intellectual Capital Extracting Value from Innovation***. New Yorket al.: Wiley.

Sveiby, K. E. 1996. Transfer of Knowledge and the Information Processing Professions. ***European Management Journal***, 14(4): 379-388.

Sveiby, K. E. 1997. ***The New Organizational Wealth: Managing and Measuring Knowledge-based Assets***. San Francisco, CA: Berret-Koehler.

Sydow, J. 1992. ***Strategische Netzwerke: Evolution und Organisation***. Wiesbaden: Gabler.

Sydow, J., Windeler, A., Krebs, M., A., L., & van Well, B. 1995. ***Organisation von Netzwerken. Strukturationstheoretische Analysen der Vermittlungspraxis in Versicherungsnetzwerken***. Opladen: Westdeutscher Verlag.

Szulanski, G. 1996. Exploring Internal Stickiness: Impediments to the Transfer of Best Practices within the Firm. ***Strategic Management Journal***, 17(Special Issue: Knowledge and the Firm): 27-43.

Szulanski, G. 2000. The Process of Knowledge Transfer: A Diachronic Analysis of Stickiness. ***Organizational Behavior & Human Decision Processes***, 82(1): 9-27.

- T -

Teece, D. 1977. Technology Transfer by Multinational Firms: The Source Cost of Transferring Technological Know-How. ***Economic Journal***, 87(346): 242-261.

Teece, D. 1981a. The Multinational Enterprise: Market Failure and Market Power Considerations. ***Sloan Managemenet Review***, 22: 3-17.

Teece, D., Pisano, G. P., & Shuen, A. 1997. Dynamic Capabilities and Strategic Management. ***Strategic Management Journal***, 18: 509-533.

Teece, D. J. 1981b. The Market for Know-how and the Efficient International Transfer of Technology. ***The Annals of the Academy of Political and Social Science***, 458(November): 81-96.

Thiesse, F. 2001. ***Prozessorientiertes Wissensmanagement - Konzepte, Methode, Fallbeispiele***. St. Gallen.

Thorelli, H. B. 1986. Networks: Between Markets and Hierarchies. ***Sloan Managemenet Review***(7): 37-51.

Tichy, N., Tushman, M., & Fombrun, C. 1979. Social Networks Analysis for Organizations. ***Academy of Management Journal***, 4: 507-519.

Toffler, A. 1990. ***Powershift: Knowledge, Wealth and Violence at the Edge of 21st Century***. New York, New York: Bantam Books.

Treumann, K. P. 1998. Triangulation als Kombination qualitativer und quantitativer Forschung. In J. Abel, R. Möller, & K. P. Treumann (Eds.), ***Einführung in die Empirische Pädagogik***, Vol. 2: 154-182: Verlag W. Kohlhammer.

Tröndle, D. 1987. ***Kooperationsmanagement - Steuerung interaktioneller Prozesse bei Unternehmenskooperationen***. Bergisch-Gladbach: Josef Eul.

Tuckman, B. W. 1965. Development Sequence in Small Groups. ***Psychological Bulletin***, 63(6): 384-399.

Tuckman, B. W., & Jensen, M. A. C. 1977. Stages in Small Group Development Revisited. ***Group and Oranizational Studies***, 2: 419-427.

Turnball, P. W., & Valla, J.-P. (Eds.). 1986. ***Strategies for Industrial Marketing***. London: Croom Helm.

- U -

Ulrich, H. 1984. Die Betriebswirtschaftslehre als anwendungsorientierte Sozialwissenschaft. In H. Ulrich, T. Dyllick, & G. Probst (Eds.), ***Management***: 170-195. Bern: Haupt.

Uzzi, B. 1997. Social Structure and Competition in Interfirm Networks: The Paradox of Embeddedness. ***Administrative Science Quartely***, 42: 35-67.

- V -

Van Twist, M. J., & Schaap, L. 1992. Introduction to Autopoiesis Theory and Autopoietic Steering. In R. J. Veld, L. Schaap, C. A. Termeer, & M. J. van Twist (Eds.), ***Autopoiesis and Configuration Theory: New Approaches to Societal Steering***: 31-44. Dordrecht: Kluwer Academics.

Varela, F. J. 1979. ***Principles of Biological Autonomy***. New York: Elsevier/North-Holland.

Varela, F. J., Thompson, E., & Rosch, E. 1992. ***The Embodied Mind: Cognitive Science and Human Experience***. Cambridge (MA): MIT Press.

Vassiliadis, S. 2002. ***Knowledge Networks in Management Consultancies : Case Studies of Hellenic Firms***. Dissertation, Universität St. Gallen, Bamberg.

Vassiliadis, S., Buzzi, G., & Seufert, A. 1999a. @vantage: Nutzenpotentiale für Wissensmanagement. ***KnowledgeSource Working Paper No. 6 University of St. Gallen***.

Vassiliadis, S., Seufert, A., Back, A., & von Krogh, G. 2000. Competing with Intellectual Capital: Theoretical Background, ***KnowledgeSource Working Paper***. St. Gallen.

Vassiliadis, S., Wicki, Y., Seufert, A., Back, A., & von Krogh, G. 1999b. Knowledge Networks: Linking Knowledge Management to Business Strategy. St. Gallen: Knowledge Source.

Venzin, M. 1997a. ***Crafting the Future Strategic Conversations in the Knowledge Economy***.

Venzin, M. 1997b. ***Crafting the Future Strategic Conversations in the Knowledge Economy***. St. Gallen.

Venzin, M., von Krogh, G., & Roos, J. 1998. Future Research into Knowledge Management. In G. von Krogh, J. Roos, & D. Kleine (Eds.), ***Knowing in Firms. Understanding, Managing and Measuring Knowledge***: 26-66. London et al.: Sage.

Vicari, S., & Trioilo, G. 1997. Errors and Learnings in Organizations. In G. von Krogh, J. Roos, & D. Kleine (Eds.), ***Knowing in Firms***: 204-218. London: Sage.

Vogt, J. 1987. ***Vertrauen und Kontrole in Tansaktionen***. Wiesbaden: Gabler.

von Hippel, E. 1994. "Sticky Information" and the Locus of Problem Solving: Implications for Innovation. ***Management Science***, 40(4): 429-439.

von Krogh, G. 1998. Care in Knowledge Creation. ***California Management Review***, 40(3): 133-153.

von Krogh, G. 2002. Wissensstrategie, ***IfB Managementseminare***.

von Krogh, G., Back, A., Seufert, A., & Enkel, E. (Eds.). 2004. ***Putting Knowledge Networks into Action. A Methodology for Developing and Maintaining Knowledge Networks***: Springer Verlag.

von Krogh, G., Ichijo, K., & Nonaka, I. 2000. ***Enabling Knowledge Creation: How to Unlock the Mystery of Tacit Knowledge and Relaese the Power of Innovation***. New York: Oxford University Press.

von Krogh, G., & Köhne, M. 1998. Der Wissenstransfer in Unternehmen. Phasen des Wissenstransfers und wichtige Einflussfaktoren. ***Die Unternehmung***, 5/6: 235-252.

von Krogh, G., Nonaka, I., & Aben, M. 2001. Making the Most of Your Company's Knowledge: A Strategic Framework. ***Long Range Planning***, 34: 421-439.

von Krogh, G., Nonaka, I., & Ichijo, K. 1997. Develop Knowledge Activists! ***European Management Journal***, 15(5): 475-483.

von Krogh, G., & Roos, J. 1992. Figuring Out Your Competence Configuration. ***European Management Journal***, 10(4): 422-427.

von Krogh, G., Roos, J., & Kleine, D. 1998. ***Knowing in Firms. Understanding, Managing and Measuring Knowledge***. London et al.: Sage.

von Krogh, G., Roos, J., & Slocum, K. 1994. An Essay on Corporate Epistemology. ***Strategic Management Journal***, 15: 53-71.

von Krogh, G., & Ross, J. 1995. ***Organizational Epistomology***. New York.

von Krogh, G., & Ross, J. 1996a. Imitation of Knowledge: A Sociology of Knowledge Perspective. In G. von Krogh, & J. Ross (Eds.), ***Managing Knowledge - Perspectives on Cooperation and Competition***. London et al.: Sage.

von Krogh, G., & Ross, J. 1996b. ***Managing Knowledge. Perspectives on cooperation and Competition.*** London/Thousand Oaks/New Delhi.

von Krogh, G., & Venzin, M. 1995. Anhaltende Wettbewerbsvorteile durch Wissensmanagement. ***Die Unternehmung***, 95(6): 417-435.

von Krogh, G., Vicari, S., & Bronn, P. S. 1993. Auto-what? A New Perspective on Corporate Self Awareness. ***European Management Journal***, 11(3): 342-346.

von Maur, E., & Winter, R. (Eds.). 2003. ***Vom Data Warehouse zum Corporate Knowledge Center***. Physica-Verlag.

- W -

Weber, B. 1996. ***Die Fluide Organisation: Konzeptionelle Überlegungen für die Gestaltung und das Management von Unternehmen in hochdynamischen Umfeldern***. Bern, Stuttgart, Wien: Paul-Haupt.

Weick, K. E. 1995. What Theory is not, Theorizing is. ***Administrative Science Quarterly***, 40: 385-391.

Wenger, E. 1998a. Communities of Practice - Learning as a Social System. ***Systems Thinker***. 1-12.

Wenger, E. 1998b. ***Communities of Practice - Learning Meaning and Identity***. Cambridge: Cambridge University Press.

Wenger, E., McDermott, R., & Snyder, W. M. 2002. ***A Guide to Managing Knowledge: Cultivating Communities of Practices*** (1st ed.). Boston, Massachusetts, USA: Harvard Business School Press.

Wenger, E., & Snyder, W. 2000a. Communities of Practice: Warum sie eine wachsende Rolle spielen. ***Harvard Business Manager***(4): 55-62.

Wenger, E., & Snyder, W. M. 2000b. Communities of Practice: The Organisational Frontier. ***Harvard Business Review***, 78: 139-145.

Wernerfelt, B. 1984. A Resource-Based View of the Firm. ***Strategic Management Journal***, 5(2): 171-180.

Whetten, D. A. 1989. What Constitutes a Theoretical Contribution? ***Academy of Management Review***, 14(4): 490-495.

Whittington, R., & Mayer, M. 1997. Beyond or Behind the M-form? The Structures of European Businesses. In H. Thomas, D. O'Neill, & M. Ghertma (Eds.), ***Strategy, Strcture and Style***: 241-258. Chichester: Wiley.

Widmer, G. 1999. ***Die Rolle von Wissensmanagement bei Diversifikationsstrategien***. Diplomarbeit, Universität St. Gallen, St. Gallen.

Widmer, R. 1990. ***Informationstechnologien und Organisationsspielräume***. Bern: Haupt.

Wiendtje, M. 2001. ***Communities of Practice binnen een formele organisatie: Beschermd of Opgesloten?*** Master Thesis, Universtität von Amsterdam, Amsterdam.

Williamson, O. E. 1975. ***Markets and Hierarchies: Analysis and Antitrust Implications. A study in the Economics of Internal Organization***. New York: The Free Press.

Williamson, O. E. 1985. ***The Economic Institutions of Capitalism: Firms, Markets, Relational Contracting***. New York (NY): The Free Press.

Williamson, O. E. 1989. Transaction Cost Economics. In R. Schmalensee, & R. D. Willig (Eds.), ***Handbook of Industrial Organization***, Vol. 1: 135-182. Amsterdam: Elsevier Science Publishing.

Williamson, O. E. 1991a. Comparative Economic Organization - Vergleichende ökonomische Organisationstheorie - die Analyse diskreter Strukturalalternativen. In D. Ordelheide, B. Rudolf, & E. Büsselmann (Eds.), ***Betriebswirtschaftslehre und ökonomische Theorie***: 13-49. Stuttgart: Poeschel.

Williamson, O. E. 1991b. Comparative Economic Organization: The Analysis of Discrete Structural Alternatives. ***Administrative Science Quarterly***(36): 269-296.

Witte, E. 1989. Objektwandel in der Organisationsforschung. In E. Seidel, & D. Wagner (Eds.), ***Organisation: Evolutionäre Interdependenzen von Kultur und Struktur der Unternehmung***: 27-36. Wiesbaden: Festschrift für Knut Bleicher zum 60. Geburtstag. Gabler.

Witzel, A. 1982. ***Verfahren der qualitativen Sozialforschung. Überblick und Alternativen***. Frankfurt.

- Y -

Yates, J., Orlikowski, W. J., & Okamura, K. 1999. Explicit and Implicit Structuring of Genres in Electronic Communication: Reinforcement and Change of Social Interaction. ***Organization Science***, 10(1): 83-103.

Yin, R. K. 1994. ***Case Study Research - Design and Methods*** (2 ed.). London: Sage.

- Z -

Zack, M. H. 1999. Managing Codified Knowledge. ***Sloan Management Review***, Summer 1999, Volume 40, Nuber 4: 45 - 58.

Zahn, E., Foschiani, S., & Tilebein, M. 2000. Wissen und Strategiekompetenz. In P. Hammann, & J. Freiling (Eds.), ***Die Ressourcen- und Kompetenzperspektive des Strategischen Managements***: 47-64. Wiesbaden: Gabler.